기출 키워드가 정답이다!
챕터별 출제 비율 분석

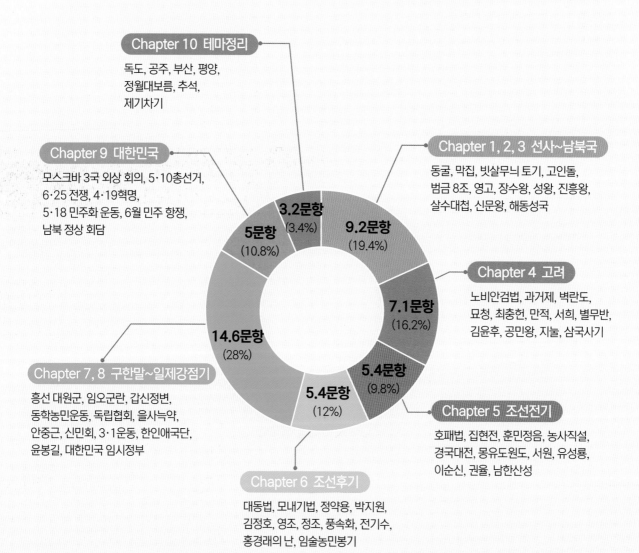

Chapter 10 테마정리

독도, 공주, 부산, 평양,
정월대보름, 추석,
제기차기

Chapter 9 대한민국

모스크바 3국 외상 회의, 5·10총선거,
6·25 전쟁, 4·19혁명,
5·18 민주화 운동, 6월 민주 항쟁,
남북 정상 회담

Chapter 1, 2, 3 선사~남북국

동굴, 막집, 빗살무늬 토기, 고인돌,
범금 8조, 영고, 장수왕, 성왕, 진흥왕,
살수대첩, 신문왕, 해동성국

Chapter 4 고려

노비안검법, 과거제, 벽란도,
묘청, 최충헌, 만적, 서희, 별무반,
김윤후, 공민왕, 지눌, 삼국사기

Chapter 5 조선전기

호패법, 집현전, 훈민정음, 농사직설,
경국대전, 몽유도원도, 서원, 유성룡,
이순신, 권율, 남한산성

Chapter 7, 8 구한말~일제강점기

흥선 대원군, 임오군란, 갑신정변,
동학농민운동, 독립협회, 을사늑약,
안중근, 신민회, 3·1운동, 한인애국단,
윤봉길, 대한민국 임시정부

Chapter 6 조선후기

대동법, 모내기법, 정약용, 박지원,
김정호, 영조, 정조, 풍속화, 전기수,
홍경래의 난, 임술농민봉기

3.2문항
(3.4%)

9.2문항
(19.4%)

7.1문항
(16.2%)

5.4문항
(9.8%)

5.4문항
(12%)

14.6문항
(28%)

5문항
(10.8%)

웹툰처럼 재미있게 영상으로 배우는

리얼 한국사

Q PASS

초등
한국사
능력검정시험

3~6급 대비

이진하 저

다락원

한국사능력검정시험인증서

성 명 :

생년월일 :

합격등급 :

인증 번호: 00-1111

위 사람은 교육부 국사편찬위원회에서 주관한

제_____회 한국사능력검정시험에서

위 급수에 합격하였기에 이 증서를 드립니다.

년   월   일

원큐패스 다락원

30일 완성 학습플랜

1일차	2일차	3일차	4일차	5일차	6일차	7일차
1강 이론+문제	2강 이론+문제	3강 이론+문제	4강 이론+문제	5강 이론+문제	6강 이론+문제	7강 이론+문제

8일차	9일차	10일차	11일차	12일차	13일차	14일차
8강 이론+문제	9강 이론+문제	10강 이론+문제	11강 이론+문제	12강 이론+문제	13강 이론+문제	14강 이론+문제

15일차	16일차	17일차	18일차	19일차	20일차	21일차
15강 이론+문제	16강 이론+문제	17강 이론+문제	18강 이론+문제	19강 이론+문제	20강 이론+문제	21강 이론+문제

22일차	23일차	24일차	25일차	26일차	27일차	28일차
22강 이론+문제	23강 이론+문제	24강 이론+문제	25강 이론+문제	1~8강 복습	9~19강 복습	20~25강 복습

29일차	30일차
키워드 복습	모의고사 문제풀이

하루하루 꾸준히
공부하다보면 한국사
실력이 쑥쑥~!

공부는 따분하지만, 스토리는 재미있죠.

역사란, '공부'이기 이전에 누구나 즐길 수 있는 '스토리'여야 한다고 생각합니다. 스토리에 푹 빠져들어 역사를 즐겨야 중요한 내용은 저절로 외워지고, 기억에도 오래 남게 되니까요.

저는 오랜 시간 학교 현장에서 '어떻게 하면 역사를 재미있는 스토리로 가르칠 수 있을까?'를 연구해왔습니다. 그 결과, 역사에 영 흥미를 못 붙이던 아이가 어느새 역사 수업 시간을 손꼽아 기다리고 있었고, 제가 운영하는 한국사/세계사 특강 클래스는 가장 빨리 마감되는 인기 강좌가 되었습니다. 그리고, 여러분이 지금 들고 계신 본 교재에는 제가 그간 연구해온 결실이 차곡차곡 담겨 있죠.

본 교재는 한국사능력검정시험의 최신화된 내용을 충실히 다룸과 동시에, 우리가 몰랐던 역사적 인물들의 생생한 스토리와 주요 사건들의 숨겨진 뒷이야기까지 알차게 담고 있습니다. 공부를 해나가는 여러분이 자칫 흥미를 잃거나 중도 포기하지 않고, 마지막 페이지까지 신나게 완주하실 수 있을 것이라 확신합니다.

또한, 이 자리를 빌려 세심한 배려와 정성으로 멋진 교재를 만들어 주신 다락원 출판사 관계자분들, 그리고 늘 옆에서 함께 작업을 도와준 아내에게 감사하다는 말씀 전하고 싶습니다.

이진하 저자

단원 스토리

단원별 배워야할 굵직한 사건이나
이야기를 재미있게 만화로 소개합니다.

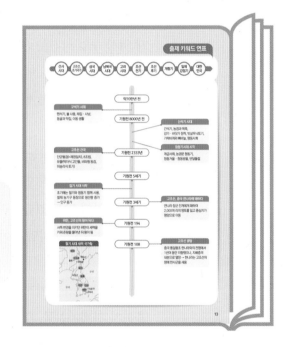

한국사 키워드 연표

시험에 자주 출제되는 키워드 및 사건의
흐름을 한눈에 정리할 수 있습니다.
주요 사건의 흐름을 파악하는 것이
역사 학습의 기본입니다.

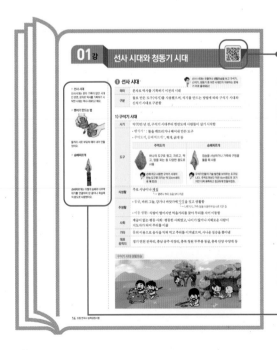

QR 무료 강의 영상

QR을 찍으면 간편하게 진하쌤의 영상을
시청할 수 있어요. 영상과 함께 공부하면
혼자서도 걱정 없습니다.

보충 설명

사진 및 그림 자료로 제공하여 개념을 이해
하는데 도움이 되고, 추가 설명이 필요한
중요 내용은 보충설명으로 정리했습니다.

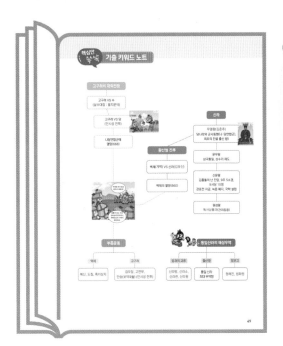

기출 키워드 노트

시험에 자주 나오는 키워드만 뽑아서 흐름과
내용을 연상하기 쉽도록 표와 마인드맵으로
정리했습니다. 시험에 나오는 빈출 키워드는
반드시 마스터하세요.

기출 미니테스트

실제 기출 지문으로 만든
미니테스트를 풀어보며 복습합니다.

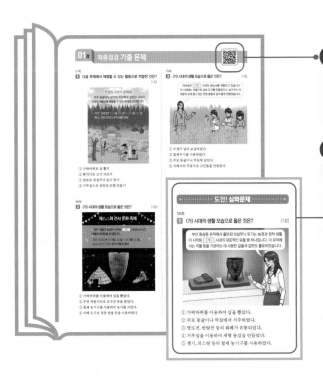

QR 무료 문제풀이 영상

QR을 찍으면 진하쌤이 풀어주는
문제풀이 영상을 볼 수 있어요.

최종점검 기출문제

최신 기출문제를 풀어보며 실력을 점검해
보세요. 심화문제까지 제공되어 실력을
한층 끌어올릴 수 있습니다. 틀린 문제는
다시 한번 체크하며 완벽 마스터하세요.

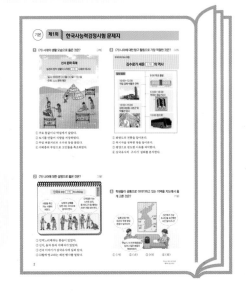

[부록] 모의고사문제

기출문제를 토대로 만든 최종 모의고사를 수록
했습니다. 실제 시험처럼 시간을 지켜가며
문제를 풀어보고 실전 감각을 높여보세요.

1 한국사능력검정시험이란?

학교 교육에서 한국사의 위상은 날로 추락하고 있는데, 주변 국가들은 역사 교과서를 왜곡하고 심지어 역사 전쟁을 도발하고 있습니다. 한국사의 위상을 바르게 확립하는 것이 무엇보다 시급한 실정입니다. 이러한 현실에서 우리역사에 관한 패러다임의 혁신과 한국사교육의 위상을 강화하기 위하여 국사편찬위원회에서는 한국사능력검정시험을 마련하였습니다. 국사편찬위원회는 우리 역사에 대한 관심을 제고하고, 한국사 전반에 걸쳐 역사적 사고력을 평가하는 다양한 유형의 문항을 개발하고 있습니다. 이를 통해 한국사 교육의 올바른 방향을 제시하고, 자발적 역사학습을 통해 고차원 사고력과 문제해결 능력을 배양하고자 합니다.

-국사편찬위원회-

2 응시 정보는 어떻게 되나요?

① 주관 및 시행 기관: 국사편찬위원회
② 시행 횟수: 심화(1~3급) 연 6회 / 기본(4~6급) 연 4회
③ 시험 시간: 심화 80분(10:20~11:40) / 기본 70분(10:20~11:30)
   ※ 시험 당일 고사실 입실은 08:30~09:59까지 가능합니다.
④ 응시료: 심화 22,000원 / 기본 18,000원
⑤ 성적 인정 유효 기간: 국가에서 지정한 별도의 유효 기간은 없으나 국가 기관 및 기업체마다 인정하는 기간이 서로 다르므로 각 기관 및 기업 채용 가이드라인 확인이 필요함

3 시험 급수가 궁금해요!

구분	인증 등급 및 기준 점수			문항 수
심화	1급(80점 이상)	2급(70점~79점)	3급(60점~69점)	50문항(5지 택1)
기본	4급(80점 이상)	5급(70점~79점)	6급(60점~69점)	50문항(4지 택1)

4 시험 접수는 어떻게 하나요?

① 시험 실시 4주 전 월요일부터 금요일까지 접수합니다.

② 시험 접수는 한국사능력검정시험 홈페이지에서 실시합니다.

　　http://www.historyexam.go.kr

※ 원서 접수 신청을 위한 회원 가입 시 등록한 정보(이메일, 전화번호 등)에 이상이 없는지 꼼꼼하게 확인합니다.

※ 사진 등록 기간에 본인 식별이 가능한 사진을 등록하세요.

5 준비물 잊지 말고 챙기기!

수험표(홈페이지에서 출력), 신분증, 컴퓨터용 수성사인펜, 수정테이프(수정액)

※ 인정되는 신분증

초등학생	수험표
중고등학생	주민등록증(발급신청확인서, 기간만료 전의 여권, 사진 부착된 (국외)학생증, 청소년증(발급신청확인서), 장애인등록증(장애인복지카드), 학교생활기록부(인적사항이 포함된 1면만을 촬영하며, 학교장 직인 반드시 포함), 재학증명서(사진, 성명, 생년월일, 학교장 직인 반드시 포함), 한국사능력검정시험 신분확인증명서
일반인 (대학생, 군인포함)	주민등록증(발급신청확인서), 기간만료 전의 여권, 운전면허증, 장애인등록증(장애인복지카드), 공무원증, 한국사능력검정시험 신분확인증명서(군인만 해당), 국가유공자증
재외국민	재외국민 등록증, 기간만료 전의 여권
외국인	외국인 등록증, 기간만료 전의 여권, 국내 거소 신고증

6 합격확인은 어떻게 하나요?

한국사능력검정시험 홈페이지에서 성적과 합격여부를 확인합니다. 성적 통지서와 인증서는 한국사능력검정시험 홈페이지 또는 정부24에서 확인 및 출력할 수 있습니다.

목차

Chapter 01 선사 시대와 고조선 · 12

Chapter 02 삼국과 가야 · 30

Chapter 03 통일 신라와 발해 · 52

Chapter 04 고려의 성립과 발전 · 72

선사 시대와 고조선

선사 시대 · 고조선, 초기국가 · 삼국 시대 · 남북국 시대 · 고려 시대 · 조선 전기 · 조선 후기 · 개항기 · 일제 강점기 · 대한 민국

약70만년 전

구석기 시대

뗀석기, 불 사용, 채집 · 사냥, 동굴과 막집, 이동 생활

기원전 8000년 전

신석기 시대

간석기, 농경과 목축, 강가 · 바닷가 정착, 빗살무늬토기, 가락바퀴와 뼈바늘, 평등사회

고조선 건국

단군왕검(=제정일치), 8조법, 유물(탁자식 고인돌, 비파형 동검, 미송리식 토기)

기원전 2333년

청동기시대 시작

계급사회, 농경문 청동기, 청동거울 · 청동방울, 반달돌칼

기원전 5세기

철기 시대 시작

초기에는 철기와 청동기 함께 사용, 철제 농기구 등장으로 생산량 증가 → 인구 증가

기원전 3세기

고조선, 중국 연나라에 패하다

연나라 장군 진개에게 패하여 2,000여 리의 영토를 잃고 중심지가 평양으로 이동

위만, 고조선의 왕이 되다

서쪽 변경을 지키던 위만이 세력을 키워 준왕을 몰아낸 뒤 왕이 됨

기원전 194

기원전 108

고조선 멸망

중국 통일왕조 한나라와의 전쟁에서 1년여 동안 저항했으나, 지배층의 내분으로 멸망 → 한나라는 고조선의 땅에 한사군을 세움

철기 시대 새싹 국가들

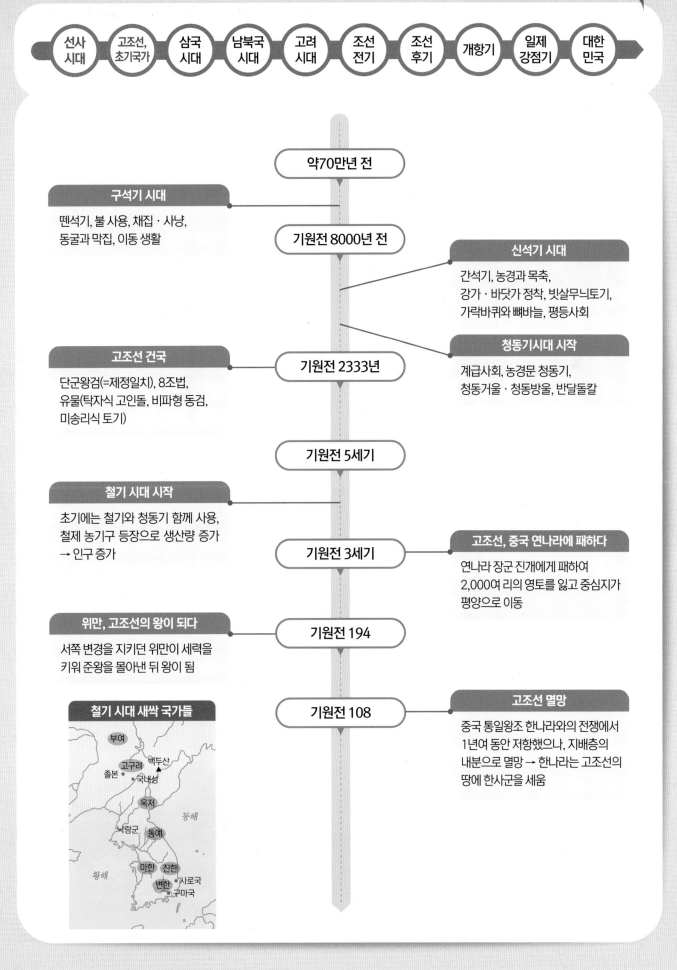

부여
고구려 백두산
졸본 국내성
옥저
낙랑군 동예
동해
마한 진한
황해 변한 사로국
구마국

❶ 선사 시대*

선사 시대는 유물이나 생활모습을 보고 구석기, 신석기, 청동기 중 어떤 시대인지 구분하는 문제가 주로 출제돼요!

의미	문자로 역사를 기록하기 이전의 시대
구분	돌로 만든 도구(석기)를 사용했으며, 석기를 만드는 방법에 따라 구석기 시대와 신석기 시대로 구분함

1) 구석기 시대

시기	약 70만 년 전, 구석기 시대부터 한반도에 사람들이 살기 시작함	
도구	• 뗀석기* : 돌을 깨뜨리거나 떼어내 만든 도구 • 주먹도끼, 슴베찌르개*, 찍개, 긁개 등	
	주먹도끼	**슴베찌르개**
	하나의 도구로 찢고, 자르고, 찍고, 땅을 파는 등 다양한 용도로 사용	짐승을 사냥하거나 가죽에 구멍을 뚫을 때 사용
	손에 쥐고 사용한 구석기 시대의 만능 도구로 크기는 약 20cm내외로 꽤 컸죠!	구석기인들의 기술 발전을 보여주는 도구입니다. 주먹도끼보다 작은 6cm정도의 크기지만 더욱 뾰족하고 정교하게 만들어졌죠.
식생활	주로 사냥이나 채집 └ 열매나 뿌리 등을 찾아 먹음	
주생활	• 동굴, 바위 그늘, 강가나 바닷가에 막집을 짓고 생활함 └ 나뭇가지, 가죽 등을 이용하여 임시로 지은 집 • 이동 생활: 식량이 떨어지면 먹을거리를 찾아 무리를 지어 이동함	
사회	계급이 없는 평등 사회: 평등한 사회였고, 나이가 많거나 지혜로운 사람이 지도자가 되어 무리를 이끎	
기타	불의 이용으로 음식을 익혀 먹고 추위를 이겨냈으며, 사나운 짐승을 쫓아냄	
대표 유적지	경기 연천 전곡리, 충남 공주 석장리, 충북 청원 두루봉 동굴, 충북 단양 수양개 등	

구석기 시대 생활모습

2) 신석기 시대*

시기	약 1만 년 전
도구	• 간석기: 돌을 갈아서 더 사용하기 좋게 만든 도구. 무기 뿐 아니라 갈돌과 갈판, 돌괭이, 돌보습 등 농사도구도 제작 • 토기: 흙으로 빚은 뒤 불에 구워 만듦. 빗살무늬 토기가 대표적

갈돌과 갈판	빗살무늬 토기
곡식을 갈거나 껍질을 벗기는 데 사용	음식을 만들거나 곡식을 저장하는 데 사용
농경사회를 보여주는 대표 유물! 곡식을 갈판에 올려놓고 갈돌로 밀어 가며 곡식을 손질할 수 있었어요.	신석기 시대의 대표적인 토기로 겉면에 빗살무늬가 새겨져 있어요. 밑면이 뾰족한 것이 특징이지요.

의생활	• 가락바퀴를 이용해 짐승의 털이나 식물의 줄기를 꼬아 실을 만듦 • 뼈바늘로 바느질을 해서 그물을 만들거나 옷을 지어 입음

가락바퀴   뼈바늘

식생활	• 농경과 목축을 시작하였음 　└ 가축을 기르는 일 • 사냥과 채집, 고기잡이도 계속됨 • 바닷가에서 간단히 채집할 수 있는 조개류도 즐겨 먹음

고기잡이에 사용했던 이음낚시와 그물

주생활	• 강가나 해안가에 움집*을 짓고 모여서 생활함 • 정착 생활: 농사를 짓기 시작하면서 한 곳에 머물러 살았음
사회	부족을 이루어 살았고, 계급이 없는 평등 사회였음
기타	조개껍데기 가면*을 많이 만들었고, 동물의 뼈를 이용한 장신구도 만듦
대표 유적지	서울 암사동, 부산 동삼동, 황해 봉산 지탑리, 제주 한경 고산리 등 　└ 조개껍데기 가면이 발견됨

✱ 신석기 시대의 정착생활

수십만 년의 구석기시대를 지나며 발전해온 인류! 이젠 더욱 정교한 간석기를 사용하고 농경과 목축을 하며 정착생활을 시작하게 되었어요. 식량을 저장할 필요성도 생겨 토기도 발달했지요.

✱ 움집

땅을 움푹 파서 만든 움집! 바닥은 원형이거나 모서리가 둥근 사각형이고, 중앙 부분에서는 불을 피워 음식 조리와 난방을 했어요.

TIP 움집터의 모습

✱ 조개껍데기 가면과 장신구

바닷가에서는 조개류의 껍데기를 이용해 가면이나 장신구를 만들었어요.

신석기 시대 생활모습

② 청동기 시대
└ 금속 도구를 처음으로 사용하기 시작했어요.

시기	기원전 2000년경 └ 예수가 태어난 해(0년)를 기준으로 거꾸로 계산한 연도		
도구	**청동기*** 재료가 귀하고 만들기가 어려워 지배자의 무기나 장신구, 제사를 지내는 도구로 사용 청동거울 비파형 동검* 청동방울	**간석기** 농사를 지을 때는 여전히 돌과 나무로 만든 도구를 사용 반달돌칼*	**토기** 빗살무늬토기와 달리 무늬가 없고 바닥이 평평한 민무늬 토기를 사용 민무늬토기
경제	농경의 발달로 생산량이 크게 증가함		
주거	움집은 땅 위로 올라와 지상가옥으로 발전함		
사회	• 계급 사회 : 농경의 발달로 생산량이 증가하면서 많이 가진 사람과 적게 가진 사람이 생겨났으며(사유재산화), 지배자와 피지배자로 나누어져 계급이 발생함 • 고인돌 : 지배자의 무덤 • 국가의 등장 : 지배자의 힘이 점점 커지면서 나라가 세워짐		
대표 유적지	고인돌 유적(고창, 강화, 화순), 부여 송국리 └ 우리나라 최대의 청동기 시대 마을 유적지로 특히 불에 탄 쌀이 발견되어 벼농사를 지었다는 사실을 알 수 있음		

▶ Real 역사 스토리 고인돌

청동기시대에는 군장(지배자)이 죽으면 커다란 돌로 무덤을 만들었어요. 고인돌을 만들기 위해서는 크고 무거운 돌을 옮겨야 했고, 많은 사람들을 동원해야 했지요. 우리는 이를 통해 청동기 시대에는 강한 지배자와 지배자에게 복종하는 피지배 계급이 있었음을 알 수 있습니다. (계급사회)

한편, 우리 나라는 세계에서 고인돌이 가장 많은 곳으로도 유명합니다. 전 세계 10만여 기의 고인돌 중에서 무려 4만여 기가 우리나라에 있거든요. 그 중에서도 강화, 고창, 화순 지역의 고인돌들은 특별히 유네스코 세계유산으로 등재되어 관리되고 있답니다.

청동기 시대 생활모습과 제사모습

사이드바

★ **청동기**
구리에 주석 등 다른 금속을 섞고 열로 녹이면 청동이 되는데, 이것을 거푸집(틀)에 부은 뒤 식히면 청동기가 완성돼요. 거푸집의 모양에 따라 청동검, 청동 도끼 등 다양한 물건을 만들었지요. 청동의 색은 원래 금빛에 가까운데, 유물은 녹이 슬어 비취색이 된 것이랍니다.

청동 도끼 거푸집

TIP
청동기를 농사도구로 안 쓴 이유는? 청동의 재료들은 구하기가 어렵고 비싼데다 만들기도 어려워 농사도구로는 사용되기 어려웠어요.

★ **비파형 동검**

비파
 비파형 동검

비파라는 악기를 닮아 이름 붙여졌어요. 거푸집을 활용하여 만들었어요.

★ **반달돌칼**

반달 모양의 돌칼로 청동기시대에 곡식을 수확하는 데 사용한 도구예요. 두 개의 구멍에 줄을 꿰어 손에 걸고 낫처럼 사용했어요.

TIP 농경문 청동기

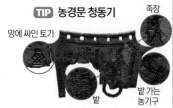
망에 싸인 토기
 족장
 밭
 밭 가는 농기구

농경문 청동기에는 청동기 시대 농사짓는 모습이 새겨져 있어요. 괭이, 따비 등의 농기구로 땅을 가는 모습, 토기에 수확물을 담는 모습을 볼 수 있어요.

	구석기시대	신석기시대	청동기시대
도구	뗀석기 (주먹도끼, 슴베찌르개) 주먹도끼 슴베찌르개	간석기(갈돌과 갈판 등), 빗살무늬 토기, 가락바퀴와 뼈바늘 갈돌과 갈판　빗살무늬 토기 가락바퀴	청동기(비파형 동검, 청동거울, 청동방울), 반달돌칼, 민무늬토기 비파형 동검　청동거울　청동방울 반달돌칼　민무늬토기
경제	사냥, 채집	농경과 목축, 사냥, 채집	농경의 발달 (생산량 증가)
주거	동굴, 막집 이동생활 동굴	움집 정착생활(강가, 바닷가) 움집	지상 가옥
사회	평등 사회	평등 사회	계급 사회
기타	불을 이용하기 시작	조개껍데기 가면	고인돌
유적지	경기도 연천 전곡리, 충남 공주 석장리 등	서울 암사동, 부산 동삼동 등	고인돌 유적 (강화, 고창, 화순), 부여 송국리

1 아래는 구석기, 신석기, 청동기 유물들입니다. 시대에 따라 '구', '신', '청' 으로 써 보세요.

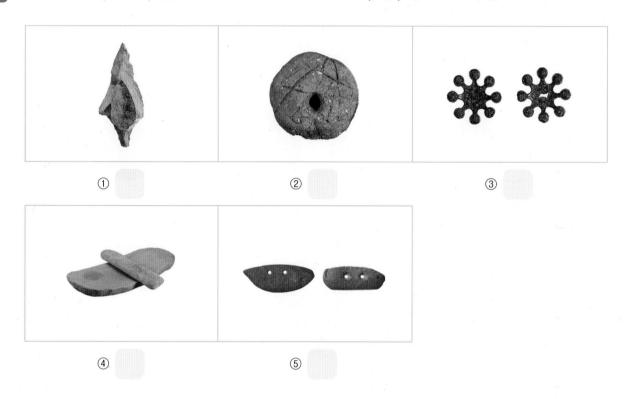

① ② ③

④ ⑤

2 아래 사건들을 시대 순서에 따라 배열해 보세요.

> 가. 거푸집을 이용하여 청동검을 제작하였다.
>
> 나. 농경이 시작되었고 빗살무늬 토기를 사용하였다.
>
> 다. 동굴이나 막집에 살며 무리생활을 하였다.

☐ - ☐ - ☐

3 각각 어느 시대에 대한 설명인지 '구', '신', '청'으로 써 보세요.

① 지배층의 무덤으로 고인돌을 축조하였다.

② 토기를 만들어 식량을 저장하였다.

③ 반달 돌칼을 사용하여 벼를 수확하였다.

④ 주로 동굴이나 막집에서 살았다.

정답 **1** ① 구 ② 신 ③ 청 ④ 신 ⑤ 청 **2** 다 - 나 - 가 **3** ① 청 ② 신 ③ 청 ④ 구

57회

1 다음 축제에서 체험할 수 있는 활동으로 적절한 것은? [1점]

전곡리 구석기 문화제
주로 동굴이나 강가의 막집에서 살았던 구석기 시대의 생활상을 체험할 수 있는 축제에 초대합니다.

·기간: 2022년 ○○월 ○○일 ~ ○○월 ○○일
·장소: 연천 전곡리 유적 체험 마을

① 가락바퀴로 실 뽑기
② 뗀석기로 고기 자르기
③ 점토로 빗살무늬 토기 빚기
④ 거푸집으로 청동검 모형 만들기

66회

2 다음 가상 공간에서 체험할 수 있는 활동으로 가장 적절한 것은? [1점]

이곳은 농경과 목축이 시작된 신석기 시대의 마을을 체험할 수 있는 가상 공간입니다. 마을 곳곳을 거닐며 다양한 활동을 해볼까요?

① 청동 방울 흔들기
② 빗살무늬 토기 만들기
③ 철제 농기구로 밭 갈기
④ 거친무늬 거울 목에 걸기

55회

3 (가) 시대의 생활 모습으로 옳은 것은? [1점]

여러분은 (가) 시대의 벼농사를 체험하고 있습니다. 이 시대에는 처음으로 금속 도구를 만들었으나, 농기구는 여러분이 손에 들고 있는 반달 돌칼과 같이 돌로 만들었습니다.

① 우경이 널리 보급되었다.
② 철제무기를 사용하였다.
③ 주로 동굴이나 막집에 살았다.
④ 지배자의 무덤으로 고인돌을 만들었다.

58회

4 (가) 시대의 생활 모습으로 옳은 것은? [1점]

초대합니다

가족과 함께하는 (가) 문화 체험

우리 박물관에는 금속 도구를 사용하기 시작하고 권력을 가진 지배자가 처음 출현한 (가) 시대 생활 체험 캠프를 개최합니다. 많은 관심과 참여 바랍니다.

◉체험 내용

청동 방울 흔들어보기

반달 돌칼로 이삭 수확하기

·기간: 2022년 ○○월 ○○일 ~ ○○월 ○○일
·장소: □□□ 박물관 야외 체험 학습장

① 우경이 널리 보급되었다.
② 비파형 동검을 사용하였다.
③ 가락바퀴가 처음 등장하였다.
④ 주로 동굴이나 막집에서 살았다.

5 (가) 시대에 처음 제작된 유물로 옳은 것은? [1점]

선사 문화 축제

농경과 정착 생활이 시작된 [(가)] 시대로 떠나요!

· 일시: 2020년 ○○월 ○○일 ~ ○○일
· 주최: △△ 문화 재단

움집 생활 체험하기

갈돌과 갈판으로 곡식 갈기

가락바퀴로 실뽑기

①   ②

③ ④

6 (가) 시대의 생활 모습으로 가장 적절한 것은? [1점]

고인돌의 고장 화순으로 오세요

핑매바위 고인돌

마당바위 고인돌

괴바위 고인돌

감태바위 채석장

고인돌 유적 탐방 경로

관청바위 고인돌

화순에는 처음으로 금속 도구를 사용한 [(가)] 시대의 문화유산인 고인돌 유적이 있습니다. 이곳에는 고인돌의 덮개돌을 떼어 냈던 채석장이 남아 있어서 고인돌을 만들었던 과정을 확인할 수 있습니다.

① 철제 농기구로 농사를 지었다.
② 주로 동굴이나 막집에서 살았다.
③ 반달 돌칼로 벼 이삭을 수확하였다.
④ 빗살무늬 토기에 곡식을 저장하기 시작하였다.

---

1 (가) 시대의 생활 모습으로 옳은 것은? [1점]

부산 동삼동 유적에서 출토된 빗살무늬 토기는 농경과 정착 생활이 시작된 [(가)] 시대의 대표적인 유물 중 하나입니다. 이 유적에서는 곡물 등을 가공하는 데 사용한 갈돌과 갈판도 출토되었습니다.

① 가락바퀴를 이용하여 실을 뽑았다.
② 주로 동굴이나 막집에서 거주하였다.
③ 명도전, 반량전 등의 화폐가 유통되었다.
④ 거푸집을 이용하여 세형 동검을 만들었다.
⑤ 쟁기, 쇠스랑 등의 철제 농기구를 사용하였다.

2 (가) 시대의 생활 모습으로 옳은 것은? [1점]

계급이 출현한 [(가)] 시대의 생활상을 엿볼 수 있는 환호, 고인돌, 민무늬 토기 등이 울주 검단리 유적에서 발굴되었습니다. 특히 마을의 방어시설로 보이는 환호는 우리나라의 [(가)] 시대 유적에서 처음 확인된 것으로, 둘레가 약 300미터에 달합니다.

① 철제 무기로 정복 활동을 벌였다.
② 주로 동굴이나 막집에서 거주하였다.
③ 소를 이용한 깊이갈이가 일반화되었다.
④ 비파형 동검과 청동 거울 등을 제작하였다.
⑤ 빗살무늬 토기에 음식을 저장하기 시작하였다.

❶ 최초의 국가 고조선

> 키워드를 보고, 그것이 고조선, 부여, 고구려, 옥저, 동예, 삼한 중 어느 나라에 해당되는 키워드인지 알 수 있어야 합니다.

1) 고조선의 건국

시기	기원전 2333년
도읍	아사달
건국 이념	홍익인간: '널리 인간을 이롭게 한다.'
의의	우리 역사상 최초의 국가로 청동기 문화를 바탕으로 발전

★ 삼국유사

고려 시대의 승려 일연이 쓴 역사책이에요.

2) 삼국유사*에 실린 단군왕검* 이야기

하늘 나라를 다스리는 하느님(환인)에게 환웅이라는 아들이 있었다. 환웅은 인간 세계를 다스리고자 ① 하늘에서 내려왔다. 환웅은 ② 바람, 비, 구름을 다스리는 신하와 무리 삼천 명을 거느리고 있었다. 어느 날 곰과 호랑이가 환웅을 찾아와 사람이 되게 해달라고 빌었다. 환웅은 100일 동안 쑥과 마늘만 먹고 햇빛을 보지 않으면 사람이 될 것이라 하였다. ⋯ 곰은 여자로 변해 웅녀가 되었고 환웅은 ③ 웅녀를 아내로 맞이하여 자식을 낳았는데, 그가 바로 단군왕검이다.

담긴 의미		
① 하늘에서 내려온 자손임을 내세우며 지배자의 신성함을 강조	② 바람, 비 구름은 농사와 관련됨 → 고조선이 농경 사회였음을 의미	③ 환웅이 다스린 새로운 무리가 원래부터 있었던 곰을 숭배하는 무리와 결합하였음을 의미

★ 단군왕검

'단군'은 하늘에 제사를 지내는 제사장을 의미하고, '왕검'은 정치 지배자를 뜻해요. 고조선이 제정일치 사회였음을 알 수 있어요.
제사(종교)와 정치가 분리되지 않고 한 사람에게 집중된 사회

★ 탁자식 고인돌

받침돌을 세우고 그 위에 큰 덮개돌을 올려 만든 탁자 모양의 고인돌. 북방식 고인돌이라고도 해요.

★ 미송리식 토기

청동기시대 민무늬토기 중 하나로 평안북도 미송리에서 처음 발견되어 미송리식 토기라고 해요. 몸체의 양쪽에 손잡이가 있어요.

3) 고조선의 성장

문화 범위	• 고조선은 한반도 북쪽 지역과 만주 지역까지 세력을 넓힘 • 탁자식 고인돌*, 비파형 동검, 미송리식 토기*의 분포 지역을 통해 고조선의 문화 범위를 짐작할 수 있음

★ 위만

중국의 연나라 지역에서 이주해 온 사람으로, 이주 당시 상투를 틀고 있었기에 본래 고조선 계통의 사람이었다고 추정되고 있어요. 위만은 진번과 임둔을 복속시켜 세력을 확장하였지요.

TIP 청동 화폐

오수전 명도전

철기 시대에 중국과의 교류로 사용된 청동 화폐들

발전과 멸망	• 왕 아래 상, 대부, 장군 등의 관직을 둠 • 중국의 연과 맞섰으나 패하여 2,000여 리의 땅을 잃음 • 위만*이 무리를 이끌고 고조선으로 와 준왕을 몰아내고 왕위를 차지함 　(기원전 194년, 위만 조선) → 이후 본격적으로 철기 문화를 받아들임 • 중국의 한과 한반도의 남부 사이에서 중계 무역을 하여 큰 이익을 얻음 　→ 고조선이 중계 무역을 독점하자 중국의 한 무제가 고조선을 공격하였고, 　결국 멸망함(기원전 108년)
사회 모습	사회 질서 유지를 위해 8조법(범금 8조)이 있었으나 지금은 3개 조항만 전해짐 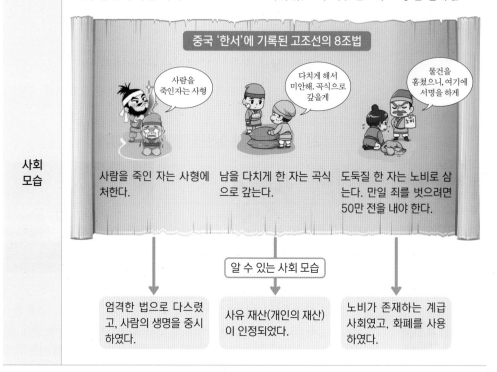

중국 '한서'에 기록된 고조선의 8조법

사람을 죽인자는 사형

다치게 해서 미안해. 곡식으로 갚을게

물건을 훔쳤으니, 여기에 서명을 하게

사람을 죽인 자는 사형에 처한다.

남을 다치게 한 자는 곡식으로 갚는다.

도둑질 한 자는 노비로 삼는다. 만일 죄를 벗으려면 50만 전을 내야 한다.

알 수 있는 사회 모습

엄격한 법으로 다스렸고, 사람의 생명을 중시하였다.

사유 재산(개인의 재산)이 인정되었다.

노비가 존재하는 계급 사회였고, 화폐를 사용하였다.

Real 역사 스토리 **고조선의 흥망!**

　우리 민족 최초의 국가로서 활약하던 고조선은 연나라와의 전쟁에서 패해 서쪽 2,000여 리의 영토를 잃고 중심지가 한반도 북부 평양 일대로 이동하였습니다.(기원전 3세기)

　이후 연나라에서 온 고조선계 이주민인 위만이 나타나 세력을 키웠고, 결국 준왕을 몰아낸 뒤 왕이 되었지요.(기원전 194년: 위만조선의 시작) 쫓겨난 준왕은 지금의 전라북도 익산시 일대로 이동하여 다시 나라를 세웠다고 전해집니다.

　한편, 위만조선은 꾸준히 영토를 늘리고, 중국의 통일왕조인 한나라와 한반도 사이에서 중계 무역으로 이득을 챙겼습니다. 그러던 중, 중국 역사상 가장 강력한 정복군주 중 한 명으로 꼽히는 한나라 무제가 고조선을 노렸고, 고조선은 전쟁터가 됩니다. 고조선은 한나라에 맞서 1년여 동안 잘 버텼지만, 지배층의 내분으로 우거왕이 살해당하면서 무너지고 말았습니다. 이후 한무제는 고조선의 땅에 4개의 행정구역(한사군)을 설치하였습니다.

한무제　　　　　　　　한무제 때의 한나라 영역　　　　　　　　한사군

❷ 철기 시대와 새싹 국가들의 성장

1) 철기 시대*

시기	기원전 5세기경부터 한반도와 주변 지역에 철기 문화가 보급됨
도구	• 청동보다 단단한 철기를 이용해 무기나 농사 도구를 만들어 사용함

<table>
<tr><th colspan="2">철제 농기구</th><th colspan="2">철제 무기</th></tr>
<tr><td colspan="2">철제 농기구의 사용으로 수확하는 곡식의 양이 늘어나는 등 농업이 발달함</td><td colspan="2">철제 무기의 사용으로 전쟁이 자주 발생하였고, 그 과정에서 여러 나라가 등장함</td></tr>
</table>

* 철기 시대의 모습
철기 시대 초기에는 청동기가 함께 쓰였어요. 하지만, 철은 매장량이 풍부해 쉽게 구할 수 있었고 갈수록 제작 기술도 발전해 철기의 사용이 늘어났지요. 특히, 철제 농기구가 제작되기 시작하면서 돌로 된 도구는 완전히 자취를 감추게 되었답니다.

TIP 세형 동검
청동기시대 후기~
철기시대 초기에 쓰였던
동검

2) 여러 나라의 성장*

① 부여

정치	5개 부족 연맹체 : 중앙은 왕이 다스리고 4개의 행정구역으로 마가·우가·저가·구가 등 여러 가(족장)들이 사출도를 다스림
제천 행사 <small>하늘에 감사의 제사를 지내는 행사</small>	영고(12월)
풍습	• 흰옷을 즐겨 입음 • 순장 　└ 지배층이 죽으면 신하나 노비 등의 사람과 물건을 함께 묻는 장례 풍습 • 1책 12법: 남의 물건을 도둑질하다가 잡히면 훔친 물건의 12배로 갚게 하는 법

부여는 반농반목, 즉 농사와 목축을 함께 하는 나라였어요. 그래서 족장들이 다스리는 사출도의 이름이 가축들의 이름으로 되어 있는 것이지요.
마가: 말 / 우가: 소 / 저가: 돼지 / 구가: 개

* 여러 나라의 성장

각 나라 위치를 묻는 문제도 출제되니 지도를 잘 익혀두세요. 고조선은 멸망했지만, 한반도와 주변 지역에서는 철기 문화를 바탕으로 한 여러 나라가 등장하지요.

② 고구려

정치	• 5개 부족 연맹체 └▸ 부여에서 온 주몽이 건국한 나라여서 부여와 비슷하죠! • 제가 회의에서 나라의 중요한 일을 결정함 └▸ 고구려의 제가(귀족)들이 모여 회의함
제천 행사	동맹(10월)
풍습	• 서옥제 • 1책 12법 : 부여의 영향을 받은 법

 고구려는 산악지대에 위치하여 농사가 어려웠습니다. 그래서 고구려에서는 주로 주변 나라들에게서 물자를 빼앗는 약탈경제가 주를 이루었죠. 또한, 주몽이 부여에서 온 사람이었던 만큼 부여와의 공통점도 나타납니다. 5개 부족 연맹체, 1책 12법 등이 그렇지요.

③ 옥저와 동예

	옥저	동예
정치	왕이 없고, 읍군·삼로 등으로 불리는 군장이 나라를 다스림 └▸ 부족의 우두머리	
경제	동쪽 해안가에 자리하여 해산물이 풍부함	
제천 행사	기록이 없음	무천(10월)
풍습	• 가족 공동 무덤 └▸ 가족의 유골을 한 목곽에 함께 모으는 풍습 • 민며느리제	• 책화 • 족외혼 └▸ 같은 부족끼리 결혼하지 않는 풍습
특산물	해산물, 소금	단궁, 과하마, 반어피★

④ 삼한

건국	한반도 남부 지방에 철기 문화를 바탕으로 연합한 마한, 진한, 변한을 삼한이라고 함
정치	제정분리 : 제사와 정치가 분리된 사회 **제사** 천군이라는 제사장이 신성 구역인 소도를 다스림 **정치** 신지·읍차 등의 군장이 정치를 담당함
경제	• 벼농사가 발달하였고, 저수지를 만듦 • 변한에서는 철이 많이 생산되어 주변 나라(낙랑, 왜)에 철을 수출함
제천 행사	계절제(5월, 10월)

1 서옥제(고구려)

서옥제(고구려)

고구려의 혼인 풍습으로 신랑이 신부 집 뒤편에 서옥이라는 집을 짓고 신부 집에 노동력을 제공하며 함께 살다가, 자녀를 낳아 성장하면 아내와 자녀를 데리고 독립하거나 신랑 집으로 돌아간다.

2 민며느리제(옥저)

민며느리제(옥저)

여자아이를 신랑 집에서 데려다 키운 후, 어른이 되면 신랑 쪽에서 신부 집에 예물을 주고 정식으로 혼인시키던 제도

3 책화(동예)

책화(동예)

읍락 간의 경계를 중시해 다른 부족의 영역을 침범하면 소·말·노비 등으로 물어주어야 하는 제도

4 소도(삼한)

소도(삼한)

제사장인 천군은 소도에서 제사를 지냈고, 소도에는 군장의 힘이 미치지 못해 죄인이 소도로 숨으면 잡아 갈 수 없었어요.

소도에서 유래했어요. 강원도 방언으로는 '진또배기'라고도 부릅니다.

솟대

① 고조선

건국	기원전 2333년, 아사달, 청동기 문화
『삼국유사』 속 건국이야기로 알 수 있는 점	1. 하늘에서 내려온 자손임을 강조 2. 고조선은 농경사회 3. 환웅 부족이 곰을 숭배하는 세력과 결합함
단군왕검	제정일치 사회
8조법	사람을 죽인 자는 사형에 처한다. → 생명중시 남을 다치게 한 자는 곡식으로 갚는다. → 사유재산 인정 도둑질한 자는 노비로 삼되 죄를 벗으려면 50만 전을 내야 한다. → 계급 사회, 화폐 사용
대표유물	 탁자식 고인돌 비파형 동검 미송리식 토기
위만조선	위만이 무리를 이끌고 와 준왕을 몰아내고 왕위를 차지함 위만조선은 철기 문화를 바탕으로 중국 한나라와 한반도 남부 사이에서 중계 무역을 하여 큰 이익을 얻음
멸망	한 무제의 공격으로 멸망 한 무제는 고조선의 자리에 한사군을 설치

② 철기 시대 새싹 국가들의 성장

	정치	제천행사	풍습	경제
부여	사출도	영고(12월)	순장, 1책12법	반농반목
고구려	제가회의	동맹(10월)	서옥제, 1책12법	약탈경제
옥저	읍군, 삼로	없음	민며느리제 가족공동묘	해산물, 소금
동예	읍군, 삼로	무천(10월)	책화	단궁, 과하마, 반어피
삼한	신지, 읍차 천군(제사장)	계절제 (5월, 10월)	소도	철

1 아래는 철기 시대에 등장한 다양한 나라들입니다. 빈 칸에 나라의 이름을 써 보세요.

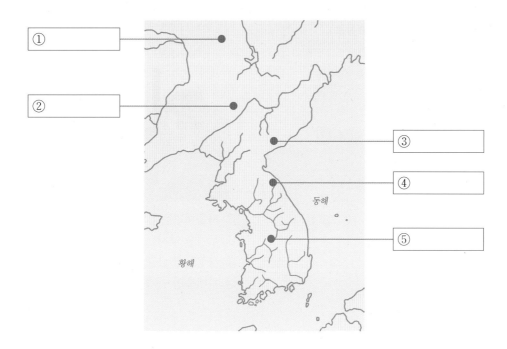

2 아래 기출 선지들에 해당하는 나라가 어디인지 써 보세요.

> 보기 고조선, 부여, 고구려, 옥저, 동예, 삼한

① 사회 질서를 유지하기 위해 범금 8조를 만들었다.

② 서옥제라는 혼인 풍습이 있었다.

③ 여러 가(加)들이 별도로 사출도를 다스렸다.

④ 단군 왕검 건국 이야기가 삼국유사에 실려 있다.

⑤ 철이 많이 생산되어 낙랑, 왜 등에 철을 수출하였다.

⑥ 12월에 영고라는 제천 행사를 열었다.

⑦ 신지, 읍차 등의 지배자가 있었다.

⑧ 민며느리제라는 풍습이 있었다.

⑨ 소도라고 불리는 신성 구역이 있었다.

⑩ 단궁, 과하마, 반어피 등의 특산물이 있었다.

⑪ 읍락 간의 경계를 중시한 책화가 있었다.

⑫ 동맹이라는 제천 행사를 열었다.

52회

1 다음 퀴즈의 정답으로 옳은 것은? [2점]

제시된 단계별 힌트를 종합하여 알 수 있는 국가는 어디일까요?

1단계 청동기 문화를 바탕으로 성립하였다.
2단계 평양성을 도읍으로 삼았다.
3단계 범금 8조가 있었다.
4단계 한 무제의 공격으로 멸망하였다.

① 동예   ② 부여   ③ 고구려   ④ 고조선

63회

2 (가) 나라에 대한 설명으로 옳은 것은? [2점]

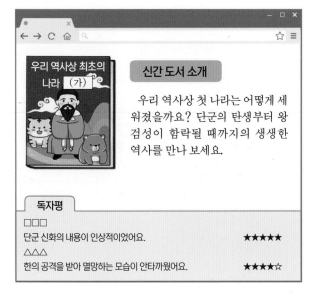

우리 역사상 최초의 나라 (가)

신간 도서 소개

우리 역사상 첫 나라는 어떻게 세워졌을까요? 단군의 탄생부터 왕검성이 함락될 때까지의 생생한 역사를 만나 보세요.

독자평

□□□
단군 신화의 내용이 인상적이었어요. ★★★★★
△△△
한의 공격을 받아 멸망하는 모습이 안타까웠어요. ★★★★☆

① 범금 8조가 있었다.
② 책화라는 풍습이 있었다.
③ 낙랑군과 왜에 철을 수출하였다.
④ 제가 회의에서 나라의 중요한 일을 결정하였다.

57회

3 (가)에 들어갈 내용으로 옳은 것은? [2점]

우리 모둠은 이 나라를 만화로 표현할 거야. 어떤 장면으로 구성할지 이야기해 보자.

제천 행사인 무천을 여는 모습을 그리자.

책화라는 풍습을 표현하자.

(가)

① 서옥제라는 혼인 풍습을 표현해 보자.
② 무예를 익히는 화랑도의 모습을 보여주자.
③ 특산물인 단궁, 과하마, 반어피를 그려 보자.
④ 지배층인 마가, 우가, 저가, 구가를 등장시키자.

64회

4 다음 퀴즈의 정답으로 옳은 것은? [2점]

한국사 퀴즈 대회

제시된 힌트를 종합하여 알 수 있는 나라의 이름은 무엇일까요?

1단계 철기 문화를 바탕으로 동해안 지역에서 일어난 나라입니다.
2단계 여자아이를 데려와 기른 후 성인이 되면 며느리로 삼는 풍속이 있었습니다.
3단계 왕이 따로 없고, 읍군이나 삼로라고 불리는 군장이 자기 영역을 다스렸습니다.

① 부여   ② 옥저   ③ 동예   ④ 마한

5 (가) 나라에 대한 설명으로 옳은 것은? [3점]

사료로 만나는 한국사

국읍마다 한 사람을 세워 천신에게 지내는 제사를 주관하게 하니 천군이라 하였다. 또 나라마다 별읍이 있으니 이를 소도라 하였는데…… 그 안으로 도망쳐 온 사람들은 모두 돌려보내지 않았다.
- 「삼국지」 동이전 -

(가) 의 사회 모습을 알려 주는 내용이네.

① 영고라는 제천 행사가 있었다.
② 신지, 읍차 등의 지배자가 있었다.
③ 혼인 풍습으로 민며느리제가 있었다.
④ 읍락 간의 경계를 중시하는 책화가 있었다.

6 학생들이 공통으로 이야기하고 있는 나라를 지도에서 옳게 찾은 것은? [2점]

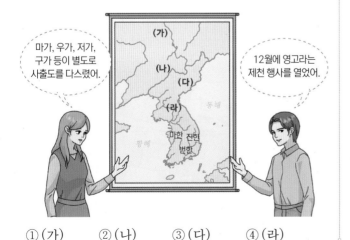

마가, 우가, 저가, 구가 등이 별도로 사출도를 다스렸어.

12월에 영고라는 제천 행사를 열었어.

① (가)　　② (나)　　③ (다)　　④ (라)

도전! 심화문제

1 (가) 나라에 대한 설명으로 옳은 것은? [2점]

◆ 좌장군은 (가) 의 패수 서쪽에 있는 군사를 쳤으나 이를 격파해서 나가지는 못했다. …… 주선장군도 가서 합세하여 왕검성의 남쪽에 주둔했지만, 우거왕이 성을 굳게 지키므로 몇 달이 되어도 함락시킬 수 없었다.

◆ 마침내 한 무제는 동쪽으로는 (가) 을/를 정벌하고 현도군과 낙랑군을 설치했으며, 서쪽으로는 대완과 36국 등을 병합하여 흉노 좌우의 후원 세력을 꺾었다.

① 동맹이라는 제천 행사를 열었다.
② 신지, 읍차라 불린 지배자가 있었다.
③ 도둑질한 자에게 12배로 배상하게 하였다.
④ 읍락 간의 경계를 중시하는 책화가 있었다.
⑤ 왕 아래 상, 대부, 장군 등의 관직을 두었다.

2 다음 자료에 해당하는 나라에 대한 설명으로 옳은 것은? [2점]

· 산릉과 넓은 못[澤]이 많아서 동이 지역에서는 가장 넓고 평탄한 곳이다. …… 사람들은 체격이 크고 성품은 굳세고 용감하며, 근엄·후덕하여 다른 나라를 쳐들어가거나 노략질하지 않는다.

· 은력(殷曆) 정월에 지내는 제천 행사는 국중 대회로 날마다 마시고 먹고 노래하고 춤추는데, 그 이름을 영고라 했다.

- 『삼국지』 위서 동이전-

① 신성 지역인 소도가 존재하였다.
② 혼인 풍습으로 민며느리제가 있었다.
③ 여러 가(加)들이 각각 사출도를 주관하였다.
④ 특산물로 단궁, 과하마, 반어피가 유명하였다.
⑤ 왕 아래 상가, 대로, 패자 등의 관직이 있었다.

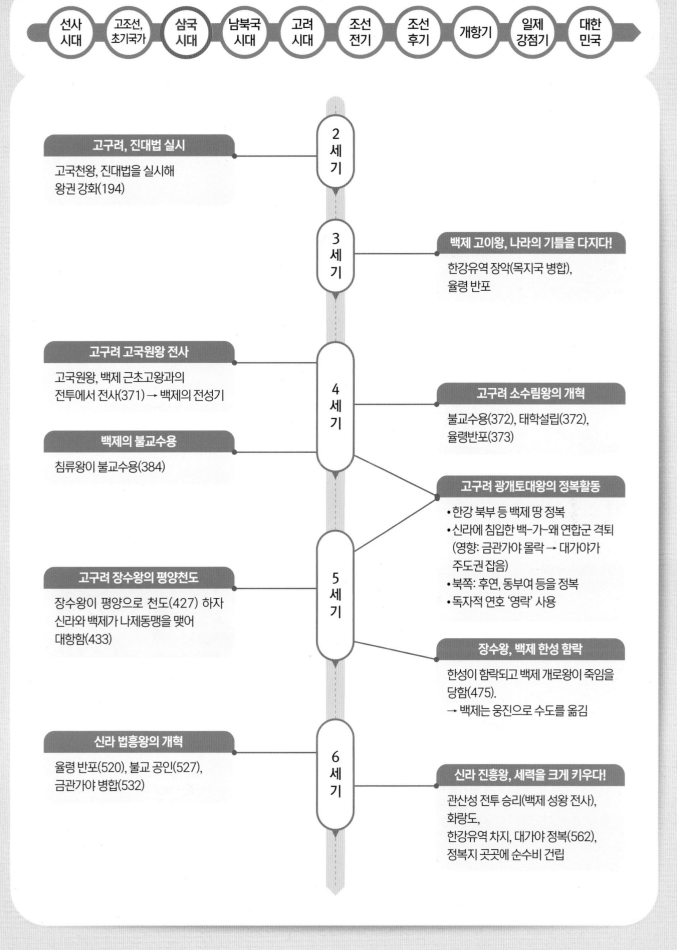

선사 시대 · 고조선, 초기국가 · **삼국 시대** · 남북국 시대 · 고려 시대 · 조선 전기 · 조선 후기 · 개항기 · 일제 강점기 · 대한 민국

2세기

고구려, 진대법 실시

고국천왕, 진대법을 실시해
왕권 강화(194)

3세기

백제 고이왕, 나라의 기틀을 다지다!

한강유역 장악(목지국 병합),
율령 반포

4세기

고구려 고국원왕 전사

고국원왕, 백제 근초고왕과의
전투에서 전사(371) → 백제의 전성기

백제의 불교수용

침류왕이 불교수용(384)

고구려 소수림왕의 개혁

불교수용(372), 태학설립(372),
율령반포(373)

고구려 광개토대왕의 정복활동

· 한강 북부 등 백제 땅 정복
· 신라에 침입한 백-가-왜 연합군 격퇴
 (영향: 금관가야 몰락 → 대가야가
 주도권 잡음)
· 북쪽: 후연, 동부여 등을 정복
· 독자적 연호 '영락' 사용

5세기

고구려 장수왕의 평양천도

장수왕이 평양으로 천도(427) 하자
신라와 백제가 나제동맹을 맺어
대항함(433)

장수왕, 백제 한성 함락

한성이 함락되고 백제 개로왕이 죽임을
당함(475).
→ 백제는 웅진으로 수도를 옮김

6세기

신라 법흥왕의 개혁

율령 반포(520), 불교 공인(527),
금관가야 병합(532)

신라 진흥왕, 세력을 크게 키우다!

관산성 전투 승리(백제 성왕 전사),
화랑도,
한강유역 차지, 대가야 정복(562),
정복지 곳곳에 순수비 건립

03강 삼국과 가야의 성립과 발전

❶ 고구려의 건국과 발전

 나라별 주요 왕들과 그들의 업적을 스토리로 이해하며 꼼꼼하게 공부해야 하는 단원입니다. 힘내세요!

1) 고구려의 건국과 성장

건국	부여에서 내려온 주몽* (동명성왕)이 졸본을 도읍으로 고구려를 세움
유리왕	졸본에서 국내성으로 도읍을 옮김
고국천왕	왕위의 부자 세습, 빈민 구제를 위해 진대법* 실시
미천왕	낙랑군 정복(대동강 이남 지역 확보)
고국원왕	고구려의 위기: 백제 근초고왕의 공격으로 평양성에서 전사
소수림왕	• 중국으로부터 불교 수용 • 태학 설립 └▸ 국립 교육 기관으로, 나라에 충성하는 유교적 인재를 양성 • 율령 반포 → 중앙 집권 체제 강화 └▸ 나라를 다스리는 법과 제도　└▸ 강한 왕권을 중심으로 나라를 통치하는 체제

★ 주몽 이야기

하늘에서 내려온 해모수와 하백의 딸 유화 사이에서 알을 깨고 남자아이가 태어났다. 부여의 금와왕이 그를 보살폈는데, 어릴 때부터 활을 잘 쏘아 주몽이라고 불렸다. 부여의 다른 왕자들이 주몽을 시기하여 죽이려 들자, 주몽은 자신을 따르는 무리를 이끌고 남쪽으로 내려와 졸본 땅에 고구려를 세웠다.
－광개토 대왕릉비－

★ 진대법(194년)

매년 봄에 곡식을 빌려 주고 수확하는 시기인 가을에 갚게 하였어요. 한국사 최초로 실시된 빈민 구제 제도였어요.

TIP 고구려의 도읍

고구려의 도읍은 졸본 → 국내성 → 평양으로 이전되었어요.

Real 역사 스토리 광개토대왕을 있게 해 준 소수림왕

소수림왕의 업적

준비는 충분해. 이제 나의 후손이 고구려를 전성기로 이끌어줄 것이다!

불교수용　　율령반포　　태학설립

　고국원왕이 평양성에서 전사하면서 고구려는 위기에 빠지고 말았습니다. 그리고 그의 아들인 소수림왕이 왕위를 이었죠. 소수림왕은 고구려를 다시 회복시키고 중앙집권체제를 강화하기 위해 불교 수용, 태학 설립, 율령 반포를 단 몇 년 만에 연속적으로 해냈습니다. 소수림왕의 이러한 노력은 훗날 광개토대왕이 눈부신 활약을 펼칠 수 있는 밑거름이 되었지요.

2) 고구려의 전성기

광개토
대왕
(4세기 말
~5세기 초)
	• 한국사를 대표하는 정복왕으로, 영토를 크게 늘림
	• 북쪽: 동부여, 후연 정복, 요동 지역과 만주 지역으로 진출하여 영토 확장
	• 남쪽: 백제를 공격하여 한강 이북 지역 차지, 5만의 병사를 직접 이끌고 신라에
	  침입한 왜군을 격퇴함 (관련유물: 호우총 청동 그릇)
	• 이때 왜의 동맹이던 가야도 공격받아 전기 가야연맹의 맹주 금관가야가 몰락했
	  고, 이후 대가야가 후기 가야연맹을 주도하게 됨
	• '영락'이라는 독자적인 <u>연호</u> 사용: 중국 중심이 아닌 고구려 중심으로 세계를 바
	  라본 것
	  └─• 황제국에서 연도를 표기하는 방법으로,
	       예를 들어 '영락 3년'이면 광개토대왕 즉위 3년째 해를 말함

장수왕
(5세기)
	• 남진정책: 남쪽으로 영토를 확장하고자
	  평양으로 천도(427년)
	• 백제 수도 한성을 빼앗고 한강 유역 차지
	  (백제 개로왕 전사)
	• 한반도 중부지역까지 영토를 확장
	  → 충주 고구려비*를 세움
	• 아버지 광개토 대왕의 업적을 기리기
	  위해 광개토대왕릉비*를 세움

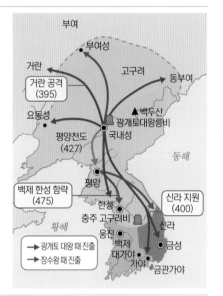

★ 충주 고구려비

한반도에서 발견된 유일한 고구려 비석으로, 고구려가 남한강 유역까지 영역을 확장하였던 사실을 알 수 있어요.

★ 광개토대왕릉비

광개토대왕의 활발한 정복활동 등이 새겨져 있는 비석이에요.

> **Real 역사 스토리** **고구려에서 만든 호우총 청동 그릇! 왜 신라 무덤에서 발견된 걸까?**

경주 호우총에서 출토된 호우총 청동 그릇

고구려 광개토대왕이 과연 신라를 공짜로 도와줬을까요? 그럴 리 없겠죠! 신라는 고구려의 도움을 받기 위해 태자(왕의 자리를 이을 왕자)를 고구려에 인질로 보내야 했고, 이후에도 한동안 왕족 중 한 명을 고구려에 보냈습니다.

호우총 청동 그릇은 장수왕이 아버지 광개토대왕의 제사를 위해 만든 그릇으로, 당시 고구려에 인질로 갔던 신라 왕족이 돌아올 때 가져온 것으로 추정되고 있지요. 우리는 이 유물을 통해 당시 신라와 고구려의 관계를 엿볼 수 있습니다.

> **Real 역사 스토리** **고구려 간첩 도림, 백제 개로왕을 속이다!**

도림은 고구려 장수왕의 부하로, 바둑을 잘 두는 스님이었어요. 장수왕은 도림을 백제에 보내 바둑을 좋아하는 개로왕의 환심을 사도록 했고, 그 작전은 맞아 떨어졌죠. 백제 개로왕은 도림이 간첩인 줄도 모르고 그를 자신의 스승으로 삼았는데요. 도림이 시키는 대로 무리한 토목 공사를 벌이는 등 국력을 낭비하다가 백제는 그만 국력이 고갈되고 말았습니다. 도림은 장수왕에게 돌아가 이 사실을 보고하였고요. 곧이어 장수왕의 침공으로 백제의 수도 한성이 함락당하면서 개로왕은 비참한 죽음을 맞게 됩니다.

❷ 백제의 건국과 발전

1) 백제의 건국과 성장

건국	온조*가 한강 유역에 자리를 잡고, 한성(위례성)*을 도읍으로 백제를 세움
고이왕	• 마한 목지국 점령 → 한반도 중부 지역 차지 • 율령 반포, 관리의 복색과 등급을 정비함 → 중앙 집권적 국가의 기틀 마련 └ 관리의 등급별로 옷의 색깔을 정함
근초고왕 (4세기 후반)	• 마한 전체 정복→ 남해안으로 진출, 가야에 영향력 행사 • 고구려 평양성을 공격(371년)하여 고국원왕을 죽임 → 북쪽의 황해도 일부 지역을 차지 • 외교 관계: 중국의 동진, 왜의 규슈 등지와 교류  근초고왕은 북쪽으로는 고구려의 평양성을 공격해 황해도 지역을 차지하고, 남쪽으로는 마한을 정복해 남해안까지 영토를 넓혔어요. 백제는 한강 유역을 차지하여 삼국 중 가장 먼저 전성기를 맞이하였지요.
침류왕	중국 동진에서 온 마라난타를 통해 불교를 수용

Real 역사 스토리 한강 유역의 중요성

한강은 동쪽에서 서쪽으로 흐르는, 한반도 중부에 넓게 펴져 있는 강이에요. 한강을 따라 넓은 평야 지대가 있어서 농사짓기에 좋지요. 또 황해를 통해 배를 타고 중국으로 가면 선진 문물을 받아들이고 무역도 할 수 있었답니다. 그래서 삼국은 한강 유역을 차지하기 위해 서로 치열하게 경쟁하였습니다.

★ 온조 이야기

주몽은 졸본에서 고구려를 세우고, 비류와 온조를 낳았다. 주몽이 부여에 두고 온 아들 유리가 주몽을 찾아와 후계자가 되자, 비류와 온조는 무리를 이끌고 남쪽으로 내려왔다. 비류는 미추홀에, 온조는 위례성에 도읍을 정하였다. 비류가 죽자 온조가 그 백성들을 받아들였다. 나라 이름을 백제라 하였다.
－삼국사기－

★ 서울 풍납동 토성(위례성)

서울 송파구에 있는 성으로, 백제의 수도 한성(위례성)입니다. 성벽을 흙으로 쌓은 것이 특징입니다.

TIP 고구려와 백제의 관계

백제의 초기 무덤은 고구려의 무덤과 양식이 비슷해요. '적석총'이라고 하는 양식으로, 피라미드처럼 생겼죠. 이를 통해 고구려에서 내려온 사람들이 백제를 건국하였음을 알 수 있어요.

장군총(고구려)

서울 석촌동 돌무지 무덤(백제)

2) 백제의 중흥 노력

위기	장수왕의 남진정책 → 신라와 나·제동맹을 맺어 대응 → 고구려 장수왕의 공격 → 수도 한성 함락 → 개로왕 전사 → 웅진(공주)*으로 도읍을 옮김(475년)
무령왕	• 지방의 주요 지역인 22담로*에 왕족 파견하여 왕권 강화 • 중국 남조의 양과 국교를 맺고 교류하여 <u>문화 발전</u> 　　　　　　　　　　　└ 무령왕릉을 통해 알 수 있어요.
성왕	• 행정구역을 정비하여 5부(중앙)과 5방(지방) 설치 • 사비(부여)로 도읍을 옮기고 나라 이름을 일시적으로 '남부여'로 고침(538년) • 신라 진흥왕과 힘을 합쳐 한강 유역 회복 → 신라의 배신으로 한강 유역을 빼앗김 　→ 관산성 전투에서 성왕 전사

• Real 역사 스토리 관산성전투

　　무령왕의 아들이자 백제의 24대 왕인 성왕은 신라와 힘을 합쳐 고구려로부터 한강 유역을 **빼앗는** 데 성공합니다. 하지만, 신라의 진흥왕이 한강 유역을 독차지하면서 나·제 동맹은 곧 깨지고 말았지요. 화가 난 성왕은 신라를 공격하던 중 관산성 전투에서 신라 장군 김무력(김유신의 할아버지)에게 기습 공격을 당해 전사하고 말았습니다. 이 관산성전투를 기점으로 백제는 내리막길을 걷게 된 반면, 신라의 기세는 하늘을 찌를 듯 높아져 이내 전성기를 맞이하게 됩니다.

❸ 신라의 건국과 발전

1) 신라의 건국과 성장

건국	• 진한의 사로국에서 출발 • 박혁거세*가 경주 지역을 중심으로 신라를 건국 • 초기에는 박·석·김 3개 성씨가 왕의 자리에 오를 자격이 있었음
내물 마립간	• 김씨가 왕위를 독점적으로 세습(중앙 집권 국가의 기틀을 마련) • 왕의 칭호로 '마립간(대군장)' 사용 • 광개토 대왕의 도움으로 왜군 격퇴(400년) → <u>고구려의 내정간섭</u> 　　　　　　　　　　　　　　　　└ 호우총 청동 그릇에서 알 수 있지요.
22대 지증왕 (6세기 초)	• 중국식 '왕' 칭호 사용* • 나라의 이름을 '신라'로 정함 　　└ 이전에는 사로, 계림, 서라벌 등 다양한 이름으로 불렸어요. • 소를 농사에 이용하는 우경을 실시하여 농업 생산력 증대 • 장군 이사부를 보내 <u>우산국(울릉도와 독도) 정복</u> 　　　　　　　　　　└ 삼국 시대 울릉도와 독도에 있었던 작은 나라

★ **공주 공산성**

충남 공주에 있는 공산성은 한성을 빼앗긴 백제가 다시 나라를 일으키려 피신했던 웅진(공주)에 있는 산성입니다.

TIP 백제의 도읍

도읍은 한성 → 웅진(공주) → 사비(부여) 순으로 이전되었어요. 고구려의 공격으로 한성이 함락되고 개로왕이 죽자, 웅진으로 수도를 옮겼지요. 이후 6세기 성왕은 비좁은 웅진을 떠나 비교적 넓은 벌판이 펼쳐진 사비로 도읍을 옮겼어요.

★ **22담로**

담로란 백제가 지방의 중요 지역에 설치했던 행정구역이에요. 무령왕은 백제를 다시 일으키고자 22개의 담로를 설치하고 왕족을 보내 다스리게 했어요. 이로써 지방 통치 제도를 재정비할 수 있었지요.

★ **박혁거세 이야기**

신라의 여섯 촌장들이 남쪽을 바라보니 우물가에 흰 말이 절을 하는 듯했다. 달려가 보니 말은 없고 큰 알만 남아 있어 알을 깨 보니 남자아이가 나왔다. 촌장들은 알의 모양이 박과 같으니 성을 '박'이라 하고, 세상을 밝게 한다는 뜻에서 '혁거세'라는 이름을 지어준 뒤 신라의 첫 번째 왕으로 모셨다.

－삼국사기－

★ **신라 왕 칭호 변화**

신라 왕의 칭호는 거서간(군장) → 차차웅(무당) → 이사금(연장자) → 마립간(대군장) → 왕(중국식 호칭) 순으로 변화했어요.

23대
법흥왕
(6세기 초)
	• 율령 반포, '건원'이라는 연호 사용
	• 병부를 설치하고 병부령을 임명
	  └ 군사에 관한 일을 담당하는 부서　└ 병부의 장관
	• 상대등 설치
	  └ 귀족회의인 화백 회의 주관
	• 이차돈의 순교*를 계기로 불교 공인
	  └ 신앙을 위해 목숨을 바치는 일
	• 남쪽으로 금관가야를 병합해 낙동강까지 영토 확대

24대 진흥왕 (6세기 중반)	• 화랑도를 국가 조직으로 개편 • 백제 성왕과 함께 고구려를 공격해 한강 상류 지역을 차지 → 이후 백제까지 공격하여 한강 유역을 독차지함 • 남쪽으로 대가야 정복(이사부), 북쪽으로 함흥평야까지 진출 • 단양 신라 적성비와 여러 개의 진흥왕 순수비*를 세움 • 황룡사*를 건립하여 국가의 통합과 발전을 기원 • 거칠부에게 명하여 역사책인 『국사』편찬 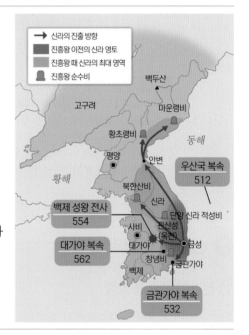

서울 북한산 신라 진흥왕 순수비	단양 신라 적성비
 진흥왕이 한강 유역을 정복하고 세운 비석이에요. 한강 북쪽까지 신라가 점령했음을 알려주고 있습니다.	 진흥왕 때 고구려 영토이자 한강의 남쪽인 단양 적성을 점령한 후, 민심을 안정시키기 위해 세운 비석이에요. 진흥왕이 단독으로 귀족들에게 명령을 내리고 있는 내용이 들어 있는데, 이를 통해 신라의 중앙집권체제가 완성되어가고 있었음을 알 수 있습니다.

Real 역사 스토리 신라장군 이사부

이사부는 지증왕, 법흥왕, 진흥왕을 모두 모셨던 신라의 왕족 출신 명장입니다. 지증왕 시기 수군을 이끌고 동해바다의 우산국을 정복했고, 법흥왕 대에는 금관가야에 큰 타격을 주어 금관가야가 신라에 항복하도록 만들었지요. 이후 진흥왕 대에는 대가야까지 공격해 멸망시키는 등 일생 내내 대단한 활약을 이어나갔습니다. 참고로 그의 성은 이씨가 아닙니다. '이사부'는 그의 이름으로, 그의 성은 김씨(삼국사기 기록) 또는 박씨(삼국유사 기록)라고 전해집니다.

Real 역사 스토리 신라의 아이돌과 팬클럽! 화랑도

화랑도는 신라의 청소년 단체로, 화랑과 낭도로 이루어졌어요. 화랑은 신라 진골 귀족 출신 중에 얼굴이 잘생긴 청년들을 뽑아 임명했고, 얼굴을 하얗게 화장했다고 해요.(지금의 아이돌 스타와 비슷!)

화랑 아래에는 화랑을 따르는 낭도가 수십~수천 명씩 있었는데, 이들은 화랑과 함께 전국을 돌아다니며 무예와 학문, 불교 경전을 익혔고, 이 중 뛰어난 자들은 벼슬길에 오르기도 했습니다. 이후 화랑도는 신라가 삼국을 통일하는 데 큰 공을 세우는 김춘추, 김유신, 관창과 반굴 등 많은 인물들을 배출했어요.

> **화랑도의 세속오계**
>
> 사군이충(事君以忠) 충선으로써 임금을 섬긴다.
> 사친이효(事親以孝) 효도로써 어버이를 섬긴다.
> 교우이신(交友以信) 믿음으로써 벗을 사귄다.
> 임전무퇴(臨戰無退) 싸움에 임해서는 물러남이 없다.
> 살생유택(殺生有擇) 죽이고 살리는 데에는 가림이 있다.

❹ 가야의 성립과 발전

성립	• 철기 문화를 기반으로 성장 • 낙동강 하류의 변한 지역에서 작은 나라들이 모여 가야 연맹으로 발전 　└ 가야는 여러 나라가 연맹을 이룬 연맹 왕국의 형태였어요.
전기 가야 연맹	• 김수로왕*이 세운 김해 지역의 금관가야가 연맹을 주도함 • 질 좋은 철이 많이 생산되어 중국, 낙랑, 왜 등에 수출 • 낙동강 하류에 위치하여 해상 활동에 유리 • 고구려 광개토 대왕의 공격으로 세력 약화
후기 가야 연맹	• 고구려의 공격에 직접적인 피해를 받지 않은 고령* 지역의 대가야가 연맹을 주도 　└ 경상도 내륙에 있어 고구려의 침략을 피할 수 있었어요. • 6세기 초 백제와 신라의 압력으로 세력 약화
멸망	• 가야는 중앙 집권 국가로 성장하지 못하고 연맹 왕국 단계에서 멸망함 • 금관가야: 신라 법흥왕에 멸망(532년) • 대가야: 신라 진흥왕에 멸망(562년)

Real 역사 스토리 '확 낀자' 가야의 슬픈 이야기

백제, 신라라는 두 강대국 사이에 끼어 있었던 가야. 특히 왜와 긴밀한 관계를 맺고 신라를 견제했는데요, 서기 400년에는 신라를 멸망 직전까지 몰아붙이기도 했습니다.

그러나, 신라를 구원하러 온 고구려 광개토대왕의 5만 군대가 가야를 덮쳤고, 이 때 전기 가야의 맹주였던 금관가야는 큰 피해를 입고 사실상 쇠퇴하게 됩니다.

이후 대가야가 후기 가야 연맹을 이끌었지만 갈수록 강해지는 신라의 힘을 견뎌낼 수 없었고 결국 금관가야 → 대가야의 순으로 멸망하고 말았습니다.

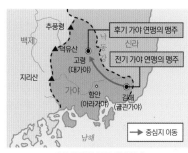

가야 연맹의 주도 세력 변화

★ 김수로왕 이야기

> 마을 사람들이 '구지가'를 부르며 노래하고 춤을 추었고 이후 하늘에서 금빛 상자가 내려왔다. 상자에는 여섯 개의 황금알이 있었는데 곧 남자아이들이 나왔고 그 중 가장 먼저 태어난 아이가 김수로였다. 여섯 아이들은 자라서 각각 여섯 가야국의 임금이 되었다.
>
> ─삼국유사─

TIP 가야 금관

고령에서 출토된 금관으로 전성기 대가야의 발달된 문화를 볼 수 있어요.

★ 고령 지산동 고분군

후기 가야 연맹을 주도한 대가야의 중심지인 고령에서 발견된 무덤들입니다. 이곳에서 철제 유물 등 다양한 유물이 출토되었어요.

고구려	백제	신라	가야
~2세기			
동명성왕(주몽) ·졸본에 건국 **유리왕** ·국내성으로 천도 **고국천왕** ·왕위의 부자 상속·진대법 실시	**온조왕** ·한성(위례성)에 도읍	**박혁거세** ·신라 건국(경주) ·거서간 → 차차웅 → 이사금 → 마립간 ·국가로서의 중앙집권체제 성립이 늦음	·철 생산으로 해상교역 성장(6개의 연맹) ·금관가야(김수로왕)
3세기			
	고이왕 ·마한의 목지국 정복 → 한반도 중부 차지 ·율령반포		
4세기 **미천왕** ·낙랑군 정복 (대동강 이남 확보) **고국원왕** ←(공격)— **근초고왕** ·고구려 위기 (평양성에서 사망) **소수림왕** ·율령반포 ·불교수용 ·태학설립	**근초고왕** ·마한 전체 정복 ·평양성 전투: 고국원왕 전사시킴 ·외교: 중국 동진, 왜 **침류왕** ·불교수용		전기가야(금관가야) 연맹
5세기 **광개토대왕** —(지원)— ·북: 후연 격파, 동부여 정복 ·남: 백제 공격(한강 이북 차지) ·신라에 침입한 왜구 격퇴 ·독자적 연호 '영락' **장수왕** —(공격)→ ·남진정책 → 평양천도(427) → 한강유역 전체 차지 (충주 고구려비) ·광개토대왕릉비 건립	**비유왕** —나·제 동맹 체결→ **개로왕** ·장수왕에게 한성 함락당하고 죽임 당함 **문주왕** ·웅진(공주) 천도 **무령왕** ·22담로 설치 + 왕족 파견 ·중국 남조와 교류 ·무령왕릉(벽돌무덤)	고구려 군의 공격→ **내물마립간** ·왜구가 침입하자 광개토대왕의 도움으로 격퇴 ·김씨가 왕위 독점 세습 ·고구려의 내정간섭 시작 (관련유물: 호우총 청동 그릇) **눌지마립간** ·고구려의 내정간섭에서 벗어남	금관가야 큰 피해 입음 ↓ 전기 가야연맹 쇠퇴 ↓ 후기가야(대가야)연맹
6세기	**성왕** ←나·제 동맹 결렬(553) ·사비(부여)천도 ·국호를 일시적 '남부여'로 변경 ·한강유역을 일시적 회복했으나, 진흥왕의 배신으로 상실 ·관산성 전투에서 전사	**지증왕** ·'왕' 칭호 사용 ·나라 이름 '신라'로 정함 ·우경 장려 ·우산국 복속(장군 이사부) **법흥왕** ·율령반포, 연호 '건원' 사용 ·불교공인(이차돈의 순교) ·상대등 설치 ·금관가야 병합 —(공격)→ **진흥왕** ·'화랑도' → 국가조직으로 개편 ·한강유역 확보 → 단양적성비, 순수비 건립 ·황룡사 건립 —(공격)→	금관가야 멸망(532) 대가야 멸망(562)

1 아래 보기에서 알맞은 키워드를 골라 해당되는 문장의 빈칸에 써보세요.

> 보기 세속오계, 구지가, 사비, 미천왕, 국내성, 고국천왕, 법흥왕, 진흥왕

① ＿＿＿＿＿ 은/는 고구려의 왕으로, 빈민 구제를 위해 진대법을 실시하였다.

② 백제 성왕은 수도를 웅진에서 ＿＿＿＿＿ (으)로 옮겼다.

③ 신라의 ＿＿＿＿＿ 은/는 한강 유역을 차지한 뒤 이를 기념하여 북한산에 순수비를 세웠다.

④ 가야 김수로왕의 건국 신화를 보면 마을 사람들이 불렀던 노래인 ＿＿＿＿＿ 이/가 나온다.

2 아래 사건들을 시간 순서에 따라 배열해 보세요.

> 가. 백제 성왕과 신라 진흥왕이 연합하여 한강 유역을 회복하였다.
> 나. 고구려에서 영락이라는 연호를 사용하였다.
> 다. 고구려에서 태학을 설립하였다.
> 라. 신라가 대가야를 정복하였다.

＿ - ＿ - ＿ - ＿

정답 **1** ① 고국천왕 ② 사비 ③ 진흥왕 ④ 구지가 **2** 다-나-가-라

1 (가)에 들어갈 내용으로 옳은 것은? [2점]

〈다큐멘터리 기획안〉

백제, 전성기를 맞이하다

■ **기획 의도**
  4세기 중반 활발한 대외 활동을 전개하고 백제를 발전시킨 근초고왕의 업적을 조명한다.

■ **구성 내용**
  1부 마한의 여러 세력을 복속시키다
  2부 ⌈   (가)   ⌋
  3부 남조의 동진 및 왜와 교류하다

① 사비로 천도하다
② 22담로를 설치하다
③ 고국원왕을 전사시키다
④ 독서삼품과를 시행하다

2 밑줄 그은 '나'의 업적으로 옳은 것은? [2점]

> 고구려 제19대 왕인 나는 거란, 숙신, 후연, 동부여 등을 정벌하고, 영토를 크게 넓혔소.

① 태학을 설립하였다.
② 천리장성을 축조하였다.
③ 도읍을 평양성으로 옮겼다.
④ 신라에 침입한 왜를 격퇴하였다.

3 (가)에 들어갈 내용으로 옳은 것은? [2점]

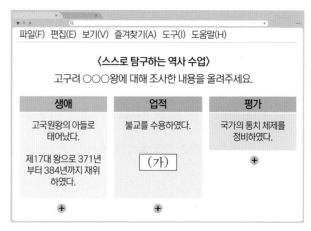

파일(F) 편집(E) 보기(V) 즐겨찾기(A) 도구(I) 도움말(H)

〈스스로 탐구하는 역사 수업〉
고구려 ○○○왕에 대해 조사한 내용을 올려주세요.

생애	업적	평가
고국원왕의 아들로 태어났다. 제17대 왕으로 371년부터 384년까지 재위하였다.	불교를 수용하였다. (가)	국가의 통치 체제를 정비하였다. ＋
＋	＋	

① 태학을 설립하였다.
② 병부를 설치하였다.
③ 화랑도를 정비하였다.
④ 웅진으로 천도하였다.

4 (가) 나라에 대한 탐구 활동으로 가장 적절한 것은? [3점]

뚜벅뚜벅 역사 여행

김수로가 세운 (가) 의 역사

답사 일정

- 9:00 학교 출발
- 10:00~12:00 국립 김해 박물관 견학
- 12:00~13:00 맛있는 점심 식사!
- 13:00~15:00 김해 대성동 고분군 및 박물관 답사
- 15:00 집으로!

① 사비로 천도한 이유를 파악한다.
② 우산국을 복속한 과정을 살펴본다.
③ 청해진을 설치한 목적을 조사한다.
④ 구지가가 나오는 건국 신화를 분석한다.

5 밑줄 그은 '이 왕'으로 옳은 것은? [3점]

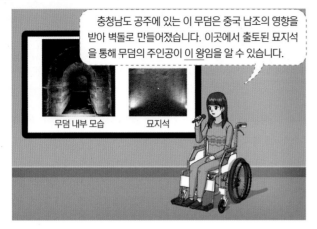

충청남도 공주에 있는 이 무덤은 중국 남조의 영향을 받아 벽돌로 만들어졌습니다. 이곳에서 출토된 묘지석을 통해 무덤의 주인공이 <u>이 왕</u>임을 알 수 있습니다.

무덤 내부 모습   묘지석

① 성왕   ② 고이왕   ③ 무령왕   ④ 근초고왕

6 밑줄 그은 '나'의 업적으로 옳은 것은? [2점]

나는 신라의 제23대 왕으로 병부를 설치하고, 율령을 반포하였소.

① 녹읍을 폐지하였다.
② 불교를 공인하였다.
③ 독서삼품과를 시행하였다.
④ 북한산에 순수비를 세웠다.

도전! 심화문제

1 (가), (나) 사이의 시기에 있었던 사실로 옳은 것은? [2점]

(가) 고구려 병사는 비록 물러갔으나 성이 파괴되고 왕이 죽어서 [문주가] 왕위에 올랐다. ······ 겨울 10월, 웅진으로 도읍을 옮겼다.
－『삼국사기』－

(나) 왕이 신라를 습격하고자 몸소 보병과 기병 50명을 거느리고 밤에 구천(狗川)에 이르렀는데, 신라 복병을 만나 그들과 싸우다가 살해되었다.
－『삼국사기』－

① 익산에 미륵사가 창건되었다.
② 흑치상지가 임존성에서 군사를 일으켰다.
③ 동진에서 온 마라난타를 통해 불교가 수용되었다.
④ 지방을 통제하기 위하여 22담로에 왕족이 파견되었다.
⑤ 계백이 이끄는 결사대가 황산벌에서 신라군에 맞서 싸웠다.

2 다음 자료에 해당하는 왕에 대한 설명으로 옳은 것은? [1점]

백제 제26대 왕 명농, 지혜와 식견이 뛰어나고 결단력이 있었다.

1/3

웅진에서 사비로 도읍을 옮기고 백제의 중흥을 꾀했다.

2/3

구천(관산성 부근)에서 신라의 복병에게 목숨을 잃었다.

3/3

① 국호를 남부여로 개칭하였다.
② 금마저에 미륵사를 창건하였다.
③ 고흥에게 서기를 편찬하게 하였다.
④ 윤충을 보내 대야성을 함락하였다.
⑤ 동진에서 온 마라난타를 통해 불교를 수용하였다.

❶ 삼국 시대 사람들의 생활 모습

 최근 기출문제 95% 이상에서 문화재 사진이나 그림이 등장하였습니다! 어느 나라의 문화재인지, 특징은 무엇인지 주의 깊게 살펴보세요!

★ 귀족 회의

고구려	제가 회의
백제	정사암 회의
신라	화백 회의

· 제가 회의: '가'들이 모여 회의하던 부여의 전통에서 온 것
· 정사암 회의: 정사암이라는 바위에 모여 국가의 중대사를 결정
· 화백 회의: 국가의 중요한 일을 만장일치로 결정

귀족	• 지배층으로 많은 토지와 노비를 소유함 • 귀족 회의*에 참여하여 나라의 중요한 정책을 결정함 • 사회·경제적으로 특권을 누림
평민	• 대부분 농민으로 구성됨 • 나라에 세금을 납부하고, 궁궐이나 성 축조 등 나라의 큰 공사에 동원됨 • 전쟁 시 나가서 싸워야 함
노비	• 가장 낮은 신분으로, 주인의 재산으로 여겨져 거래나 상속이 가능했음 • 귀족의 토지를 대신 농사짓거나 주인집의 일을 함 → 전쟁 포로나 죄인 또는 빚을 진 사람들이 노비가 되었어요.

삼국 시대 사람들은 태어날 때부터 신분이 정해져 있었고 신분에 따라 차별이 있었어요.

관등		골품				공복
등급	관등명	진골	6두품	5두품	4두품	
1	이벌찬					자색
2	이찬					
3	잡찬					
4	파진찬					
5	대아찬					
6	아찬					비색
7	일길찬					
8	사찬					
9	급벌찬					
10	대나마					청색
11	나마					
12	대사					황색
13	사지					
14	길사					
15	대오					
16	소오					
17	조위					

Real 역사 스토리 신라의 신분 제도 골품제

신라는 정복하거나 흡수시킨 지역에 살던 지배자들을 포용하였어요. 물론 세력의 크기에 따라 급을 나누어 받아들였고, 이 과정에서 골품제가 만들어졌지요.

신라 귀족들은 골품에 따라 엄격히 구분되어 관직 승진의 제한을 받았고, 집의 크기, 옷의 색깔 등도 달라졌어요. 골품에서 골은 왕족을 의미하는 것으로 성골과 진골이 있었고, 두품은 6~1두품까지 있었어요. 귀족의 신분이었던 6~4두품, 그리고 거의 평민과 같은 신분이었던 3~1두품으로 이루어졌어요.

6두품 이하의 신분은 능력이 있어도 높은 관직에는 오를 수 없었기 때문에 종교·학문 분야에서 주로 활동했고요, 신라 말기엔 골품제를 비판하고 신라 사회를 개혁하려는 세력으로 바뀌기도 하였습니다.

❷ 삼국 시대의 문화

1) 고구려의 문화

불교*	금동연가 7년명 여래 입상은 경상남도 의령에서 출토된 고구려의 불상으로 '연가 7년' 등의 연호가 새겨져 있어 제작 시기를 추정할 수 있음 └ 연가는 고구려의 연호로 추측되고 여래는 석가모니 불상을 의미 금동연가 7년명 여래 입상
도교*	사신도는 동서남북을 지키는 네 가지 신(동쪽은 청룡, 서쪽은 백호, 남쪽은 주작, 북쪽은 현무)을 그린 그림으로, 그 중 현무도는 북쪽을 수호하는 상상의 동물인 현무를 그린 그림임 강서대묘의 사신도 중 현무도

유학	• 수도에는 태학 설치
	  └ 소수림왕 때 설치되어 유교 교육을 실시
	• 지방에는 경당 설치
	  └ 글과 활쏘기를 지도

초기에는 돌무지무덤, 중기 이후에는 굴식 돌방무덤을 만듦

장군총	무용총
대표적인 돌무지무덤	굴식 돌방무덤

고분
'옛 무덤'
이라는 뜻

굴식 돌방무덤의 무용총 안에 그려진 벽화를 보면 당시 고구려의 생활 모습을 엿볼 수 있음

무용총 수렵도	무용총 무용도	무용총 접객도
말을 타고 활을 쏘는 무사의 용맹한 모습이 담겨 있음	춤추는 무용수와 악사를 통해 당시 사람들의 복장을 알 수 있음	손님을 대접하는 모습을 그린 벽화로 신분에 따라 인물의 크기와 복장이 다름

※ 무덤의 형식에 대해 먼저 공부해보고 싶다면, 45쪽을 확인하세요!

＊ 불교를 수용한 이유
삼국이 중앙 집권 국가로 나아가는 과정에서 왕권을 강화하고 백성들의 마음을 하나로 모으기 위해 불교를 수용했어요.

고구려	소수림왕 때 중국 전진을 통해 수용(372년)
백제	침류왕 때 중국 동진을 통해 수용(384년)
신라	5세기 고구려로부터 수용, 법흥왕 때 이차돈의 순교로 공인(527년)

＊ 도교의 전래
자연과 벗하여 살며 늙지도 죽지도 않는 신선이 되기를 바라는 신선사상과 연관되어 있으며 일찍이 삼국에 전래되었어요.

2) 백제의 문화

	부여 정림사지 5층 석탑	익산 미륵사지 석탑	서산 용현리 마애여래 삼존상
불교	백제 후기 수도 사비의 큰 절 정림사 터에 있는 석탑. 1층 부분에는 백제 멸망 후 당의 장수 소정방이 쓴 낙서가 새겨져 있음 └→ 당이 백제를 정벌하였다는 내용	백제 무왕이 만든 미륵사 터에 있는 석탑으로, 건립 연대가 명확하게 밝혀진 한국의 석탑 중 가장 크고 오래됨. 복원 과정에서 금제 사리 장엄구와 봉안기가 발견되었음	부드러운 미소를 담은 백제의 불상으로 흔히 '백제의 미소'라 불림. 산의 암벽에 새겨져 있음

	산수무늬 벽돌	백제 금동 대향로 →종교 의식이나 제사 때 향을 피우는 도구
도교	충남 부여에서 출토된 유물로 산, 구름, 나무 등을 표현함	부여 능산리 절터에서 출토되었고 불교를 상징하는 연꽃 위에 신선들의 세계가 묘사되어 있음. 도교와 불교 사상이 함께 반영된 백제의 뛰어난 문화유산임

유학	• 오경박사*를 두어 유학을 지도

고구려의 영향을 받아 초기에는 돌무지무덤을 만들었으나, 점차 굴식 돌방무덤을 주로 만듦

	서울 석촌동 고분	부여 능산리 고분군	충남 공주 무령왕릉
고분	백제 초기: 돌무지무덤 └→ 고구려 초기의 무덤과 비슷해 백제를 건국한 세력이 고구려에서 내려왔다는 사실을 짐작할 수 있지요.	백제 후기: 굴식 돌방무덤 └→ 역시 고구려의 영향을 받아 만들어졌어요.	무령왕의 무덤은 내부를 벽돌로 쌓아 방을 만든 벽돌무덤임 └→ 삼국 중 유일하게 백제에서만 나타나며, 중국의 영향을 받은 형식

무령왕릉 출토 유물

백제 무령왕의 무덤은 도굴되지 않은 상태로 발견되어 수준 높은 백제의 유물들이 발견됨 (약 4,600여점)

묘지석

출토된 묘지석을 통해 무령왕과 왕비의 무덤이라는 것을 알 수 있어요.

진묘수(석수)

왕관 장식

3) 신라의 문화

	이차돈 순교비	경주 분황사 모전 석탑	황룡사 구층 목탑
불교	법흥왕 때 불교를 공인하기 위해 희생한 이차돈의 모습을 담고 있음	벽돌로 쌓아 올린 탑. 현재 남아 있는 신라 석탑 중 가장 오래되었음	선덕여왕 시기 자장의 건의로 경주 황룡사에 건립됨. 고려시대에 있었던 몽골과의 전쟁 때 황룡사와 함께 불타 지금은 터만 남아 있음
유학	• 임신서기석*을 통해 유학 교육이 이루어졌음을 알 수 있음 • 진흥왕 때 거칠부가「국사」라는 역사책을 편찬함		
천문	• 선덕여왕 때 첨성대를 건립, 천문 현상을 관측하기 위해 만들어진 동양에서 가장 오래된 천문대 └ 여성 최초로 신라의 왕위에 올랐어요. 첨성대		
고분	신라 초기에는 돌무지덧널무덤을 만들었으나 점차 굴식 돌방무덤을 만듦 천마총 *　　　　　황남대총		

Real 역사 스토리 **삼국시대의 무덤 완벽정리**

돌무지무덤 (고구려 → 백제 전파)	관 위에 돌을 쌓아 만든 무덤으로 겉을 보면 돌로 쌓여 있고, 무덤 구조상 벽화가 있을 공간이 없어 도굴이 어려워요. 대표적으로 고구려의 장군총이 있습니다.	관
굴식 돌방무덤 (고구려 → 백제 → 신라 전파)	돌로 방을 만들고 입구까지 통로를 연결한 후에 그 위를 흙으로 덮은 무덤이에요. 입구만 찾으면 도굴이 쉬워 내부의 유물들은 대부분 없어졌지만, 넓은 벽면에 여러 벽화들이 남아 있지요. 대표적으로 고구려의 무용총이 있습니다.	벽화 공간
돌무지 덧널무덤 (신라 특유 양식)	돌무지무덤과 이름은 비슷하지만, 두 가지 큰 차이점이 있어요. 일단 겉을 보면 돌이 아닌 흙으로 덮여 있습니다. 그리고 속을 보면 관을 바로 덮지 않고 나무로 덧널을 만들어 관을 보호하고 있군요. 덧널 덕분에 유물들이 들어갈 공간은 조금 생겼지만, 벽화를 그리기에는 무리겠군요. 대표적으로 경주의 천마총, 금관총 등이 있습니다.	유물　덧널 관
벽돌무덤 (중국 → 백제 전파)	중국에서 유행하던 벽돌무덤! 중국과 활발한 교류를 하던 백제에도 등장했습니다. 벽돌을 쌓아 내부를 만들었고, 넓은 공간이 있어 유물들이 들어갈 공간이 충분합니다. 하지만 벽돌무덤의 특성상 벽화를 그리기엔 역시 무리겠군요. 대표적으로 무령왕릉이 있습니다.	

TIP 경주 대릉원 일원

경주는 신라의 도읍으로 많은 고분이 있지요.

★ 임신서기석

약 30cm 길이의 작은 비석으로, '임신년에 서약하여 기록한 돌'이라는 뜻이에요. 이 비석은 신라의 두 청년이 유교 경전을 3년 동안 열심히 공부할 것을 맹세하는 내용이 담겨 있어요.

★ 천마도

천마총에서 발굴된 장니(말을 탈 때 사람 옷에 흙이 튀지 않게 하려고 말 안장 양쪽으로 늘어뜨린 도구)에 그려진 하늘을 나는 말 그림입니다.

TIP 금관총 금관

신라의 금관은 출(出)자 모양과 사슴 뿔 모양의 장식이 있어요. 황남대총, 금관총, 천마총 등의 돌무지 덧널무덤에서 금관이 발견되었어요.

4) 가야의 문화

* **철제 판갑옷과 투구**
대가야의 옛 영토인 경북 고령에는 수백 개의 가야 무덤이 있어요. 철제 판갑옷과 투구도 여기서 출토되었는데 가야의 갑옷은 쇳조각을 이어 붙인 것이 아니라 몇 개의 철판을 이은 판갑옷이었어요. 이를 통해 가야가 철 가공 기술이 뛰어났다는 사실을 알 수 있지요.

철기	 철제 판갑옷과 투구* 말머리 가리개	철기 문화가 발달하여 철로 만든 다양한 유물들과 토기 등이 출토됨	
금관	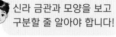 신라 금관과 모양을 보고 구분할 줄 알아야 합니다!  가야 금관	토기	말을 탄 무사 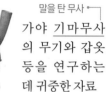 기마인물형 뿔잔 가야 기마무사의 무기와 갑옷 등을 연구하는 데 귀중한 자료
고분 ↓ '옛 무덤' 이라는 뜻	**김해 대성동 고분군(금관가야)** 	**고령 지산동 고분군(대가야)** 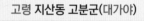 	

가야는 여러 소국들이 있었던 만큼 무덤의 종류도 다양했고, 사람이나 동물을 함께 매장하는 순장의 풍습도 있었음

5) 삼국과 가야의 대외 교류

① 일본과의 교류

* **칠지도**

7개의 가지가 달린 칼로 백제가 왜에 보낸 것으로 알려져 있어요. 철제 칼에 금으로 글씨를 새겼으며, 백제와 왜의 교류를 보여주는 대표적 유물이에요.

고구려	• 승려 담징: 종이와 먹 제조법을 전수함 • 승려 혜자: 쇼토쿠 태자의 스승이 됨
백제	• 초기에는 낙랑군(한사군 중 하나)과 왜 사이의 중계 무역으로 이익을 얻었음 • 삼국 중 일본과 가장 친밀한 관계를 맺었으며 일본의 고대 문화에 많은 영향을 줌 • 아직기와 왕인: 근초고왕 때 한문과 유학을 전함 • 노리사치계: 성왕 때 불경과 불상을 전함 • 칠지도*: 백제의 왕이 왜왕에게 보냈다고 전해짐
신라	• 배와 저수지 만드는 기술 등을 전함
가야	• 철기 기술을 전해 왜의 국가 성장에 도움을 줌 • 토기 제작 기술을 전해 일본의 스에키 제작에 영향을 줌 ↳ 쇠처럼 단단한 그릇

수산리 고분 벽화(고구려)

영향 →

다카마쓰 고분 벽화(일본)

두 벽화에서 여성들이 입은 주름치마의 모양 등 그림 속 사람들을 표현한 방법이 비슷해요.

금동 미륵보살 반가 사유상 (삼국)

영향 →

고류사 목조 미륵보살 반가 사유상(일본)

이러한 불상은 삼국에서 널리 제작되어 약 70여점이 남아 있고, 일본으로 전파되었습니다. 한 쪽 다리를 올리고 앉아 생각에 잠겨 있는 두 불상의 모습이 매우 비슷하군요.

가야 토기

영향 →

스에키 토기(일본)

가야와 교류가 활발했던 일본은 토기를 가야로부터 받아들였습니다. 모양이 비슷하다는 것을 알 수 있죠!

② 서역과의 교류

고구려	고구려 각저총*의 벽화에는 매부리코에 눈이 부리부리한 서역인의 모습이 그려져 있음 ↳ 중국 서쪽의 여러 나라 사람
신라	신라 고분에서 서역의 유리 그릇*, 금제 보검* 등 서역에서 전해진 것으로 보이는 유물들이 출토됨

★ **각저총 씨름도**

고구려의 각저총에는 고구려인이 서역인과 씨름하는 모습이 그려져 있어요.

★ **서역의 유리그릇**

황남대총의 유리병 및 잔

로마제국, 페르시아 등에서 만든 유리그릇로, 당시에는 굉장한 고가품이었습니다. 신라의 여러 돌무지 덧널무덤에서 출토됐어요.

★ **경주 계림로 보검**

서역에서 온 금과 보석으로 장식된 보검입니다. 철로 된 검날은 녹슬어 없어지고, 자루와 손잡이만 남아 있지요.

	사회	유교	불교	도교	고분(무덤)	기타유물	외교관계 및 해외
고구려	제가회의, 진대법	유교교육 (태학, 경당)	금동연가 7년명 여래입상	사신도 중 현무도	장군총(돌무지무덤) / 무용총(굴식 돌방무덤)	무용총 수렵도 / 무용총 접객도	수산리 고분벽화 → 왜 / 각저총 씨름도(서역과 교류)
백제	정사암 회의	오경박사	익산 미륵사지 석탑 (백제 무왕) / 부여 정림사지 5층 석탑	백제 금동 대향로 (도교+불교) / 산수무늬 벽돌	서울 석촌동 고분 (돌무지무덤) / 무령왕릉(벽돌무덤)		칠지도 → 왜 / 아직기, 왕인 :왜에 한문과 유학 전파
신라	화백회의, 골품제 진흥왕 때 거칠부 『국사』편찬	임신서기석	경주 분황사 모전 석탑 (벽돌로 쌓은 신라에서 가장 오래된 탑) / 이차돈 순교비 (법흥왕 때) / 황룡사(진흥왕), 황룡사 9층 목탑(선덕여왕)		천마총 (천마도, 금관 등 발견) / 천마도 (말 안장의 장니에 그려진 그림)	신라 금관 / 첨성대(선덕여왕)	금동 미륵보살 반가사유상 (삼국 → 일본)

	사회	고분(무덤)	기타유물	외교관계 및 해외
가야	중앙 집권을 이루지 못함	김해 대성동 고분군 (금관가야) / 고령 지산동 고분군 (대가야)	철제 판갑옷과 투구 / 말머리 가리개 / 기마인물형 뿔잔 / 가야 금관	가야 토기 일본 스에키 토기 영향

1 아래는 삼국과 가야의 유물들입니다. 유물에 따라 '고', '백', '신', '가'로 써 보세요.

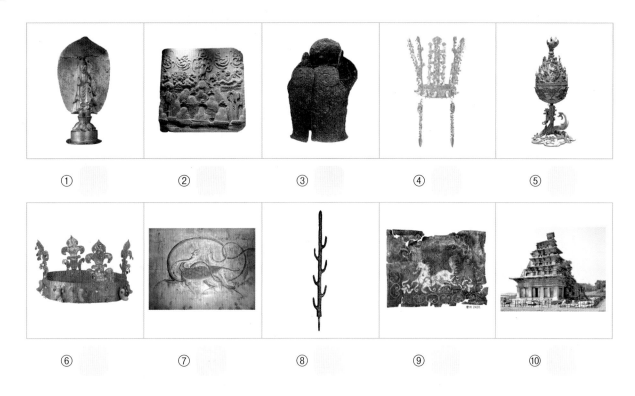

① ② ③ ④ ⑤

⑥ ⑦ ⑧ ⑨ ⑩

2 아래의 설명을 보고, 각각 어느 나라에 대한 설명인지 '고', '백', '신', '가'로 써 보세요.

① 제가 회의에서 국가의 중대사를 결정하였다.

② 정사암에서 국가의 중대사를 결정하였다.

③ 화백 회의에서 국가의 중대사를 결정하였다.

④ 철제 판갑옷과 투구, 말머리 가리개 등이 출토되었다.

⑤ 자장의 건의로 황룡사 구층 목탑을 건립하였다.

⑥ 벽화 중 무덤을 지키는 네 가지 신을 그린 사신도가 있다.

⑦ 골품제라는 엄격한 신분 제도가 있었다.

⑧ 오경박사 제도를 두어 유교 교육을 하였다.

⑨ 이차돈의 순교를 계기로 불교를 공인하였다.

정답

1 ① 고 ② 백 ③ 가 ④ 신 ⑤ 백 ⑥ 신 ⑦ 고 ⑧ 가 ⑨ 고 ⑩ 백

2 ① 고 ② 백 ③ 신 ④ 가 ⑤ 신 ⑥ 고 ⑦ 신 ⑧ 백 ⑨ 신

60회

1 (가)에 들어갈 가상 우표로 적절한 것은? [2점]

우리 반에서는 공주와 부여에 도읍했던 국가의 문화유산을 소재로 우표를 만들었습니다.

(가)

①
철성대

②
미륵사지 석탑

③
무용총 수렵도

④
성덕 대왕 신종

51회

2 (가)에 들어갈 제도로 옳은 것은? [1점]

우리 신라에서는 (가) 때문에 큰 재주와 공이 있어도 진골이 아니면 승진에 제한이 있지 않은가?

그러게 말일세, 심지어 집의 크기도 제한하고 있지.

① 화랑도
③ 화백 회의
② 골품제도
④ 상수리 제도

55회

3 (가) 국가에 대한 설명으로 옳은 것은? [2점]

이것은 부여 능산리 절터에서 출토된 향로입니다. (가) 의 금속 공예 기술을 보여 주는 대표적인 문화유산으로, 도교와 불교 사상이 함께 표현되어 있습니다.

이 문화유산에 대해 소개해 주시겠습니까?

① 노비안검법을 실시하였다.
② 지방에 22담로를 설치하였다.
③ 화백 회의에서 국가의 중대사를 결정하였다.
④ 여러 가(加)들이 별도로 사출도를 주관하였다.

50회

4 (가)에 들어갈 문화유산으로 옳은 것은? [2점]

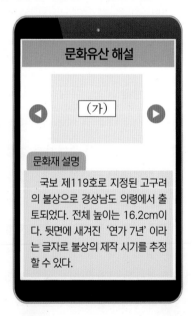

문화유산 해설

(가)

문화재 설명

국보 제119호로 지정된 고구려의 불상으로 경상남도 의령에서 출토되었다. 전체 높이는 16.2cm이다. 뒷면에 새겨진 '연가 7년' 이라는 글자로 불상의 제작 시기를 추정할 수 있다.

①

②

③

④

49회

5 (가) 나라의 문화유산으로 옳지 <u>않은</u> 것은? [2점]

①  금관

② 금동 대향로

③ 말머리 가리개

④ 기마인물형 물잔

54회

6 다음 전시회에서 볼 수 있는 문화유산으로 옳은 것은? [2점]

특별 기획전

백제인의
숨결을 느끼다.

초대의 글

우리 박물관에서는 신선 사상이 반영된
백제 문화유산을 관람할 수 있는 기회를
마련하였습니다. 당시 사람들이 표현한
도교적 이상 세계를 만나보는
시간이 되기를 바랍니다.

·기간: 2021년 ○○월 ○○일 ~○○일
·장소: □□박물관 기획 전시관

① 천마도

② 청자 상감 운학문 매병

③ 산수무늬 벽돌

④ 강서대묘 현무도

도전! 심화문제

58회

1 (가) 나라에 대한 설명으로 옳은 것은? [2점]

국가문화유산포털

문화유산 검색 [   ] 검색 초기화 결과 내 검색

▲ 고분군 발굴 전경

수로왕이 건국했다고 전해지는 (가)
의 유적이다. 발굴 조사 결과 널무덤, 독무덤
등 600여 기의 유구와 토기, 청동기, 철기 등
5,200여 점에 이르는 유물이 출토되었다.

① 법흥왕 때 신라에 복속되었다.
② 유학 교육 기관으로 주자감을 두었다.
③ 지방에 22담로를 두어 왕족을 파견하였다.
④ 화백 회의에서 국가의 중대사를 논의하였다.
⑤ 단궁, 과하마, 반어피 등의 특산물이 있었다.

66회

2 (가) 국가의 문화유산으로 옳은 것은? [2점]

천마총 발굴 50주년 특별전이 개최됩니다. 천마총은
(가) 의 대표적인 돌무지덧널무덤 중 하나로 발굴 당시
많은 유물이 출토되어 주목을 받았습니다. 그중에서도 가
장 유명한 천마도의 실물이 9년 만에 세상에 공개됩니다.

① ② ③ ④ ⑤

선사 시대 · 고조선, 초기국가 · 삼국 시대 · 남북국 시대 · 고려 시대 · 조선 전기 · 조선 후기 · 개항기 · 일제 강점기 · 대한 민국

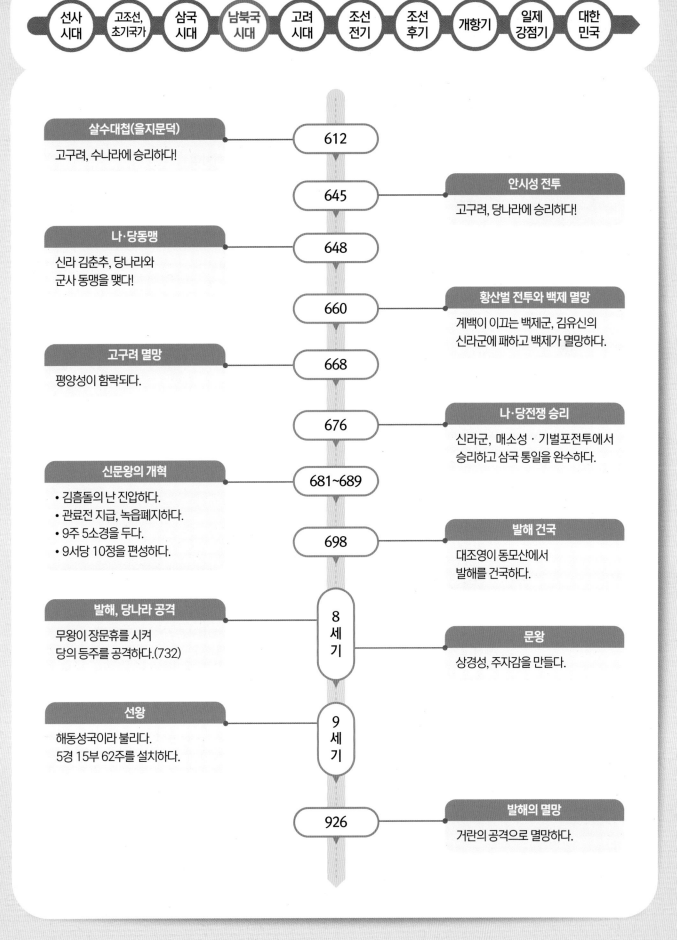

살수대첩(을지문덕)
고구려, 수나라에 승리하다!

612

645
안시성 전투
고구려, 당나라에 승리하다!

나·당동맹
신라 김춘추, 당나라와 군사 동맹을 맺다!

648

660
황산벌 전투와 백제 멸망
계백이 이끄는 백제군, 김유신의 신라군에 패하고 백제가 멸망하다.

고구려 멸망
평양성이 함락되다.

668

676
나·당전쟁 승리
신라군, 매소성 · 기벌포전투에서 승리하고 삼국 통일을 완수하다.

신문왕의 개혁
• 김흠돌의 난 진압하다.
• 관료전 지급, 녹읍폐지하다.
• 9주 5소경을 두다.
• 9서당 10정을 편성하다.

681~689

698
발해 건국
대조영이 동모산에서 발해를 건국하다.

발해, 당나라 공격
무왕이 장문휴를 시켜 당의 등주를 공격하다.(732)

8 세 기

문왕
상경성, 주자감을 만들다.

선왕
해동성국이라 불리다.
5경 15부 62주를 설치하다.

9 세 기

926
발해의 멸망
거란의 공격으로 멸망하다.

❶ 삼국 통일 이전의 상황

 어려운 난이도로 출제되는 부분입니다! ① 사건이 일어난 순서를 스토리로 이해하고 ② 인물과 사건 등 키워드를 꼼꼼하게 암기하는 것이 필요한 단원이에요!

1) 고구려 vs 수나라 전쟁 ⭐

★ 고구려 vs 수나라 전쟁

배경	중국을 통일한 수나라는 고구려를 압박함
살수대첩⭐ (612)	수 양제가 많은 군사를 이끌고 고구려를 침략함 → 을지문덕이 살수(청천강)에서 대승을 거둠
영향	무리하게 국력을 소모한 수나라가 멸망하고, 당나라가 들어섬

Real 역사 스토리 살수대첩과 을지문덕

612년, 수나라 양제는 100만이 넘는 대군으로 고구려를 침공했지만, 고구려의 요동 방어선에 막혀 진격할 수 없었습니다. 그러자 수 양제는 꾀를 내어 30만 5천명의 별동대를 장군 우중문에게 준 다음 고구려 평양성으로 곧장 진격하라고 합니다. 명령을 받은 우중문은 요동 방어선의 틈으로 파고들어가 고구려 수도 평양성 쪽으로 내려오기 시작했죠. 하지만, 고구려의 명장 을지문덕은 이들과 섣불리 싸우지 않았습니다.

살수대첩

을지문덕은 일부러 수나라 군에게 패배하는 척하면서 그들을 고구려 영토 깊숙이 끌어들였습니다. 수나라군은 무리해서 고구려군을 추격하다가 식량도 바닥나고, 얼마 안 가 지쳐 쓰러질 지경이 되어버렸죠. 그리고 바로 이 때, 을지문덕은 수나라 장군 우중문에게 시를 한 편 보냅니다. 〈여수장우중문시〉라는 시였죠. 이 시는 겉으로 보기엔 우중문을 칭찬하는 것처럼 보이지만, 사실은 반대로 말을 하는 반어법으로 우중문을 조롱하는 것이었습니다.

〈원문〉	〈속 뜻〉
귀신 같은 책략은 하늘의 이치를 깨달았고 신묘한 셈은 땅의 지리를 아는구나 싸움에 이겨 공이 이미 높으니 이쯤에서 만족하고 그만두는 게 어떠한가	바보 같은 전략은 이치에 맞지 않고 어리석은 셈은 땅의 지리도 모르는구나 제대로 싸워보지도 못하고 이미 피해가 클 텐데 목숨이라도 건지려면 이쯤에서 관두는게 어떠한가

이 시를 받은 우중문은 매우 분노했지만, 수나라군은 평양성 함락은 커녕 당장 싸울 힘도 없었습니다. 그래서 결국 눈물을 머금고 후퇴를 결정하죠. 하지만, 을지문덕은 수나라군을 살려보낼 생각이 없었습니다. 을지문덕은 살수(청천강)에서 강을 반쯤 건너고 있던 수의 군대를 공격해 큰 승리를 거두었습니다. 바로 살수대첩이었죠. 살수대첩에서 30만 5천의 수나라군 중 살아돌아간 숫자는 고작 2,700여 명 뿐이었습니다.(수나라군 생존률 약 0.9%) 그리고 이 승리는 한국사를 통틀어 거둔 승리 중 적에게 가장 큰 피해를 입힌 대승이었습니다.

살수대첩에서 너무도 큰 피해를 입은 수나라는 민심이 흉흉해졌고, 곧 각지에서 반란이 일어나고 수양제까지 부하들에게 암살당하면서 멸망하게 됩니다. 수나라가 멸망한 자리엔 당나라가 들어서게 되지요.

2) 고구려 vs 당나라 전쟁

배경	연개소문*의 정변을 구실로 당나라가 고구려에 침입해 옴
안시성 전투 (645)	당나라 태종의 군대를 안시성에서 막아내었고, 당나라군은 후퇴함
영향	660년경까지 계속된 전쟁으로 고구려의 국력이 약해짐

Real 역사 스토리 안시성 전투

당태종 이세민

안시성에 군사를 이끌고 온 당 태종 이세민은 뛰어난 장수 출신으로, '전쟁의 신'이라 불리며 중국인들에게 존경받는 황제입니다. 고구려-당나라 전쟁 당시 그는 고구려의 성들을 차례로 함락시키며 파죽지세로 안시성까지 밀고 들어왔죠. 하지만, 안시성주와 고구려인들의 저항으로 그는 끝내 안시성을 함락시키지 못했고, 추위와 식량 부족까지 겹치며 허겁지겁 당나라로 퇴각했습니다. 당시 고구려에게 혼쭐이 난 당 태종은 죽기 직전 "다시는 고구려를 치지 말라."는 유언을 남겼다고 전해집니다.

3) 나 · 당 동맹의 결성

배경	신라의 위기: 백제의 공격으로 중요 길목인 대야성*을 비롯한 여러 성을 빼앗김 └→ 백제 의자왕은 죽은 성왕의 복수를 하기 위해 신라를 세차게 공격함
나 · 당 동맹 (648)	• 신라는 김춘추*를 보내 고구려에 도움을 요청함 → 연개소문의 터무니없는 요구로 협상을 실패함 → 김춘추는 이번엔 당나라를 찾아가 동맹을 성사시킴 • 이때, 만약 고구려와 백제를 멸망시키게 된다면 당나라는 대동강 이북의 고구려 땅을, 신라는 백제 땅을 차지하기로 합의함

Real 역사 스토리 김춘추의 대모험과 별주부전

백제 의자왕에게 대야성을 빼앗기고, 김춘추의 딸과 사위까지 죽임을 당하자 신라는 충격에 빠졌습니다. 하지만, 신라를 더욱 술렁이게 한 것은 다름아닌 대야성이 함락당한 과정이었죠. 당시 대야성은 김춘추의 딸 고타소와 사위 김품석이 지키고 있었는데, 이들이 백제군과 용감히 싸우기는커녕 겁을 집어먹고 대야성의 성문을 열어 항복을 해버렸던 거였습니다. 이것은 당시 신라에 퍼져 있던 화랑도의 세속오계 중 '임전무퇴(전투에서 후퇴하지 않는다)'의 원칙에 어긋나는 것이었기에 신라인들에게 큰 충격을 주었죠.

그래서 김춘추는 자신의 딸과 사위가 벌인 잘못을 만회하기 위해 고구려로 찾아가 도움을 요청해보기로 합니다. 그러나, 고구려의 집권자 연개소문과 보장왕은 "신라가 가진 죽령 이북의 땅(한강 유역 전체)을 내놓아라."는 터무니없는 요구를 하며 그를 옥에 가두어 버렸죠.

하지만 다행히도 고구려의 한 신하가 김춘추에게 '토끼의 간'(별주부전) 이야기를 들려주었고, 그 이야기에서 힌트를 얻은 김춘추는 연개소문에게 신라로 돌아가 땅을 얻어오겠다고 거짓말을 한 뒤 탈출하는 데 성공합니다. 이렇게 목숨을 건진 김춘추는 그로부터 몇 년 뒤, 당나라에 사신으로 가서 나 · 당 동맹(648)을 성사시키면서 삼국 통일의 발판을 마련했고, 이 공로로 654년, 진골 최초의 왕 '무열왕'이 되었습니다.

★ 연개소문

연개소문은 정변을 일으켜 당나라와 친선관계를 맺던 영류왕을 죽이고 보장왕을 허수아비 왕으로 세웠어요. 집권 후 당나라에는 강경한 외교 정책을 펼쳤지요.

★ 고구려 vs 당나라 전쟁

★ 대야성의 위치

백제에서 신라의 경주로 들어가는 중요 길목이었습니다.

★ 김춘추(무열왕)

외교관으로서 당나라에 파견돼 나당 동맹을 성사시켜 삼국 통일의 발판을 마련하였어요. 성골만 왕이 될 수 있었던 당시 신라에서 진골출신으로는 최초로 왕위에 올라 무열왕이 됩니다. 이후 무열왕의 직계 자손이 왕위를 세습해요.

❷ 신라의 삼국 통일

1) 백제와 고구려의 멸망

★ 김유신

어린 시절 화랑이었던 김유신은 황산벌 전투의 승리로 백제를 멸망시키는 데 결정적인 공을 세웁니다. 무열왕 김춘추와 친한 벗이기도 했지요.

★ 백제 부흥 운동

사비성 근처의 충청도 지방을 중심으로 일어났어요.

★ 안승

안승은 검모잠을 죽이고 신라에 항복했어요. 그러자 신라는 당나라를 견제하기 위해 보덕국을 세워 안승을 왕으로 임명했지요. 보덕국은 옛 백제의 영토에 있었으며, 점차 신라에 흡수되었어요.

★ 나·당전쟁과 부흥운동세력

배경	백제와 고구려가 잦은 전쟁과 내분으로 국력이 약해진 상황에서 나·당 연합군이 침입함
백제 멸망 (660)	• 황산벌 전투: 백제의 계백 장군이 김유신* 장군에게 패배함 • 나·당 연합군에 의해 사비성이 함락되고 의자왕이 항복함
고구려 멸망 (668)	• 연개소문이 죽은 뒤 자식들 간의 권력 다툼으로 국력이 쇠퇴함 • 이 기회를 놓치지 않고 나·당 연합군은 고구려를 공격해 평양성을 함락시킴

◀ Real 역사 스토리 ▶ 황산벌 전투

계백은 황산벌 전투에 나가기 전 "나라가 망해 남의 나라의 노비가 되느니 차라리 죽는 게 낫다."라고 하면서 가족들을 죽인 뒤 전쟁터로 나갔고, 겨우 5천 군사로 김유신이 지휘하는 5만 신라군의 공격을 4번이나 막아냈어요. 하지만 신라의 화랑인 관창, 반굴 등이 용감하게 싸우다 전사하는 모습을 본 신라군이 무자비하게 공격해오자 백제군은 결국 무너져버리고 말았습니다. 계백 역시 이 황산벌 전투에서 전사했고요, 곧이어 백제는 사비성이 함락당하며 멸망하게 됩니다.

◀ Real 역사 스토리 ▶ 자식 교육 잘못한 연개소문, 고구려 멸망의 원인이 되다!

연개소문은 왕을 죽인 반역자였지만 당나라, 신라와의 전쟁에서 많은 승리를 거두며 고구려를 지켜낸 영웅이기도 합니다. 하지만, 그가 죽은 뒤 그의 세 아들들(연남생, 연남건, 연남산) 사이에서 권력 다툼이 일어나 고구려의 국력이 약해졌고, 급기야 첫째 아들 연남생이 고구려를 배신하고 당나라로 망명했습니다. 고구려의 군사기밀을 알고 있던 연남생은 고구려 침공의 앞잡이 역할을 자처하며 당나라군을 신속하게 평양성으로 안내하였고, 우리 민족의 방파제 역할을 해주던 고구려는 668년 허무하게 멸망하고 말았습니다.

2) 백제, 고구려의 부흥 운동

백제 부흥 운동*	• 임존성(충남 예산)에서 흑치상지가, 주류성(충남 서천)에서 복신과 도침이 의자왕의 아들 부여풍을 왕으로 추대하며 백제 부흥군을 이끎 • 백제 부흥군을 돕기 위해 왜(일본)의 군대가 왔으나, 백강 전투(금강 하구유역)에서 패하고 물러남
고구려 부흥 운동	• 요동 지역의 오골성에서 고연무, 한성 지역에서 검모잠이 고구려 왕족 안승*을 왕으로 추대해 고구려 부흥을 시도하였으나 지배층의 내부 다툼으로 실패하였고, 안승은 신라에 항복함 • 안승이 신라의 속국인 보덕국왕에 임명됨

3) 신라 vs 당나라 전쟁

나·당 전쟁*	당이 동맹을 깨고 한반도 전체를 차지하려 하자 신라 문무왕이 백제, 고구려 유민들과 함께 매소성 전투(675)와 기벌포 전투(676)에서 당군을 물리침
삼국 통일 (676)	신라 문무왕은 나·당 전쟁에서 승리하고 대동강 이남 지역에서 삼국 통일을 이룸

❸ 삼국 통일 이후의 신라

1) 통일 신라의 개혁과 왕권 강화

문무왕*	• 삼국 통일 완성
	• 상수리 제도를 시행하여 지방세력을 견제함
	   └ 지방 귀족을 일정 기간 수도에 머무르도록 하는 제도
	• 지방관을 감찰하고자 외사정을 파견함
	           └ 지방관의 비리를 감찰하였어요.

신문왕*	• 김흠돌의 난을 진압하고 반란에 가담한 귀족들을 없애 왕권을 강화함
	• 지방 행정 조직 정비 : 전국을 9주 5소경으로 정비함. 전국을 9주로 나누고 도읍인 금성(경주)이 남동쪽에 치우쳐 있는 것을 보완하기 위해 지방의 중심지에 5소경을 설치함
	• 녹읍 폐지, 관료전 지급* → 귀족의 경제적 기반 약화
	• 국학을 설립하여 유학 교육 실시
	• 군사 제도의 정비 : 중앙군으로 9서당, 지방군으로 10정을 배치함
	      └ 고구려인, 백제인, 말갈인까지 포함하여 편성
	• 아버지인 문무왕 때부터 짓기 시작한 감은사와 감은사지 3층 석탑 건립
	      └ '아버지의 은혜에 감사한다'는 뜻의 절

원성왕	인재 선발을 목적으로 독서삼품과*를 실시하여 관리 채용

9주 5소경

 Real 역사 스토리 신문왕의 개혁

신문왕은 삼국 통일을 완수한 문무왕의 아들입니다. 신문왕은 자신의 장인인 김흠돌과 그의 일당들이 반란을 일으킬 것을 미리 감지하고 있다가, 군사를 동원해 반란 세력을 철저히 제거하였습니다. 이 과정에서 강력한 왕권을 확립한 신문왕은 위 설명의 내용처럼 많은 개혁을 성공시키며 통일 신라의 전성기를 이끌게 됩니다. 신문왕의 개혁은 공통적으로 왕권과 중앙집권 체제를 강화시키고, 귀족들의 힘을 약화시키는 방향을 띠고 있지요.

★ 경주 문무 대왕릉(대왕암)

삼국 통일을 이룬 문무왕은 바다의 용왕이 되어 왜구를 물리치고자 바다에 자신의 무덤을 만들게 했습니다.

★ 신문왕과 만파식적 이야기

신문왕이 동해의 용으로부터 대나무를 받아 피리를 만들었다는 설화가 전해져요. 이 피리를 불면 나라의 모든 걱정을 해결해준다고 전해지며 만파식적이라고 하였지요.

★ 녹읍과 관료전

녹읍과 관료전은 벼슬을 가진 귀족에게 준 토지예요. 녹읍은 토지에 딸린 노동력과 세금을 모두 거둘 수 있었던 반면, 관료전은 세금만 거둘 수 있었지요. 신문왕은 귀족들의 경제적 기반이었던 녹읍을 폐지하고 관료전을 지급하여 왕권을 강화하였어요.

★ 독서삼품과

유교 경전에 대한 이해 수준에 따라 등급을 나누어 관리를 뽑고자 한 제도. 귀족들의 반대로 큰 성과를 얻지 못하였지만, 과거제도(고려시대 처음 실시)의 선구적 제도로서 역사적 의미가 큽니다.

신라 원성왕릉(괘릉)에 서역인의 모습을 한 무인석이 발견되었어요. 이를 통해 통일 신라가 아라비아 등 서역과 활발히 교류했음을 알 수 있죠.

2) 통일 신라의 대외 교류

당나라와의 교류	• 사신이 오갔고, 상인들의 무역이 활발했음 • 중국의 산둥반도에 신라방(신라인의 거주지) 및 신라소(신라방을 관리하는 행정기구), 신라관(여관), 신라원(절) 등이 설치되었음
발해와의 교류	• 초기에는 적대적이었으나 점차 교류를 이어감 • 교통로인 신라도를 두어 왕래함 　└▶ 발해의 상경에서부터 신라로 통해요.
서역과의 교류*	• 통일 신라의 최대 국제무역항인 울산항을 통해 아라비아 상인들과 교류함 　　　└▶ 수도 경주 근처 울산항에서 당, 일본 등과 대외 교역이 활발히 이루어졌어요.
청해진	• 장보고가 지금의 완도에 청해진을 설치함 • 장보고는 중국 산둥반도에 법화원이라는 절을 지었고, 장보고의 군대는 해양 경찰 역할을 함 • 청해진을 중심으로 중국-한반도-왜의 해상 무역이 전개됨

◆ Real 역사 스토리 해상왕 장보고

해적을 소탕하는 장보고

완도·장도의 청해진 유적

　통일 신라는 큰 전쟁을 겪지 않아 전반적으로 평화로운 시기를 보내며 당나라, 발해, 왜 뿐 아니라 서역의 나라들과도 활발히 교류했습니다. 하지만, 이 과정에서 바다에 왜구(일본 해적)가 나타나 신라 사람들을 노비로 잡아가는 등 기승을 부리는 문제도 발생합니다. 당시 신라인으로서 당나라의 장군을 지내고 있던 장보고는 신라로 귀국해 왕으로부터 1만의 군사를 얻어냅니다. 그리고는 즉시 완도에 청해진을 설치하고, 배를 몰아 왜구를 완전히 소탕해버렸죠. 이후 동북아시아의 해양경찰이자 해상왕으로도 불린 장보고는 중국에 법화원이라는 절을 짓는 등 국제적으로 영향력을 확대해나갔는데요. 하지만, 장보고는 통일 신라 말기, 중앙 귀족들의 왕위 다툼에 휘말려 자신의 부하였던 염장에게 암살당하고 청해진도 폐쇄당합니다. 장보고의 죽음 이후, 신라는 내리막길을 걸으며 망국의 길로 가게 됩니다.

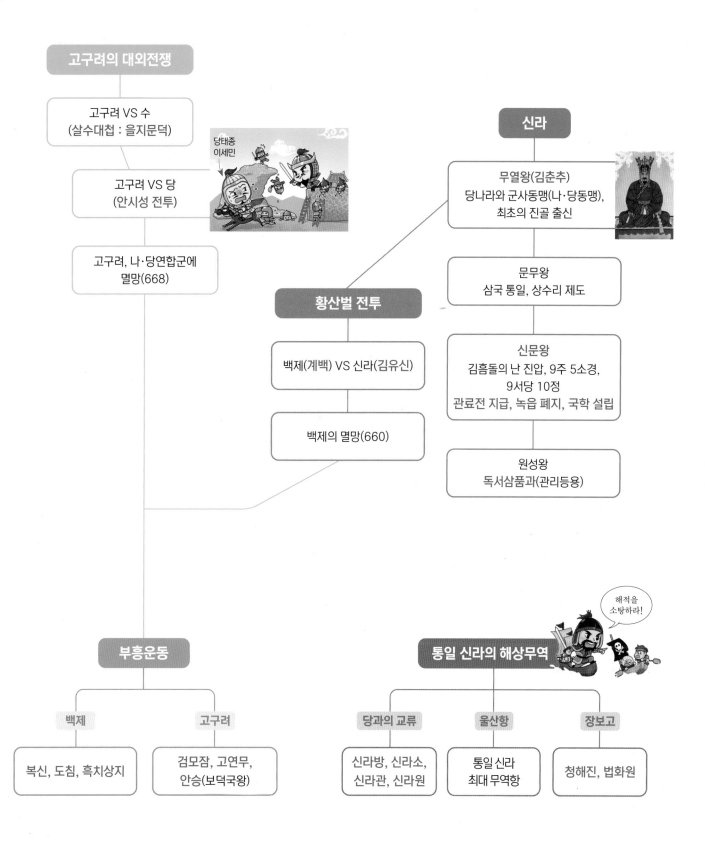

고구려의 대외전쟁

고구려 VS 수
(살수대첩 : 을지문덕)

고구려 VS 당
(안시성 전투)

당태종
이세민

고구려, 나·당연합군에
멸망(668)

황산벌 전투

백제(계백) VS 신라(김유신)

백제의 멸망(660)

신라

무열왕(김춘추)
당나라와 군사동맹(나·당동맹),
최초의 진골 출신

문무왕
삼국 통일, 상수리 제도

신문왕
김흠돌의 난 진압, 9주 5소경,
9서당 10정
관료전 지급, 녹읍 폐지, 국학 설립

원성왕
독서삼품과(관리등용)

부흥운동

백제

복신, 도침, 흑치상지

고구려

검모잠, 고연무,
안승(보덕국왕)

통일 신라의 해상무역

해적을
소탕하라!

당과의 교류

신라방, 신라소,
신라관, 신라원

울산항

통일 신라
최대 무역항

장보고

청해진, 법화원

1 아래 보기에서 알맞은 키워드를 골라 빈 칸을 채워 보세요.

> **보기** 김춘추, 관료전, 녹읍, 살수, 김흠돌

① 을지문덕이   에서 대승을 거두었다.

②   이/가 당과의 군사 동맹을 성사시켰다.

③   의 난을 진압한 신문왕은   을 지급하고   을 폐지하였다.

2 아래 사건들을 시간 순서에 따라 배열해 보세요.

> 가. 왜군이 백강 어귀에서 나·당 연합군에게 패하였다.
>
> 나. 김춘추가 보장왕의 요구를 들어주지 않아 고구려에 감금되었다.
>
> 다. 신라가 당에 맞서 기벌포 전투에서 승리하였다.
>
> 라. 백제의 의자왕이 신라의 여러 성을 빼앗았다.

    □ - □ - □ - □

3 아래 설명에 해당하는 인물을 골라 보세요.

> **보기** 무열왕(김춘추), 문무왕, 신문왕, 원성왕, 장보고, 안승

① 신라 최초의 진골 출신 왕이다.

② 국학을 설립하였다.

③ 상수리 제도를 실시해 귀족을 견제하였다.

④ 독서삼품과를 실시하였다.

⑤ 보덕국왕에 임명되었다.

⑥ 청해진을 설치하고 중국에 법화원을 세웠다.

정답

1 ① 살수 ② 김춘추 ③ 김흠돌, 관료전, 녹읍 **2** 라-나-가-다
3 ① 무열왕 ② 신문왕 ③ 문무왕 ④ 원성왕 ⑤ 안승 ⑥ 장보고

52회

1 (가) 시기에 있었던 사실로 옳은 것은? [3점]

백제가 우리 신라의 여러 성을 빼앗았습니다. 군대를 파견하여 도와주십시오.

죽령 서북 땅은 본래 우리 것이니, 그곳을 돌려준다면 군사를 보내줄 것이오.

보장왕

김춘추   연개소문

↓

(가)

이곳 황산벌에서 신라군에 맞서 죽을 각오로 싸우자!

계백

① 신라와 당이 동맹을 맺었다.
② 백제가 수도를 사비로 옮겼다.
③ 대가야가 가야 연맹을 주도하였다.
④ 고구려가 살수에서 수의 대군을 격파하였다.

49회

2 (가)에 해당하는 인물로 옳은 것은? [2점]

고연무 장군이 압록강을 넘어 오골성을 공격했다지.

고구려 부흥군은 당신을 원하고 있다!
모집중

고구려 부흥을 위해 우리도 힘을 보태세.

(가) 이/가 안승을 왕으로 세워 당에 대항한다네.

① 계백   ② 검모잠   ③ 김유신   ④ 흑치상지

58회

3 (가) 왕의 업적으로 옳은 것은? [2점]

이 무덤은 신라의 31대 왕인 (가) 의 능으로 전해지고 있습니다. 이 왕은 관리에게 관료전을 지급하고 녹읍을 폐지하여 귀족들의 경제 기반을 약화시켰습니다.

① 국학을 설립하였다.
② 대가야를 정복하였다.
③ 독서삼품과를 실시하였다.
④ 김헌창의 난을 진압하였다.

49회

4 (가)에 해당하는 인물로 옳은 것은? [1점]

저는 지금 완도 청해진 유적 상공에 있습니다. (가) 은/는 이곳을 거점으로 삼아 해적을 소탕하고 당, 일본과의 해상 무역을 주도하였습니다.

① 원효   ② 설총   ③ 장보고   ④ 최치원

5 (가), (나) 사이의 시기에 있었던 사건으로 옳은 것은?

[3점]

① 백강 전투
② 살수 대첩
③ 관산성 전투
④ 처인성 전투

도전! 심화문제

1 (가), (나) 사이의 시기에 있었던 사실로 옳은 것은? [2점]

> (가) 잔치를 크게 열어 장수와 병사들을 위로하였다. 왕과 [소]정방 및 여러 장수들은 당상(堂上)에 앉고, 의자와 그 아들 융은 당하(堂下)에 앉혔다. 때로 의자에게 술을 따르게 하니 백제의 좌평 등 여러 신하는 모두 목이 메어 울었다.
>
> (나) 사찬 시득이 수군을 거느리고 설인귀와 소부리주 기벌포에서 싸웠으나 잇달아 패배하였다. [시득은] 다시 진군하여 크고 작은 22번의 싸움에서 승리하고 4천여 명의 목을 베었다.
>
> - 「삼국사기」 -

① 고국원왕이 평양성에서 전사하였다.
② 성왕이 관산성 전투에서 피살되었다.
③ 김춘추가 당과의 군사 동맹을 성사시켰다.
④ 을지문덕이 살수에서 수의 군대를 물리쳤다.
⑤ 안승이 신라에 의해 보덕국왕으로 임명되었다.

---

6 밑줄 그은 '그'로 옳은 것은? [1점]

① 김대성
② 김춘추
③ 사다함
④ 이사부

---

2 (가)에 들어갈 내용으로 옳은 것은? [2점]

한국사 웹툰 기획안		
제목	○○왕, 왕권을 강화하다.	
구성 내용	1화	증강 현실(AR) 기술을 활용하여 우리 문화유산을 실감나게 체험하는 기회 제공
	2화	국학을 설치하여 인재를 양성하다.
	3화	9주를 정비하여 지방 통치 체제를 갖추다.
	4화	(가)
주의 사항	사료에 기반하여 제작한다.	

① 관료전을 지급하고 녹읍을 폐지하다.
② 마립간이라는 칭호를 처음 사용하다.
③ 이사부를 보내 우산국을 복속시키다.
④ 화랑도를 국가적 조직으로 개편하다.
⑤ 이차돈의 순교를 계기로 불교를 공인하다.

06강 발해의 건국과 남북국의 문화

❶ 발해의 건국과 발전

 발해의 경우 각 왕들마다 해당되는 키워드와 대표적인 유물들이 반복 출제됩니다. 통일 신라의 문화파트는 석탑과 주요 인물들의 출제빈도가 높지요!

TIP 남북국 시대
남쪽에는 통일 신라, 북쪽에는 발해가 있던 시기를 남북국 시대라고 해요.

★ 대조영
당으로 끌려간 고구려 유민 중 한 명인 대조영은 당에서 반란이 일어난 틈을 타 고구려 유민과 말갈족을 이끌고 동쪽으로 탈출했어요. 뒤쫓아 오는 당의 군대를 천문령에서 물리친 대조영은 동모산에서 스스로를 '고왕'이라 칭하고 발해를 건국했어요.

★ 3성 6부 제도

당의 3성 6부제를 본떠 만든 발해의 중앙 정치 제도예요. 당의 제도를 모방했지만 6부의 명칭을 유교식으로 정하는 등 독자적으로 운영했어요.

건국 (698)	• 배경: 고구려 멸망 후 당나라는 고구려 유민들을 당으로 끌고 가 고구려를 직접 다스리려고 함 • 대조영*(고왕): 고구려 유민과 말갈족을 이끌고 지린성 동모산에서 발해를 세움 • 발해 주민은 고구려인과 말갈인으로 구성됨
무왕 (2대 왕)	• 당나라와 신라에 적대적이었으며, 일본과 교류를 시작함 • 당나라 공격: 장문휴를 보내 당나라의 등주(산둥반도)를 공격함 • '인안'이라는 연호를 사용함 └▶ 발해 왕들은 당과 대등한 관계임을 내세우기 위해 독자적인 연호를 사용하였어요.
문왕 (3대 왕)	• 당나라와 친선 관계를 맺어 당의 문물을 수용함 → 3성 6부 제도*, 상경성 └▶ 당의 수도인 장안성을 본떠 만들었어요. • '신라도'를 설치하여 신라와도 교류함 └▶ 신라와 발해 사이의 교통로 • 도읍을 새로 지은 상경으로 옮김 • '대흥'이라는 연호를 사용함 • 유학 교육 기관인 주자감을 설치하여 인재 등용 
선왕 (10대 왕)	• 영토 확장: 연해주에서 요동 지방까지 영토를 넓힘 → 옛 고구려의 영토 대부분을 차지 • 전성기: 당으로부터 해동성국이라 불림 └▶ 바다 동쪽의 가장 번성한 나라라는 뜻 • 지방 행정 제도 정비: 5경 15부 62주 • '건흥'이라는 연호를 사용함
멸망 (926)	228년간 지속된 발해는 귀족들의 내분과 거란의 침입으로 멸망함 → 왕족을 포함한 발해의 유민들 일부는 고려에 흡수됨

TIP 일본과의 교류에서 보이는 발해의 고구려 계승 의식

	**일본에 보낸 외교 문서** :『속일본기』를 보면 발해는 일본에 국서(국가 외교 문서)를 전할 때 '고려', '고려 국왕'이라는 명칭을 사용했어요. 내용에 고구려 왕족 성씨인 고씨가 다수 포함되어 있어요. └→ 고구려는 자신들을 고려라고 부르기도 했지요.
	**일본에서 발견된 목간** └→ 종이를 발명하기 전, 기록을 위해 사용된 나무 : 일본은 발해에 보낸 일본 사신을 견고려사라고 부름 └→ 고구려에 보낸 사신이란 뜻이지요.

❷ 통일 신라의 사회와 문화

1) 통일 신라의 사회 모습

골품제	삼국 통일 이전부터 있던 신분제: 지배층의 등급(골품)을 나눔		
귀족들의 생활모습	• 문무왕 때 건설한 별궁과 인공 연못으로, 왕이 귀족들과 함께 잔치를 벌이던 곳  경주 동궁과 월지	• 동궁과 월지에서 주령구(나무 주사위)와 금동초심지 가위 등이 발견됨 → 귀족의 놀이 문화를 알 수 있음 └→ 초의 심지를 자르는 데 사용 주령구	 금동초심지 가위
신라 촌락 문서 (민정문서)	• 일본 도다이사 쇼소인에서 발견된 서원경(청주) 부근 4개 촌락의 경제 상황을 기록한 통일 신라 때의 문서 • 마을의 크기, 인구 수, 논밭의 면적, 뽕나무의 수, 소와 말의 수 등을 조사하여 기록 • 노동력을 동원하고 세금 징수를 위해 촌주가 3년에 한 번씩 작성하였으며, 통일 신라가 촌락의 경제 상황 등을 세밀하게 파악하였음을 알 수 있음 └→ 마을을 다스리던 사람으로 나라에서 그 지방의 권력자를 임명		

2) 통일 신라의 유학 발달

설총	• 원효대사의 아들로 6두품 출신 유학자 • 이두를 정리함 └→ 한자의 음과 뜻을 빌려 우리말을 표기하는 것 • 신문왕에게 '화왕계'를 지어 바침 └→ 충신을 등용할 것을 강조하는 내용	
최치원	• 6두품 출신 유학자로 당나라의 빈공과*에 합격함 • 진성 여왕에게 시무 10여조의 개혁안을 제시하고 6두품으로 오를 수 있는 최고직인 아찬에 오름 • 글솜씨가 뛰어나 신라의 곳곳에 비문을 남겼음 └→ 비석에 새겨진 글	

> **Real 역사 스토리** 비운의 천재, 최치원
>
> 　최치원은 신라의 6두품 출신 학자로, 당나라로 조기 유학을 떠났습니다. 18세에 당의 빈공과에 합격해 관직생활을 하던 최치원은 당에서 황소의 난이 일어났을 때 '토황소격문'을 지어 이름을 떨치기도 하였지요. 이후 신라로 돌아온 최치원은 신라 땅 곳곳에서 반란이 일어나고 호족들이 저마다 성주와 장군을 칭하면서 나라가 무너져가고 있는 모습을 보게 됩니다. 그는 이러한 상황을 해결하고자 894년 진성 여왕에게 시무 10여조를 올려 보았는데요, 아쉽게도 진골 귀족들의 반대와 신라의 열악한 상황으로 인해 시행되지는 못했다고 하네요. 이후 신라는 견훤이 후백제를 건국(900)하고, 이어서 궁예가 후고구려를 건국(901)하면서 완전히 힘을 잃었고, 후삼국시대의 소용돌이 속에서 멸망하게 됩니다.(935)

3) 통일 신라의 불교 문화

① 대표적인 승려

원효*	• 불교가 처음 들어왔을 때 불교는 왕실과 귀족들이 주로 믿었는데, 원효 등의 노력으로 일반 사람들에게도 불교가 널리 퍼짐 • 6두품 출신 • 모든 진리는 한마음에서 나온다는 일심 사상을 주장함 • 모든 논쟁을 화합으로 바꾸려는 화쟁 사상을 주장함 • 아미타 신앙: 어려운 불경 대신 '나무아미타불'만 외우면 누구나 극락정토에 갈 수 있다고 함 → 불교의 대중화에 기여 　　　　　　　　　　　└→ 불교의 이상세계로 괴로움이 없고 편안하며 자유로운 장소 • 무애가를 지어 부름 └→ 큰 박을 들고 다니며 부른 불교 노래 • 『대승기신론소』, 『십문화쟁론』 등을 지음
의상*	• 진골 귀족 출신의 승려로 당에 유학을 감 • 영주 부석사와 양양 낙산사 등을 세우고 관음 신앙을 전파함 　　　　　　　　　　　└→ 현세의 고난에서 구제받고자 하는 신앙 • 당에서 화엄 사상을 들여와 신라에서 화엄종을 개창함 • 『화엄일승법계도』를 남김
혜초	• 『왕오천축국전』 저술: 인도와 중앙아시아의 여러 나라를 방문하고 그 지역의 종교, 풍속, 문화 등을 기록한 기행문

★ 빈공과

당나라에서 외국인을 대상으로 실시한 과거 시험으로 신라와 발해의 인재들이 이 시험에 합격하였어요. 주로 골품제 사회에서 출세에 한계가 있었던 6두품 출신이 대부분이었지요. 빈공과 수석을 두고 통일 신라와 발해 사이에 신경전이 벌어지기도 하였답니다.

★ 원효

원효는 당 유학길에 해골에 괸 물을 마시고 '진리는 마음에 달려 있다.'는 것을 깨달아 유학을 포기하고 돌아왔어요. 그 후 누구든 '나무아미타불'을 열심히 외우면 극락에 갈 수 있다며 불교를 백성들에게 널리 전파하였지요.

★ 의상

의상은 '하나가 전체요, 전체가 하나다'라는 화엄 사상을 말했어요. 우주에 있는 모든 것은 서로 조화를 이루고 있다는 내용을 핵심으로 하는 사상이에요.

② 불교 문화재

경주 불국사 '부처님의 나라'라는 뜻	• 부처님의 세계인 불국토를 지상 세계에 표현 • 법흥왕 때 세워져 경덕왕 때 김대성이 다시 지음 • 독창적이며 뛰어난 예술성을 지닌 신라 최고의 건축물로 유네스코 세계 유산으로 지정됨 • 다보탑과 석가탑(3층 석탑), 청운교와 백운교 등이 있음	
다보탑과 석가탑 (3층 석탑)	• 다보탑과 석가탑(불국사 3층 석탑)은 불국사 대웅전 앞마당에 나란히 있음 • 2층의 기단 위에 3층의 탑신을 쌓는 석탑은 전형적인 통일 신라의 석탑 특징임	다보탑 석가탑
무구정광 대다라니경	• 현존하는 세계에서 가장 오래된 목판 인쇄물 • 석가탑(불국사 3층 석탑)을 보수하는 과정에서 탑의 두 번째 층에서 발견함 • 부처의 말씀을 정리해 놓은 두루마기 형식의 불경	
석굴암	• 화강암으로 만든 인공석굴 사원으로, 사원 안에 본존불상과 많은 조각상들이 배치됨 • 경덕왕 때 김대성이 세웠으며, 건축 기술과 예술성을 인정받아 유네스코 세계 유산으로 등재됨	
성덕대왕 신종 (에밀레종)	• 경덕왕이 아버지인 성덕왕의 명복을 빌기 위해 만들어 혜공왕 때 완성됨 • 우리나라 범종 중 가장 큰 종으로, 통일 신라의 뛰어난 과학 및 금속┃주조 기술을 보여 줌 ┗→ 절에서 쓰는 종	
감은사지 3층 석탑*	'아버지의 은혜에 감사한다.'는 뜻의 감은사에 건립된 석탑으로 문무왕의 유업을 이어받아 아들인 신문왕이 완공함	

★ 경주 감은사지

현재는 건물 터와 감은사지 3층 석탑(동탑과 서탑) 둘 만이 덩그러니 남아있어요.

❸ 발해의 문화

특징	고구려 문화를 바탕으로 당과 말갈의 문화를 흡수해 독자적인 문화를 발전시킴
유학의 발달	• 유학 교육 기관인 주자감을 설치하여 인재 등용 • 당의 빈공과에 합격생을 배출하였고, 신라 출신 유학생들과 경쟁하기도 함

불교의 발달	발해 석등	이불병좌상
	거대 석등으로 상경의 절터에서 발견됨 6.3m	두 불상이 나란히 앉아 있는 모습으로 발해에서 다수 출토, 고구려 양식을 계승함

1) 고구려를 계승한 문화재

쪽구들(온돌)* 유적	정혜공주 묘
 고구려 온돌　　발해 온돌 • 고구려의 온돌 양식을 계승하여 발전시킴	고구려 고분의 영향을 받아 모줄임 천장 구조*를 갖춘 굴식 돌방무덤임 정혜공주 묘에서 출토된 사자상
연꽃무늬 수막새*	**치미***
고구려　　발해	고구려　　발해

수막새와 치미의 모습으로 볼 때, 고구려와 발해의 건축 양식이 닮았다는 것을 알 수 있음

2) 당 문화에 영향을 받은 문화재

정효공주 묘* └▶ 문왕의 넷째 딸	발해 영광탑
고구려와 당의 양식이 혼합된 벽돌무덤 무덤 위에 벽돌로 쌓은 무덤탑을 세움	당나라 양식으로 만든 벽돌탑으로 정효공주 무덤탑과 같은 양식임 약 13m

★ 온돌 문화
온돌은 특히 중국과 다른 우리나라 고유의 난방 방식으로 고구려와 발해 문화의 공통적인 특징이에요.

★ 모줄임 천장 구조

네 모서리에 세모의 굄돌을 걸쳐 모를 줄여가며 천장을 막는 양식으로 고구려 고분에서 자주 등장해요.

★ 수막새와 치미
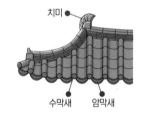
치미
수막새　　암막새

★ 정효공주 묘지석

묘지석에 대흥이라는 연호와 문왕을 황상이라고 칭한 것을 볼 때 발해가 황제국 체제를 표방하였음을 알 수 있어요.

발해

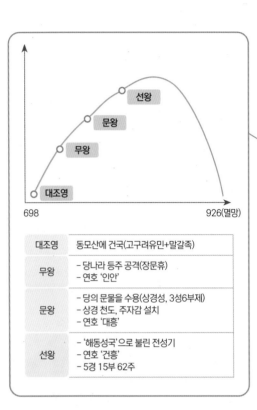

대조영	동모산에 건국(고구려유민+말갈족)
무왕	- 당나라 등주 공격(장문휴) - 연호 '인안'
문왕	- 당의 문물을 수용(상경성, 3성6부제) - 상경 천도, 주자감 설치 - 연호 '대흥'
선왕	- '해동성국'으로 불린 전성기 - 연호 '건흥' - 5경 15부 62주

고구려 계승

외교 문서에 '고려', '고려국왕', '견고려사' | 쪽구들(온돌) | 정혜공주 묘, 돌사자상

모줄임 천장 구조 | 연꽃무늬 수막새 | 치미

대표 문화재

발해석등 | 이불병좌상 | 영광탑(당나라식 벽돌탑) | 정효공주 묘지석

신라

사회

동궁과 월지

주령구와 금동초심지 가위

신라 촌락 문서(민정문서) : 인구조사 및 세금징수

인물

설총 (6두품, 원효대사 아들, 이두, 화왕계),

최치원 (6두품, 빈공과, 시무10여조)

원효 (해골물 이야기, 일심사상, 아미타 신앙)

의상 (화엄 사상, 관음 산성)

불교 문화재

경주 불국사(내부에 다보탑, 석가탑)

다보탑

석가탑(3층 석탑) : 무구정광대다라니경 발견

성덕대왕신종 (에밀레종)

석굴암

감은사지(감은사지 3층석탑) : 신문왕 때 완성. 아버지의 은혜에 감사한다는 뜻

1 〈보기〉는 발해의 왕들입니다. 각 왕의 이름을 빈 칸에 써 보세요.

> 보기 선왕, 대조영, 문왕, 무왕

① [　　　] : 동모산에서 발해를 건국하였다.

② [　　　] : 장문휴를 시켜 당나라 산둥반도의 등주를 공격하였다.

③ [　　　] : 당나라 장안성을 참고하여 상경성을 짓고 그 곳으로 천도하였다.

④ [　　　] : '건흥'이라는 연호를 사용하였으며 당나라로부터 '해동성국'이라 칭송받았다.

2 아래는 신라의 주요 인물들과 그 업적입니다. 알맞게 연결해 보세요.

① 원효　　　·

② 설총　　　·

③ 최치원　 ·

④ 의상　　　·

⑤ 혜초　　　·

· (ㄱ) 모든 진리는 한마음에서 나온다는 일심사상을 주장하였다.

· (ㄴ) 당의 빈공과에 합격하여 관직 생활을 하였고, 진성여왕에게 10여 조의 개혁안을 올렸다.

· (ㄷ) 신문왕에게 화왕계를 지어 바쳤고, 이두를 정리하였다.

· (ㄹ) 인도와 중앙아시아를 방문하고 『왕오천축국전』을 저술했다.

· (ㅁ) '하나가 전체요, 전체가 하나'라는 화엄 사상을 전파했으며, 영주 부석사와 양양 낙산사 등을 세웠다.

3 〈보기〉는 각각 어떤 유물에 대한 설명입니다. 설명에 알맞은 유물에 기호를 써 보세요.

> 보기　ㄱ. 대흥이라는 연호가 적혀 있어 발해가 황제국을 자처했음을 알 수 있다.
>
> ㄴ. 상경성의 절터에서 발견된 거대 구조물이다.
>
> ㄷ. 보수하는 과정에서 무구정광대다라니경이 발견되었다.
>
> ㄹ. 지붕에 다는 장식으로, 고구려의 양식을 계승하였다.
>
> ㅁ. 노동력 동원과 세금 징수를 위해 만들어졌다.

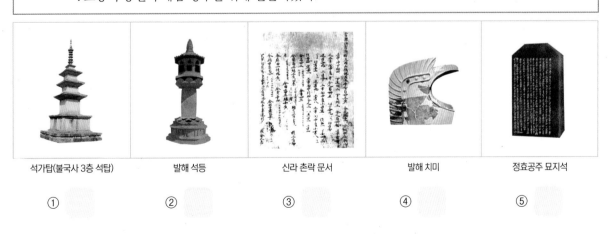

석가탑(불국사 3층 석탑)	발해 석등	신라 촌락 문서	발해 치미	정효공주 묘지석
①	②	③	④	⑤

60회

1 (가)에 들어갈 사실로 옳은 것은? [2점]

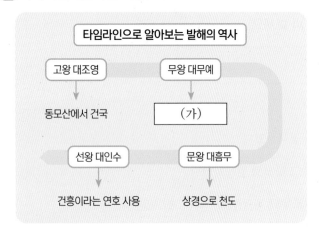

타임라인으로 알아보는 발해의 역사

고왕 대조영		무왕 대무예
↓		↓
동모산에서 건국		(가)

선왕 대인수		문왕 대흠무
↓		↓
건흥이라는 연호 사용		상경으로 천도

① 대마도 정벌
② 4군 6진 개척
③ 동북 9성 축조
④ 산둥반도의 등주 공격

66회

2 다음 특별전에 전시될 문화유산으로 적절하지 <u>않은</u> 것은? [1점]

특별전

고구려를 계승한 해동성국, □□

2023.○○.○○.~○○.○○.

① 치미
② 연꽃무늬 수막새
③ 이불병좌상
④ 성덕 대왕 신종

52회

3 (가)에 들어갈 인물로 옳은 것은? [2점]

이달의 인물, (가)

- 신라의 유학자
- 원효 대사의 아들
- 신문왕에게 화왕계를 지어 바침
- 한자의 음과 훈을 차용하여 우리 말을 표기하는 이두를 체계적으로 정리함

① 설총
② 안향
③ 김부식
④ 최치원

55회

4 (가) 국가에 대한 설명으로 옳은 것은? [2점]

이곳 옛 상경 용천부의 절터에는 높이 6.3m의 거대한 석등이 남아 있습니다. 이 석등을 통해 전성기에 해동성국이라 불렸던 (가) 의 융성한 불교 문화를 알 수 있습니다.

① 기인 제도를 실시하였다.
② 9주 5소경을 설치하였다.
③ 한의 침략을 받아 멸망하였다.
④ 대조영이 동모산에서 건국하였다.

5 (가) 인물에 대한 설명으로 옳은 것은? [2점]

역사 인물 카드

〈주요 활동〉
• 모든 진리는 한마음에서 나온다는 일심 사상을 주장
• 무애가를 지어 불러 불교 대중화에 기여
• 『대승기신론소』 등을 저술

(가)

① 세속 5계를 지었다.
② 십문화쟁론을 저술하였다
③ 수선사 결사를 제창하였다.
④ 영주 부석사를 건립하였다.

6 다음 일기의 소재가 된 유적으로 옳은 것은? [2점]

○○월 ○○일 ○요일 날씨: 맑음

오늘은 동해안에 있는 절터에 갔다. 신문왕이 아버지 문무왕에 이어 완성한 곳으로, 절의 이름은 선왕의 은혜에 감사하는 마음을 담아 지었다고 한다. 마침 그곳에는 축제가 열려 대금 연주가 시작되었다. 마치 만파식적 설화 속 대나무 피리 소리가 들리는 것 같았다.

①

경주 감은사지

②

여주 고달사지

③

원주 법천사지

④

화순 운주사지

도전! 심화문제

1 (가) 국가의 문화유산으로 옳은 것은? [2점]

○○신문
제△△호　　　　　　　　　　　　　○○○○년 ○○년 ○○일

[특집] 우리 역사를 찾아서 – 영광탑

영광탑은 중국 지린성 창바이조선족자치현에 있으며, 벽돌을 쌓아 만든 누각 형태의 전탑이다. 지하에는 무덤으로 보이는 공간이 있는 것이 특징이다. 1980년대 중국 측의 조사에서 (가) 의 탑으로 확정하였다.

① 　② 　③

④ 　⑤

2 밑줄 그은 '이 승려'의 활동으로 옳은 것은? [2점]

부석사는 당에서 유학하고 돌아온 이 승려가 왕명을 받들어 창건한 유서 깊은 사찰입니다. 여름밤 달빛 아래 문화유산의 정취를 느껴 보시기 바랍니다.

◆특별프로그램◆
· 선묘 설화 미디어 아트 영상 관람
· 무량수전 배흘림 기둥 열쇠고리 제작

·일시: 2022년 ○○월 ○○일 19:00~21:00
·장소: 경상북도 영주시 부석사 경내

① 무애가를 지어 불교 대중화에 기여하였다.
② 화랑도의 규범으로 세속 5계를 제시하였다.
③ 구법 순례기인 왕오천축국전을 저술하였다.
④ 승려들의 전기를 담은 해동고승전을 집필하였다.
⑤ 화엄일승법계도를 지어 화엄 사상을 정리하였다.

고려의 성립과 발전

선사 시대 | 고조선, 초기국가 | 삼국 시대 | 남북국 시대 | 고려 시대 | 조선 전기 | 조선 후기 | 개항기 | 일제 강점기 | 대한 민국

원종과 애노의 난

원종과 애노의 난(889)을 기점으로 호족들이 벌떼처럼 일어나다.

9세기

후삼국의 성립

견훤이 후백제를(900), 궁예가 후고구려를(901) 건국하다.

고려의 후삼국 통일

신라가 항복(935)하고, 후백제가 멸망(936)하면서 고려가 후삼국을 통일하다.

10세기

발해 멸망

발해, 거란에게 멸망당하다. (926)

광종의 개혁

노비안검법(956), 과거 제도 실시(958)를 비롯한 개혁을 단행하다.

서희의 활약(거란의 1차 침입)

거란이 침입해오자, 서희가 담판을 지어 막아내고 강동 6주를 얻다. (993)

11세기

귀주대첩(거란의 3차 침입)

강감찬이 거란의 3차 침입을 귀주에서 격퇴하고 거란과의 전쟁을 승리로 장식하다. (1019)

동북 9성 개척과 반환

윤관이 별무반을 편성하여 여진족을 토벌하고 동북9성을 개척하였으나, 유지하지 못하고 반환하다. (1107~1109)

12세기

서경 천도 운동

묘청이 서경 천도 운동을 벌여 수도를 지금의 평양으로 옮기려 하였으나, 김부식 등 개경파 문벌에게 진압당하다. (1135~1136)

무신정변

차별받던 무신들이 문신들을 죽이고 정변을 일으키다. (1170)

고려몽골전쟁

고려, 몽골과 기나긴 전쟁을 벌이다. 김경손, 김윤후 등이 활약하였고 고려는 수도를 강화도로 옮기다. (1231~1259)

13세기

삼별초의 항쟁

몽골과의 강화를 반대하던 삼별초가 진도 → 제주도로 옮겨다니며 항쟁하다. (1270~1273)

14세기

공민왕의 반원자주정책

공민왕이 친원세력을 숙청하고 쌍성총관부를 탈환(1356)하는 등 원나라의 영향력에서 벗어나고자 하다.

❶ 신라 말의 상황과 후삼국의 성립

> 고려의 삼국 통일 과정을 스토리로 이해하고, 고려 전기 주요 왕 3명(태조왕건, 광종, 성종)의 주요 키워드를 숙지해야 합니다!

1) 신라 말의 상황

★ 김헌창의 난(822)
김헌창은 신라의 왕족으로, 아버지 김주원이 왕위 계승 다툼에서 밀려 왕위에 오르지 못하자 앙심을 품었어요. 이후 반란을 일으킨 김헌창은 나라 이름을 '장안'이라 하고, 한때 신라의 9주 5소경 중 4주 3소경을 장악할 정도로 대단한 위세를 떨쳤으나 결국 1달여 만에 진압되었지요.

★ 원종과 애노의 난(889)
9세기 말 진성여왕 때 흉년, 전염병 유행, 과도한 세금으로 농민들의 불만이 최고조에 이르러 원종과 애노가 난을 일으켰어요. 이를 시작으로 전국 각지에서 농민들이 봉기했어요.

사회 혼란	진골 귀족들의 치열한 왕위 쟁탈전으로 왕권이 약화되고 지방에서 반란이 일어남 ⑩ 김헌창의 난★, 장보고의 난 ┗→ 신라 말 150여 년간 20명의 왕이 교체될 정도로 사회가 혼란스러웠어요. ┗ 해상왕이자 최초의 호족 귀족들의 지나친 수탈로 전국 각지에서 농민 봉기가 일어남 ⑩ 진성여왕 때 일어난 원종과 애노의 난★, 적고적의 봉기 ┗→ 붉은 바지를 입은 농민 반란군
새로운 세력의 등장	**호족** ・신라 말 지방통제력이 약화되면서 성장한 지방 세력으로 스스로 성주 또는 장군이라고 칭함 ・독자적으로 군대를 보유하고 백성에게 세금을 거두는 등 지방을 실질적으로 다스림 ⑩ 궁예, 견훤, 왕건 등 **6두품** ・골품제로 인해 능력이 뛰어나도 높은 관직에 오를 수 없어 주로 학문과 종교에서 활약함 ・골품제를 비판하고 개혁을 요구하였으나 수용되지 않았고 새로운 사회를 건설하고자 함 ⑩ 최치원, 설총 등

TIP 후삼국 시대

후백제, 후고구려가 차례로 건국되면서 후삼국 시대가 시작되지요.

・ Real 역사 스토리 **'원종과 애노의 난'이 일으킨 나비효과**

　원종과 애노의 난(889)은 금성(경주)에서 멀지 않은 사벌주(상주)에서 일어났음에도 즉시 진압되지 않았습니다. 진성여왕은 토벌군을 보냈지만, 이미 약해질 대로 약해진 신라군은 이런 농민 반란군조차 즉시 제압하지 못했던 거였죠. 이 사건으로 지방 세력가들은 신라가 지방을 통제할 능력이 없음을 알게 되었고, 이를 기회삼아 양길과 궁예, 견훤을 비롯한 수많은 호족들이 일어납니다. 상황이 급박해지자, 최치원은 시무 10여조를 올리며 마지막 개혁을 시도해 보지만(894) 이조차도 좌절되었지요. 급기야 896년에는 적고적이 일어났고, '수도 경주 근처까지 들어와 약탈을 벌였다'는 기록이 있을 정도로 어느새 신라는 무너져가고 있었습니다.

2) 후삼국의 성립

후백제 건국 (900)	・견훤이 완산주(전주)를 도읍으로 후백제를 세움 ┗→ 신라 군인 출신 ・충청도와 전라도의 옛 백제 지역을 대부분 차지함 ・군사력을 키워 경주를 일시 점령하고 신라 경애왕을 죽이기도 함(927)
후고구려 건국 (901년)	┏→ 신라 왕족 출신 ・궁예는 호족 양길의 부하였는데, 세력을 키워 송악(개성)을 도읍으로 후고구려를 세움 ・나라 이름을 '마진'으로 바꿨다가 → 철원으로 도읍을 옮긴 후, 다시 '태봉'으로 바꿈 ・광평성 등 각종 정치 기구를 마련함 ┗ 태봉의 중앙정치기구

❷ 고려의 건국과 후삼국 통일

1) 고려의 건국

배경	• 왕건*은 궁예의 신하로 전쟁에서 많은 공을 세움 • 궁예는 스스로를 <u>미륵불</u>이라 부르며 난폭한 정치를 함 　　　└ 현실 세계에 나타나 중생을 구원한다고 알려진 부처
건국 (918)	• 왕건은 신하들과 백성의 지지를 얻어 궁예를 몰아내고 왕위에 오름 • 고구려를 계승한다는 의미로 국호를 '고려'라 하고 다음 해 도읍을 송악(개경)으로 다시 옮김(919) • 견훤의 후백제와 대립한 반면, 신라와는 화친하는 정책을 펼침

2) 후삼국 통일 과정

공산 전투 (927)	왕건의 고려군이 공산(대구 팔공산)에서 견훤의 후백제군에 크게 패하고 신숭겸이 왕건을 대신해 목숨을 희생함
고창 전투* (930)	호족들의 도움을 받은 고려군이 고창(안동)에서 후백제군을 상대로 크게 승리 → 고려가 주도권을 장악함
후백제의 내분	견훤의 큰 아들 신검이 견훤을 금산사에 가두고 왕위에 오름 → 견훤이 금산사에서 탈출하여 고려로 귀순함(935)
신라의 항복 (935)	신라의 마지막 왕인 경순왕(김부)은 스스로 나라를 고려에 넘기고 항복 → 왕건은 경순왕에게 높은 벼슬과 땅을 주어 우대함
후백제 멸망 (936)	왕건과 견훤이 함께 일리천 전투에서 신검의 후백제군을 공격하여 승리 → 후백제 멸망, 후삼국 통일

고려의 후삼국 통일

> **Real 역사 스토리**　**자식 교육 잘못한 견훤, 천하를 놓치다!**

　　후백제의 왕으로서 인품과 용맹함까지 갖췄던 견훤은 한때 공산 전투에서 왕건의 군대를 대파하고, 왕건을 죽일 뻔 하는 등 후삼국의 주도권을 잡기도 했습니다. 하지만, 고창 전투에서의 패배로 기세가 꺾인 견훤은 권력에 눈이 먼 첫째 아들 '신검'의 반란으로 몰락하게 됩니다. 신검은 자신의 동생 <u>금강</u>을 죽인 것도 모자라 아버지인 견훤을 금산사라는 절에 가둬버리는 만행을 저질렀죠.　└ 왕위를 이을 후계자로 지목되어 있었어요.

　　화가 머리끝까지 난 견훤은 곧 금산사를 탈출한 뒤 왕건에게로 귀순해버렸고, 이 소식을 들은 신라 경순왕도 나라를 통째로 왕건에게 바치면서 후삼국의 균형추는 순식간에 고려 쪽으로 기울게 되었습니다. 이렇듯, 견훤은 자식의 배신으로 천하를 놓쳤고, 후백제가 멸망한 해인 936년에 세상을 떠났습니다.

★ **왕건**
송악 출신의 호족으로 궁예의 신하가 되어 후고구려의 건국을 도왔어요. 후백제와의 여러 전투에서 많은 공을 세워 높은 지위에 올랐지요.

태조 왕건의 청동상
왕건의 무덤에서 발견된 청동상으로 황제가 쓰는 통천관을 쓰고 있어요.

★ **고창(안동) 전투와 차전놀이**

안동에서는 고창 전투에서 유래한 차전놀이가 전해져 오고 있어요. 동부와 서부로 편을 나누고 상대편 대장을 떨어뜨리거나 동채를 땅에 닿게 하면 이기는 민속놀이예요.

③ 고려의 발전

1) 고려의 기틀을 다지기 위한 노력

★ 훈요 10조

제1조
불교의 힘으로 나라를 세웠으
니 불교를 장려하라.
제2조
도선의 풍수 사상에 따라 사찰
을 세우고, 함부로 짓지 말라.
제4조
거란과 같은 나라의 풍속을 본
받지 말라.
제5조
서경을 중시하고 1년에 100일
이상 머물러라.
제6조
팔관회와 연등회(불교 행사)를
소홀히 하지 말라.

태조 왕건이 유언으로 남긴 '후대 왕
이 지켰으면 하는 10가지 가르침'이
에요.

★ 태조 왕건의 북진

발해 유민 유입
◀ 태조 북진 후 국경
서경(평양)
고려

★ 광종
피비린내 나는 왕권 다툼의 혼란을
수습한 그는 호족 세력을 약화시키
고 왕권을 강화하기 위한 정책을 펼
쳤어요.

★ 시무 28조
신라 6두품 출신인 최승로가 올린
28가지 개혁안이에요. 주로 국가적
인 불교 행사를 줄이고 유교를 바탕
으로 나라를 다스려야 한다는 내용
으로 이루어져 있습니다.

태조 왕건	왕권 안정책	• 호족에게 관직과 '왕'씨 성 하사 • 여러 호족 세력과 혼인함(부인 29명, 아들 25명, 딸 9명) 　└ 왕건이 죽은 후 왕규의 난 등 오랜 기간 왕좌를 놓고 권력 다툼이 일어나는 원인이 돼요. • 호족 세력 견제 　1) 사심관 제도: 중앙 귀족에게 자신의 출신 지역을 관리하도록 해 중앙의 통제력을 높임 ⑩ 신라 경순왕을 경주 사심관으로 임명함 　2) 기인 제도: 지방 호족의 아들을 개경에 머물도록 하여 호족들이 함부로 반란을 일으키지 못하도록 함 • 후대의 왕에게 훈요 10조*를 남김
	민족 통합	후백제, 신라, 발해 유민까지 적극 포용 　└ 발해가 멸망하자 태자 대광현이 이끄는 발해 유민들이 망명해왔고 왕건은 그들을 받아들였어요.
	북진 정책*	• 옛 고구려의 땅을 되찾기 위해 북쪽으로 영토 확장 　→ 청천강~영흥 지방까지 확대 • 고구려의 도읍이었던 서경(평양) 중시
	민생 안정	• 세금을 수확량의 10분의 1로 줄여주고, 빈민 구제를 위해 흑창 설치 　굶주리는 봄에 곡식을 빌려주고 수확기에 갚도록 하였어요. ┘ 　고구려의 진대법과 비슷한 제도예요.
광종*	노비 안검법	양인이었다가 억울하게 노비가 된 사람을 원래 신분으로 되찾아 주는 제도 　└ 호족들의 재산인 노비를 해방시켜 호족들의 경제력을 약화시켰어요.
	과거 제도	• 중국 후주 출신 신하인 쌍기의 건의로 실시 • 과거시험을 통해 유교 지식과 능력을 갖춘 인재를 뽑아 왕에게 충성하는 관리로 선발함
	연호 사용	황제라 칭하고 '광덕', '준풍' 등의 독자적 연호를 사용
	공복제정	관리의 복색을 등급에 따라 구분 　└ 벼슬이 높은 순서대로 자주색, 붉은색, 다홍색, 초록색 옷으로 입게 하였어요.
성종	시무 28조*	최승로가 건의한 시무 28조를 받아들여 통치 제제를 정비하고 유교 정치 이념을 확립함
	2성 6부	당의 3성 6부제를 본떠 2성 6부의 중앙 통치 체제를 완성함
	12목 설치	전국의 주요 지역에 12목을 설치하고 지방관을 파견함
	유학교육 실시	수도에 최고 교육 기관인 국자감을 설치하고 지방에 경학박사와 의학박사를 파견함
	빈민 구제	물가 조절을 위해 상평창을 설치 태조 왕건 때 만든 흑창을 의창으로 명칭을 바꾸고 확대함

2) 고려의 통치 체제 정비

중앙 정치 제도	• 2성 6부: 중서문하성을 중심으로 상서성과 그 아래에 6부(이·병·호·형·예·공)를 설치 • 도병마사: 국방과 군사 문제를 논의함 • 식목도감: 법을 제정하고 시행하는 규정을 다룸 • 어사대: 관리의 비리를 감찰하고 풍기를 단속하는 기구	 '고려의 독자적인 정치 기구로, 중서문하성과 중추원의 고위관료인 재신과 추밀로 구성된 회의 기구였어요.' 고려의 중앙 통치 기구
지방 행정 제도 (성종 때 12목이 설치된 이후 현종 때 완성되었어요.)	• 5도 양계: 전국을 일반 행정 구역인 5도와 북쪽 국경 지역인 양계(북계, 동계)로 나누어 다스림 → 5도에는 안찰사, 양계에는 병마사를 파견함 • 주현(지방관 파견), 속현(지방관 파견 안 함) • 향·소·부곡*(특수 행정 구역)	
군사 제도	• 중앙군: 2군 6위 • 지방군: 5도에는 주현군, 양계는 주진군을 배치	
교육 제도	수도 개경에는 최고 교육 기관인 국자감을, 지방에는 향교를 설치하여 유학 교육을 함	
관리 등용	음서*	• 시험 없이 관리로 등용하는 제도 • 자격: 공신(나라를 위해 큰 공을 세운 사람), 5품 이상 관리의 자손
	과거제*	• 자격: 법적으로 양인 이상이면 누구나 과거 응시 가능 • 종류: 1) 문과: 제술과와 명경과를 통해 문관을 선발 　　　　2) 잡과: 의학 등의 기술관을 선발 　　　　3) 승과: 승려를 선발(무과는 시행되지 않음)

Real 역사 스토리 음서와 과거제 이해하기

　공신이나 5품 이상 관리의 자손에게 벼슬을 주었던 음서제는 실력으로 승부하는 과거제에 비해 평등하지 않은 느낌인데요. 하지만, 음서제로 관리가 되어도 고위 관직에 오르기 위해서는 과거에도 급제하는 것이 유리했다고 해요. 그래서 음서로 관리가 된 사람들도 과거에 많이들 응시했습니다. 또한, 시간이 갈수록 여러 대에 걸쳐 고위 관료를 배출한 대단한 가문도 여럿 등장하게 되었는데요. 우리는 이러한 가문들을 '문벌'이라고 부릅니다. '문벌'은 호족에 이어 고려의 새로운 지배층으로 성장하고 있었습니다.

★ 향·소·부곡
고려 시대 특유의 특수 행정 구역으로, 차별을 받던 지역이었어요. 지방관이 파견되지 않아 관리도 잘 되지 않았고, 세금은 오히려 많이 내야 했지요.

★ 고려의 음서와 과거제

TIP 정동윤 홍패

과거시험에서 정동윤이라는 사람이 문과에 급제하고 받은 홍패예요. 홍패란 고려~조선 시대에 과거 급제자에게 준 합격증으로, 응시자의 이름과 지위, 성적 등이 기록되어 있어요.

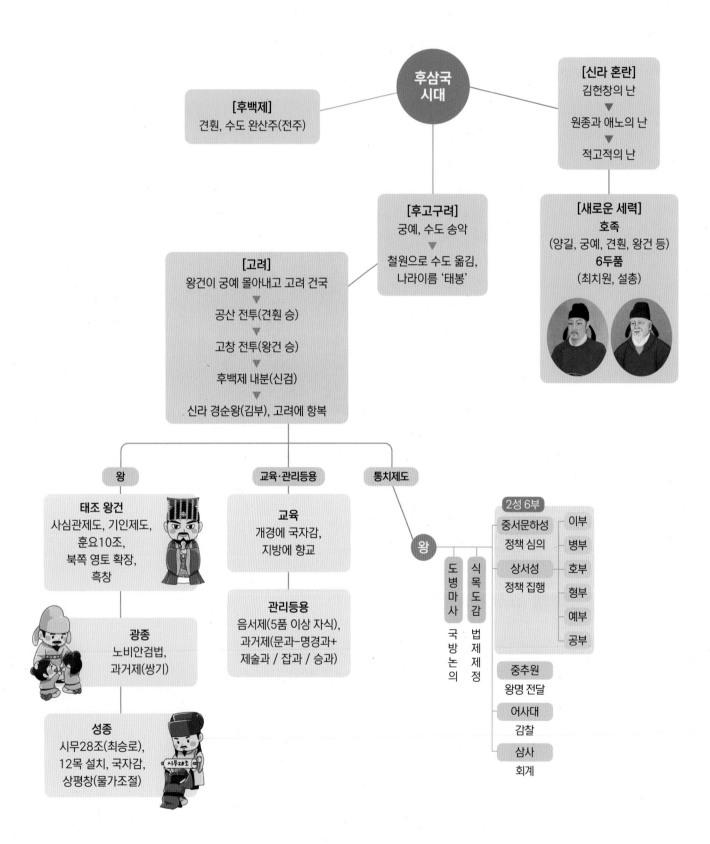

후삼국 시대

[후백제]
견훤, 수도 완산주(전주)

[신라 혼란]
김헌창의 난
▼
원종과 애노의 난
▼
적고적의 난

[후고구려]
궁예, 수도 송악
▼
철원으로 수도 옮김, 나라이름 '태봉'

[새로운 세력]
호족
(양길, 궁예, 견훤, 왕건 등)
6두품
(최치원, 설총)

[고려]
왕건이 궁예 몰아내고 고려 건국
▼
공산 전투(견훤 승)
▼
고창 전투(왕건 승)
▼
후백제 내분(신검)
▼
신라 경순왕(김부), 고려에 항복

왕

태조 왕건
사심관제도, 기인제도,
훈요10조,
북쪽 영토 확장,
흑창

광종
노비안검법,
과거제(쌍기)

성종
시무28조(최승로),
12목 설치, 국자감,
상평창(물가조절)

교육·관리등용

교육
개경에 국자감,
지방에 향교

관리등용
음서제(5품 이상 자식),
과거제(문과-명경과+
제술과 / 잡과 / 승과)

통치제도

왕

도병마사
국방 논의

식목도감
법제 제정

2성 6부

중서문하성
정책 심의

상서성
정책 집행

이부
병부
호부
형부
예부
공부

중추원
왕명 전달

어사대
감찰

삼사
회계

기본

제1회
한국사능력검정시험 문제지

□ 자신이 선택한 종류의 문제지인지 확인하십시오.

□ 답안지에 성명과 수험번호를 쓰고, 수험번호와 답은 컴퓨터용 사인펜으로 표시란에 표시하십시오.

□ 시험시간은 10시 20분부터 11시 30분까지 70분입니다.

※ 응시자 유의사항을 수험표에서 다시 한 번 확인하시기 바랍니다.

시험이 시작되기 전까지 문제지를 넘기지 마십시오.

1 (가) 시대의 생활 모습으로 옳은 것은? [2점]

선사 문화 축제

농경과 정착 생활이 시작된 (가) 시대로 떠나요!

· 일시: 2020년 ○○월 ○○일 ~ ○○일
· 주최: △△ 문화 재단

움집 생활 체험하기
가락바퀴로 실뽑기
갈돌과 갈판으로 곡식 갈기

① 주로 동굴이나 막집에서 살았다.
② 토기를 만들어 식량을 저장하였다.
③ 무덤 껴묻거리로 오수전 등을 묻었다.
④ 지배층의 무덤으로 고인돌을 축조하였다.

2 (가) 나라에 대한 설명으로 옳은 것은? [2점]

만화로 보는 (가) 의 사회모습
범금 8조

사람을 죽인 자는 사형에 처한다.

남에게 상해를 입힌 자는 곡식으로 갚아야 한다.

도둑질한 자는 노비로 삼되, 용서받고자 할 때에는 50만 전을 내야 한다.

① 민며느리제라는 풍습이 있었다.
② 신지, 읍차 등의 지배자가 있었다.
③ 건국 이야기가 삼국유사에 실려 있다.
④ 12월에 영고라는 제천 행사를 열었다.

3 (가) 나라에 대한 탐구 활동으로 가장 적절한 것은? [2점]

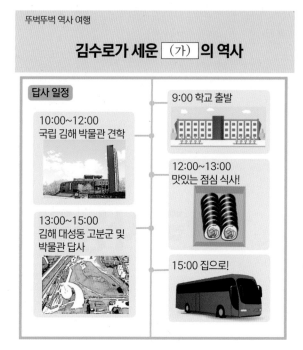

뚜벅뚜벅 역사 여행

김수로가 세운 (가) 의 역사

답사 일정

9:00 학교 출발

10:00~12:00 국립 김해 박물관 견학

12:00~13:00 맛있는 점심 식사!

13:00~15:00 김해 대성동 고분군 및 박물관 답사

15:00 집으로!

① 화랑도의 전통을 알아본다.
② 목지국을 정복한 왕을 알아본다.
③ 평양으로 천도한 이유를 파악한다.
④ 삼국유사의 '구지가' 설화를 분석한다.

4 학생들이 공통으로 이야기하고 있는 지역을 지도에서 옳게 고른 것은? [1점]

일제 강점기에 대규모 학생 항일 운동이 일어났어.

신간회가 진상 조사단을 파견했던 사건 말이구나?

훗날 5.18 민주화운동도 일어나 많은 분들이 희생되었지.

(가) 인천
(나) 광주
(다) 강릉
(라) 울산

① (가)　② (나)　③ (다)　④ (라)

5 밑줄 그은 '이 왕'의 업적으로 옳은 것은? [2점]

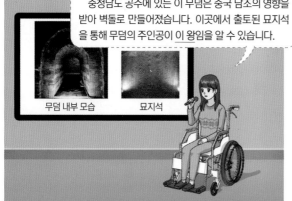

충청남도 공주에 있는 이 무덤은 중국 남조의 영향을 받아 벽돌로 만들어졌습니다. 이곳에서 출토된 묘지석을 통해 무덤의 주인공이 이 왕임을 알 수 있습니다.

무덤 내부 모습   묘지석

① 불교를 공인하였다.
② 사비로 천도하였다.
③ 고구려 평양성을 공격하였다.
④ 22담로에 왕족을 파견하였다.

7 (가) 나라에 대한 설명으로 옳지 않은 것은? [2점]

이 문화유산에 대해 소개해 주시겠습니까?

이것은 부여 능산리 절터에서 출토된 향로입니다. (가) 의 금속 공예 기술을 보여 주는 대표적인 문화유산으로, 도교와 불교 사상이 함께 표현되어 있습니다.

① 온조가 건국하였다.
② 웅진으로 천도하였다.
③ 태학을 세워 유학교육을 하였다.
④ 관산성 전투에서 성왕이 전사하였다.

6 밑줄 그은 '나'가 나타내는 왕으로 가장 적절한 것은? [2점]

나는 신라의 제23대 왕으로 율령을 반포하고 불교를 공인하였소.

① 지증왕   ② 법흥왕
③ 진흥왕   ④ 문무왕

8 아래 그림을 보고 알 수 있는 세시풍속으로 가장 적절한 것은? [1점]

수릿날 맞이 체험 행사
(음력 5월 5일)

창포물에 머리감기   수리취떡 만들기

① 단오   ② 칠석
③ 한식   ④ 삼짇날

9 (가)에 들어갈 수 있는 사건으로 옳은 것은? [3점]

백제가 우리 신라의 여러 성을 빼앗았습니다. 군대를 파견하여 도와주십시오.

죽령 서북 땅은 본래 우리 것이니, 그곳을 돌려준다면 군사를 보내 줄 것이오.

보장왕

김춘추   연개소문

↓

(가)

↓

고연무 장군이 압록강을 넘어 오골성을 공격했다지.

고구려 부흥을 위해 우리도 힘을 보태세.

고구려 부흥군 모집군

(가) 이/가 안승을 왕으로 세워 당에 대항한다네.

① 황산벌 전투　　② 처인성 전투
③ 관산성 전투　　④ 한산도 대첩

---

10 (가) 왕의 업적으로 옳은 것은? [2점]

이 무덤은 신라의 31대 왕인 (가) 의 능으로 전해지고 있습니다. 이 왕은 관리에게 관료전을 지급하고 녹읍을 폐지하여 귀족들의 경제 기반을 약화시켰습니다.

① 율령을 반포하였다.
② 우산국을 정복하였다.
③ 독서삼품과를 실시하였다.
④ 김흠돌의 난을 진압하였다.

---

11 (가) 국가에 대한 설명으로 옳은 것은? [2점]

이곳 옛 상경 용천부의 절터에는 높이 6.3m의 거대한 석등이 남아 있습니다. 이 석등을 통해 전성기에 해동성국이라 불렸던 (가) 의 융성한 불교 문화를 알 수 있습니다.

① 대마도를 정벌하였다.
② 청해진을 설치하였다.
③ 동북 9성을 축조하였다.
④ 산둥반도의 등주를 공격하였다.

52회

12 아래에서 말하는 '나'로 옳은 인물은? [2점]

나는 왕으로 즉위해 나라 이름을 고려라 정하였습니다. 이후 신라의 항복을 받고 후백제를 격파하여 후삼국을 통일하였습니다.

① 궁예　　　② 왕건
③ 견훤　　　④ 주몽

13 아래에서 설명하고 있는 있는 기관으로 옳은 것은?

[1점]

1단계: 고려 성종 때 설립

2단계: 유학과 기술 교육을 담당

3단계: 고려의 최고 교육 기관

제시된 단계별 힌트를 종합하여 알 수 있는 이것은 무엇일까요?

① 태학
② 국자감
③ 성균관
④ 4부 학당

15 (가)~(다)를 일어난 순서대로 옳게 나열한 것은?

[3점]

이곳 귀주에서 거란군을 모두 물리쳐라.

여진을 내쫓고 우리 옛 땅을 돌려준다면 어찌 거란과 교류하지 않겠는가?

항복은 없다. 거란에 맞서 끝까지 싸우자.

강감찬 (가)　소손녕 서희 (나)　양규 (다)

① (가) - (나) - (다)
② (나) - (가) - (다)
③ (나) - (다) - (가)
④ (다) - (나) - (가)

14 (가)에 들어갈 인물의 업적으로 옳은 것은?

[2점]

최승로 (앞면)

· 고려 전기의 관리

(가)

· 유교 정치 이념에 근거한 통치 체제 확립에 기여

(뒷면)

① 봉사10조를 건의하였다.
② 삼국사기를 저술하였다.
③ 시무28조를 건의하였다.
④ 당나라 빈공과에 합격하였다.

16 (가)에 들어갈 문화유산으로 옳은 것은?

[2점]

고려를 대표하는 도자기를 살펴볼까요?

고려만의 독창적인 상감 기법이 돋보여요.

(가)

새털구름과 학을 표현한 운학문이 멋지군요.

①
②
③
④

17 아래 그림의 사건이 들어갈 곳을 연표에서 옳게 고른 것은? [3점]

경의 건의에 따라 설치된 별무반을 거느리고 여진을 정벌하시오.

명을 받들겠습니다.

윤관

918	1019	1170	1270	1392
(가)	(나)	(다)	(라)	
고려 건국	귀주대첩	무신 정변	개경 환도	고려 멸망

① (가)   ② (나)   ③ (다)   ④ (라)

18 (가)에 들어갈 내용으로 옳은 것은? [2점]

의천 스님, 불교를 위해 어떤 활동을 하셨나요?

(가)

① 무애가를 지었습니다.
② 천태종을 개창하였습니다.
③ 수선사 결사를 제창하였습니다.
④ 왕오천축국전을 저술하였습니다.

19 (가)에 들어갈 인물로 옳은 것은? [2점]

이 전투는 고려 말 (가) 이/가 제작한 화포를 이용하여 왜구를 크게 물리친 진포 대첩입니다.

① 최무선   ② 이성계
③ 최영   ④ 김윤후

20 (가)에 들어갈 내용으로 옳은 것은? [2점]

조선의 건국 과정을 소개합니다.

한양 천도
조선 건국
(가)
위화도 회군

사직단

종묘

① 과전법 실시   ② 비변사 혁파
③ 경국대전 편찬   ④ 훈민정음 창제

21 아래에서 설명하는 '왕'으로 옳은 것은? [1점]

이성계의 아들로 태어난 조선시대의 왕에 대해 말해 볼까요?

두 차례의 왕자의 난 이후에 조선의 제3대 왕이 되었어요.

6조 직계제를 실시하는 등 왕권 강화에 힘썼지요.

① 태종　② 세종　③ 세조　④ 성종

22 아래의 대화가 일어난 시기에 있었던 일로 옳지 <u>않은</u> 것은? [2점]

날씨가 흐릴 때에도 시간을 알 수 있는 자격루를 만들었나이다.

앙부일구에 이어 자격루라. 참으로 장하구나! 앞으로도 연구에 전념하도록 하라.

① 칠정산을 편찬하였다.
② 4군 6진을 개척하였다.
③ 훈민정음을 반포하였다.
④ 경국대전을 완성하였다.

23 (가) 기구에 대한 설명으로 옳은 것은? [2점]

전하께서 (가) 관리들의 간언을 듣지 않으려 하시니 큰 일일세.

전하께서 그릇된 판단을 내리시면 바로잡는 것이 그들의 일 아니겠는가.

① 왕명 출납을 관장하였다.
② 수도의 행정과 치안을 맡았다.
③ 외국어 통역 업무를 담당하였다.
④ 홍문관, 사헌부와 함께 삼사로 불렸다.

24 (가) 인물의 활동으로 옳은 것은? [2점]

화폐로 보는 역사 인물

이 화폐에는 (가) 의 모습이 그려져 있습니다. 그는 조선 시대 유학자로, 도산 서원에서 그의 위패를 모시고 있습니다.

견본 천원은행 천원 1000

① 앙부일구를 제작하였다.
② 성학십도를 저술하였다.
③ 시무 28조를 건의하였다.
④ 화통도감 설치를 제안하였다.

25 (가) 전쟁 중에 있었던 사실로 옳은 것은? [2점]

1592년 7월 이순신이 이끄는 조선 수군은 이곳 한산도 앞바다에서 학익진을 펼치며 일본 수군을 크게 격파하였습니다. 그 결과 조선군은 [(가)] 당시 남해안 일대의 제해권을 장악하게 되었습니다.

① 최윤덕이 4군을 개척하였다.
② 서희가 강동 6주를 확보하였다.
③ 곽재우가 정암진 전투에서 승리하였다.
④ 김경손, 박서가 귀주에서 몽골군에 승리하였다.

26 밑줄 그은 '이 전쟁' 후에 일어난 사실로 옳은 것은? [3점]

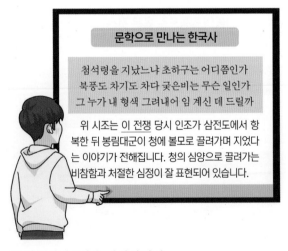

문학으로 만나는 한국사

첨석령을 지났느냐 초하구는 어디쯤인가
북풍도 차기도 차다 궂은비는 무슨 일인가
그 누가 내 형색 그려내어 임 계신 데 드릴까

위 시조는 이 전쟁 당시 인조가 삼전도에서 항복한 뒤 봉림대군이 청에 볼모로 끌려가며 지었다는 이야기가 전해집니다. 청의 심양으로 끌려가는 비참함과 처절한 심정이 잘 표현되어 있습니다.

① 김종서가 6진을 개척하였다.
② 권율이 행주산성에서 승리하였다.
③ 김윤후가 적장 살리타를 사살하였다.
④ 조선 조총 부대가 나선정벌에서 승리하였다.

27 아래 선생님이 강의 중인 사건에 대한 설명으로 옳은 것은? [2점]

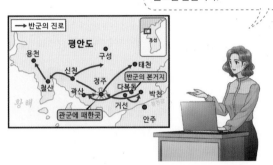

이것은 1811년 홍경래 등이 일으킨 난입니다.

① 백낙신의 횡포가 계기가 되었다.
② 서경 천도를 주장하며 일어났다.
③ 특수 행정 구역인 소의 주민이 참여하였다.
④ 서북 지역민에 대한 차별에 반발하여 일어났다.

28 (가) 왕의 업적으로 옳지 <u>않은</u> 것은? [2점]

답사 계획서

◈ 주제: [(가)]의 효심을 만나다
◈ 일시: 2021년 ○○월 ○○일 09:00~17:00
◈ 경로: 봉수당 → 융릉 → 용주사

혜경궁 홍씨의 회갑연이 열렸던 봉수당

사도세자가 묻힌 융릉

사도세자의 명복을 빌기 위해 세운 용주사

① 장용영을 설치하였다.
② 금난전권을 폐지하였다.
③ 삼강행실도를 편찬하였다.
④ 초계문신제를 실시하였다.

29 다음 가상 뉴스가 보도된 시기의 경제 상황으로 옳은 것은? [2점]

> 오늘 전하께서 육의전을 제외한 시전이 가진 금난전권을 전면 폐지한다고 하셨습니다. 이로 인해 상업활동이 좀 더 자유로워질 것으로 전망됩니다.

속보 금난전권 폐지

① 우경이 일반화되었다.
② 동시전이 설치되었다.
③ 건원중보가 사용되었다.
④ 모내기법이 전국으로 확산되었다.

31 아래의 '선생님'으로 옳은 사람은? [2점]

> 선생님께서 연구하신 내용은 무엇인가요?

> 저는 지구가 하루에 한 바퀴씩 자전하는 지전설과 무한우주론을 연구 중입니다.

① 이익
② 정약용
③ 홍대용
④ 박지원

30 아래에서 설명하는 문화유산으로 옳은 것은? [1점]

> 이것은 충북 보은군에 소재한 조선 후기 건축물입니다. 현재 우리나라에 남아 있는 가장 오래된 5층 목탑이고, 내부에는 석가모니의 생애를 여덟 장면으로 그린 불화도 있지요.

도전! 한국사 퀴즈왕

① 법주사 팔상전
② 금산사 미륵전
③ 봉정사 극락전
④ 부석사 무량수전

32 다음 상황이 나타난 시기에 볼 수 있는 모습으로 적절하지 않은 것은? [2점]

> 오늘은 양반전을 빌려야겠어.

세책점

① 시를 짓는 여인들
② 광화문에서 열린 팔관회
③ 판소리를 구경하는 백성들
④ 한글 소설을 읽어주는 전기수

33 (가) 인물이 집권한 시기의 사실로 옳은 것은? [2점]

소식 들었는가? 왕의 아버지인 (가) 이/가 경복궁을 다시 짓겠다는군.

돈이 없어 당백전을 발행하려는 모양이던데 걱정이 되네.

① 측우기가 만들어졌다.
② 병인박해가 일어났다.
③ 농사직설이 편찬되었다.
④ 백두산정계비가 건립되었다.

35 밑줄 그은 '조약'으로 옳은 것은? [2점]

이곳은 운요호 사건을 빌미로 일본이 개항을 강요하여 조선과 조약을 체결한 장소입니다.

① 한성 조약
② 정미 7조약
③ 강화도 조약
④ 제물포 조약

34 다음 상황 이후에 일어난 사실로 옳은 것은? [2점]

미국 군대가 쳐들어왔다.

어재연 장군을 중심으로 힘을 모아 광성보를 지켜내자!

① 척화비가 건립되었다.
② 병인양요가 일어났다.
③ 삼정이정청이 설치되었다.
④ 제너럴 셔먼호 사건이 발생하였다.

36 (가)~(다) 학생이 발표한 내용을 일어난 순서대로 옳게 나열한 것은? [2점]

〈배움 주제: 위정 척사 운동의 전개〉

흥선 대원군의 통상 수교 거부 정책을 이항로 등이 지지하였습니다.

최익현이 왜양일체론을 주장하며 강화도 조약에 반대하였습니다.

영남 지역 유생들은 조선 책략 유포에 반발하여 이만손을 중심으로 만인소를 올렸습니다.

(가) (나) (다)

① (가)-(나)-(다)
② (가)-(다)-(나)
③ (나)-(가)-(다)
④ (다)-(가)-(나)

[37~38] 다음 자료를 읽고 물음에 답하시오.

역사 뮤지컬

3일 천하

(가) 개국 축하연을 기회로 삼아 (나) 을/를 일으킨 조선 청년들의 새로운 도전이 뮤지컬로 공연됩니다.

- 일시: 2022년 ○○월 ○○일 19시
- 장소: △△아트센터 대극장

37 (가)에 들어갈 기구로 옳은 것은? [1점]

① 기기창
② 우정총국
③ 군국기무처
④ 통리기무아문

38 (나) 사건과 관련된 설명으로 옳은 것은? [2점]

① 외규장각 도서가 약탈당하였다.
② 구본신참을 개혁 원칙으로 내세웠다.
③ 한성 조약이 체결되는 계기가 되었다.
④ 사태 수습을 위해 박규수가 안핵사로 파견되었다.

39 아래 사건이 들어갈 곳을 연표에서 옳게 고른 것은? [3점]

황룡촌 전투

동학농민운동군이 치열한 전투를 벌이는 장면입니다. 이 전투는…

1863	1871	1884	1895	1904
(가)	(나)	(다)	(라)	
고종즉위	신미양요	갑신정변	을미사변	러일전쟁

① (가)
② (나)
③ (다)
④ (라)

40 (가) 시기에 있었던 사실로 옳은 것은? [2점]

여기는 환구단의 일부인 황궁우야.

고종은 환구단에서 황제 즉위식을 거행하고, 경운궁에서 새로운 국호인 (가) 을/를 선포하였지.

① 영선사를 파견하였다.
② 당백전을 발행하였다.
③ 육영 공원을 설립하였다.
④ 토지 조사 사업을 벌여 지계를 발급하였다.

41 (가) 인물의 활동으로 옳은 것은? [2점]

역사드라마

연해주 독립운동의 대부, 최재형

(가) 의 하얼빈 의거를 도운 숨은 공로자, 최재형의 이야기와 (가) 이/가 이토 히로부미를 저격하여 처단하는 데 성공하는 과정을 살펴본다!

① 영남 만인소를 주도하였다.
② 동양 평화론을 집필하였다.
③ 조선 의용대를 창설하였다.
④ 헤이그 특사로 활약하였다.

42 (가) 사건에 대한 설명으로 옳은 것은? [2점]

충격적인 일이다. 일본군은 (가) 을/를 진압하기 위해 한반도 곳곳에서 학살을 저질렀다. 나는 이 소식을 반드시 세계에 알릴 것이다.

스코필드

① 홍범도가 일본군을 물리쳤다.
② '내 살림 내 것으로'를 외쳤다.
③ 고종의 인산일을 계기로 일어났다.
④ 신간회가 진상 조사단을 파견하였다.

43 밑줄 그은 '이 시기'에 일제가 추진한 정책으로 옳은 것은? [3점]

이 인공 동굴은 일제가 공중 폭격에 대비하여 목포 유달산 아래에 만든 방공호입니다. 국가 총동원법이 시행된 이 시기에 일제는 한국인들을 강제 동원하여 이와 같은 군사 시설을 한반도 곳곳에 만들었습니다.

① 회사령을 폐지하였다.
② 조선 태형령을 실시하였다.
③ 치안 유지법을 제정하였다.
④ 국가 총동원법을 제정하였다.

44 (가)에 들어갈 인물로 옳은 것은? [2점]

이달의 독립운동가

1940년 대한민국 임시 정부가 창설한 한국광복군의 총사령관

(가) 장군
(1888-1957)

① 홍범도 ② 김좌진
③ 지청천 ④ 김원봉

45 아래의 발언 이후에 일어난 일로 옳은 것은? [2점]

통일정부를 고대하나 잘 되지 않으니, 우리는 남한만이라도 임시정부 혹은 위원회 같은 것을 조직하여야 할 것이다.

① 제1차 미소 공동 위원회가 열렸다.
② 평양에서 남북 협상이 진행되었다.
③ 조선 건국 준비 위원회가 결성되었다.
④ 모스크바 3국 외상 회의가 개최되었다.

46 밑줄 그은 '이 전쟁' 중에 있었던 사실로 옳지 않은 것은? [2점]

이것은 이우근의 편지를 새긴 조형물입니다. 그는 이 전쟁 당시 학도의용군으로 포항여중 전투에서 북한군과 싸우다 전사하였습니다. 그가 쓴 편지에는 동족상잔의 비극, 어머니에 대한 그리움이 담겨져 있습니다.

① 애치슨 선언이 발표되었다.
② 부산이 임시 수도로 정해졌다.
③ 인천 상륙 작전이 성공하였다.
④ 흥남 철수 작전이 전개되었다.

47 (가) 정부 시기에 있었던 사실로 옳은 것은? [2점]

반민족 행위 특별 조사 위원회가 발족되었습니다. 이 위원회에서는 반민족 행위자를 제보하는 투서함을 설치하는 등 친일파 청산을 위해 많은 노력을 하였습니다. 그러나 당시 (가) 정부는 이 위원회의 활동에 대해 비협조적인 태도를 보였습니다.

① 중국, 소련 등과 수교하였다.
② 베트남에 국군이 파병되었다.
③ 사사오입 개헌안을 가결하였다.
④ 한일 월드컵 축구 대회가 개최되었다.

48 밑줄 그은 '놀이'로 옳은 것은? [1점]

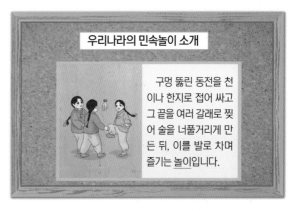

우리나라의 민속놀이 소개

구멍 뚫린 동전을 천이나 한지로 접어 싸고 그 끝을 여러 갈래로 찢어 술을 너풀거리게 만든 뒤, 이를 발로 차며 즐기는 놀이입니다.

① 씨름　　　　② 널뛰기
③ 제기차기　　④ 쥐불놀이

49 밑줄 그은 '민주화 운동'에 대한 설명으로 옳은 것은? [2점]

1987년에 일어난 <u>민주화 운동</u> 때, 이곳 명동성당에 있던 시위대에게 도시락을 모아 전달하셨다고 들었어요.

언니, 오빠들이 호헌 철폐, 독재 타도를 외치는 모습을 보고 우리도 무엇인가를 해야겠다고 생각했지.

① 3 · 15 부정 선거에 항의하였다.
② 대통령 직선제 개헌을 이끌어 냈다.
③ 굴욕적인 한일 국교 정상화에 반대하였다.
④ 신군부의 비상계엄 확대가 원인이 되어 발생하였다.

50 다음 정부의 통일 노력으로 옳은 것은? [3점]

사진으로 보는 ○○○정부

남북한 유엔 동시 가입

한중 수교

① 남북 조절 위원회를 구성하였다.
② 남북 기본 합의서를 채택하였다.
③ 남북 정상 회담을 최초로 개최하였다.
④ 최초로 남북 간 이산가족 상봉이 성사되었다.

♣ 수고 하셨습니다.

한국사능력검정시험 답안지

(기본)

답 란

번호	답란	번호	답란	번호	답란	번호	답란	번호	답란
1	① ② ③ ④	11	① ② ③ ④	21	① ② ③ ④	31	① ② ③ ④	41	① ② ③ ④
2	① ② ③ ④	12	① ② ③ ④	22	① ② ③ ④	32	① ② ③ ④	42	① ② ③ ④
3	① ② ③ ④	13	① ② ③ ④	23	① ② ③ ④	33	① ② ③ ④	43	① ② ③ ④
4	① ② ③ ④	14	① ② ③ ④	24	① ② ③ ④	34	① ② ③ ④	44	① ② ③ ④
5	① ② ③ ④	15	① ② ③ ④	25	① ② ③ ④	35	① ② ③ ④	45	① ② ③ ④
6	① ② ③ ④	16	① ② ③ ④	26	① ② ③ ④	36	① ② ③ ④	46	① ② ③ ④
7	① ② ③ ④	17	① ② ③ ④	27	① ② ③ ④	37	① ② ③ ④	47	① ② ③ ④
8	① ② ③ ④	18	① ② ③ ④	28	① ② ③ ④	38	① ② ③ ④	48	① ② ③ ④
9	① ② ③ ④	19	① ② ③ ④	29	① ② ③ ④	39	① ② ③ ④	49	① ② ③ ④
10	① ② ③ ④	20	① ② ③ ④	30	① ② ③ ④	40	① ② ③ ④	50	① ② ③ ④

결시자 확인(응시자는 표기하지 말것)

컴퓨터용 사인펜을 사용하여 열란과 성명, 수험번호를 표기 ○

《답안지 작성 시 유의사항》

1. 수험번호란에는 아래비어있숫자로 기재하고 해당란에 "●"와 같이 완전하게 표기하여야 합니다.
2. 답란에는 반드시 컴퓨터용 사인펜으로 표기하여야 합니다.
3. 답란에는 "●"와 같이 완전하게 표기하여야 하며, 바르지 못한 표기를 하였을 경우에는 불이익을 받을 수 있습니다.
   (잘못된 표기 예시 ⊙ ⊕ ⊗ ◍ ⊜)
4. 답안지에 낙서를 하거나 불필요한 표기를 하였을 경우 불이익을 받을 수 있습니다.

성 명

수 험 번 호

⓪①②③④⑤⑥⑦⑧⑨	⓪①②③④⑤⑥⑦⑧⑨	⓪①②③④⑤⑥⑦⑧⑨	⓪①②③④⑤⑥⑦⑧⑨	⓪①②③④⑤⑥⑦⑧⑨	⓪①②③④⑤⑥⑦⑧⑨	⓪①②③④⑤⑥⑦⑧⑨	⓪①②③④⑤⑥⑦⑧⑨

감독관 확인(응시자는 표기하지 말 것)

(서명 또는 날인)

응시자의 본인 여부와 수험번호 표기가 정확한지 확인한 후 열란에 서명 또는 날인

한국사능력검정시험 답안지

(기본)

	답 란					답 란					답 란					답 란					답 란			
1	①	②	③	④	11	①	②	③	④	21	①	②	③	④	31	①	②	③	④	41	①	②	③	④
2	①	②	③	④	12	①	②	③	④	22	①	②	③	④	32	①	②	③	④	42	①	②	③	④
3	①	②	③	④	13	①	②	③	④	23	①	②	③	④	33	①	②	③	④	43	①	②	③	④
4	①	②	③	④	14	①	②	③	④	24	①	②	③	④	34	①	②	③	④	44	①	②	③	④
5	①	②	③	④	15	①	②	③	④	25	①	②	③	④	35	①	②	③	④	45	①	②	③	④
6	①	②	③	④	16	①	②	③	④	26	①	②	③	④	36	①	②	③	④	46	①	②	③	④
7	①	②	③	④	17	①	②	③	④	27	①	②	③	④	37	①	②	③	④	47	①	②	③	④
8	①	②	③	④	18	①	②	③	④	28	①	②	③	④	38	①	②	③	④	48	①	②	③	④
9	①	②	③	④	19	①	②	③	④	29	①	②	③	④	39	①	②	③	④	49	①	②	③	④
10	①	②	③	④	20	①	②	③	④	30	①	②	③	④	40	①	②	③	④	50	①	②	③	④

결시자 확인 (응시자는 표기하지 말것)

컴퓨터용 사인펜을 사용하여 열란과 성명, 수험번호란을 표기	◯

《답안지 작성 시 유의사항》

1. 수험번호란에는 아라비아숫자로 기재하고 해당란에 "●"와 같이 완전하게 표기하여야 합니다.
2. 답란에는 반드시 컴퓨터용 사인펜으로 표기하여야 합니다.
3. 답란에는 "●"와 같이 완전하게 표기하여야 하며, 바르지 못한 표기를 하였을 경우에는 붙이익을 받을 수 있습니다.
   (잘못된 표기 예시 ⊙ ◑ ⊗ ◍)
4. 답안지에 낙서를 하거나 불필요한 표기를 하였을 경우 붙이익을 받을 수 있습니다.

성 명

수 험 번 호

⓪	①	②	③	④	⑤	⑥	⑦	⑧	⑨
⓪	①	②	③	④	⑤	⑥	⑦	⑧	⑨
⓪	①	②	③	④	⑤	⑥	⑦	⑧	⑨
⓪	①	②	③	④	⑤	⑥	⑦	⑧	⑨
⓪	①	②	③	④	⑤	⑥	⑦	⑧	⑨
⓪	①	②	③	④	⑤	⑥	⑦	⑧	⑨
⓪	①	②	③	④	⑤	⑥	⑦	⑧	⑨
⓪	①	②	③	④	⑤	⑥	⑦	⑧	⑨

감독관 확인 (응시자는 표기하지 말것)

응시자의 본인 여부와 수험번호 표기가 정확한지 확인한 후 열란에 서명 또는 날인	(서명 또는 날인)

실력 쑥쑥 기출 미니 테스트

1 아래 사건들을 시간 순서에 따라 배열해 보세요.

가. 견훤이 완산주를 근거지로 삼고 스스로 후백제의 왕이 되었다.
나. 경순왕이 왕건에게 항복하였다.
다. 김헌창이 난을 일으켜 국호를 장안이라 하였다.
라. 왕건이 고창 전투에서 승리하였다.

( ) - ( ) - ( ) - ( )

2 아래 보기에서 알맞은 키워드를 골라 빈 칸을 채워 보세요.

보기 왕건, 광종, 성종, 사심관, 기인, 흑창, 상평창, 노비안검법, 음서, 과거제, 도병마사, 어사대

① ______ 은 지방 호족의 아들을 개경에 머물도록 하는 ______ 제도를 실시했다.

② ______ 은 ______ 을 통해 양인이었다가 억울하게 노비가 된 사람을 원래 신분으로 되돌렸다.

③ ______ 은 성종이 만든 물가조절기구이다.

④ 후주 출신 쌍기의 건의로 ______ 가 실시되어 유교 지식을 갖춘 인재를 선발하게 되었다.

⑤ ______ 은/는 관리의 비리를 감찰하고 풍기를 단속하는 기구였다.

3 아래는 주요 인물들과 관계된 키워드입니다. 알맞게 연결해 보세요.

① 궁예 ·	· (ㄱ) 시무28조
② 왕건 ·	· (ㄴ) 태봉
③ 견훤 ·	· (ㄷ) 훈요10조
④ 최승로 ·	· (ㄹ) 후백제

정답 **1** 다-가-라-나 **2** ① 왕건, 기인 ② 광종, 노비안검법 ③ 상평창 ④ 과거제 ⑤ 어사대 **3** ① ㄴ ② ㄷ ③ ㄹ ④ ㄱ

60회

1 다음 기획서에 나타난 시기에 발생한 사건으로 옳은 것은? [2점]

	제작 기획서
장르	다큐멘터리
제작의도	신라는 혜공왕 이후 잦은 왕위 쟁탈전으로 통치 질서가 어지러워지고 나라 살림이 어려워졌다. 중앙 정부는 세금을 독촉하였고 이에 시달린 농민들은 봉기를 일으켰다. 이러한 과정을 살펴보며 당시의 시대 상황을 되새겨 본다.
등장인물	장보고, 진성여왕, 원종, 애노 등

① 김헌창의 난
② 이자겸의 난
③ 김사미·효심의 난
④ 망이·망소이의 난

58회

2 (가), (나) 사이의 시기에 있었던 사실로 옳은 것은? [3점]

(가) 견훤이 완산주를 근거지로 삼고 스스로 후백제라 일컬으니, 무주 동남쪽의 군현들이 투항하여 복속하였다.

(나) 태조가 대상(大相) 왕철 등을 보내 항복해 온 경순왕을 맞이하게 하였다.

① 연개소문이 천리장성을 쌓았다.
② 최영이 요동 정벌을 추진하였다.
③ 왕건이 고창 전투에서 승리하였다.
④ 이순신이 명량에서 일본군을 물리쳤다.

67회

3 (가) 왕의 업적으로 옳은 것은? [2점]

고려 (가) 이/가 민족 통합을 위해 노력한 점에 대해 이야기 나눠볼까요?

발해 유민을 받아들이고, 조상의 제사를 지낼 수 있도록 배려해 주었죠.

오랜 기간 적대 관계였던 견훤까지 포용한 일도 빠뜨릴 수 없지요.

① 흑창을 두었다.
② 강화도로 천도하였다.
③ 과거제를 처음 실시하였다.
④ 전민변정도감을 설치하였다.

58회

4 밑줄 그은 '왕'의 업적으로 옳은 것은? [2점]

왕께서 한림학사 쌍기의 건의를 받아들이셨다고 합니다.

과거 시험을 통해 인재를 선발하기로 했다더군요.

① 훈요10조를 남겼다.
② 수도를 강화도로 옮겼다.
③ 노비안검법을 시행하였다.
④ 기철 등 친원파를 숙청하였다.

47회

5 (가)에 들어갈 인물로 옳은 것은? [2점]

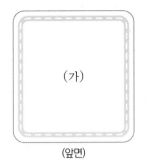

(가)	· 고려 전기의 관리 · 시무28조를 성종에게 건의 · 유교 정치 이념에 근거한 통치 체제 확립에 기여
(앞면)	(뒷면)

① 김부식

②  최승로

③  정몽주

④  이제현

48회

6 다음 퀴즈의 정답으로 옳은 것은? [1점]

1단계: 고려 성종 때 설립
2단계: 유학과 기술 교육을 담당
3단계: 고려의 최고 교육 기관

제시된 단계별 힌트를 종합하여 알 수 있는 이것은 무엇일까요?

① 경당 ② 향교 ③ 국자감 ④ 주자감

도전! 심화문제

60회

1 (가) 인물에 대한 설명으로 옳은 것은? [2점]

이 사진은 (가) 이/가 세운 태봉의 철원 도성 터에서 촬영된 석등입니다. 일제 강점기에 보물로 지정되기도 했으나 지금은 비무장지대 안에 있어 존재를 확인하기 어렵습니다. 관련 연구의 진전을 위해서는 남북한의 협력이 필요합니다.

① 금마저에 미륵사를 창건하였다.
② 후당과 오월에 사신을 파견하였다.
③ 일리천 전투에서 신검의 군대를 격퇴하였다.
④ 폐정 개혁을 목표로 정치도감을 설치하였다.
⑤ 광평성을 비롯한 각종 정치 기구를 마련하였다.

67회

2 (가) 왕이 추진한 정책으로 옳은 것은? [1점]

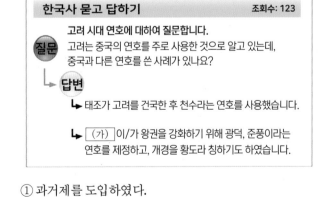

한국사 묻고 답하기   조회수: 123

질문 고려 시대 연호에 대하여 질문합니다.
고려는 중국의 연호를 주로 사용한 것으로 알고 있는데, 중국과 다른 연호를 쓴 사례가 있나요?

답변

태조가 고려를 건국한 후 천수라는 연호를 사용했습니다.

(가) 이/가 왕권을 강화하기 위해 광덕, 준풍이라는 연호를 제정하고, 개경을 황도라 칭하기도 하였습니다.

① 과거제를 도입하였다.
② 흑창을 처음 설치하였다.
③ 전시과 제도를 시행하였다.
④ 삼국사기 편찬을 명령하였다.
⑤ 12목에 지방관을 파견하였다.

08강 고려 전기의 정치와 대외 관계

 고려사 파트에서 가장 재미있게 즐길 수 있는 부분이지요! 서희, 강감찬, 윤관, 묘청, 김부식 이렇게 다섯 인물의 출제 비중이 압도적으로 높습니다!

① 고려 전기 문벌의 형성

문벌*	호족에 이은 고려의 지배층으로, 여러 대에 걸쳐 고위 관료를 배출한 가문을 말함. 과거와 음서를 통해 권력을 독차지하고, 왕실이나 다른 집안과의 혼인을 통해 권력을 장악하기도 함 예) 파평 윤씨(윤관), 경원 이씨(이자겸), 경주 김씨(김부식) 등

② 거란 및 여진과의 전쟁

1) 고려와 주변 나라의 관계

송	송은 거란을 견제하기 위해, 고려는 송의 선진 문물을 받아들이기 위해 서로 친선 관계를 유지함
거란*	• 거란은 야율아보기가 부족들을 통일한 후, 힘을 키워 발해를 멸망시킴 (926) • 고려 태조 왕건은 발해를 멸망시킨 거란을 싫어하였고, 이후의 왕들도 그러한 뜻을 이어받음
여진	고구려, 발해의 구성원이기도 했던 이들로, 초기에는 고려를 부모의 나라로 섬겼으나 점차 세력을 키우고 고려와 대립함

2) 거란의 침입과 극복

1차 침입 (993)	• 거란이 침입해오자, 서희가 거란 장수 소손녕과 외교 담판을 벌임 → 송과 교류를 끊고 거란과 교류하기로 약속하는 대가로 강동 6주의 지배권을 인정받음 └ 압록강 동쪽의 6개의 주 → 서희는 군사를 지휘해 강동 6주에 있던 여진족을 몰아낸 뒤, 여러 성과 요새를 쌓아 거란의 침입에 대비함

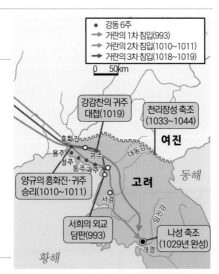

지도: 강동 6주 / 거란의 1차 침입(993) / 거란의 2차 침입(1010~1011) / 거란의 3차 침입(1018~1019) / 0 50km / 강감찬의 귀주 대첩(1019) / 천리장성 축조(1033~1044) / 여진 / 양규의 흥화진·귀주 승리(1010~1011) / 고려 / 동해 / 서경 / 서희의 외교 담판(993) / 나성 축조(1029년 완성) / 황해

[Real 역사 스토리] **서희가 대단한 진짜 이유!**

단 한 번의 담판으로 강동 6주를 넘겨준 소손녕… 과연 그가 바보라서 우리에게 땅을 준 것일까요?

사실 거란은 장차 송나라와 전쟁을 벌일 때, 뒤에서 고려가 자신들을 공격할지도 모른다는 걱정을 하고 있었습니다. 그래서 ① 고려와 송나라의 동맹을 끊도록 만든 다음 ② 송나라를 쳐서 굴복시키고, ③ 그 뒤엔 고려를 침공해 한반도를 통째로 집어삼킬 작정이었죠. 실제로 거란은 서희와의 담판 후 송나라를 공격해 그들을 굴복시킵니다.

하지만, 서희는 이러한 거란의 속셈을 눈치채고 직접 군사를 몰아 강동 6주에 살고 있던 여진족들을 몰아낸 뒤, 그곳에 크고 작은 성과 요새들을 지었습니다. 그리고 서희는 998년 아쉽게도 세상을 떠나고 말았죠.

하지만, 서희가 남긴 작품인 강동 6주는 고려의 철벽방패가 되어 이후 거란의 2차, 3차 침입을 막아냈고, 결국 고려는 거란에게 최종적으로 승리하게 됩니다.

작은 땅덩이 얻었다고 좋아하기는… 나중에 통째로 집어삼켜주마! — 서희 / 세상에 공짜는 없지 만반의 준비를 하자! — 소손녕

(왼쪽 여백)

★ **문벌**
고려의 지배층은 광종의 과거제 실시 이후부터 서서히 '호족'에서 '문벌'로 바뀌기 시작해요.

★ **거란과의 관계**
태조 왕건은 고려 초기 거란이 보내온 낙타를 만부교 밑에 매어 놓아 굶겨 죽였어요.(만부교 사건)
또한, 훈요 10조에서도 거란을 멀리하라고 당부하였지요.

TIP 초조대장경

거란의 침입을 물리치고자 제작한 고려 최초의 대장경으로 현종 때 조판을 시작했어요. 이후 몽골 침입 때 대장경판은 불타 사라지고 인쇄본 일부만이 남았지요.

2차 침입 (1010)	• 강조*의 정변을 구실로 침입 ┌→ 고려가 내분을 겪는 틈을 타 침입했지요. → 강조가 전사하고 수도 개경이 함락되었으나, 왕 현종이 피난가는 데 성공하고 양규 등이 활약하면서 가까스로 거란을 격퇴함
3차 침입 (1018)	• 10만의 정예 병력으로 침입해 온 거란군을 강감찬 등이 격퇴함 • 귀주대첩*(1019) : 거란군은 후퇴하던 도중 귀주에서 기다리고 있던 강감찬에게 격파당함
영향	북방 민족의 침입에 대비해 강감찬의 건의로 개경에 나성을, 국경 지대에는 천리장성을 쌓음 └→ 도시 외곽을 둘러싼 성 └→ 압록강 하구~동해안의 도련포

3) 여진과의 전쟁

윤관의 여진 정벌 (1107~ 1109)	• 윤관의 건의로 별무반*을 편성 → 여진을 몰아내고 동북 9성을 쌓음 • 여진족이 끊임없이 공격해와 인적, 물적 피해가 늘어갔고, 동북 9성은 방어에도 불리하였음 → 결국 동북 9성을 여진에게 반환함(1109)
영향	여진은 세력을 키워 금을 세우고 거란을 멸망시킴 → 금이 고려에 사대 관계 요구 └→ 작은 나라가 큰 나라를 섬기는 외교 관계 → 이자겸 등 집권 세력은 금의 요구 수용

◆ **Real 역사 스토리** **크나큰 아쉬움! 고려의 동북 9성 프로젝트**

　12세기 초, 전성기를 맞이한 고려는 강력한 국력을 바탕으로 영토 확장을 시도합니다. 윤관의 별무반을 내세워 북동쪽의 여진을 내쫓고 동북 9성을 쌓은 것입니다. 하지만, 이 과정에서 윤관은 고려에 우호적이었던 여진족들까지 모조리 적으로 돌려버리는 실수를 범했고, 동북 9성은 애초에 계획부터 잘못되어 방어하기에도 매우 불리했습니다.

　반면, 여진족은 고려에 맞서 하나로 똘똘 뭉쳤고, 끊임없이 고려를 공격한 끝에 결국 동북 9성을 돌려받았습니다. 이후 자신감을 얻은 여진족은 금을 세우고 거란을 멸망시켰을 뿐 아니라, 송나라의 북쪽 지방까지 정복합니다. 이렇게, 동아시아의 최강자가 된 여진족은 마침내 고려에 사대 관계를 요구하게 되지요.

　하지만, 고려의 여진 정벌은 좋은 점도 있었습니다. ① 별무반의 용맹함에 고전을 거듭했던 여진족은 금나라를 건국한 뒤에도 고려를 건드리지 않았습니다.(전쟁 예방 효과) ② 또한, 훗날 조선의 세종대왕은 동북 9성의 아쉬웠던 점을 거울삼아 '4군 6진' 개척에 성공하게 됩니다.(성공의 밑거름)

★ 강조
서북면을 지키던 장군으로, 군사를 동원해 목종을 폐위하고 현종을 세운 뒤 정권을 잡았어요. 하지만, 거란의 2차 침입에서 큰 패배를 당해, 많은 군사를 잃고 자신도 전사하고 말았습니다.(통주 전투) 이 패배로 고려의 수도 개경이 함락당하고 고려는 위기를 겪었지요.

★ 귀주대첩(1019)

고려·거란전쟁의 마지막을 장식한 전투로, 강감찬이 이끄는 고려군이 거란군에게 압도적인 승리를 거두었어요. 3차 침입 당시 쳐들어왔던 거란군 10만여 명 중 살아서 돌아간 거란군은 수 천에 불과하였을 정도였죠.

★ 별무반
강력한 여진족 기병에 대항하기 위하여 윤관의 건의로 편성된 새로운 부대에요. 신기군(기병), 신보군(보병), 항마군(승병)을 비롯한 다양한 종류의 군인들로 구성되었고 그 수가 17만에 달했다고 해요.

TIP 척경입비도

윤관이 동북 9성을 쌓은 뒤 국경을 표시하는 비석을 세우는 장면을 그린 것으로, 조선 후기에 만들어진 '북관유적도첩'에 실려 있어요.

❸ 흔들리는 문벌 사회

1) 이자겸의 난(1126)

★ 이자겸
이자겸은 자신의 딸들을 예종과 인종에게 시집보내 큰 권력을 가졌어요. 인종의 외할아버지이면서 장인이었으니... 권력이 얼마나 강했을지 상상이 되죠?

배경	• 경원 이씨 가문이 권력을 장악 └→ 11대 문종부터 17대 인종까지 왕실과의 거듭된 혼인으로 세력을 키워 왔어요. → 그 중 이자겸*이 최고 권력자로 떠오름. 이자겸은 당대 최강의 장수인 척준경과 사돈 관계였기에 군사권도 장악하고 있었음 16대 예종　이자겸의 둘째 딸　이자겸 17대 인종　이자겸의 셋째 딸　이자겸의 넷째 딸
과정	이자겸이 왕이 되려 하자, 위협을 느낀 인종이 이자겸 제거 시도 → 이자겸이 척준경과 함께 반란을 일으킴 → 인종이 척준경을 자기 편으로 끌어들여 이자겸을 제거함
결과	• 개경 궁궐이 불에 타고, 왕권이 실추됨 • 문벌 사회가 분열되고 갈등이 커짐

2) 묘청의 서경 천도 운동(1135)

★ 풍수지리설
땅의 모양새나 위치, 방위에 따라 집터 등을 정하고, 이러한 것들이 인간의 생활에 영향을 미칠 수 있다고 설명하는 이론이에요.

배경	이자겸의 난으로 궁궐이 불타 없어지자, 묘청 등 서경 세력은 풍수지리설*을 내세워 서경 천도를 주장함 └→ 지금의 평양이에요.
과정	묘청파가 서경 천도와 금 정벌, '황제를 칭할 것' 등을 주장 → 김부식 등 개경파의 반대로 좌절 → 묘청파, 서경에서 반란을 일으킴 → 김부식이 이끄는 관군에게 진압당함

⟨Real 역사 스토리⟩ 묘청의 서경 천도 운동

고려의 동북 9성 개척 실패 이후, 순식간에 성장한 여진족은 금을 세운 뒤 고려에게 사대 관계를 요구했죠. 그리고 고려는 이를 수락, 여진족을 형님으로 모시게 됩니다. 이 사건은 고려의 문벌들에게는 아주 치욕스러운 사건이었겠죠.

묘청을 중심으로 한 서경파는 이 사건을 '개경 땅의 힘이 약해졌기 때문'이라고 주장하며 서경으로 천도하면 천하를 다스릴 수 있고, 금이 스스로 항복해올 것이라고 주장했습니다. 당시 인종 임금도 솔깃했는지 서경 천도를 심각하게 고민하며 여러 차례 서경에 행차하기도 했다는데요. 마침 이자겸의 난으로 개경의 궁궐도 불탔고, 서경은 그 동안 고려의 제2수도로서 기능해오고 있었기에 수도로 삼아도 크게 손색이 없었을 것이었습니다.

하지만, 인종 임금은 결국 김부식을 중심으로 한 개경파의 손을 들어주었고, 반란을 일으킨 묘청의 서경파는 패배하게 됩니다. 이후 권력을 잡은 김부식은 벼슬이 고려 최고 관직인 문하시중에까지 올랐으며, 왕명으로 감수국사가 되어 은퇴하기 전 『삼국사기』를 저술하기도 하였습니다.

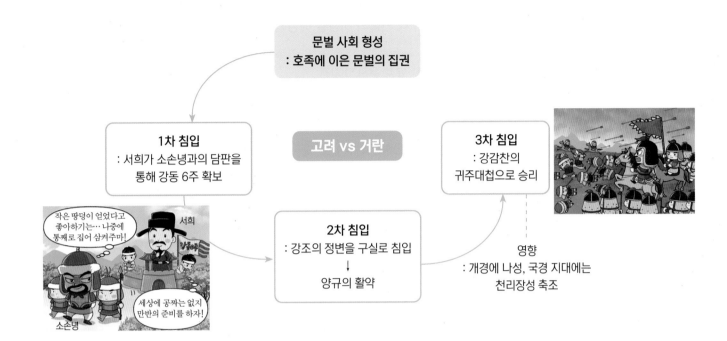

문벌 사회 형성
: 호족에 이은 문벌의 집권

1차 침입
: 서희가 소손녕과의 담판을
통해 강동 6주 확보

고려 vs 거란

3차 침입
: 강감찬의
귀주대첩으로 승리

2차 침입
: 강조의 정변을 구실로 침입
↓
양규의 활약

영향
: 개경에 나성, 국경 지대에는
천리장성 축조

고려 vs 여진

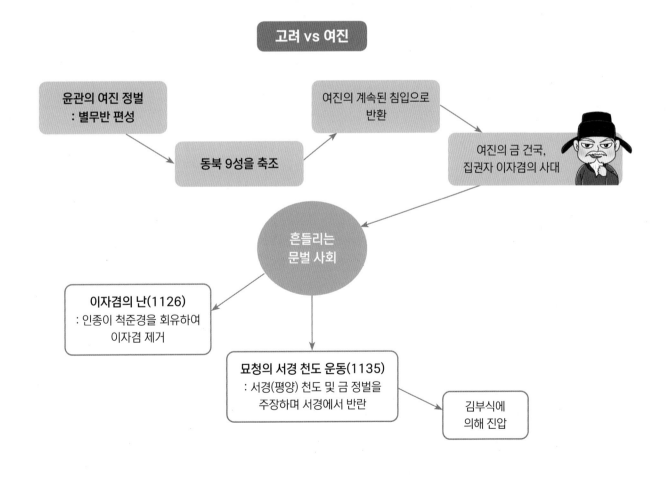

윤관의 여진 정벌
: 별무반 편성

여진의 계속된 침입으로
반환

동북 9성을 축조

여진의 금 건국,
집권자 이자겸의 사대

흔들리는
문벌 사회

이자겸의 난(1126)
: 인종이 척준경을 회유하여
이자겸 제거

묘청의 서경 천도 운동(1135)
: 서경(평양) 천도 및 금 정벌을
주장하며 서경에서 반란

김부식에
의해 진압

실력 쑥쑥 기출 미니 테스트

1 〈보기〉는 고려 전기의 주요 인물들입니다. 각 인물의 이름을 해당되는 설명의 빈 칸에 넣어 보세요.

> **보기** 김부식, 강감찬, 서희, 묘청, 윤관, 이자겸

① ______ : 강동 6주를 확보하였다.

② ______ : 서경으로 수도를 옮기면 천하를 다스릴 수 있고, 금이 스스로 항복할 것이라고 주장하였다.

③ ______ : 왕명으로 감수국사가 되어 삼국사기를 편찬하였다.

④ ______ : 동북 9성을 축조하였다.

⑤ ______ : 귀주에서 거란군을 크게 물리쳤다.

2 아래 사건들을 시간 순서에 따라 배열해 보세요.

> 가. 묘청이 서경에서 군사를 일으켰다.
> 나. 서희가 거란의 소손녕과의 담판으로 강동 6주를 얻었다.
> 다. 강감찬이 귀주대첩에서 거란군을 격파하였다.
> 라. 윤관이 별무반을 이끌고 동북 9성을 축조하였다.

______ - ______ - ______ - ______

정답 **1** ① 서희 ② 묘청 ③ 김부식 ④ 윤관 ⑤ 강감찬 **2** 나-다-라-가

60회

1 (가)~(다)를 일어난 순서대로 옳게 나열한 것은? [3점]

| (가) | (나) | (다) |

① (가)-(나)-(다)　　② (가)-(다)-(나)
③ (나)-(가)-(다)　　④ (다)-(가)-(나)

64회

3 (가) 시기에 있었던 사실로 옳은 것은? [2점]

① 박위가 대마도를 정벌하였다.
② 윤관이 별무반 설치를 건의하였다.
③ 김윤후가 처인성 전투에서 승리하였다.
④ 김춘추가 당과의 군사 동맹을 성사시켰다.

58회

2 다음 상황이 일어난 시기를 연표에서 옳게 고른 것은?
[3점]

> 이곳 서경에서 군대를 일으켜 곧장 개경으로 진군하겠다.

918	1019	1170	1270	1392
(가)	(나)	(다)	(라)	
고려 건국	귀주대첩	무신 정변	개경 환도	고려 멸망

① (가)　　② (나)　　③ (다)　　④ (라)

47회

4 밑줄 그은 '나'에 해당하는 인물로 옳은 것은? [1점]

> 나는 귀주에서 거란군을 크게 물리쳤습니다. 또한 개경에 나성을 쌓아 북방 세력의 침입에 대비할 것도 건의하였습니다.

① 서희　　② 강감찬　　③ 김종서　　④ 연개소문

5 (가)의 활동으로 옳은 것은? [2점]

> • (가) 이/가 아뢰기를, "신이 여진에게 패배한 까닭은 그들은 기병이고 우리는 보병이어서 대적하기 어려웠기 때문입니다."라고 하였다. 이에 건의하여 비로소 별무반을 만들었다.
>
> — 『고려사절요』 —
>
> • (가) 이/가 여진을 쳐서 크게 물리쳤다. [왕이] 여러 장수를 보내 경계를 정하였다.
>
> — 『고려사』 —

① 강동 6주를 획득하였다.
② 동북 9성을 축조하였다.
③ 쓰시마섬을 정벌하였다.
④ 쌍성총관부를 수복하였다.

6 다음 퀴즈의 정답으로 옳은 것은? [1점]

> 제시된 단계별 힌트를 종합하여 알 수 있는 인물은 누구일까요?
>
> 1단계 | 본관은 경주로 고려의 유학자이자 정치가이다.
> 2단계 | 서경에서 묘청이 난을 일으키자 진압군의 원수로 임명되어 이를 평정하였다.
> 3단계 | 왕명으로 감수국사가 되어 삼국사기를 편찬하였다.

① 양규　② 일연　③ 김부식　④ 이제현

도전! 심화문제

1 (가), (나) 사이의 시기에 있었던 사실로 옳은 것은? [2점]

> (가) 왕이 서경에서 안북부까지 나아가 머물렀는데, 거란의 소손녕이 봉산군을 공격하여 파괴하였다는 소식을 듣자 더 가지 못하고 돌아왔다. 서희를 보내 화의를 요청하니 침공을 중지하였다.
>
> (나) 강감찬이 수도에 성곽이 없다 하여 나성을 쌓을 것을 요청하니 왕이 그 건의를 따라 왕가도에게 명령하여 축조하게 하였다.

① 사신 저고여가 귀국길에 피살되었다.
② 화통도감이 설치되어 화포를 제작하였다.
③ 강조가 정변을 일으켜 목종을 폐위시켰다.
④ 나세, 심덕부 등이 진포에서 왜구를 물리쳤다.
⑤ 공주 명학소에서 망이·망소이가 난을 일으켰다.

2 (가)~(다)를 일어난 순서대로 옳게 나열한 것은? [3점]

> (가) 금의 군주 아구다가 국서를 보내 이르기를, "형인 금 황제가 아우인 고려 국왕에게 문서를 보낸다. …… 이제는 거란을 섬멸하였으니, 고려는 우리와 형제의 관계를 맺어 대대로 무궁한 우호 관계를 이루기 바란다."라고 하였다.
>
> (나) 윤관이 여진인 포로 346명과 말, 소 등을 조정에 바치고 영주·복주·웅주·길주·함주 및 공험진에 성을 쌓았다. 공험진에 비(碑)를 세워 경계로 삼고 변경 남쪽의 백성을 옮겨 와 살게 하였다.
>
> (다) 정지상 등이 왕에게 아뢰기를, "대동강에 상서로운 기운이 있으니 신령스러운 용이 침을 토하는 형국으로, 천 년에 한 번 만나기 어려운 일입니다. 천심에 응답하고 백성들의 뜻에 따르시어 금을 제압하소서."라고 하였다.

① (가) - (나) - (다)
② (가) - (다) - (나)
③ (나) - (가) - (다)
④ (나) - (다) - (가)
⑤ (다) - (나) - (가)

❶ 무신 정변과 무신 정권 시대

많은 인물과 사건들이 복잡하게 얽힌 단원이지만, 정작 출제되는 인물과 사건은 정해져 있습니다! 사건의 순서에 따라 스토리로 이해하는 과정에서 빨간색 키워드를 반드시 숙지하도록 하세요!

1) 무신 정권의 성립과 변천

★ **최충헌**
사회 개혁안인 봉사 10조를 명종에게 올렸어요.

★ **최우**
최충헌의 아들로 권력을 이어받아 자신의 집에 정방을 설치하고 인사권을 행사하였어요. 또 삼별초를 만들어 자신의 군사적 기반으로 삼기도 했어요.

무신 정변 발생	• 배경: 무신에 대한 오랜 차별과 문신 위주의 정치에 불만이 높았음 • 문신들의 계속된 횡포로 이의방, 정중부 등의 무신들이 난(무신 정변)을 일으켰고, 이후 100여 년 동안 권력을 차지함 └ 의종을 폐위하고 명종을 세워 정권을 장악했어요.
무신 정권 시대 (무신 간의 계속된 권력 다툼으로 최고 권력자가 여러 번 바뀌었어요.)	• 권력자의 변화: 정중부 → 경대승 → 이의민 → 최씨 무신 정권(최충헌*, 최우*, 최항, 최의) └ 4대가 60여 년 동안 이어졌어요. • 교정도감: 최충헌이 설치하였는데, 처음에는 임시 기구였으나 점차 무신 정권기의 최고 권력 기구가 됨 • 무신들의 횡포: 무신들은 불법적으로 백성들의 토지를 빼앗고 세금을 함부로 거두는 등 폭정을 일삼았음

무신 정권 형성기					확립기				붕괴기		
1170	1174	1179	1183	1196	1219	1249	1257	1258	1268	1270	1270
이의방	정중부	경대승	이의민	최충헌	최우	최항	최의	김준	임연	임유무	
중방				교정도감			교정도감·정방				

◆ Real 역사 스토리 ▶ 무신 정변은 왜 일어나게 되었을까요?

　고려의 과거 제도에는 무신(군대의 지휘관)을 뽑는 무과가 없었습니다. 그래서 글을 읽고 쓸 줄도 모르는 '일자 무식'이어도 싸움 실력이 우수하거나 전투에서 공을 세우면 무신이 될 수 있었죠.

　사정이 이렇다 보니 문신들은 늘 무신들을 무시했고, 급기야 의종 임금 때에는 왕과 문신들이 술판을 벌일 때 무신들은 옆에서 보초나 서고 있었을 정도였다고 해요. 이런 상황에서 젊은 문신 한뢰가 60세가 넘은 대장군 이소응의 뺨을 때리는 사건까지 발생하자, 이에 참다 못한 무신들은 1170년, 보현원이라는 절에서 술을 마시던 문신들을 습격해 죽이게 됩니다. 문신의 시대가 가고, 무신들의 시대가 열리는 순간이었죠.

문신의 관을 쓴 자들은 모두 없애라!

정중부

천민 출신인 이의민이 무신 정권의 최고 권력자가 되는 등 신분이 낮은 무신들이 권력을 잡자, 일반 백성과 천민들도 신분 상승 욕구가 커졌어요. 또한, 무신 정권기 지배층의 수탈이 극심해지면서 하층민의 봉기가 전국 곳곳에서 일어나게 되었죠.

★ 소에 대한 차별

소는 향·부곡과 더불어 차별을 받는 특수 행정 구역이었어요. 이곳의 주민들은 주로 수공업을 했는데, 천민이 아니었지만 다른 지역보다 더 많은 세금을 내야 했고, 정해진 지역을 떠날 수 없었으며, 과거 시험 응시 자격도 없어 큰 차별을 받았지요.

TIP 망이·망소이 기념탑(대전)

무신 집권기에 망이·망소이가 명학소에서 봉기한 것을 기념하여 세웠어요.

★ 세계제국 몽골

몽골족을 통일한 칭기즈 칸은 아시아와 중동 지방에 걸친 대제국을 건설하였고, 2대 칸인 오고타이 칸은 고려를 공격하고 금나라를 멸망시켰으며, 동유럽까지 진출해 위세를 떨쳤습니다. 몽골은 당시로서는 역사상 가장 큰 땅을 정복한 나라가 되었지요.

★ 강화도 천도 이유

몽골은 유목 민족으로 바다와 먼 지역에서 발전한 나라예요. 강화도는 물살이 빠르고 갯벌이 넓어 몽골에 항쟁하기 유리한 지역이었어요.

★ 고려 몽골 전쟁

고려는 1231년부터 1259년까지 약 30여 년에 걸쳐 몽골과 전쟁을 치루었어요.

2) 농민과 하층민의 봉기 *

배경	무신 집권으로 신분 질서 동요, 지배층의 극심한 수탈로 백성의 고통 심화
망이·망소이의 난 (공주 명학소) (1176~ 1177)	• 1차 봉기: 과도한 수탈과 '소'에 대한 차별*을 없앨 것을 주장하며 반란을 일으킴 → 무신정권의 회유로 중지 └→ 공주 명학소가 충순현으로 승격 • 2차 봉기: 무신 정권 타도를 목표로 충청도 곳곳으로 퍼졌으나 관군에 의해 진압됨 └→ 충순현은 다시 명학소로 강등
만적의 난 (개경)	노비 신분의 만적은 신분 차별을 없앨 것을 주장하며 노비들을 모아 봉기를 계획하였으나, 사전에 발각되어 실패함

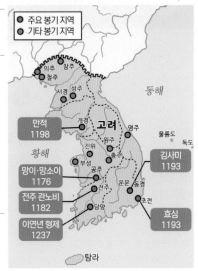

• Real 역사 스토리 한국사 최초의 신분해방운동, 만적의 난!

만적은 최충헌의 노비였어요. 그는 다른 노비들과 모의해 각자 자신의 주인을 죽이고, '노비 문서를 불태우자'는 계획을 세웠지요. 그러나, 난을 일으켜보기도 전에 노비 중 하나가 배신을 하면서 계획이 발각되었고, 만적과 노비들은 최충헌에 의해 죽임을 당하고 말았답니다. 비록 만적의 난은 실패했지만, 우리는 만적에게서 노비 문서를 불태워 신분해방을 하고자 했던 혁명가의 기질을 엿볼 수 있습니다.

② 몽골의 침략과 고려의 저항

배경	고려는 최씨 무신 정권기로, 국력이 약해져 있던 상황이었던 반면, 몽골은 세계적인 대제국*을 건설하며 고려를 위협함 └→ 몽골은 고려에 사신을 보내 조공을 바칠 것을 무리하게 요구
몽골의 1차 침입 (1231)	• 고려에 온 몽골 사신(저고여)이 돌아가는 길에 살해당하자, 이를 구실로 몽골군이 침입 ↓ • 귀주성에서 박서와 김경손이 승리를 거두었으나, 다른 전투에서 패배하면서 개경이 포위당하고 몽골과 강화를 맺음 ↓ • 몽골은 다루가치(감시자)들을 고려에 남겨두고 떠남
고려의 저항 (~1259)	• 강화도 천도*(1232): 최씨 무신 정권(최우 집권 시기)은 몽골과 맞서 싸우고자 다루가치들을 처치하고 수도를 강화도로 옮김(1232) ↓ • 몽골의 2차 침입 발생 ↓ • 김윤후의 활약: 처인성 전투(1232)에서 적장 살리타이를 사살하자, 몽골군은 후퇴함 • 5차 침입: 또 다시 김윤후가 충주성 전투(1253)에서 승리함 • 부처의 힘을 빌려 몽골군을 물리치고자 팔만대장경을 제작함 └→ 대장경은 불교 경전을 모두 모아 놓은 것

몽골과의 강화와 **개경 환도**	• 오랜 전쟁으로 지친 고려와 몽골은 강화를 맺음(1259) • 권력다툼 끝에 무신정권의 마지막 집권자인 임유무가 제거되면서 무신 정권은 막을 내렸고, 고려 원종은 개경으로 환도함(1270) └▸ 전쟁 등으로 수도를 옮겼다가 다시 돌아오는 것
삼별초의 항쟁	• 배중손 등이 이끈 삼별초*는 고려 정부의 개경 환도를 반대하고 대몽 항쟁을 이어감 └▸ 무신 정권의 직속 부대 • 강화도 → 진도(배중손 전사) → 제주도로 근거지를 옮기며 계속 싸움 → 고려와 몽골 연합군에게 진압됨  우리 삼별초는 여기 진도에서 적에 맞서 끝까지 싸울 것이다!  삼별초의 이동 경로
전쟁의 결과	• 국토가 황폐해졌고, 많은 사람이 죽거나 포로로 끌려감 • 초조대장경, 경주 황룡사 9층 목탑 등 많은 문화재가 불에 탐 • 고려는 독립국의 지위를 유지하였으나, 일정 부분 원의 내정 간섭을 받게 됨 • 고려의 요청으로 고려의 왕자와 몽골의 공주가 대대로 결혼하게 됨

★ **삼별초**
최우가 도적을 잡기 위해 설치한 야별초(좌별초, 우별초)와 이후 몽골에서 탈출한 포로들을 모아 조직한 신의군을 합쳐 삼별초라고 해요.

TIP 제주 항파두리 항몽 유적

강화에서 진도를 거쳐 제주도로 옮겨 간 삼별초는 항파두리에 성을 쌓고 몽골에 맞서 끝까지 싸웠어요

Real 역사 스토리 고려몽골전쟁 최고의 명장! 김윤후의 활약

김윤후는 원래 승려였는데, 몽골의 2차 침입 때 처인성(용인)에 적장 살리타이가 쳐들어오자 처인 부곡민들과 함께 그를 활로 쏘아 죽였습니다. 살리타이가 죽자 당황한 몽골군은 군사를 돌려 퇴각했지요. 고려 조정에서는 김윤후를 불러 무신 중 최고의 벼슬인 '상장군'에 올려주려 했습니다. 하지만 김윤후는 처인 부곡 사람들의 공이 더 크다며 벼슬을 사양했고, 그 덕에 처인 부곡은 처인현으로 승격되었습니다.

이후, 김윤후는 몽골의 5차 침입 때에도 활약하는데요, 당시 김윤후는 충주성이 몽골군에게 70여일 동안 포위당해 위기에 처하자, 노비 문서를 불태우고 몽골군에게 빼앗은 소와 말을 백성들에게 나누어주었고, 충주성을 지켜내면 신분을 가리지 않고 모두에게 관작(관직과 작위)을 주겠다고 하죠. 그러자 백성들이 모두 죽음을 무릅쓰고 싸웠고, 이에 질려버린 몽골군은 결국 포위를 풀고 퇴각하게 됩니다.

몽골군에 맞서 이곳을 지켜내면 신분을 가리지 않고 모두에게 관직을 주겠다!

❸ 원나라 간섭기와 공민왕의 개혁

└─ 분열된 몽골 제국 중 중국을 다스리던 중심 국가

★ 정동행성
원이 일본을 침략하고자 고려의 개경에 설치한 기구예요. 일본 침략에 실패한 후에도 원의 관리를 두어 고려의 정치에 간섭했어요.

★ 쌍성총관부 위치

★ 공민왕의 개혁
원에 볼모로 갔다가 고려의 31대 왕이 되었어요. 원의 간섭에서 벗어나고, 왕권을 강화하기 위해 개혁 정책을 추진하였어요.

★ 전민변정도감
땅(전)과 노비(민)를 조사하여 바로잡는(변정) 임시기구(도감)이라는 뜻이에요. 공민왕은 신돈을 등용하고 전민변정도감을 설치하여 개혁을 실시하였어요.

TIP
공민왕과 노국대장공주 영정

노국대장공주는 원나라 출신임에도 공민왕의 반원자주정책을 적극 지지했고, 공민왕도 그녀를 사랑했기에 '세기의 로맨스'로도 불리고 있어요.

1) 원나라의 간섭기

원의 간섭	• 고려 왕이 원의 공주와 결혼하고 왕자는 원에 인질로 보내짐 • 고려 왕실의 호칭을 낮춤 └─ 고려 왕의 이름 앞에 '충성할 충' 자를 붙이게 하였어요. ⑩충렬왕, 충선왕, 충목왕 등  • 정동행성*을 설치하여 고려의 내정을 간섭함 • 쌍성총관부* 등을 설치해 고려 영토의 일부를 직접 다스림 • 공녀를 요구하였고, 금, 은, 인삼, 매 등을 빼앗아 감 └─ 결혼도감을 통해 여성들이 공녀로 보내졌어요.

몽골풍과 고려양 (고려풍)	• 몽골풍: 고려에서 지배층을 중심으로 유행한 몽골의 문화
	  아랫도리에 / 신부가 머리에 쓰는 것과
	  ┌─ 주름을 잡은 옷 ┌─ 뺨에 찍는 빨간 점
	  ⑩변발, 철릭, 소주, 족두리와 연지
	  └─ 몽골식 머리 └─ 증류방식으로 만든 술 
	• 고려양: 몽골에서 유행한 고려의 문화
	  ⑩고려식 의복과 신발, 상추에 쌈 싸먹기,
	  고려청자·나전칠기 등의 물건들

권문세족의 성장	• 몽골 세력이 득세하자 빠르게 그들에게 접근한 친원파를 말함 • 원 간섭기 원의 힘에 기대어 권력을 누림 ⑩기철 └─ 공녀 출신으로 원나라의 황후가 된 기황후의 오빠 • 음서를 통해 높은 관직을 세습 및 독점하고, 불법으로 대규모 농장을 소유함

2) 공민왕의 개혁*

배경	원나라는 지도층의 내분, 흑사병과 가뭄을 비롯한 자연재해, 한족의 반란 등으로 힘이 약화됨

공민왕의 반원 자주 정책	• 몽골식 풍습을 금지하고 기철 등의 친원세력을 제거함
	• 원의 연호 사용을 중지하고 정동행성 이문소를 폐지함
	  정동행성의 부속 기구로 ┘
	  친원 세력이 결집해있었어요.
	• 영토 회복: 쌍성총관부를 공격하여 원에게 빼앗겼던 철령 이북의 땅을 수복함
	  ┌─ 승려 출신
	• 신돈을 등용하고 전민변정도감*을 운영: 권문세족이 불법으로 빼앗은 토지를 원래 주인에게 돌려주고, 억울하게 노비가 된 사람은 원래 신분으로 되돌려 줌

결과	• 권문세족의 반발 및 개혁을 주도하던 신돈이 제거되고 공민왕이 살해당하며 실패함 • 공민왕의 반원자주정책으로 성장한 신진사대부와 신흥무인세력이 점차 두각을 나타내게 됨

> 쌍성총관부를 공격하여 철령 이북의 땅을 다시 수복하도록 하시오.

❹ 고려 말 새로운 세력의 성장

배경	• 고려 말 홍건적과 왜구의 침입*을 자주 받음 • 권문세족이 권력과 토지를 독차지하며 백성들의 삶이 힘들어짐 • 성리학*이 보급되어 개혁의 움직임이 일어남
신흥 무인 세력	• 고려 말 쳐들어온 외적을 격퇴하는 과정에서 성장 • 최영: 홍산 대첩에서 왜구 격파 등 다수 승리 • 이성계: 황산 대첩에서 왜구 격파 등 다수 승리 • 최무선*: 화통도감에서 직접 제작한 화포를 이용해 진포 대첩에서 왜구 격파 • 박위: 왜구의 본거지인 쓰시마 섬을 정벌
신진사대부	• 대부분 지방의 하급 관리나 향리 출신으로 과거를 통해 관직에 진출한 새로운 정치 세력 • 성리학을 이념적 기반으로 삼고 권문세족과 불교의 비리를 비판 • 신흥 무인 세력과 손잡고 고려 사회를 개혁하고자 함 • 대표 인물: 이색, 정몽주, 정도전, 조준 등

지도 범례:
→ 홍건적의 침입
→ 왜구의 침입

몽골(원) / 단천 / 의주 / 전주 / 동주 / 서경(평양) / 동해 / 황해 / 해주 / 개경 / 강화 / 강릉 / 고려
최영, 왜구 격파 (1376)
나세·최무선, 왜구 격파(1380) / 홍산 / 진포 / 황산 / 울진
박위, 쓰시마섬 정벌(1389)
이성계 왜구 격파(1380) / 고성
쓰시마섬 / 일본
탐라

(Real 역사 스토리) **고려 말, 격변의 시대!**

고려 말기에는 원나라가 무너져 가고, 고려에는 홍건적, 왜구가 여러 차례 침입해오며 혼란기가 찾아왔습니다. 이러한 위기 속에서 최영, 이성계, 최무선을 비롯한 신흥 무인 세력은 외적을 물리치며 백성들의 인기를 얻었죠. 그리고 신흥 무인 세력과 찰떡 궁합인 신진사대부(정몽주, 정도전 등)도 등장했는데요. 이 두 세력은 서로 손을 잡고 권문세족을 견제해나가며, 이후 이어질 조선의 건국을 불러오게 됩니다.

✳ 홍건적과 왜구

홍건적은 원나라 말에 일어난 한족 반란군으로, 머리에 붉은 두건을 써서 홍건적이라고 불렸어요. 이들은 고려에 쳐들어와 일시적으로 개경을 점령한 적도 있지요.
같은 시기, 일본 해적인 왜구들도 고려의 해안가를 제 집 드나들듯 하며 고려에 큰 피해를 주었지요.

✳ 성리학

송나라 때 주희(주자)가 집대성한 유학의 한 갈래로 고려 말에 안향이 원으로부터 들여왔어요. 인간의 마음과 우주의 원리를 탐구하는 학문으로 명분과 도덕을 중시하였지요.

✳ 최무선

화포를 만들어 진포 대첩에서 왜구를 격퇴하였어요. 또한 화통도감 설치를 건의했어요. 화통도감은 화약과 무기 등을 만드는 임시 관청이에요.

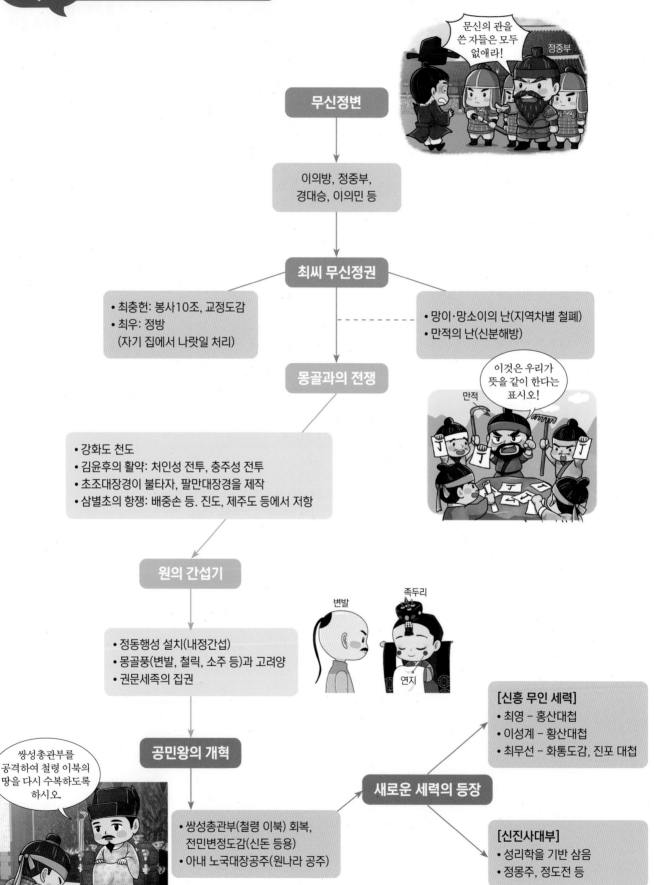

실력 쑥쑥 기출 미니 테스트

1 아래는 주요 인물들과 관계된 키워드입니다. 알맞게 연결해 보세요.

① 김윤후 ·	· (ㄱ) 쌍성총관부 회복
② 배중손 ·	· (ㄴ) 교정도감
③ 최충헌 ·	· (ㄷ) 처인성 전투
④ 최우 ·	· (ㄹ) 삼별초의 항쟁
⑤ 공민왕 ·	· (ㅁ) 정방
⑥ 최무선 ·	· (ㅂ) 무신정변
⑦ 정중부 ·	· (ㅅ) 화통도감

2 아래 사건들을 시간 순서에 따라 배열해 보세요.

가. 최충헌이 봉사10조를 올렸다.
나. 만적이 개경에서 봉기를 모의하였다.
다. 이성계가 황산 대첩에서 왜구를 격파하였다.
라. 지배층을 중심으로 변발과 호복이 유행하였다.

정답 **1** ① ㄷ ② ㄹ ③ ㄴ ④ ㅁ ⑤ ㄱ ⑥ ㅅ ⑦ ㅂ **2** 가-나-라-다

60회

1 다음 퀴즈의 정답으로 옳은 것은? [2점]

제시된 단계별 힌트를 종합하여 알 수 있는 기구는 무엇일까요?

1단계 | 고려 무신 정권기의 최고 권력 기구입니다.

2단계 | 임시 기구로 출발하였습니다.

3단계 | 최충헌이 설치하였습니다.

① 중방　　　　　② 교정도감

③ 도병마사　　　④ 식목도감

52회

3 (가)~(다)의 사건을 일어난 순서대로 옳게 나열한 것은? [3점]

항복은 없다! 우리 삼별초는 여기 진도에서 적에 맞서 끝까지 싸울 것이다.

배중손

(가)

공격하라! 이곳 귀주에서 거란군을 모두 물리쳐라.

강감찬

(나)

우리 별무반은 여진을 정벌할 것이다. 나를 따르라!

윤관

(다)

① (가)-(나)-(다)　　　② (나)-(다)-(가)

③ (다)-(가)-(나)　　　④ (다)-(나)-(가)

57회

2 (가) 시기에 있었던 사실로 옳은 것은? [3점]

몽골군에 맞서 싸워 처인성을 지켜내자.

우리 땅을 침범한 왜구를 이곳 황산에서 모조리 섬멸하자.

김윤후

(가)

이성계

① 과전법이 시행되었다.

② 이자겸이 난을 일으켰다.

③ 궁예가 후고구려를 세웠다.

④ 팔만대장경판이 제작되었다.

66회

4 (가)에 들어갈 내용으로 가장 적절한 것은? [2점]

〈다큐멘터리 기획안〉

고려, 몽골에 맞서 싸우다

■ 기획 의도

약 30년 동안 전개된 고려의 대몽 항쟁을 조명한다.

■ 구성

1부　사신 저고여의 피살을 구실로 몽골이 침입하다

2부　고려 조정이 강화도로 도읍을 옮기다

3부　　　　　(가)

⋮

① 윤관이 별무반 편성을 건의하다

② 김윤후가 처인성 전투에서 활약하다

③ 을지문덕이 살수에서 적군을 물리치다

④ 서희가 외교 담판을 통해 강동 6주 지역을 확보하다

57회

5 (가) 인물의 활동으로 옳은 것은? [2점]

이 전투는 고려 말 (가) 이/가 제작한 화포를 이용하여 왜구를 크게 물리친 진포 대첩입니다.

① 거중기를 설계하였다.
② 앙부일구를 제작하였다.
③ 비격진천뢰를 발명하였다.
④ 화통도감 설치를 건의하였다.

47회

6 다음 조치가 내려진 시기를 연표에서 옳게 고른 것은? [3점]

근래에 기강이 크게 무너져 권세가가 토지와 백성을 거의 다 빼앗아 점유하고, 크게 농장(農莊)을 두어 백성과 나라를 병들게 한다. 이제 도감을 설치하여 이를 바로 잡고자 하니, 잘못을 알고도 스스로 고치지 않은 자는 엄히 처벌하겠다.
-전민변정도감 판사 신돈-

993	1126	1170	1270	1392
	(가)	(나)	(다)	(라)
거란의 1차 침입	이자겸의 난	무신정변	개경환도	고려멸망

① (가)　　② (나)　　③ (다)　　④ (라)

68회

1 (가) 군사 조직에 대한 설명으로 옳은 것은? [2점]

이것은 태안 마도 3호선에서 발굴된 죽찰입니다. 적외선 촬영 기법을 통해 상어를 담은 상자를 우□□별초도령시랑 집에 보낸다는 문장이 확인되었습니다. 우□□별초는 우별초로 해석되는데, 우별초는 최씨 무신 정권이 조직한 (가) 의 하나로 시랑은 장군 격인 정 4품이었습니다.

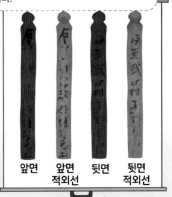

앞면　앞면 적외선　뒷면　뒷면 적외선

① 후금의 침입에 대비하고자 창설되었다.
② 원의 요청으로 일본 원정에 참여하였다.
③ 신기군, 신보군, 항마군으로 편성되었다.
④ 진도에서 용장성을 쌓고 몽골에 대항하였다.
⑤ 응양군과 용호군으로 구성된 국왕의 친위 부대였다.

60회

2 (가)~(다)를 일어난 순서대로 옳게 나열한 것은? [2점]

(가) 백관을 소집하여 금을 섬기는 문제에 대한 가부를 의논하게 하니 모두 불가하다고 하였다. 이자겸, 척준경만이 "사신을 보내 먼저 예를 갖추어 찾아가는 것이 옳습니다."라고 하니 왕이 이 말을 따랐다.

(나) 나세·심덕부·최무선 등이 왜구를 진포에서 공격해 승리를 거두고 포로 334명을 구출하였으며, 김사혁은 패잔병을 임천까지 추격해 46명을 죽였다.

(다) 몽골군이 쳐들어와 충주성을 70여 일간 포위하니 비축한 군량이 거의 바닥났다. 김윤후가 괴로워하는 군사들을 북돋우며, "만약 힘을 다해 싸운다면 귀천을 가리지 않고 모두 관작을 제수할 것이니 불신하지 말라."라고 하였다.

① (가)-(나)-(다)　　② (가)-(다)-(나)
③ (나)-(가)-(다)　　④ (나)-(다)-(가)
⑤ (다)-(가)-(나)

고려 파트는 경제, 사회, 문화에서 압도적으로 많은 문제가 출제되어 왔어요. 다른 시대와 혼동되지 않도록 핵심 키워드는 암기가 필요합니다.

❶ 고려의 경제와 사회 모습

★ 화폐

건원중보

해동통보

활구(은병)

★ 목화

원에 사신으로 갔던 문익점이 목화씨를 가져와 목화 재배법을 전국에 알린 덕분에 고려 백성들은 목화솜으로 옷과 이불을 만들어 겨울을 따뜻하게 보낼 수 있게 되었지요.

★ 전지와 시지
전지는 곡물을 거둘 수 있는 농토이고 시지는 땔감을 얻을 수 있는 임야예요.

★ 상평창
상평창은 개경과 서경 및 12목에 설치된 기구로, 풍년에는 곡식을 사들이고 흉년에는 곡식을 풀어 물가를 조절했어요.

대외 무역	• 국제무역항인 벽란도를 통해 송, 거란, 여진, 일본, 아라비아 상인 등 여러 나라 상인과 활발히 교류 └ 수도 개경 근처의 예성강 하구에 위치하였고 고려 무역의 중심지였어요. • 송나라와 가장 활발하게 교류함 → 비단, 서적, 차 등을 수입하고 종이, 인삼, 나전 칠기 등을 수출함 └ 주로 왕실과 귀족이 사용하는 물건을 수입 • 아라비아 상인들에 의해 '코리아(COREA)'라는 이름이 외국에 알려짐
상업 활동	개경과 서경 등 대도시에 관청과 귀족들이 주로 이용하는 시전을 설치하고, 시전 상인들은 개경에서 물품을 판매함 └ 시장과 비슷해요.
화폐*	건원중보(성종), 해동통보(숙종), 은병이 만들어짐 └ 고려시대 최초의 금속화폐 └ 병모양의 은화로 활구라고도 불려요.
목화* 재배	고려 말기 공민왕 때 문익점이 원에서 목화씨를 가져와 재배에 성공함 └ 목화 솜을 실로 뽑아 짠 옷감을 무명이라고 해요.
수공업	사원(절)에서 직접 만든 종이와 기와 등을 파는 사원 수공업이 발전함 └ 사원은 종교 활동과 경제 활동이 이루어지던 장소로 많은 사람들이 모여들었어요.
전시과	• 관직 복무 등에 대한 대가로 토지(전지와 시지*)를 차등 지급한 제도 • 고려 경종 때 처음 시행되었고 이후에 여러 번 개정됨
여성의 지위 ↓ 가정 안에서 남녀를 크게 차별하지 않았어요.	• 여성이 호주가 될 수 있었음 • 아들과 딸에게 재산을 똑같이 나누어 줌 • 자녀는 태어난 순서대로 족보에 기록함 • 아들과 딸이 제사를 돌아가며 지냄 • 사위가 처가에서 생활하는 경우가 많았음 • 공을 세운 사람의 부모뿐만 아니라 장인과 장모도 함께 상을 받음 • 여성의 재혼이 비교적 자유로움
빈민 구제 기구	• 상평창(성종)* : 물가 조절 기구 • 흑창(왕건) → 의창(성종): 빈민들에게 쌀을 주거나 빌려줌

지도 내 라벨: 금(여진), 거란, 동해, 서경, 벽란도·개경, 등주, 고려, 독도, 송, 비단·서적·도자기·인쇄술, 금·은·인삼·먹·나전칠기, 인삼·서적, 일본, 다자이후, 황해, 명주, 아라비아 상인
범례: ➡ 수출품 ➡ 수입품 — 항로로

> **Real 역사 스토리** 전시과
>
> 고려에서는 신하들에게 나랏일을 한 대가로 땅을 주었어요. 하지만, 기본적으로 모든 땅은 왕의 소유(왕토사상이라고 해요)였으므로 신하들이 받는 것은 땅에서 세금을 걷을 수 있는 권리인 '수조권'이었죠. 고려 시대에는 신하들에게 관직 복무 등에 대한 대가로 전지와 시지를 차등 있게 지급하는 '전시과'를 운영했습니다. 이렇게 받은 토지는 자손에게 물려줄 수 없다는 원칙도 있었죠. 하지만 이 원칙은 잘 지켜지지 않아서 고려는 전시과 제도를 지속적으로 개편하게 됩니다.

② 고려의 불교 문화

1) 불교의 발전*

불교 행사 훈요 10조에 따라 국가적 행사로 열렸어요.	• 팔관회: 불교, 도교, 민간 신앙 등이 어우러진 국가적 행사로 송의 상인과 여진의 사신이 참여하기도 함 • 연등회: 매년 초 전국 곳곳에 등불을 밝히고, 밤새도록 행렬을 지어 돌아다님 → 소원을 빌고, 부처의 가르침이 널리 퍼지기를 기원함
의천 (대각국사)	문종의 넷째 아들로, 출가하여 승려가 됨. 송으로 유학하고 돌아와 교종과 선종*의 통합에 힘썼고, 해동 천태종을 개창함 └ 교관겸수: 교종을 중심으로 선종 통합을 주장   의천　　지눌
지눌 (보조국사)	• 참선을 강조하고 돈오점수를 주장함 • 불교계의 개혁을 위해 수선사 결사* (정혜결사)를 제창함. └ 정혜쌍수: 선종을 중심으로 교종 통합을 강조하였어요.

> **Real 역사 스토리** **고려의 축제 팔관회!**
>
> 팔관회는 원래 불교 의식이었으나 태조 왕건과 하늘에도 제사를 지내는 등 다양한 종교가 통합된 국가적 행사가 되었어요. 가을 추수가 끝난 후에 열렸고, 이 때에 맞추어 아라비아 상인을 비롯한 여러 나라의 상인들까지 찾아와 즐겼던 성대한 행사였죠. 사람들은 음악과 무용, 놀이를 함께 즐기며 팔관회에 참여했어요.

팔관회 상상화

2) 불교 문화재

건축	• 주심포 양식*을 사용한 대표 건축물: 영주 부석사 무량수전, 안동 봉정사 극락전* └ 유네스코 세계유산으로 지정되었어요.  주심포 양식과 함께 안정감을 주는 배흘림 기둥으로 가운데 부분이 볼록해요. 건물 내부에 아미타불(소조 여래 좌상)이 있어요. 영주 부석사 무량수전　배흘림 기둥
석탑·불화 다각다층의 석탑이 많아요.	• 평창 월정사 8각 9층 석탑: 고려 전기 송의 영향을 받음. • 개성 경천사지 10층 석탑: 고려 후기 원의 영향을 받아 대리석으로 제작됨 • 수월관음도: 왕실과 귀족의 극락왕생을 기원하는 불화 └ 죽어서 극락에서 다시 태어남. 극락은 불교에서 안락하고 아무 걱정이 없는 곳    월정사 8각 9층 석탑　경천사지 10층 석탑　수월관음도

★ **불교의 발전**
불교는 국가의 보호 아래 왕실 및 귀족들의 후원으로 크게 발전하였고, 백성들에게도 널리 퍼져 많은 절이 세워졌어요. 왕족과 귀족 출신 승려가 많았고, 과거 시험에도 승려를 뽑는 승과가 있었지요.

★ **교종과 선종의 차이**
· 교종: 깨달음을 얻기 위해 불교 경전 공부를 중시한 종파
· 선종: 깨달음을 얻기 위해 참선(마음 수양)을 중시한 종파

TIP **영통사 대각국사비**

의천의 행적을 새긴 비석으로 그가 송에서 불교를 배우고 돌아와 해동 천태종을 개창한 사실이 기록되어 있어요.

★ **수선사(송광사) 결사**
지눌은 당시 승려들의 잘못을 비판하며 수선사를 중심으로 결사 운동을 펼쳤어요. 승려들이 함께 수행하면서 불교 개혁 운동을 전개하였지요.

★ **주심포 양식**

공포

공포는 지붕을 꾸며주는 동시에 지붕의 무게를 지탱하는 역할을 해요. 주심포 양식은 공포가 기둥 바로 위에만 설치되어 있고, 기둥 사이에는 없지요. 다른 양식인 다포 양식은 기둥 사이에도 공포가 있는 것이 차이점이에요.

★ **안동 봉정사 극락전**

현존하는 가장 오래된 목조 건축물이에요.

	• 고려 초기, 거대 불상과 대형 철불이 유행함

└ 당시 지방세력들은 자신의 힘을 과시하려고 거대하고 개성 있게 만들었어요.

불상	충청남도 논산 관촉사 석조 미륵보살 입상	하남 하사창동 철조 석가여래 좌상
	 18m 고려시대 가장 큰 불상으로 높이가 약 18m임. '은진 미륵'이라고도 불리며 광종 때 만들어짐	 고려 초기 호족의 후원을 받아 제작된 철불로 석굴암 본존불 양식을 이어받음

	영주 부석사 소조여래 좌상	파주 용미리 마애이불 입상	안동 이천동 마래여래 입상
	 흙으로 만들어졌고, 통일 신라 불상 양식을 계승함	 천연 암벽을 이용하여 만든 거대한 불상임	

❸ 고려 문화의 발전

1) 고려 교육기관과 역사책의 편찬

① 교육기관 및 유학의 발달

초기	국자감: 성종 때 설치된 최고 교육 기관 유학과 기술 교육이 동시에 이루어짐
중기	최충*이 사립 학교인 9재 학당(문헌공도)을 세움
후기	• 충선왕이 원의 수도에 만권당을 설립하여 이제현 등 고려 학자들이 원의 유학자들과 교류함 • 공민왕 때 국자감을 계승한 성균관을 순수 유교 교육 기관으로 개편하여 유학 교육이 강화됨

② 역사책의 편찬

삼국사기	• 인종 때 왕명을 받고 김부식이 편찬함 • 현재 남아 있는 역사책 중 가장 오래됨. 유교적인 입장에서 신라를 중심으로 삼국 역사를 서술함
삼국유사	원 간섭기에 승려 일연이 편찬함. 단군의 고조선 건국 이야기, 불교사를 중심으로 고대의 민간 설화와 풍속 등이 수록됨

★ 최충

최충은 과거 시험 문제를 출제하던 지공거 출신이에요. 해동공자라고 불린 최충은 9재 학당을 세워 유학 교육에 힘썼어요. (시험출제위원이 족집게 학원을 차린 거나 다름없지요.)

TIP 동명왕편

이규보가 고구려를 세운 주몽(동명왕)의 건국 영웅 일대기를 서술한 서사시로 고구려 계승 의식이 반영되어 있어요.

2) 인쇄술의 발달

목판 인쇄술*	거란의 침입을 막기 위해 만든 초조대장경, 몽골의 침입으로 불에 타 없어짐 부처의 힘으로 몽골의 침입을 물리치고자 만든 팔만대장경이 있음	 해인사 대장경판
금속 활자*	• 고려 말에 세계 최초로 발명함 • 직지심체요절: 1377년 청주 흥덕사에서 간행된 현존하는 세계에서 가장 오래된 금속 활자 인쇄본 으로, 유네스코 세계 기록 유산에 등재됨. 1972년 박병선 박사*가 발견하여 세상에 알려졌으며, 현 재 프랑스 국립 도서관에서 소장하고 있음	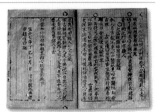 직지심체요절

Real 역사 스토리 **팔만대장경의 경이로움**

몽골과의 전쟁 속에서도 굴하지 않고 십여 년간 수많은 사람들이 노력해 만든 팔만대장경! 실제로 팔만대장경판은 무려 8만 1천 장이 넘는다고 하죠. 팔만대장경은 글자를 하나 새길 때마다 절을 3번씩 하며 만들었을 정도로 정성이 가득 들어갔는데요, 이후 조선에서는 팔만대장경을 잘 보존하기 위해 합천 해인사에 장경판전을 지어 팔만대장경을 보관하였습니다. 해인사 장경판전은 특수 창문 구조를 비롯해 대장경판이 잘 보존될 수 있도록 한 건물이고요. 팔만대장경판과 합천 해인사 장경판전은 현재 그 가치를 인정받아 유네스코 세계 유산으로 지정되었지요.

합천 해인사 장경판전

3) 공예 기술과 과학 기술의 발달

고려 청자 푸른빛을 띠는 도자기 예요.	• 상감 청자: 12세기 중엽 고려만의 독창적인 상감 기법으로 제작됨. 연꽃, 봉황, 학 등 다양한 무늬를 화려하게 새김 └─ 그릇의 표면에 무늬를 파내고 그 안에 다른 색의 흙을 채우는 상감 기법으로 만들어졌어요. • 만들기 어려웠기 때문에 주로 왕실과 귀족들이 사용함 ⑩ 청자 상감 운학문 매병 • 상감 기법을 활용하지 않은 청자도 있었음 ⑩ 청자 참외모양병 • 상감 청자 만드는 방법	 청자 상감 운학문 청자 참외모양병 매병 └─ 구름과 학 무늬를 상감으로 표현한 고려의 대표적인 상감 청자예요.

도자기 표면에   무늬에 다른 색의   다른 색 흙을 긁어내며
무늬 새기기   흙 메우기   무늬 나타내기

나전칠기	표면에 옻칠을 하고, 자개를 정교하게 오려 붙여 장식한 나전 칠기가 발달함 └─ 조개껍데기 조각	 나전 국화 넝쿨무늬 합

★ 목판인쇄술
목판에 글자를 모두 새겨 한 판으로 찍어 내는 방식으로 한 종류의 책만 대량으로 인쇄 가능함.

★ 금속 활자
금속으로 한 글자씩 만든 다음 활자를 조합하여 책을 찍어 내는 방식으로 여러 종류의 책을 찍어 내는 데 유리함. 금속으로 만들어져 목판에 비해 오래 보관할 수 있음.

★ 박병선 박사

프랑스로 흘러들어가 있던 직지심체요절을 찾기 위해 직접 프랑스 국립 도서관에 취직하였어요. 결국 1972년 프랑스 국립도서관에서 직지심체요절을 발견했고, 직지심체요절이 세계에서 가장 오래된 금속 활자 인쇄본이라는 사실도 밝혀냈지요.

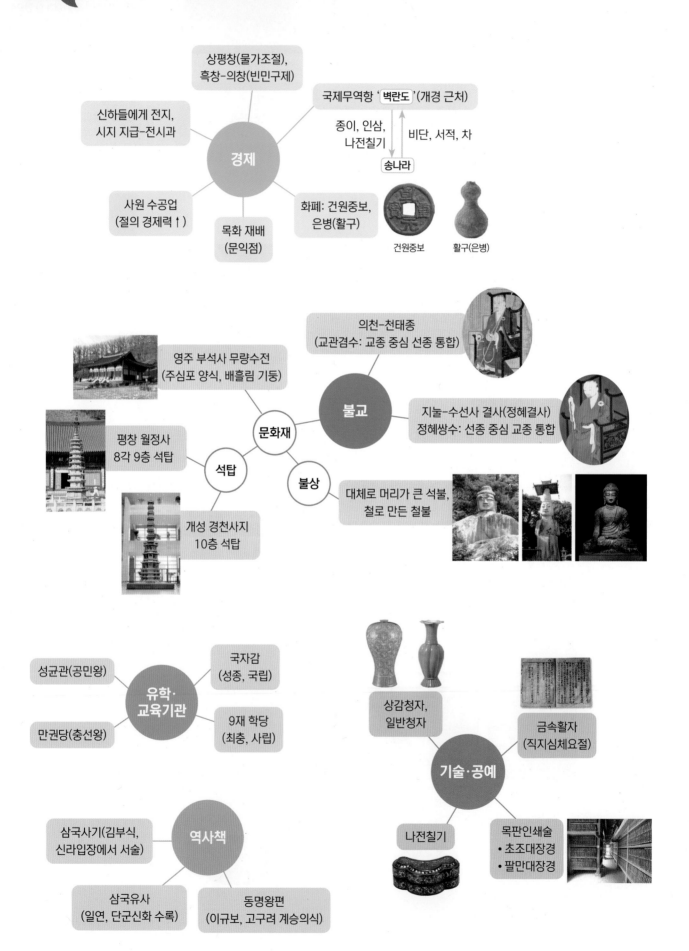

경제

상평창(물가조절), 흑창-의창(빈민구제)

신하들에게 전지, 시지 지급-전시과

사원 수공업 (절의 경제력↑)

목화 재배 (문익점)

국제무역항 '벽란도'(개경 근처)

종이, 인삼, 나전칠기 → 비단, 서적, 차 → 송나라

화폐: 건원중보, 은병(활구)

건원중보   활구(은병)

불교

의천-천태종 (교관겸수: 교종 중심 선종 통합)

지눌-수선사 결사(정혜결사) 정혜쌍수: 선종 중심 교종 통합

문화재

영주 부석사 무량수전 (주심포 양식, 배흘림 기둥)

석탑

평창 월정사 8각 9층 석탑

개성 경천사지 10층 석탑

불상

대체로 머리가 큰 석불, 철로 만든 철불

유학·교육기관

성균관(공민왕)

국자감 (성종, 국립)

만권당(충선왕)

9재 학당 (최충, 사립)

역사책

삼국사기(김부식, 신라입장에서 서술)

삼국유사 (일연, 단군신화 수록)

동명왕편 (이규보, 고구려 계승의식)

기술·공예

상감청자, 일반청자

금속활자 (직지심체요절)

나전칠기

목판인쇄술
• 초조대장경
• 팔만대장경

1 아래는 고려의 사회/문화와 관련된 주요 인물들과 그 업적입니다. 알맞게 연결해 보세요.

① 김부식 ·　　　· (ㄱ) 수선사 결사를 제창하였다.

② 일연 ·　　　· (ㄴ) 천태종을 개창하였다.

③ 지눌 ·　　　· (ㄷ) 삼국유사

④ 의천 ·　　　· (ㄹ) 삼국사기

⑤ 문익점 ·　　　· (ㅁ) 원에 다녀오는 길에 목화씨를 가져왔다.

2 〈보기〉는 각각 어떤 문화재에 대한 설명입니다. 설명에 알맞은 문화재에 기호를 써 보세요.

ㄱ. 원의 영향을 받은 탑으로, 대리석으로 만들어졌다. 목조 건축을 연상하게 한다.

ㄴ. 경상북도 영주에 있으며, 배흘림 기둥과 주심포 양식이 특징이다.

ㄷ. 현재 프랑스 국립 도서관에서 소장하고 있으며, 박병선 박사가 발견했다.

ㄹ. 고려 시대를 대표하는 도자기 중 하나로, 표면에 무늬를 새겨 파내고 다른 재질의 재료를 넣어 제작하였다.

ㅁ. 표면에 옻칠을 하고 조개껍데기를 정교하게 오려 붙여 만들었다

부석사 무량수전　　경천사지 십층 석탑　　청자 상감 운학문 매병　　직지심체요절　　나전 국화 넝쿨무늬 합
①　　　　②　　　　③　　　　④　　　　⑤

55회

1 밑줄 그은 '이 국가'의 경제 상황으로 옳은 것은? [3점]

이것은 전라남도 나주 등지에서 거둔 세곡 등을 싣고 이 국가의 수도인 개경으로 향하다 태안 앞바다에서 침몰한 배를 복원한 것입니다. 발굴 당시 수많은 청자와 함께 화물의 종류, 받는 사람 등이 기록된 목간이 다수 발견되었습니다.

① 전시과 제도가 실시되었다.
② 고구마, 감자가 널리 재배되었다.
③ 모내기업이 전국적으로 확산되었다.
④ 시장을 감독하기 위한 동시전이 설치되었다.

60회

2 다음 가상 인터뷰의 (가)에 들어갈 내용으로 적절한 것은? [3점]

지눌 스님, 불교를 위해 어떤 활동을 하셨나요?

(가)

① 무애가를 지었습니다.
② 천태종을 개창하였습니다.
③ 수선사 결사를 제창하였습니다.
④ 왕오천축국전을 저술하였습니다.

67회

3 (가) 국가에서 볼 수 있는 모습으로 적절한 것은? [2점]

이 문화유산은 태안 마도 2호선에서 발견된 청자 매병과 죽찰입니다. 죽찰에는 개경의 중방 도장교 오문부에게 좋은 꿀을 단지에 담아 보낸다는 내용이 적혀 있습니다. 이를 통해 (가) 사람들의 생활 모습을 엿볼 수 있습니다.

청자 연꽃줄기 무늬 매병과 죽찰

① 광산 개발을 감독하는 덕대
② 신해통공 실시를 알리는 관리
③ 청과의 무역으로 부를 축적하는 만상
④ 활구라고도 불린 은병을 제작하는 장인

57회

4 다음 기사에 보도된 문화유산으로 옳은 것은? [2점]

○○신문

제△△호   2020년 ○○년 ○○일

고려 나전칠기의 귀환

국외소재문화재재단의 노력으로 고려 시대의 '나전 국화 넝쿨무늬 합'이 일본에서 돌아왔다. 나전칠기는 표면에 옻칠을 하고 조개껍데기를 정교하게 오려 붙인 것으로 불화, 청자와 함께 고려를 대표하는 문화유산이다. 이번 환수로 국내에 소장된 고려의 나전칠기는 총 3점이 되었다.

①
②
③
④

58회

5 (가)에 들어갈 문화유산으로 옳은 것은? [3점]

경상북도 영주에 있는 고려 시대 건축물인 이 문화유산에 대해 말해볼까요?

(가)

배흘림 기둥과 주심포 양식이 특징이에요.

건물 내부에 아미타불이 모셔져 있어요.

①
금산사 미륵전

②
법주사 팔상전

③
화엄사 각황전

④
부석사 무량수전

60회

6 밑줄 그은 '이 책'으로 옳은 것은? [1점]

이 책에 대해 말해 주세요.

승려 일연이 저술한 역사서입니다.

단군의 고조선 건국 이야기가 실려 있습니다.

이달의 책

① 동국통감 ② 동사강목
③ 삼국유사 ④ 제왕운기

도전! 심화문제

58회

1 다음 기획전에 전시될 문화유산으로 적절한 것은? [1점]

흙으로 빚은 푸른 보물

이번 기획전에서는 고려 시대 귀족 문화를 보여주는 비색의 순청자와 음각한 부분에 백토나 흑토를 채워 화려하게 장식한 상감 청자가 전시됩니다. 관심 있는 분들의 많은 관람 바랍니다.

· 기간: 2022년 ○○월 ○○일 ~ ○○월 ○○일
· 장소: △△박물관

① ② ③ ④ ⑤

56회

2 다음 구성안의 소재가 된 탑으로 옳은 것은? [1점]

○○박물관 실감 콘텐츠 구성안

제목	오늘, 탑을 만나다
기획 의도	증강 현실(AR) 기술을 활용하여 우리 문화유산을 실감나게 체험하는 기회 제공
대상 유물 특징	·원의 영향을 받아 대리석으로 만든 석탑 ·원각사지 십층 석탑에 영향을 주었음
체험 내용	·탑을 쌓으며 각 층의 구조 파악하기 ·기단부에 조각된 서유기 이야기를 퀴즈로 풀기

① ② ③ ④ ⑤

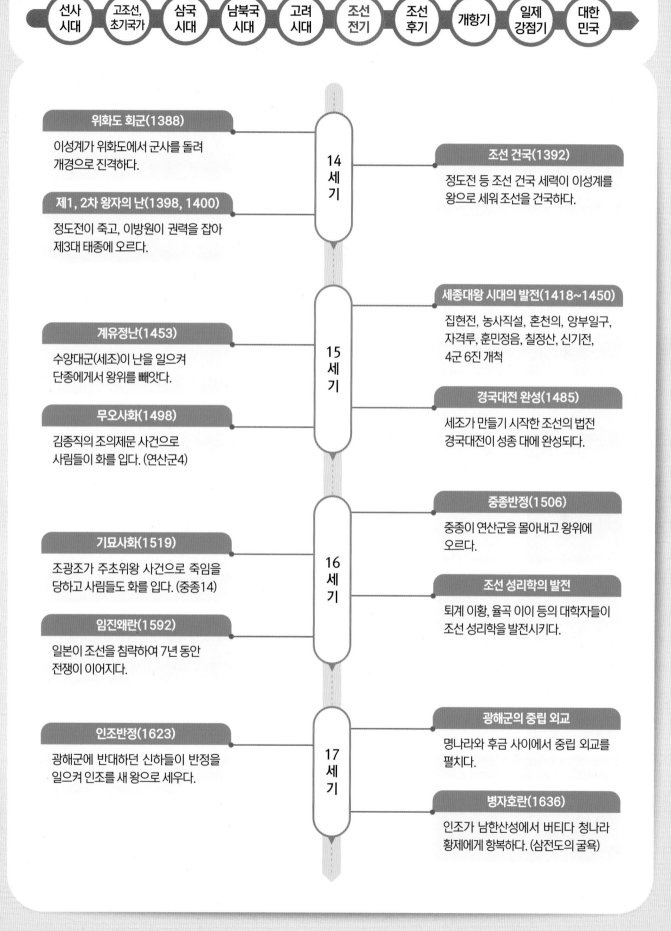

선사 시대 | 고조선, 초기국가 | 삼국 시대 | 남북국 시대 | 고려 시대 | 조선 전기 | 조선 후기 | 개항기 | 일제 강점기 | 대한 민국

위화도 회군(1388)
이성계가 위화도에서 군사를 돌려 개경으로 진격하다.

제1, 2차 왕자의 난(1398, 1400)
정도전이 죽고, 이방원이 권력을 잡아 제3대 태종에 오르다.

14세기

조선 건국(1392)
정도전 등 조선 건국 세력이 이성계를 왕으로 세워 조선을 건국하다.

15세기

세종대왕 시대의 발전(1418~1450)
집현전, 농사직설, 혼천의, 앙부일구, 자격루, 훈민정음, 칠정산, 신기전, 4군 6진 개척

계유정난(1453)
수양대군(세조)이 난을 일으켜 단종에게서 왕위를 빼앗다.

무오사화(1498)
김종직의 조의제문 사건으로 사림들이 화를 입다. (연산군4)

경국대전 완성(1485)
세조가 만들기 시작한 조선의 법전 경국대전이 성종 대에 완성되다.

16세기

중종반정(1506)
중종이 연산군을 몰아내고 왕위에 오르다.

기묘사화(1519)
조광조가 주초위왕 사건으로 죽임을 당하고 사림들도 화를 입다. (중종14)

임진왜란(1592)
일본이 조선을 침략하여 7년 동안 전쟁이 이어지다.

조선 성리학의 발전
퇴계 이황, 율곡 이이 등의 대학자들이 조선 성리학을 발전시키다.

17세기

광해군의 중립 외교
명나라와 후금 사이에서 중립 외교를 펼치다.

인조반정(1623)
광해군에 반대하던 신하들이 반정을 일으켜 인조를 새 왕으로 세우다.

병자호란(1636)
인조가 남한산성에서 버티다 청나라 황제에게 항복하다. (삼전도의 굴욕)

조선을 건국한 태조 이성계 어진

❶ 조선의 건국 과정

 1) 조선 전기 핵심 인물들과 각각의 업적, 2) 수도 한양의 궁궐 및 주요 시설을 묻는 문제가 가장 많이 출제됩니다. 역사의 흐름을 이해하면서 자연스럽게 암기되도록 공부해 봅시다!

요동 정벌	• 명나라(원나라를 멸망시킨 중국의 통일 왕조)는 고려에게 철령 이북의 땅*을 넘겨줄 것을 요구함 • 우왕과 최영은 명의 요구에 반발하며 요동 정벌을 추진함 → 이성계는 4불가론*을 들어 반대하였으나 받아들여지지 않음 → 우왕의 명령으로 이성계는 5만 군사를 이끌고 요동 정벌에 나섬

요동 정벌은 불가하다, 개경으로 회군하라.

위화도 회군 (1388)	요동 정벌에 반대하던 이성계는 압록강 하구의 위화도에서 군사를 돌려 개경으로 진격함 → 우왕과 최영 등을 제거하고 권력을 장악함

신진사대부의 갈등	• 온건 개혁파: 고려 왕조를 그대로 유지하면서 개혁할 것을 주장 (이색, 정몽주 등) • 급진 개혁파: 고려를 대신할 새 왕조를 수립할 것을 주장(정도전*, 조준 등) • 이성계의 아들 이방원이 정몽주를 죽이면서 급진 개혁파가 권력을 차지함 └ 훗날 3대 왕 태종에 올라요.

정도전 등의 건의로 실시

과전법 실시 (1391)	권문세족이 불법적으로 차지한 토지를 조사해 **빼앗음** → 전·현직 관리에게 벼슬의 등급에 따라 **수조권**을 지급함 └ 토지에서 세금을 거둘 수 있는 권리 → 신진사대부의 경제적 기반이 마련됨

조선 건국 (1392)	• 이성계 등 신흥 무인 세력과 정도전 등 신진사대부가 조선을 건국함(1392) • 태조 이성계는 고조선을 계승한다는 뜻에서 국호를 조선이라 하고, 성리학(유교)을 나라의 통치 이념으로 삼았으며 도읍을 한양(서울)으로 정함

▶ Real 역사 스토리 **정몽주와 이방원, 시를 지어 최후의 대화를 나누다!**

이방원은 정몽주를 찾아가 '하여가'라는 시를 읊어주었습니다. 아까운 인재인 정몽주를 회유해 조선 건국을 함께하고자 했던 것이죠. 하지만, 정몽주는 '단심가'를 지어 거절의 뜻을 나타냈습니다.

목숨을 잃더라도 고려에 끝까지 충성을 바치고자 했던 고려의 충신 정몽주. 그는 곧 이방원의 부하에 의해 죽임을 당했고, 그의 죽음과 함께 찬란했던 고려의 역사도 막을 내리게 되었습니다.

이런들 어떠하리, 저런들 어떠하리, 만수산 드렁칡이 얽혀진들 어떠하리, 우리도 이같이 얽혀 백 년까지 누리리라.
하여가

이 몸이 죽고 죽어, 일백 번 고쳐 죽어 백골이 진토되어 넋이라도 있고 없고 임 향한 일편단심이야 가실 줄이 있으랴.
단심가

이방원(태종)　　정몽주

❷ 한양* 도성의 설계

경복궁	• 경복은 "큰 복을 누린다."라는 뜻 • 조선 시대에 가장 먼저 지어진 법궁이자 정궁 └→ 대표 궁궐이자 왕이 머무는 궁궐로, 북궐이라고도 불렸어요. • 임진왜란 때 불탔지만 이후 흥선 대원군이 다시 세움 • 주요 건물: 광화문, 근정전*, 경회루* 등 └→ 경복궁의 정문
창덕궁	• 태종 때 이궁으로 지어진 궁궐 └→ 임금이 왕궁 밖에서 머물던 별궁 • 창경궁*과 함께 동궐로 불림 • 임진왜란으로 경복궁이 불에 탄 후 정궁으로 쓰였으며, 유네스코 세계유산으로 지정됨

종묘	• 경복궁의 동쪽에 있음
	                            죽은 사람의 이름과
	                         └ 날짜를 적은 나무패 =위패
	• 역대 왕과 왕비의 신주를 모시고 제사를 지내던 사당으로 유네스코 세계유산으로 등재됨

사직단	• 경복궁 서쪽에 있음 • 왕이 토지의 신과 곡식의 신에게 제사를 지내던 제단 → 농업을 중시하였음을 알 수 있음
한양 도성	• 한양을 둘러싸고 있는 성곽 • 도성을 드나드는 동서남북의 4대문과 보신각(종각)을 만듦 └→ 한양 중심부에 종을 달아둔 누각 ┌→ 인, 의, 예, 지, 신 • 유교의 덕목을 반영하여 이름을 지음 (인: 흥인지문(동대문), 의: 돈의문(서대문) 예: 숭례문(남대문), 지: 숙정문(북대문), 신: 보신각(종각) └→ 숙정문의 '정'은 인, 의, 예, 지, 신 중에서 '지'를 뜻해요. • 한양에 시전이 설치되어 시장의 기능을 함

★ 한양을 도읍으로 정한 이유
나라의 중심부에 있고, 한강을 끼고 있어 물을 쉽게 구할 수 있고, 교통이 편리해요. 또 주변에 넓은 평야가 있으며, 산으로 둘러싸여 있어 방어에도 유리하지요.
한양을 설계한 정도전은 유교 원리에 따라 궁궐과 건축물의 위치를 정하고, 이름을 지었어요.

★ 근정전

경복궁의 정전(대표 건물)으로 국가의 중요 의식이 거행되거나 왕과 신하들이 함께 나랏일을 보던 곳이에요.

★ 경회루

나라의 경사가 있거나 사신이 왔을 때 연회를 베풀던 곳이에요.

★ 창경궁
성종 때 지어진 궁궐로, 훗날 일제에 의해 동물원과 식물원이 설치되기도 했어요.

`Real 역사 스토리` **한 눈에 보는 조선의 수도 한양**

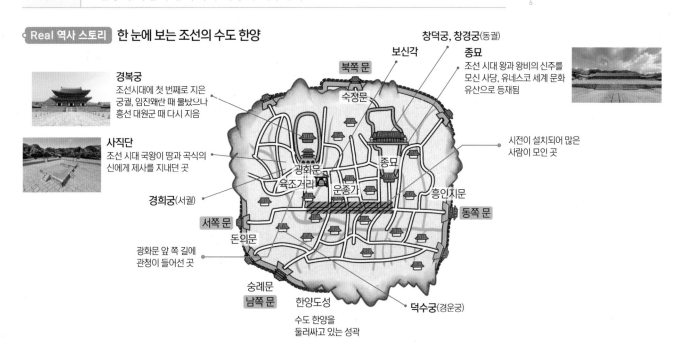

경복궁
조선시대에 첫 번째로 지은 궁궐, 임진왜란 때 불났으나 흥선 대원군 때 다시 지음

사직단
조선 시대 국왕이 땅과 곡식의 신에게 제사를 지내던 곳

경희궁(서궐)

광화문 앞 쪽 길에 관청이 들어선 곳

창덕궁, 창경궁(동궐)

보신각

종묘
조선 시대 왕과 왕비의 신주를 모신 사당, 유네스코 세계 문화 유산으로 등재됨

시전이 설치되어 많은 사람이 모인 곳

북쪽 문

숙정문

광화문
육조거리
운종가

종묘

흥인지문

동쪽 문

서쪽 문

돈의문

숭례문

남쪽 문

한양도성
수도 한양을 둘러싸고 있는 성곽

덕수궁(경운궁)

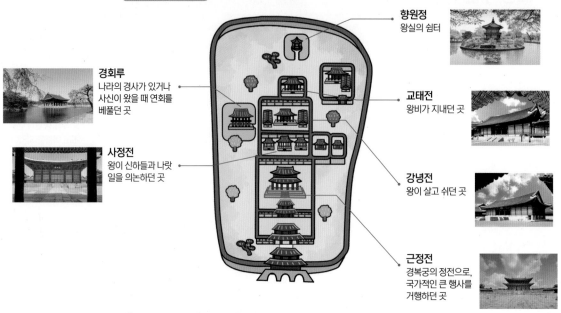

향원정
왕실의 쉼터

경회루
나라의 경사가 있거나
사신이 왔을 때 연회를
베풀던 곳

교태전
왕비가 지내던 곳

사정전
왕이 신하들과 나랏
일을 의논하던 곳

강녕전
왕이 살고 쉬던 곳

근정전
경복궁의 정전으로,
국가적인 큰 행사를
거행하던 곳

③ 국가 기틀의 확립

★ **왕자의 난(1차, 2차)**
이방원은 아버지인 이성계를 도와 조선을 건국하는 데 앞장섰어요. 하지만, 이성계와 정도전이 배다른 동생인 이방석을 세자로 책봉했죠. 위기를 느낀 이방원은 제1차 왕자의 난을 일으켜 이방석과 정도전을 죽였고, 둘째 형 이방과를 허수아비 왕으로 앉혔습니다. (2대 왕 정종)
곧이어 넷째 형 이방간이 왕위를 노리고 2차 왕자의 난을 일으키자, 이방원은 이를 진압하고 실권을 장악한 뒤, 3대 왕 태종에 오르게 됩니다.

TIP **정치 체제의 변동**
조선이 건국되었을 때, 정도전이 설계한 정치제도는 의정부 서사제였어요. 의정부의 3정승 권한이 강했죠. 하지만, 정도전을 죽인 태종 이방원은 이를 바꾸어 왕의 권한을 강화하는 6조 직계제로 실시합니다. 그러나 아들 세종은 다시 의정부 서사제를 부활시켰고, 단종을 폐위시킨 세조는 6조 직계제를 부활시키는 등 조선 전기의 정치체제는 자주 변화했지요.

★ **호패법**

고위층의 상아호패와
백성의 나무호패

		• 왕자의 난* (1, 2차)을 거치며 정도전을 비롯한 반대 세력을 제거하고 왕위에 오름
태종 (조선 3대 왕)	**왕권 강화**	• 사병 혁파: 왕족과 공신들의 사병을 해산시킴 ┗→ 개인 병사 • 6조 직계제 실시: 왕이 나랏일을 처리할 때, 의정부를 거치지 않고 6조에서 직접 보고받아 결정함 ┗→ 영의정, 좌의정, 우의정이 있는 기구 **의정부 서사제**　　　　**6조 직계제** 왕　　　　　　　　　왕 재가 ↑ ↓ 건의　　　명령 ┆ ↑ 보고 **의정부**　　　　　**의정부** 명령 ↑ ↓ 보고 **6조**　　　　　　　**6조**
	지방 행정 제도 정비	전국을 8도로 나누고 각 도에 관찰사를 파견
	호패법* 시행	• 16세 이상의 모든 남자들에게 신분을 증명하기 위해 호패를 차고 다니게 함 • 인구를 파악해 세금을 정확하게 거두고 백성들을 군대에 동원하는 데 쓰임
	신문고 설치	백성의 억울한 일을 해결하기 위해 설치

태종 이방원은 왕권 강화를 제1의 목표로 삼았던 인물입니다. 왕권을 강화하고 조선의 시스템을 정비했으며, 왕권에 방해가 될 것 같은 인물이나 세력을 냉정하게 죽이곤 했죠. 그는 자신이 살아있을 때 셋째 아들인 세종에게 왕위를 물려주었고, 그 후 약 4년 동안 상왕이 되어 군사권을 꽉 쥐고 세종의 왕권을 뒷받침해 주기도 했습니다. 세종은 아버지인 태종 이방원 덕에 안정적으로 왕의 자리에 올랐고, 장차 자신의 능력을 마음껏 펼칠 수 있게 됩니다.

세종 때 북쪽 국경 지대의 여진을 몰
아내기 위해 압록강 유역에는 최윤
덕을 보내 4군을 개척하고, 두만강
유역에는 김종서를 파견해 6진을 개
척하였어요. 그 결과 오늘날과 비슷
한 국경선이 완성되었지요.

세종	• 학문 연구 기관인 집현전을 확대 개편하여 운영함
	  └→ 다양한 분야의 연구 및 책 편찬, 국왕의 자문 역할 등
	
	  ┌→ 농사직설을 간행하여 우리 풍토에 맞는 농사법을 보급할 수 있었어요.
	• 농법서인 『농사직설』, 윤리서인 『삼강행실도』, 국산 약재와 치료법을 소개한
	  『향약집성방』, 금속활자(갑인자) 등 개발
	• 과학 기구 제작: 측우기, 앙부일구, 자격루, 혼천의, 간의 등 과학 기구를
	  제작하고, 이를 이용해 조선에 맞는 달력이자 역법서인 『칠정산』을 편찬함
	• 박연에게 아악을 중심으로 궁중음악을 정리하게 함.
	• 훈민정음을 창제·반포
	  └→ 우리 고유의 글자로 '백성을 가르치는 바른 소리'라는 뜻이에요.
	• 『훈민정음 해례본』: 훈민정음을 만든 세종이
	  집현전 학사들에게 명하여 훈민정음을 만든
	  목적과 원리, 사용법 등을 정리하도록 한 책
	• 이종무를 보내 왜구의 근거지인 쓰시마섬을
	  정벌함 └→ 대마도
	• 4군 6진*을 개척하여 영토를 확장함(최윤덕,
	  김종서)

나 이종무가 대마도를 정벌하러 왔다.

★ 음악의 발전
세종은 박연을 시켜 악기와 악보를 개
량하고, 아악을 정비하여 우리 고유
의 음악을 발전시켰어요. 세종은 직
접 '여민락'이라는 곡을 작곡해 궁중
잔치 등에서 연주되도록 하였죠. 이
후 성종은 음악 책인 『악학궤범』을 편
찬해 세종의 뒤를 이어 음악을 발전시
키게 됩니다.

Real 역사 스토리 집단지성을 활용한 세종대왕과 집현전

진정 똑똑한 사람은 혼자 모든 것을 결정하려고 하지 않죠!
바로 주위 사람들과 머리를 맞대고 의논해 좋은 결과를 얻어내
는 '집단지성' 방식을 선호합니다. 세종도 그랬죠. 집현전은 세
종이 당대의 천재들을 모아둔 집단지성의 장이었습니다. 집현
전 학사들은 학문 연구 뿐 아니라 농사, 과학기술, 천문학, 역사
등 분야를 가리지 않고 조선에 필요한 다양한 분야를 연구해 책
을 펴내고, 세종이 나라를 이끌어가는 데 필요한 아이디어를 제
공했죠. 세종 시대 눈부신 발전의 뒤에는 집현전 학사들의 노력
과 정성이 있었다는 사실을 우린 알아두어야 하겠습니다.

세조	• 계유정난*으로 정권을 잡고 어린 조카(단종)를 몰아내 왕위에 오름 • 집현전을 폐지하고 경연을 정지시킴 └→ 집현전에서 세조를 반대하는 학자들이 많이 나왔기 때문이에요. • 왕권 강화를 위해 6조 직계제를 부활시킴 • 나라를 다스리기 위한 법전인 『경국대전』을 만들기 시작함 • 직전법 실시: 현직 관리에게만 토지의 수조권 지급 → 국가 재정 확보

성종	• 홍문관 실치: 세조 때 폐지된 집현전을 계승하고, 경연을 활성화함
	• 『경국대전』을 완성하여 반포함으로써 유교적 통치 질서를 확립
	  └→ 조선의 기본 법전으로 통치 규범과 국가 운영 전반에 대한 법률을 확립했어요.
	• 지리서인 『동국여지승람』, 역사서인 『동국통감』, 음악 책인 『악학궤범』 등
	  다양한 서적을 편찬

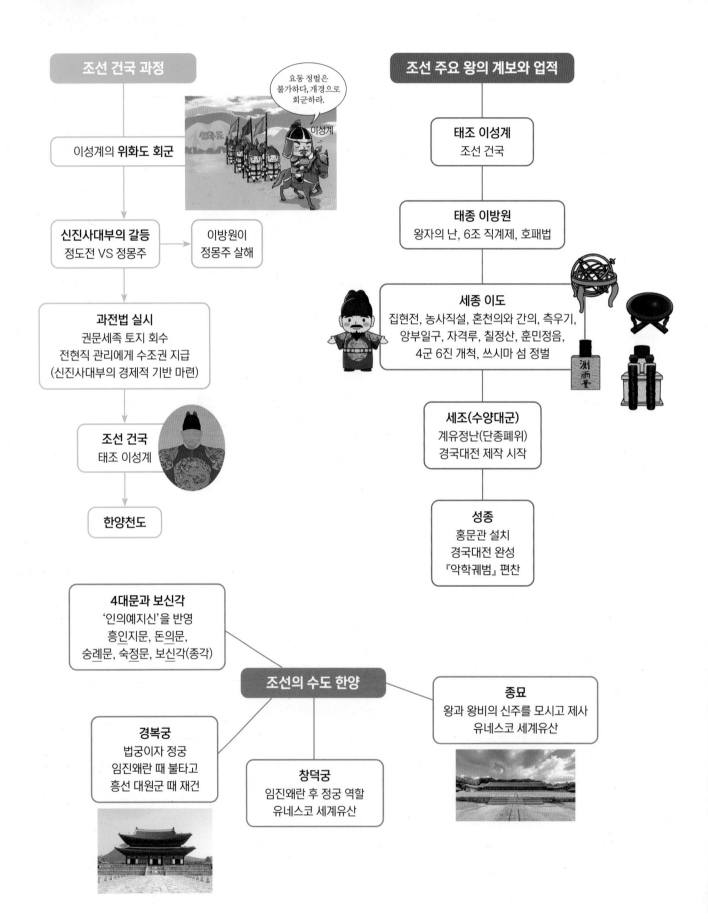

조선 건국 과정

이성계의 **위화도 회군**

요동 정벌은 불가하다, 개경으로 회군하라. 이성계

신진사대부의 갈등
정도전 VS 정몽주

이방원이 정몽주 살해

과전법 실시
권문세족 토지 회수
전현직 관리에게 수조권 지급
(신진사대부의 경제적 기반 마련)

조선 건국
태조 이성계

한양천도

조선 주요 왕의 계보와 업적

태조 이성계
조선 건국

태종 이방원
왕자의 난, 6조 직계제, 호패법

세종 이도
집현전, 농사직설, 혼천의와 간의, 측우기,
앙부일구, 자격루, 칠정산, 훈민정음,
4군 6진 개척, 쓰시마 섬 정벌

測雨臺

세조(수양대군)
계유정난(단종폐위)
경국대전 제작 시작

성종
홍문관 설치
경국대전 완성
『악학궤범』 편찬

4대문과 보신각
'인의예지신'을 반영
흥인지문, 돈의문,
숭례문, 숙정문, 보신각(종각)

조선의 수도 한양

종묘
왕과 왕비의 신주를 모시고 제사
유네스코 세계유산

경복궁
법궁이자 정궁
임진왜란 때 불타고
흥선 대원군 때 재건

창덕궁
임진왜란 후 정궁 역할
유네스코 세계유산

1 아래 조선의 건국과 관련된 사건들을 시간 순서에 따라 배열해 보세요.

> 가. 전·현직 관리에게 수조권을 지급하는 과전법이 실시되었다.
>
> 나. 이성계가 위화도에서 군사를 돌렸다.
>
> 다. 신진사대부 간에 갈등이 생겨 정몽주가 죽임을 당했다.
>
> 라. 수도를 한양으로 옮겼다.

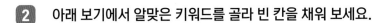

2 아래 보기에서 알맞은 키워드를 골라 빈 칸을 채워 보세요.

> 보기 경복궁, 창덕궁, 종묘, 종각

①   : 한양 중심부에 종을 달아둔 누각

②   : 한양의 법궁으로, 임진왜란 때 불탔다가 흥선 대원군 때 재건하였다.

③   : 임진왜란 후 정궁의 역할을 했으며, 유네스코 세계유산으로 지정되었다.

④   : 왕과 왕비의 신주를 모시고 제사를 지내며, 유네스코 세계유산으로 지정되었다.

3 아래는 조선 전기의 왕들과 관계된 키워드입니다. 알맞게 연결해 보세요.

① 태조   •   • (ㄱ) 호패법 실시

② 태종   •   • (ㄴ) 조선 건국과 한양 천도

③ 세종   •   • (ㄷ) 훈민정음 창제

④ 세조   •   • (ㄹ) 경국대전 완성

⑤ 성종   •   • (ㅁ) 계유정난으로 단종을 폐위시킴

60회

1 (가)에 들어갈 인물로 옳은 것은? [1점]

┌─────────────┐ ┌─────────────────────┐
│   │ │ · 고려 시대 학자   │
│   │ │ · 성균관 대사성 역임   │
│   (가)   │ │ · 사신으로 명·일본 왕래   │
│   │ │ · 조선 건국 세력에 맞서   │
│   │ │   고려 왕조를 지키고자 함 │
│   │ │ · 문집으로 포은집이 있음 │
└─────────────┘ └─────────────────────┘
    (앞면)   (뒷면)

①
박지원

②
송시열

③
정몽주

④
정도전

67회

3 다음 가상 대화에 등장하는 왕의 업적으로 옳지 않은 것은? [2점]

① 자격루를 제작하였다.
② 농사직설을 간행하였다.
③ 악학궤범을 완성하였다.
④ 삼강행실도를 편찬하였다.

52회

2 (가)에 들어갈 내용으로 옳은 것은? [2점]

조선의 건국 과정을 소개합니다

한양 천도
조선 건국
과전법 실시
(가)

① 비변사 혁파　　② 위화도 회군
③ 대전회통 편찬　④ 훈민정음 창제

58회

4 밑줄 그은 '왕'의 업적으로 옳은 것은? [2점]

① 탕평비를 건립하였다.
② 현량과를 실시하였다.
③ 호패법을 시행하였다.
④ 훈민정음을 창제하였다.

57회

5 밑줄 그은 '왕'이 추진한 정책으로 옳은 것은? [2점]

계유정난으로 정권을 잡고 단종을 몰아낸 왕에 대해 말해 볼까요?

왕권 강화를 위해 6조 직계제를 부활시켰어요.

집현전을 폐지하고 경연을 정리하였어요.

① 삼별초를 조직하였다.
② 직전법을 시행하였다.
③ 한양으로 천도하였다.
④ 훈민정음을 창제하였다.

55회

6 (가)에 들어갈 문화유산으로 옳은 것은? [2점]

○○신문

제△△호   2020년 ○○년 ○○일

151년 만에 옮겨지는 조선 왕조의 신주

(가) 에 모셔진 조선 역대 왕과 왕비의 신주를 창덕궁 옛 선원전으로 옮기는 행사가 지난 6월 5일 열렸다. 이 행사는 정전(正殿)의 내부 수리로 인해 1870년(고종 7년) 이후 151년 만에 거행된 것이다.

① 종묘   ② 사직단   ③ 성균관   ④ 도산 서원

도전! 심화문제

61회

1 다음 대화에 등장하는 왕의 재위 시기에 있었던 사실로 옳은 것은? [2점]

전하께서 명하신대로 장악원에 소장된 의궤와 악보를 새로이 교감하여 악학궤범을 완성하였습니다.

예조 판서 성현을 비롯하여 편찬에 공을 세운 이들에게 차등을 두어 상을 내리도록 하라.

① 주자소가 설치되어 계미자가 주조되었다.
② 전통 한의학을 집대성한 동의보감이 완성되었다.
③ 통치체제를 정비하기 위해 속대전이 간행되었다.
④ 한양을 기준으로 역법을 정리한 칠정산이 제작되었다.
⑤ 전국의 지리, 풍습 등이 수록된 동국여지승람이 편찬되었다.

60회

2 (가) 궁궐에 대한 설명으로 옳은 것은? [2점]

대왕대비가 전교하였다. " (가) 은/는 우리 왕조에서 수도를 세울 때 맨 처음 지은 정궁이다. …… 그러나 불행하게도 전란에 의해 불타버린 후 미처 다시 짓지 못하여 오랫동안 뜻있는 선비들의 개탄을 자아내었다. …… 이 궁궐을 다시 지어 중흥의 큰 업적을 이루려면 여러 대신과 함께 의논해 보지 않을 수 없다."

- 「고종실록」-

① 근정전을 정전으로 하였다.
② 일제의 의해 동물원 등이 설치되었다.
③ 후원에 왕실 도서관인 규장각이 있었다.
④ 도성 내 서쪽에 있어 서궐이라고 불렸다.
⑤ 인목 대비가 광해군에 의해 유폐된 장소이다.

11강 조선의 건국과 발전 **115**

❶ 통치 제도의 정비

이 단원에서 자칫 많은 공부량 때문에 정신을 잃을 수 있는데요! 우리의 공부 등대인 '키워드'를 중심으로 공부하고, 기출문제를 꼼꼼히 풀어 본다면 어렵지 않게 클리어할 수 있을 거예요!

1) 중앙 정치 제도와 지방 행정 체제

중앙 정치 제도	의정부		영의정, 좌의정, 우의정의 3정승으로 구성된 국정을 총괄하는 최고 정책 결정 기구
	6조 (이·호·예· 병·형·공)		• 정책을 실행하는 행정 기관 • 이조(관리 인사), 호조(인구, 세금과 예산), 예조(제사, 과거, 교육, 외교), 병조(국방, 통신), 형조(형벌과 법률), 공조(건설과 수공업)
	왕의 직속 기관	승정원	• 왕명의 출납을 담당하던 왕의 비서 기관 • 6명의 승지가 있었음 └ 우두머리는 '도승지' • 은대, 정원, 후설 등으로도 불림
		의금부	왕의 직속 사법 기관. 큰 범죄를 다스림
	3사		• 비판과 견제의 기능을 담당한 언론 기관으로, 권력의 독점을 방지함 • 홍문관: 서적을 관리하고 왕의 자문에 응하는 기구 • 사헌부: 관리들의 비리 감찰, 수장은 대사헌 • 사간원: 왕에게 간언하는 역할 └ 임금의 잘못을 바로잡는 말
	기타		• 춘추관: 역사서 편찬 • 성균관: 최고 교육 기관 • 한성부: 수도 한양의 행정과 치안 담당

• 조선의 중앙 통치 기구

```
                   국정 총괄           이조  인사 관리
왕 ─ 의정부 ─────── 6조   호조  인구, 세금·예산 업무
                                  예조  제사, 과거, 교육·외교 담당
                                  병조  국방·통신 담당
                                  형조  형벌·법률 담당
                                  공조  건설·수공업 담당

      승정원  왕명 출납   ┐ 왕의 직속 기관
      의금부  사법 기관   ┘

      홍문관  왕의 자문 기관 ┐
      사헌부  감찰 기관      ├ 3사
      사간원  간쟁 기관      ┘
      춘추관  역사 편찬
      성균관  최고 교육 기관
      한성부  수도·행정·치안 담당
```

지방 행정 체제	• 전국을 8도*로 나누고 그 아래에 부·목·군·현을 설치 • 8도에는 관찰사를 파견하고, 부·목·군·현에는 수령*을 파견함 └ 수령을 감독하도록 하였어요.

★ 조선시대 8도

백두산
함경도
평안도
황해도 강원도
경기도
충청도
경상도
전라도

★ 수령

수령은 지방의 행정, 군사, 사법권을 가진 지방관으로 '사또'라고 불렸으며 향리들을 부하로 거느리고 백성을 다스렸어요. 향리는 지방의 행정 실무를 보는 사람들로, '이방, 호방, 예방, 병방, 형방, 공방'의 6방이 있어요.

2) 교육 및 과거 제도

교육 제도	• 성균관*: 한양에 있는 최고 교육 기관 (국립 대학) • 4부 학당: 한양에 있는 중등 교육 기관 • 향교: 지방에 있는 중등 교육 기관 　┌→ 역사적으로 존경받는 유학자 • 서원*: 선현에 대한 제사와 학문 연구·교육을 담당한 사립 교육 기관 　각 지방의 사림들이 주도하여 설립하였고, 지방 유생들의 모임 장소이기도 했지요. ┘ • 서당: 천자문, 소학 등을 익히는 초등 교육 기관
과거 제도	• 법적으로 양인 이상이면 누구나 과거에 응시 가능 • 3년마다 실시하는 시험과 특별한 경우 실시하는 시험이 있었음 • 종류: 문과(문관 선발), 무과(무관 선발), 잡과(기술관 선발) 　　　　　　　　　　　　　　　└→ 주로 중인 계급이 응시했어요.

명륜당 강의실
서재 기숙사
동재 기숙사
대성전 제사를 지내는 사당

성균관의 구조

★ 성균관
문과 소과(과거 시험)에 합격한 생원, 진사가 입학할 수 있었어요.
성현의 제사를 지내는 대성전, 학생들이 공부하는 명륜당, 기숙사인 동재와 서재가 있어요.

★ 서원

소수서원 (영주)
돈암서원 (논산)
도산서원 (안동)
무성서원 (정읍)
병산서원 (안동)
옥산서원 (경주)
남계서원 (함양)
도동서원 (대구)
필암서원 (장성)

교육과 제사를 함께 담당하는 성리학의 교육 기관으로, 한때 그 수가 수백 개까지 늘어났어요. 그 가치를 인정받아 서원 9곳이 유네스코 세계유산에 등재되었어요.

3) 신분 제도*

양인	양반	• 과거를 통해 관리가 된 사람과 그 가족 • 자신의 땅과 노비를 소유함
	중인	• 하급 관리, 기술관(역관-통역 담당, 의관-의술 담당 등) • 서얼: 양반의 자손 중 첩의 자식으로, 양반의 아래에 위치해 중인 취급을 받음 　　　└→ 엄마가 양인이면 '서', 천민이면 '얼'입니다. 예 서자, 서녀, 얼자, 얼녀
	상민	• 대부분 농민으로 구성 • 농업, 어업, 상업, 수공업 등에 종사 • 군대에 가고 세금을 냄
천민		• 대부분 노비로 이루어졌고, 나라 또는 개인의 재산으로 매매나 상속의 대상이 됨 • 백정(가축 도살업), 광대, 무당, 기생 등도 천민이었음

★ 신분 제도
법적으로는 양인과 천민으로 구분해요.

❷ 사림의 등장과 사화의 발생

1) 훈구와 사림

훈구	• 세조(수양대군)가 계유정난으로 집권할 때 그를 도운 세력 　　　　　　　　　　　　└→ 대표적으로 '한명회'가 있어요. • 나라로부터 많은 토지와 노비를 받음 • 왕실과 혼인 관계로 권력을 강화하고 주요 관직을 차지함
사림*	• 성종 때 과거를 통해 중앙 정치에 진출하기 시작 예 김종직 　└→ 성종은 왕권을 안정시키고 훈구 세력을 견제하고자 사림을 등용했어요. • 주로 3사에 임명되어 언론을 담당하고 훈구 세력을 비판함 　→ 사림파와 훈구파의 정치적 갈등이 심해짐

★ 사림
조선 건국 당시 고려에 충성하던 온건파 신진사대부(정몽주 등)의 제자들로, 없어진 것이 아니라 지방으로 내려가 성리학을 연구하며 때를 기다리고 있었습니다. 그들은 서원을 중심으로 후학을 양성하며 힘을 모으고 있다가 성종 대에 등용되기 시작했어요.

2) 사화의 발생 *

<table>
<tr>
<td rowspan="2">무오사화
(1498,
연산군)</td>
<td>• 조의제문 사건 : 성종 대에 활동한 사림이었던 김종직은 '조의제문'이라는 글을 썼는데, 이는 단종에게 왕위를 빼앗은 세조를 비판하는 의미의 글이었음
김종직은 이 글을 조선왕조실록의 토대가 되는 사초에 집어넣었고, 세상을 떠남</td>
</tr>
<tr>
<td>조선 최악의 폭군이었어요.
• 이 글이 훗날 연산군 때 발견되자, 화가 난 연산군은 감히 자신의 증조할아버지를 욕했다며 이미 죽은 김종직을 무덤에서 꺼내 부관참시 함
또한, 사림들도 대거 죽임을 당하고 귀양을 감
   → 시신을 다시
     사형시키는 것 </td>
</tr>
</table>

<table>
<tr>
<td>갑자사화
(1504,
연산군)
↓
중종반정 *
(1506)</td>
<td>• 연산군이 자신의 어머니 폐비 윤씨의 죽음과 관련된 신하들을 제거함

• 사림뿐만 아니라 훈구파도 큰 피해를 입었고, 훈구파는 중종반정을 일으켜 연산군을 몰아내게 됨 </td>
</tr>
</table>

<table>
<tr>
<td rowspan="3">기묘사화
(1519,
중종)</td>
<td colspan="2">• 배경 : 중종반정 후 왕권강화와 훈구파 견제를 위해 사림이 등용됨
이 때, 조광조는 사림의 대표로서 아래의 여러 개혁들을 추진함</td>
</tr>
<tr>
<td>조광조의
개혁</td>
<td>• 소격서 폐지: 도교 행사를 주관하던 소격서를 폐지함
• 현량과 실시: 추천을 통해 신진 관료를 선발함
   → 조광조와 뜻을 함께하는 사람들이 주로 선발되었어요.
• 위훈 삭제를 건의: 중종반정 당시 공이 없음에도 부당하게 공신이 된 훈구파들의 공훈을 삭제할 것을 주장
   → 절반이 넘는 훈구파 공신들의 위훈이 삭제될 뻔했지요.</td>
</tr>
<tr>
<td colspan="2">• 기묘사화: 위훈 삭제 시도 등 급진적인 개혁에 부담을 느낀 중종과 훈구파가 조광조를 비롯한 사림을 제거함</td>
</tr>
</table>

<table>
<tr>
<td>을사사화
(1545,
명종)</td>
<td>명종의 외척인 파평 윤씨 끼리의 권력 다툼 속에서 연관된 사림이 피해를 입음
   → 외가 친족으로 이루어진 정치 세력</td>
</tr>
</table>

Real 역사 스토리 **조광조와 기묘사화**

조광조

중종은 반정을 일으켜 연산군을 몰아냈지만, 사실 그것은 훈구파 신하들의 힘으로 이룬 것이나 다름없었습니다. 그래서 중종은 훈구파의 눈치를 봐야 하는 입장이었죠. 이런 상황에서 중종 역시 훈구파를 견제하기 위해 사림을 등용하였는데요, 이때 사림의 대표로 급진적인 개혁을 펼친 이가 바로 '조광조'입니다.

조광조는 현량과를 통해 자신과 뜻을 같이 하는 사람들을 대거 등용해 힘을 키웠고요, 훈구파의 위훈을 삭제해야 한다는 건의까지 올리며 중종 앞에서도 뜻을 굽히지 않았습니다. 결국, 화가 난 중종은 조광조를 비롯한 사림들을 대거 숙청해버리게 되니, 이것이 바로 기묘사화입니다.

기묘사화에는 정말 '기묘'한 사건이 일어났다는 뒷이야기도 있는데요, 어느 날 나뭇잎에 벌레가 파먹은 글씨로 '주초위왕'이라는 글자가 적혀 있었고 그 뜻은 '조광조가 장차 왕이 된다'는 것이었습니다. 중종은 이를 정말 '기묘'하게 여기면서도, 그 나뭇잎을 근거로 조광조를 반역죄로 처형해버렸습니다. 정말 기묘하고도 엉뚱한 이야기죠?!

왼쪽 여백 내용:

★ 사화의 발생

사림들이 큰 화를 입었다는 의미에서 '사화'라는 이름이 붙여졌어요.

TIP 사림의 위기와 극복

성종이 죽고 연산군이 즉위하자 훈구파는 사림을 몰아내기 위한 공격을 시작합니다. 바로 사림이 화를 입었다는 뜻의 '사화'였죠. 사화는 연산군~명종 시기 총 4번에 걸쳐 발생하였고, 수많은 사림이 죽거나 귀양을 가는 등 큰 피해를 입었습니다. 하지만, 사림파 선비들은 지방의 서원에서 열심히 공부해 계속해서 과거 시험에 급제하였고, 시간이 갈수록 오히려 더 많은 숫자가 정계에 진출했습니다. 반면, 훈구파는 세월이 지나며 서서히 사라지거나 사림에 동화되어가면서 명종~선조 대가 되면 조선의 권력은 어느새 사림파의 손에 들어가 있었습니다.

★ 중종반정

폭정을 일삼던 연산군을 쫓아내고 중종이 왕위에 오른 사건이에요. 여기서 공을 세운 훈구파가 다시 권력을 잡자 중종은 훈구파를 견제하기 위해 조광조 등의 사림을 등용하였지요.

3) 사림이 배출한 대표 성리학자

퇴계 이황(1502~1571)	율곡 이이(1536~1584)
• 안동 예안현에서 출생 • 성학십도를 저술함 　(군주가 스스로 성학을 　따를 것을 제시) • 향약*을 보급함 • 이황의 사후, 그의 위패를 　모시는 도산 서원을 세움 	• 강릉 오죽헌에서 출생 • 성학집요를 저술함 　(현명한 신하가 군주에게 　성학을 가르쳐 변화시킬 것 　을 강조) • 수미법 시행을 제안함 　└→ 각 지방의 특산물을 바치는 공납을 　　　쌀로 대신해 바치자고 주장했어요. 

★ 향약
마을 사람들이 지켜야 할 자치 규약으로 유교 윤리를 보급하는데 이바지했어요. 이황과 이이의 노력으로 확산되었지요.

● Real 역사 스토리 | 이황과 이이

퇴계 이황

율곡 이이
신사임당

　조선 시대 성리학의 발전에 가장 크게 이바지한 인물은 퇴계 이황과 율곡 이이예요. 둘다 선조 시대의 학자들로, 임진왜란(1592)이 일어나기 전까지 조선의 성리학을 발전시키며 활약한 인물들이지요.

　이황은 천 원권 지폐에, 이이는 오천 원권 지폐에 그려져 있는 인물이고, 참고로 이이의 어머니 신사임당은 오만 원권 지폐의 주인공입니다.

천 원 – 퇴계 이황

오천 원 – 율곡 이이

오만 원 – 신사임당

❸ 조선 전기의 문화

1) 세종 대의 업적(15세기)

① 훈민정음 창제 및 반포

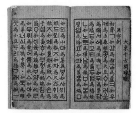

* 훈민정음 해례본

해례본은 한글의 원리와 읽는 방법을 설명한 책으로, 유네스코 세계 기록 유산으로 등재되었어요.

* 용비어천가
훈민정음으로 지은 최초의 작품으로 세종 때 선조들의 업적과 공덕을 찬양한 노래예요.

* 삼강행실도

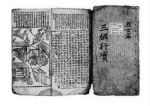

훈민정음 창제 (1443)	• 훈민정음은 '백성을 가르치는 바른 소리'라는 의미
	• 배경: 중국의 한자가 어려워 일반 백성이 글자 사용에 어려움을 겪음
	• 만든이: 세종대왕(주도적 역할) + 집현전 학자들(보조 역할)
	• 구성 원리: 발음 기관(혀, 입술과 목구멍)과 하늘, 땅, 사람의 모양을 본떠 28자의 글자를 만듦
	• 특징: 과학적이고 독창적임, 누구나 쉽게 배움, 글자로 모든 소리를 표현할 수 있음
	• 보급: 『훈민정음 해례본』*, 『용비어천가』* 등을 펴냄

② 서적 편찬

농사직설	• 전국의 우수한 농사꾼들의 경험을 지방관리들이 모아 반영하여 제작함
	• 우리나라의 기후와 풍토에 맞는 농사법을 정리한 농사 서적
칠정산	• 칠정은 태양, 달, 수성, 금성, 화성, 목성, 토성 등 7개의 천체를 뜻함
	• 우리 역사상 최초로 한양을 기준으로 천체 운동을 계산한 역법서이자 달력으로, 현재의 기술과 견주어도 크게 뒤지지 않는 정확함을 자랑함
삼강 행실도 *	유교 윤리를 보급하기 위해 충신, 효자, 열녀 등의 이야기를 담아 글과 그림으로 설명한 윤리서
향약집성방	우리 땅에서 나는 약재와 치료 방법을 정리한 의학서

③ 과학 기술

자격루	• 물의 흐름을 이용하여 시간을 알려주는 자동 물시계
	┗→ 이 시계가 알려 주는 시간에 따라 한양 도성 문을 열고 닫았지요.
	• 날씨에 상관없이 일정 시각에 종, 북, 징을 자동으로 울려 시간을 알려줌
앙부일구	그림자로 시간을 알려주는 해시계
	┗→ 그림을 새겨 넣어 글을 읽을 줄 모르는 백성도 시간을 알 수 있었어요. 동지와 하지와 같은 절기도 알 수 있었지요.
측우기	비가 내린 양을 측정하는 기구. 전국에 설치하여 가뭄과 홍수에 대비
혼천의	천체의 운행과 위치를 관측하는 기구
간의	혼천의를 간소화하여 만든 천체 관측 기구

TIP 장영실

세종 대의 과학 기술자로, 손재주가 좋아 태종 시기부터 궁궐에서 일하기 시작했고, 세종 대에는 앙부일구, 자격루, 혼천의, 간의 등의 다양한 과학 기구를 만드는 데 기여했어요. 물론, 그 과정에서 신분이 상승해 벼슬길에도 올랐지요.

TIP 조선왕조실록

태조부터 철종까지 25대 472년간의 역사를 시간 순으로 기록한 책이에요. 사관이 늘 왕의 곁을 지키며 기록을 하다가, 왕이 죽고 나면 춘추관에서 사초와 사정기 등을 바탕으로 실록을 편찬하였어요. 완성된 실록은 여러 권으로 만들어 전국의 사고(나라의 중요한 책을 보관하던 창고)에 보관하였어요. 그 중 전주 사고는 전란 중에도 소실되지 않아 조선왕조실록이 잘 보관되어 있지요. 조선왕조실록은 그 역사적 가치를 인정받아 유네스코 세계 기록 유산으로 등재되었어요.

TIP 조선 전기의 금속 활자

금속 활자를 만들어 책을 찍어 내던 관청인 주자소를 설치하고 태종 때에는 계미자, 세종 때에는 갑인자를 만들었어요.

자격루

앙부일구

측우기

혼천의

간의

2) 예술 및 지도의 발달

안견의 몽유도원도	• 조선 전기를 대표하는 그림으로, 안평대군이 꿈에서 본 무릉도원(이상 세계)의 이야기를 듣고 안견이 3일 만에 그린 그림 • 조선 전기에는 양반을 중심으로 예술활동이 활발했음 

혼일강리역
대국도지도
	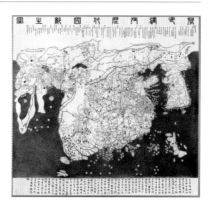
	• 태종 때 제작된 지도, 동아시아에서
	  가장 오래된 세계 지도임. 중국을 크게
	  표현한 것으로 보아 중국 중심의
	  세계관을 엿볼 수 있음(중화사상)
	• 조선을 상대적으로 크게 그렸고,
	  서남아시아, 아프리카, 유럽까지 그려
	  넣었음

TIP 박연

세종 대에 주로 활동한 대표적인 음악가로 아악(궁중 음악)을 정비했어요.

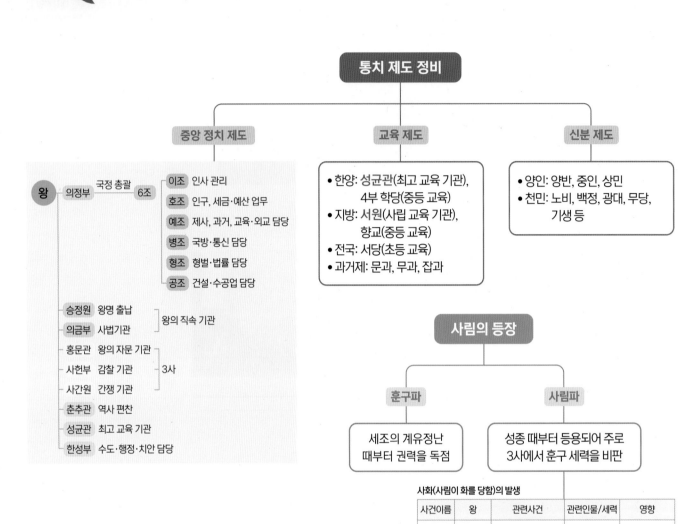

통치 제도 정비

중앙 정치 제도

왕 — 의정부 (국정 총괄) — 6조

- 이조: 인사 관리
- 호조: 인구, 세금·예산 업무
- 예조: 제사, 과거, 교육·외교 담당
- 병조: 국방·통신 담당
- 형조: 형벌·법률 담당
- 공조: 건설·수공업 담당

- 승정원: 왕명 출납 ┐ 왕의 직속 기관
- 의금부: 사법기관 ┘
- 홍문관: 왕의 자문 기관 ┐
- 사헌부: 감찰 기관 ├ 3사
- 사간원: 간쟁 기관 ┘
- 춘추관: 역사 편찬
- 성균관: 최고 교육 기관
- 한성부: 수도·행정·치안 담당

교육 제도

- 한양: 성균관(최고 교육 기관), 4부 학당(중등 교육)
- 지방: 서원(사립 교육 기관), 향교(중등 교육)
- 전국: 서당(초등 교육)
- 과거제: 문과, 무과, 잡과

신분 제도

- 양인: 양반, 중인, 상민
- 천민: 노비, 백정, 광대, 무당, 기생 등

사림의 등장

훈구파

세조의 계유정난 때부터 권력을 독점

사림파

성종 때부터 등용되어 주로 3사에서 훈구 세력을 비판

기묘사화

사화(사림이 화를 당함)의 발생

사건이름	왕	관련사건	관련인물/세력	영향
무오사화 (1498)	연산군	조의제문 사건 (이미 죽은 김종직이 세조를 비판했던 글을 연산군이 알게 됨)	김종직 (무덤에서 꺼내져 부관참시)	사림 대거 숙청
갑자사화 (1504)	연산군	폐비 윤씨 사건 (연산군이 자신의 어머니인 폐비 윤씨의 죽음과 관련된 인물들을 처벌)	많은 관련자들	사림, 훈구 함께 숙청 중종반정 발생 (연산군 폐위)
기묘사화 (1519)	중종	주초위왕 사건 (벌레가 파먹은 잎사귀)	조광조 (훈구파의 위훈 삭제를 주장하다 숙청됨)	조광조 죽음 사림 대거 숙청
을사사화 (1545)	명종	명종의 외척 간 권력 다툼	파평 윤씨	사림, 훈구 함께 숙청 명종 이후 훈구파는 몰락 또는 사림에 흡수됨

세종 시기
: 농사직설, 칠정산, 삼강행실도, 자격루, 앙부일구 등

조선 전기의 문화

대표 성리학자
: 퇴계 이황(성학십도, 도산서원), 율곡 이이(성학집요, 수미법)

예술
: 안견의 몽유도원도(안평대군이 꿈에서 본 이상 세계를 그림), 혼일강리역대국도지도(동아시아 최초 세계지도, 중화사상 반영)

실력 쑥쑥 기출 미니 테스트

1 **아래 보기에서 알맞은 키워드를 골라 빈 칸을 채워 보세요.**

> **보기** 승정원, 사간원, 사헌부, 홍문관, 성균관, 서원,
> 향교, 서당, 삼강행실도, 몽유도원도

① ________ 은/는 3사 중 하나로, 주로 관리들의 비리를 감찰하였고 수장은 대사헌이었다.

② ________ 은/는 3사 중 하나로, 왕에게 간언하여 임금의 잘못을 바로잡기 위해 노력하였다.

③ ________ 은/는 교육과 제사를 함께 담당하던 성리학 교육 기관으로, 지방의 사림들이 설립하였다.

④ ________ 은/는 현재의 초등학교와 유사한 교육 기관으로, 아이들에게 천자문, 동몽선습, 소학 등을 가르쳤다.

⑤ ________ 은/는 충신, 효자, 열녀의 이야기를 담아 세종 때 편찬된 책이다.

2 **아래 사건들을 시간 순서에 따라 배열해 보세요.**

> 가. 연산군이 반정으로 쫓겨났다.
> 나. 조광조가 유배된 후 사약을 받아 죽임을 당했다.
> 다. 우리 실정에 맞는 역법서인 칠정산이 편찬되었다.
> 라. 김종직의 조의제문이 발견되어 무오사화가 일어났다.

____ - ____ - ____ - ____

3 **아래는 주요 인물들과 관계된 키워드입니다. 알맞게 연결해 보세요.**

① 장영실 ·		· (ㄱ) 성학십도
② 김종직 ·		· (ㄴ) 자격루
③ 조광조 ·		· (ㄷ) 조의제문
④ 이이 ·		· (ㄹ) 성학집요
⑤ 이황 ·		· (ㅁ) 위훈 삭제

정답 **1** ①사헌부 ②사간원 ③서원 ④서당 ⑤삼강행실도 **2** 다-라-가-나 **3** ①ㄴ ②ㄷ ③ㅁ ④ㄹ ⑤ㄱ

60회

1 (가) 기구에 대한 설명으로 옳은 것은? [2점]

호조의 관리들이 국가의 물자를 빼돌렸는데 비위의 범위가 넓다네.

서둘러 (가) 의 수장인 대사헌께 보고하세.

① 왕명 출납을 관장하였다.
② 수도의 행정과 치안을 맡았다.
③ 외국어 통역 업무를 담당하였다.
④ 사간원, 홍문관과 함께 삼사로 불렸다.

58회

2 (가) 왕의 재위 기간에 있었던 사실로 옳은 것은? [2점]

그림으로 보는 한국사

야연사준도

이 작품은 조선 후기 서화집인 『북관유적도첩』에 실려 있는 그림으로, (가) 의 명령을 받은 김종서가 여진을 물리치고 6진을 설치했을 때의 일화를 그린 것입니다.

① 장용영 설치
② 칠정산 편찬
③ 경국대전 완성
④ 나선 정벌 단행

52회

3 (가)에 들어갈 문화유산으로 옳은 것은? [1점]

나
어제, 오전 9시 30분

#국립고궁박물관 #미국에서_귀환
#조선시대_과학기구 #해시계

(가)

👍 좋아요6 | 💬 댓글2 | ➡ 공유

□□
이건 어떤 기구야?

△△
그림자로 시간을 측정하는 기구야. 동지나 하지와 같은 절기도 알 수 있어.

① 자격루
② 측우기
③ 앙부일구
④ 혼천의

57회

4 (가)에 들어갈 사건으로 옳은 것은? [2점]

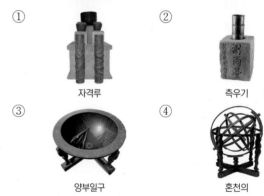

학습지

주제 (가)

○ 학습 내용1 왜 일어났나요?
위훈 삭제 등 조광조가 주장한 개혁에 대한 반발 때문에 일어났어요.

○ 학습 내용2 어떻게 진행되었나요?
조광조는 유배된 후 사약을 받아 죽임을 당하였고, 그를 따르던 많은 사람들도 처형되거나 관직에서 쫓겨났어요.

① 기묘사화
② 신유박해
③ 인조반정
④ 임오군란

5 (가) 인물의 활동으로 옳은 것은? [3점]

① 앙부일구를 제작하였다.
② 성학집요를 저술하였다.
③ 시무 28조를 건의하였다.
④ 화통도감 설치를 제안하였다.

6 (가)에 들어갈 문화유산으로 옳은 것은? [1점]

① 경국대전　　　　② 동의보감
③ 목민심서　　　　④ 조선왕조실록

도전! 심화문제

1 (가) 기구에 대한 설명으로 옳은 것은? [2점]

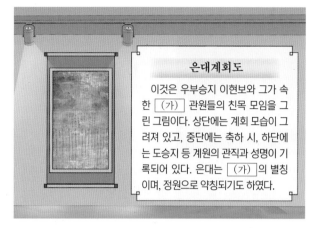

① 사간원, 홍문관과 함께 삼사로 불렸다.
② 외국으로 가는 사신의 통역을 전담하였다.
③ 천문, 지리, 기후 등에 관한 사무를 맡았다.
④ 왕명 출납을 담당하는 왕의 비서 기관이었다.
⑤ 국왕 직속 사법 기구로 반역죄 등을 처결하였다.

2 (가)에 들어갈 내용으로 옳지 <u>않은</u> 것은? [2점]

〈역사 다큐멘터리 제작 기획안〉

15세기 조선, 과학을 꽃 피우다

1. 기획 의도
　조선 초, 부국 강병과 민생 안정을 위해 과학 기술분야에서 노력한 모습을 살펴본다.

2. 구성
　1부 태양의 그림자로 시간을 보는 앙부일구
　2부　　　　　(가)
　3부 외적의 침입에 대비한 신무기, 신기전과 화차

① 기기도설을 참고하여 설계한 거중기
② 국산 약재와 치료법을 소개한 향약집성방
③ 한양을 기준으로 한 역법서인 칠정산 내편
④ 활판 인쇄술의 발달을 가져온 계미자와 갑인자
⑤ 우리나라 실정에 맞는 농법을 소개한 농사직설

❶ 임진왜란

임진왜란의 주요 전투를 이끈 장수들과 사건의 순서, 광해군 시대~병자호란까지의 키워드를 묻는 문제가 주로 출제됩니다!

1) 임진왜란의 전개

배경	• 일본: 오랜 내전을 끝낸 도요토미 히데요시*가 한반도와 중국 대륙을 정복하려 함 • 조선: 오랜 평화로 군사력이 약화됨
임진왜란의 발발 (1592)과 전쟁 초반의 위기	• 일본군의 부산 상륙 → 부산 동래성 함락 → 충주 탄금대 전투 패배(신립) → 한성 함락 → 선조는 의주로 피란, 명나라에 지원군 요청 → 일본군의 북진(평양 점령)
의병의 활약	• 백성들이 자발적으로 일어난 부대 • 의병이 전국 각지에서 일어나 일본군에 맞서 싸웠으며, 익숙한 지형을 이용해 승리를 거둠 • 대표 의병장: 곽재우*(정암진 전투, 붉은 옷을 입고 싸워 '홍의장군'으로 불림), 정문부(북관대첩), 조헌, 고경명, 휴정(서산 대사), 유정(사명대사) 등

동래부순절도

임진왜란 때 동래성 전투의 모습을 그린 그림이에요. 동래 부사 송상현과 조선군·백성들이 일본에 맞서 싸우는 모습, 성이 함락당하는 모습 등이 그려져 있어요.

Real 역사 스토리 의로운 나라의 의로운 백성들! 의병(義兵)이 전세를 뒤집다!

조선은 건국 이후 약 200여 년 동안 제대로 된 전쟁을 겪은 적이 없었습니다. 그래서 조선 백성들의 삶은 싸움과는 거리가 멀었죠. 반면, 일본은 100여 년의 전국시대 동안 치열한 내전을 겪으며 싸움을 잘 하는 노련한 군인들 수십만 명이 양성되었고, 신무기인 조총까지 갖추게 되었습니다. 임진왜란 초기, 우리 조선이 일본군의 거센 공격을 막아내지 못해 수도 한양과 평양까지 순식간에 빼앗기고 말았던 것은 이런 이유 때문이었죠.

하지만, 일본이 생각지도 못했던 것이 있었으니, 그것은 바로 우리 조선의 백성들이 '의(義)'로운 것을 위해 목숨을 바칠 줄 아는 사람들이었다는 사실이었습니다. 조선의 백성들은 어느새 너나 할 것 없이 일어나 의병(義兵)이 되었고 기꺼이 목숨을 걸고 일본군에 맞서 싸웠습니다. 일본군은 갈수록 늘어나는 조선 의병과 반격해오는 조선 관군, 남해바다를 지키는 이순신 장군, 조선을 돕기 위해 달려온 명나라군 등에게 점차 밀려나 결국 한양을 도로 내주고 남해안까지 후퇴하게 되었죠. '의병(義兵)', 그들은 일본에 맞서 나라를 지켜낸 우리의 자랑스러운 조상님들이었습니다.

이순신과 수군의 활약	사천해전(거북선이 처음으로 등장), 옥포해전, 한산도대첩(학익진 전법*)에서 대승을 거둠 → 간신 원균의 모함으로 이순신 장군이 백의 종군을 하게 됨
육지에서 왜군 격퇴	김시민의 진주대첩(진주성), 권율의 행주대첩(행주산성) 등에서 대승을 거둠

임진왜란의 전개

전멸했던 조선 수군, 이순신 장군과 함께 부활하다!

간신 원균은 이순신을 모함해 수군 지휘관 자리를 빼앗은 것도 모자라 칠천량 해전에서 대패를 당하고 말았습니다. 이 패배로 이순신이 피땀 흘려 만들어 둔 조선 수군 함대가 거의 전멸당했고 간신 원균도 일본군에게 죽임을 당했죠.

상황이 이렇게 되자, 선조 임금은 다시 이순신을 불러 수군의 지휘를 맡겼는데요, 이순신은 칠천량 해전에서 살아남은 12척의 배에 1척을 더한 13척으로 울돌목(명량)에서 빠른 물살을 이용해 조선 수군의 10배가 넘는 133척의 일본군과 싸워 이깁니다. 이 기적 같은 승리를 우리는 '명량대첩'이라 부르지요.

칠천량에서는 패배 했지만 아직 우리에 게는 열두 척의 배가 남아 있다!

조·명 연합 군의 승리	명의 지원군 참전 → 평양성 탈환 → 한양 탈환 → 전세가 불리해진 일본이 강화 회담을 제의
정유재란 (1597)	• 정유년에 다시 전쟁이 일어났다고 하여 정유재란이라고 함 • 3년에 걸친 강화 협상이 결렬되자, 일본이 다시 조선을 침입함 → 이순신의 명량해전 승리 → 도요토미 히데요시의 죽음 → 철수하는 일본군을 이순신이 노량해전에서 격파(이순신 전사) → 전쟁 종료(1598)

2) 임진왜란의 영향

조선	• 많은 사람이 죽고, 일본에 포로로 끌려감. 국가 재정이 감소하고 국토가 황폐해짐 • 불국사, 경복궁 등 문화유산이 불에 탐 • 책, 도자기 등 문화재를 일본에 빼앗김 • 임진왜란 중 류성룡의 건의로 훈련도감이 설치됨 　　└→ 포수(총), 사수(활), 살수(근접무기)의 삼수병 체제로 운영 • 비변사*의 기능이 강화됨
명나라	조선에 군대를 여러 차례 보내며 국력이 약해짐 → 이를 틈타 여진이 세력을 키워 후금을 세움
일본	조선에서 학자와 기술자(이삼평* 등)들을 잡아 가고, 문화재를 약탈함 → 일본의 성리학과 도자기 문화가 크게 발달
일본과의 외교 재개	• 임진왜란 후 일본의 새로운 정권(에도 막부)이 조선에 교류를 요청 → 조선은 포로를 되돌려 보낼 것을 요구하며 일본과의 외교를 다시 시작함 • 이후 통신사*라는 공식 외교사절단을 파견해 조선의 문화를 전파함

임진왜란의 숨은 공신, 서애 류성룡

류성룡은 선조 임금 시기의 신하로, 일찍이 이순신, 권율 등의 능력 있는 장수들을 천거하여 그들이 임진왜란에서 활약할 수 있도록 하였어요. 그는 임진왜란이 한창이던 1593년에는 일본군을 효과적으로 물리치기 위해 훈련도감 설치를 건의하였고, 『징비록』을 저술하여 임진왜란 당시의 일을 꼼꼼하게 기록해 다시는 이런 일이 반복되지 않도록 경계하기도 했답니다.

징비록

★ 비변사

비변사는 중종 때 외적의 침입에 대응하기 위해 설치한 기구였어요. 양난(임진왜란, 병자호란) 후 비변사의 권력이 점점 커져 조선 후기에는 의정부를 대신하여 국정을 총괄하는 기구가 되었지요.

★ 이삼평 기념비

이삼평은 임진왜란 때 일본에 끌려간 대표 기술자로, 기술자들의 우두머리가 되어 일본의 도자기 발달에 기여하였어요. 일본은 '이삼평 기념비'를 세워 그를 기리고 있지요.

★ 통신사

통신사행렬도

조선은 임진왜란 후 한동안 일본과의 국교를 단절했으나, 일본 에도 막부의 요청으로 광해군 때부터 공식 외교사절단을 파견했어요. 통신사는 외교 사절단인 동시에 조선의 선진 문화를 전달하는 역할도 했지요. 양국이 우호 관계 구축과 유지를 위해 노력하였다는 것을 알 수 있어요.

❷ 광해군의 중립외교와 병자호란
└→ 선조의 뒤를 이은 왕

1) 광해군 시기의 정책과 인조반정

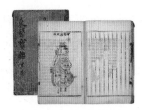

★ 동의보감

허준이 중국과 우리나라 의학서적들을 집대성한 의학 백과사전이에요. 임진왜란 당시인 1596년 선조의 명을 받아 집필을 시작하였고, 광해군 때인 1610년 완성하였지요. 유네스코 세계 기록 유산으로 등재되었어요.

★ 심하(사르후)전투

광해군은 강홍립을 심하 전투에 보내 명나라와 후금 사이에서 상황에 맞게 대처하라고 지시했어요. 하지만, 전투에서 이긴 후금 군대는 조선군을 무참히 공격해 짓밟았고, 조선군은 17,000여 명 중에서 무려 14,400명이 죽거나 포로가 되고 말았지요.

전후 복구 정책	• 광해군은 임진왜란 때 활약한 서자 출신 왕으로, 신하들과 명나라의 지지를 받음
	• 왕위에 오른 후 전쟁 피해를 복구하기 위해 노력함
	• 토지와 인구를 다시 조사한 뒤 세금을 걷음으로써 국가 재정 수입을 확대함
	• 대동법 시행
	  - 백성들의 공납(지역마다 특산물로 내는 세금) 부담을 줄여 주기 위해 실시
	  - 특산물 대신 토지 결 수를 기준으로 쌀, 베(옷감), 동전 등으로 내게 함
	  - 토지 면적에 따라 세금을 매겼으므로, 땅을 많이 가진 지주들이 시행을 반대함
	  - 선혜청 주관으로 경기도에서 시작되었고, 지주들의 반대로 전국으로
	    확대되는 데 100년이나 걸림
	• 동의보감★ 편찬: 허준이 전통 의학을 집대성하여 쓴 의학 백과사전
	                   └→ 여럿을 모아 크게 완성함

중립외교 정책	• 국력이 약해진 명나라와 세력을 키우는 후금(여진) 사이에서 중립 외교를 펼침
	• 명이 후금을 공격하기 위해 지원군을 요청 → 광해군은 강홍립을 파견하면서
	  상황에 맞게 대처하라고 지시 → 명나라가 패하자 강홍립은 후금에 항복함
	               이 때, 전투에 휘말린 조선 군사들의 피해도 컸지요. ←┘

광해군의 폭정	• 무리한 궁궐 건축 사업　　　　　　　　　인조 때 철거당해 남아있지 않지만,
	                               ┌ 경복궁을 훨씬 능가하는 크기였다고 해요.
	  - 임진왜란에서 불탄 종묘와 창덕궁, 창경궁 중건, 인경궁과 경덕궁(경희궁)
	    신축 등을 하며 백성들에게 가혹한 세금을 걷고 노동력을 징발하였으며,
	    이 과정에서 재정 확보를 위해 공명첩을 대거 발행함
	                └→ 재물을 내고 관직을 사거나 노비를 면천시킬 수 있었어요.
	• 잦은 옥사와 폐모살제
	         └→ 어머니를 서인으로 강등시키고 동생을 죽였다는 뜻이에요.
	  - 잦은 옥사를 벌여 많은 사람들을 죽이거나 옥에 가두었으며, 그 과정에서 아
	    버지 선조의 부인인 인목대비가 서인으로 강등되고, 영창대군이 죽임을 당하
	    는 등 혼란이 가중됨

인조반정
(1623)
	• 광해군에 반대한 신하들이 인조반정을 일으킴
	  → 광해군은 폐위되어 강화도로 유배됨 → 인조를 왕으로 세움
	  → 광해군은 제주도로 옮겨졌다가 그 곳에서 세상을 떠남
	• 인조의 친명배금 정책: 왕이 된 인조는 명과 친하게 지내고 후금을 배척하는
	  외교 정책을 추진함

이괄의 난 (1624)	• 인조반정의 공신 이괄이 난을 일으켜 도성을 점령함. → 조선군끼리 싸우다 큰 피해를 입어 훗날 정묘호란 방어에 구멍이 생김

2) 정묘호란과 병자호란

정묘호란 (1627)	조선의 친명배금 정책으로 후금이 조선을 침략함 → 인조는 강화도로 피신함 → 싸움을 길게 끌 수 없었던 후금은 조선과 형제의 관계를 맺고 돌아감	
병자호란 (1636)	원인	• 조선이 여전히 후금을 멀리하고 명과 가까이 함 • 후금이 국호를 '청'으로 바꾸고 조선에 군신 관계를 맺을 것을 요구하자 조선이 거절함 └ 임금과 신하의 관계
	과정	• 청나라 황제가 직접 군대를 이끌고 침략 → 청군의 빠른 남하에 강화도 길이 막힘 → 인조는 남한산성으로 피신함 • 인조는 남한산성*에서 40여 일 동안 항전 → 조선 지방군의 남한산성 구원 실패 → 강화도가 함락되며 왕족들이 포로로 잡힘 → 인조가 삼전도로 나와 굴욕적인 항복을 함(삼전도비*) └ 왕족들은 강화도로 피신해 있었지요.
	결과	• 청과 조선은 군신 관계를 맺음 • 왕자들(소현 세자와 봉림대군)을 비롯한 많은 사람들이 청에 인질로 끌려감 • 청에 사대하며 조공을 하고, 청이 전쟁을 할 때에는 지원군을 파견하기로 약속함

◦ Real 역사 스토리 │ 인질로 잡혀간 봉림대군

인조가 청나라에 항복한 뒤, 봉림대군은 형 소현세자와 함께 청에 볼모로 끌려가게 되는데요, 당시의 비참함을 담아 시를 짓기도 했죠. 훗날 조선에 돌아온 봉림대군은 인조의 뒤를 이어 효종 임금이 되었고, 복수를 위해 북벌을 준비하게 됩니다.

> 청석령을 지났느냐 초하구는 어디쯤인가
> 북풍도 차기도 차다 궂은비는 무슨 일인가
> 그 누가 내 형색 그려내어 임 계신 데 드릴까

봉림대군이 청에 볼모로 가며 지은 시

❸ 북학론과 북벌론

1) 북학론(= 북쪽, 즉 청에게서 배우자는 뜻)

배경	병자호란 이후 청에 인질로 잡혀갔던 소현 세자 등 조선인들이 청과 서양의 우수한 문화를 접함
주장	청의 선진 문화와 제도, 기술 등을 받아들이자고 주장
결과	• 소현 세자가 병들어 죽고, 북학론은 조정에서 받아들여지지 않음 • 훗날 조선 후기 실학자들의 북학 사상에 영향을 줌

2) 북벌론(= 북쪽, 즉 청을 정벌하자는 뜻)

주장	병자호란 이후 청에 대한 복수심으로 청을 정벌하여 치욕을 갚자는 주장
효종의 북벌 추진	• 봉림대군(효종)이 왕위에 오른 뒤 송시열 등과 함께 북벌을 추진함 • 군대 훈련, 성곽 수리 등을 하며 전쟁을 준비함 • 조선군이 청나라의 요청으로 나선 정벌*에 파견되어 공을 세우고 돌아옴
결과	청의 국력이 계속 강해지면서 청과 조선의 국력 격차가 더욱 벌어졌고, 효종의 갑작스러운 죽음까지 겹치며 북벌은 결국 실행되지 못했음

★ 남한산성 수어장대

한양의 남쪽을 지키던 산성으로, 병자호란 때 인조가 피신하여 40일을 항전한 곳이에요. 유네스코 세계 유산으로 등재되었어요.

★ 삼전도비(서울 송파구)

인조는 남한산성을 나와 삼전도에서 청 황제에게 3번 절하고 9번 머리를 조아리는 굴욕적인 항복을 하였어요. 청 황제는 조선의 항복과 자신의 공덕을 새긴 비석을 삼전도에 세우도록 했어요.

★ 나선 정벌

나선은 러시아를 뜻해요. 청이 러시아와의 전쟁에서 조선에 지원 요청을 했고, 조선은 두 차례 조총 부대를 보냈어요. 당시 조선 조총 부대는 러시아군과의 전투에서 큰 승리를 거두며 활약했지요.

임진왜란

부산(동래부) 함락 → 충주 탄금대 전투 패배(신립) →
정암진 전투(홍의장군 곽재우) → 한산도대첩(이순신, 학익진) →
진주대첩(김시민) → 북관대첩(정문부) → 행주대첩(권율) →
(정유재란) → 명량해전(이순신, 울돌목에서 13척으로 승리) →
노량해전(이순신 전사)

훈련도감 설치(유성룡 건의, 삼수병 체제), 비변사 기능 강화

임진왜란의 전개

광해군 시대

대동법 시행, 중립 외교(명나라와 후금 사이에서),
동의보감 완성(허준), 일본과 국교 회복(통신사 파견 및 무역 재개)
그러나, 인조반정으로 광해군은 폐위되고 강화도를 거쳐
제주도로 유배됨

정묘호란과 병자호란

정묘호란
조선의 친명배금 정책 → 후금의 조선 침략 → 인조 강화도 피신
→ 후금과 형제관계를 맺음

병자호란
후금이 국호를 '청'으로 바꾸고 조선에 군신관계 요구 →
조선의 거절 → 청 황제의 침략 → 인조 남한산성 피신 →
강화도 함락(왕족들 체포당함) → 인조, 삼전도에서 항복(삼전도비)
→ 소현세자와 봉림대군 등이 청에 잡혀감

삼전도비

북학론과 북벌론

북학론
청의 문화를 배우고자 하였으나, 받아들여지지 않음
→ 훗날 조선 후기 실학에 영향

북벌론
효종이 왕위에 오른 뒤 송시열 등과 함께 북벌 추진 →
나선 정벌(청을 도와 러시아에게 승리) → 청과의 국력 격차가
벌어지고, 효종이 죽음으로써 북벌 실패

1 아래 임진왜란의 전투들을 시간 순서에 따라 배열해 보세요.

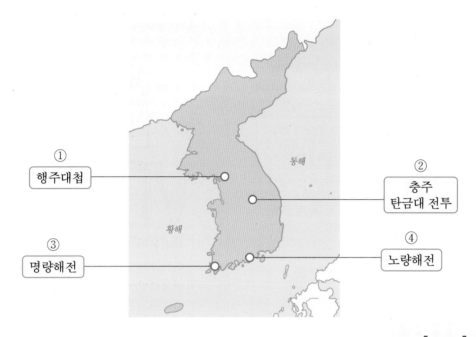

① 행주대첩
② 충주 탄금대 전투
③ 명량해전
④ 노량해전

동해
황해

- 　 - 　 - 　

2 아래는 주요 인물들과 관계된 키워드입니다. 알맞게 연결해 보세요.

① 이순신 　·　 ·(ㄱ) 남한산성

② 곽재우 　·　 ·(ㄴ) 대동법

③ 유성룡 　·　 ·(ㄷ) 훈련도감

④ 광해군 　·　 ·(ㄹ) 정암진 전투

⑤ 인조 　·　 ·(ㅁ) 학익진

3 아래의 사건들을 보고, 임진왜란과 관련된 일이면 '임', 병자호란과 관련된 일이면 '병'으로 구분해 써 보세요.

① 김시민 장군이 활약하였다.

② 정문부가 의병을 모아 왜군을 격퇴하였다.

③ 왕이 세자와 함께 삼전도에서 항복하였다.

④ 류성룡이 징비록을 저술하였다.

⑤ 권율이 행주산성에서 승리하였다.

⑥ 전쟁 후 청과 군신관계를 맺었다.

⑦ 송시열이 효종과 함께 북벌을 주장하게 되었다.

58회

1 밑줄 그은 '의병장'으로 옳은 것은? [2점]

역사 인물 가상 생활 기록부

2. 주요 이력

연도	내용	비고
1585년	과거 문과 (별시, 2등)	답안지에 왕을 비판한 내용이 있어 합격이 취소됨

3. 행동특성 및 종합의견

임진왜란 당시 자신의 고향 의령에서 군사를 모아 일본군에 맞서 싸운 의병장으로, 통솔력이 강하고 애국심과 실천력이 뛰어남. 정암진 전투에서 눈부신 활약을 하였으며, 붉은 옷을 입고 선두에서 많은 일본군을 무찔러 홍의장군으로 불림

① 조헌　　② 고경명　　③ 곽재우　　④ 정문부

57회

2 (가) 전쟁 중에 있었던 사실로 옳은 것은? [2점]

1592년 7월 이순신이 이끄는 조선 수군은 이곳 한산도 앞바다에서 학익진을 펼치며 일본 수군을 크게 격파하였습니다. 그 결과 조선군은 (가) 당시 남해안 일대의 제해권을 장악하게 되었습니다.

① 최윤덕이 4군을 개척하였다.
② 서희가 강동 6주를 확보하였다.
③ 권율이 행주산성에서 승리하였다.
④ 이종무가 쓰시마 섬을 토벌하였다.

67회

3 다음 가상 대화 이후에 전개된 사실로 옳은 것은? [2점]

남한산성에서 항전하시던 임금께서 삼전도에 나아가 청에 굴욕적인 항복을 하셨다는군.

게다가 세자와 봉림대군께서는 청에 볼모로 잡혀가신다더군.

① 북벌론이 전개되었다.
② 4군 6진이 개척되었다.
③ 삼포왜란이 진압되었다.
④ 정동행성이 설치되었다.

54회

4 (가) 왕의 재위 기간에 있었던 사실로 옳은 것은? [2점]

이곳은 제주 행원 포구입니다. 인조반정으로 폐위되어 강화도 등지로 유배되었던 (가) 은/는 이후 이곳을 통해 제주도로 들어와 유배 생활을 이어가다가 생을 마감하였습니다.

① 집현전이 설치되었다.
② 비변사가 폐지되었다.
③ 대동법이 시행되었다.
④ 4군 6진이 개척되었다.

5 (가) 전쟁에 대한 탐구 활동으로 적절한 것은? [2점]

체험학습 결과 보고서			
이름	○○○	학번	제 △학년 △반 △번
기간	2020년 □□월 □□일(1일)		
장소	남한산성		
학습한 내용	남한산성은 북한산성과 함께 한양 도성을 지키던 산성으로, (가) 당시 인조가 이곳으로 피란하여 45일간 청에 항전하였다.		

수어장대   서문

① 보빙사의 활동을 조사한다.
② 삼별초의 이동 경로를 찾아본다.
③ 삼전도비의 건립 배경을 파악한다.
④ 을미의병이 일어난 계기를 살펴본다.

---

1 다음 전쟁 중 있었던 사실로 옳은 것은? [2점]

> 적군은 세 길로 나누어 곧장 한양으로 향했는데, 산을 넘고 물을 건너 마치 사람이 없는 곳에 들어가듯 했다고 한다. 조정에서 지킬 수 있다고 믿은 신립과 이일 두 장수가 병권을 받고 내려와 방어했지만 중도에 패하여 조령의 험지를 잃고, 적이 중원으로 들어갔다. 이로 인해 임금의 수레가 서쪽으로 몽진하고 도성을 지키지 못하니, 불쌍한 백성들은 모두 흉적의 칼날에 죽어가고 노모와 처자식은 이리저리 흩어져 생사를 알지 못해 밤낮으로 통곡할 뿐이었다.
>
> – 「쇄미록」 –

① 김상용이 강화도에서 순절하였다.
② 임경업이 백마산성에서 항전하였다.
③ 최영이 홍산 전투에서 크게 승리하였다.
④ 곽재우가 의병장이 되어 의령 등에서 활약하였다.
⑤ 신류가 조총 부대를 이끌고 흑룡강에서 전투를 벌였다.

---

6 밑줄 그은 '이 전쟁' 중에 있었던 사실로 옳은 것은? [3점]

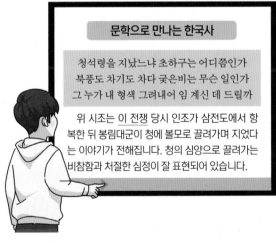

문학으로 만나는 한국사

청석령을 지났느냐 초하구는 어디쯤인가
북풍도 차기도 차다 궂은비는 무슨 일인가
그 누가 내 형색 그려내어 임 계신 데 드릴까

위 시조는 이 전쟁 당시 인조가 삼전도에서 항복한 뒤 봉림대군이 청에 볼모로 끌려가며 지었다는 이야기가 전해집니다. 청의 심양으로 끌려가는 비참함과 처절한 심정이 잘 표현되어 있습니다.

① 왕이 남한산성으로 피신하였다.
② 양헌수가 정족산성에서 항전하였다.
③ 김윤후가 적장 살리타를 사살하였다.
④ 조명 연합군이 평양성을 탈환하였다.

---

2 밑줄 그은 '이 부대'에 대한 설명으로 옳은 것은? [2점]

전시된 그림은 이 부대의 분영인 북일영과 활터의 풍경을 묘사한 김홍도의 작품입니다. 임진왜란 중 류성룡의 건의로 편성된 이 부대는 직업 군인의 성격을 띤 상비군이었습니다.

북일영도

① 용호군과 함께 2군으로 불렸다.
② 진도에서 용장성을 쌓고 항전하였다.
③ 국경 지역인 북계와 동계에 배치되었다.
④ 포수, 살수, 사수의 삼수병으로 편제되었다.
⑤ 국왕의 친위 부대로 수원 화성에 외영을 두었다.

06 조선 후기의 새로운 움직임

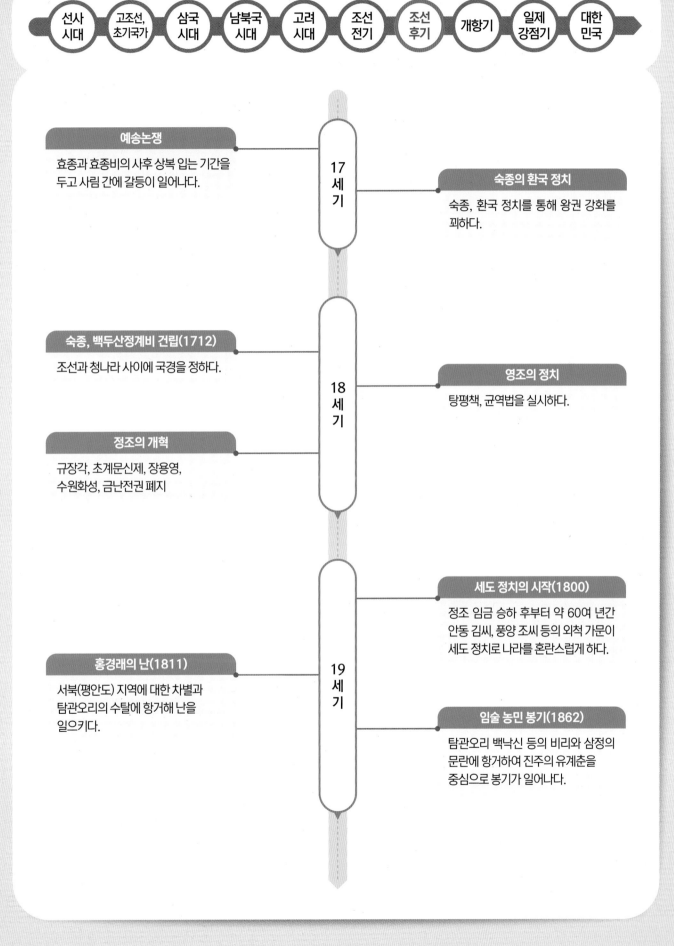

선사 시대 · 고조선, 초기국가 · 삼국 시대 · 남북국 시대 · 고려 시대 · 조선 전기 · 조선 후기 · 개항기 · 일제 강점기 · 대한 민국

예송논쟁

효종과 효종비의 사후 상복 입는 기간을 두고 사림 간에 갈등이 일어나다.

17세기

숙종의 환국 정치

숙종, 환국 정치를 통해 왕권 강화를 꾀하다.

숙종, 백두산정계비 건립(1712)

조선과 청나라 사이에 국경을 정하다.

18세기

영조의 정치

탕평책, 균역법을 실시하다.

정조의 개혁

규장각, 초계문신제, 장용영, 수원화성, 금난전권 폐지

세도 정치의 시작(1800)

정조 임금 승하 후부터 약 60여 년간 안동 김씨, 풍양 조씨 등의 외척 가문이 세도 정치로 나라를 혼란스럽게 하다.

홍경래의 난(1811)

서북(평안도) 지역에 대한 차별과 탐관오리의 수탈에 항거해 난을 일으키다.

19세기

임술 농민 봉기(1862)

탐관오리 백낙신 등의 비리와 삼정의 문란에 항거하여 진주의 유계춘을 중심으로 봉기가 일어나다.

❶ 전란 전후의 정치 변화

 이 단원에서는 조선 후기의 주요 사건과 정책들이 어느 왕 시기에 해당하는지를 확실히 구분할 줄 알아야 합니다. 내용이 복잡하게 느껴질 경우, 먼저 키워드 중심으로 공부하며 징검다리 지식을 만든 뒤에 좀 더 자세히 반복 학습하는 것을 추천합니다.

1) 붕당* 정치의 전개

★ 붕당

사림이 정권을 장악한 후 정치적·학문적 입장을 같이하는 양반들이 모여 구성한 정치 집단을 말해요. 처음에는 여러 당이 서로 견제하며 공존하였으나 점차 당파 간의 경쟁이 치열해지면서 서로의 존재를 없애려고 하였어요.

★ 이조 전랑

6조 중 하나인 이조의 정랑과 좌랑을 합쳐 부르는 말이에요. 이들은 3사의 관리를 임명하고 자신의 후임을 추천할 수 있어서 권한이 매우 강했어요.

★ 예송

예송은 서인과 남인이 예법을 둘러싸고 대립한 논쟁을 말해요. 제1차 예송은 효종이 죽은 뒤 자의 대비(효종의 새어머니)가 상복을 3년 입을지, 1년 입을지에 대해 논쟁을 벌인 사건이에요. 제2차 예송은 효종비가 죽은 뒤 자의 대비가 상복을 1년 입을지, 9개월 입을지를 놓고 대립한 논쟁이에요. 제1차 예송에서는 서인이, 제2차 예송에서는 남인이 승리하였어요.

붕당 정치의 전개와 변질

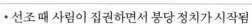

선조	• 선조 때 사림이 집권하면서 붕당 정치가 시작됨 • 이조 전랑*의 임명 문제를 두고 갈등 → 사림이 동인과 서인으로 나뉨 → 동인은 이후 남인과 북인으로 분리됨 
광해군	북인이 집권 → 인조반정으로 몰락함
인조	인조반정을 주도한 서인이 정권을 잡고 남인과 함께 정국을 운영함
현종	효종 및 효종의 비가 죽었을 때, 자의 대비의 상복 입는 기간을 두고 두 차례 예송*이 발생 → 서인과 남인의 대립이 심화됨
숙종	• 잦은 환국(급격한 집권세력의 교체)이 발생 • 서인과 남인이 정권을 잡을 때마다 권력을 독점하고 상대 붕당의 인물을 죽이는 등 심한 보복을 가해 큰 혼란이 발생 • 총 3회의 환국(경신환국, 기사환국, 갑술환국) 발생 이 과정에서 서인이 둘로 갈라져 '노론'과 '소론'으로 분열되어 서로 대립함

Real 역사 스토리 숙종의 환국 정치

숙종은 한 쪽 붕당이 권력을 독점하면 안 된다고 생각했어요. 그래서 붕당 간의 싸움을 지켜보며 서인 편을 들었다가, 남인 편을 들었다가 하는 등 신하들을 좌지우지했지요. 왕이 갑작스럽게 정치 주도 세력을 교체하는 일이 반복되자, 신하들은 왕의 눈치를 볼 수밖에 없게 되었습니다. 결국, 숙종은 신하들의 싸움을 이용해 환국 정치를 주도했고, 이를 통해 왕권을 강화하였던 것이었습니다.

2) 숙종의 업적

안용복의 활약 (독도 수호)	독도에 온 일본 어민을 쫓아내고, 일본으로 건너가 울릉도와 독도가 조선의 영토임을 확인 받고 돌아옴 └→ 당시 일본 어부들은 어업하기에 좋은 환경인 울릉도와 독도 지역까지 침입해 와서 고기를 잡아갔어요.
백두산 정계비 건립	• 청과 국경 문제가 발생하자, 숙종은 박권을 파견해 국경을 정하고 백두산정계비를 세움 • 압록강과 토문강을 경계로 청과의 국경을 확정함 백두산정계비
화폐 사용	• 상평통보가 전국적으로 사용됨 상평통보
대동법 확대	• 대동법이 전국적으로 실시됨 • 단, 함경도, 평안도, 제주도는 잉류 지역이라 하여 세금을 그 지역에서 자체적으로 사용하였으므로 제외됨

❷ 탕평정치의 추진

1) 영조의 개혁 정치

탕평책 실시	• 탕평이란 붕당에 관계 없이 공정하게 인재를 등용하는 것으로, 이전 왕들의 환국으로 피폐해진 정치를 바로잡아보려는 영조의 노력이었음 • 탕평비* 건립: 탕평의 의미를 되새기라는 뜻에서 성균관 입구에 세움
속대전 편찬	『경국대전』을 정비하여 펴낸 법전으로, 경국대전의 속편이라는 뜻임
균역법* 실시	• 백성들의 군역 부담을 줄이기 위해 군포를 절반으로 줄여주는 제도 • 군포 납부액을 2필에서 1필로 깎아 주었고, 줄어든 재정 수입은 땅에 부과하는 결작 등으로 보충하였음

2) 정조의 개혁 정치

탕평책 계승	영조의 뒤를 이어 탕평책을 실시해 능력에 따라 인재를 등용함
규장각* 설치	• 왕실 도서관이자 정조의 정책을 뒷받침하는 학문 연구 기관 • 박제가, 유득공 등 서얼출신 인재들을 규장각 검서관으로 등용함
초계문신제 실시	인재 양성을 위해 젊고 유능한 관리를 선발한 뒤, 규장각에서 재교육하는 제도
장용영 설치	왕권을 강화하기 위해 왕의 친위 부대를 창설함
수원 화성 축조	• 수원에 화성을 건설하여 군사와 상업의 중심지로 만들고자 함 • 정약용이 거중기와 녹로를 만들어 수원 화성을 축조할 때 이용함

금난전권
폐지
(신해통공)
	• 금난전권: 허가 받지 않은 가게인 '난전'을 내쫓을 수 있는 권리로,
	  한양의 시전 상인들이 가진 특권이었음
	• 정조는 육의전*을 제외한 시전 상인들의 금난전권을 폐지하여 자유로운
	  상업활동을 장려함

▶ Real 역사 스토리 정조의 수원 화성 건립

정조는 자신의 아버지인 사도세자의 묘와 가까운 수원에 화성을 지었어요. 그리고 장차 이 지역을 정치, 경제, 군사의 중심 도시로 발달시킬 계획이었지요. 수원 화성은 실학자 정약용이 만든 거중기와 녹로 등의 기계를 이용해 약 34개월이라는 빠른 공사기간을 거쳐 제작되었어요.

수원 화성

수원 화성은 6·25 전쟁 때 크게 훼손되었는데, 다행하게도 수원 화성의 설계도이자 건축 기록인 『화성성역의궤』가 발견되어 과거와 흡사한 모습으로 복원할 수 있었지요. 유네스코에서는 이러한 점을 높이 평가하여 수원 화성을 세계문화유산으로 등재하였어요.

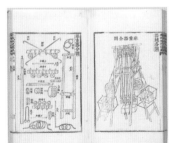
화성성역의궤

거중기

녹로

＊ 탕평비

성균관 앞에 세워진 탕평비에는 '두루 원만하고 치우치지 않음이 군자의 공정한 마음이요, 치우치고 두루 원만하지 못함이 소인의 사사로운 마음이다.'라는 글이 새겨져 있어 싸움을 일삼는 신하들이 스스로를 돌아보고 반성할 수 있도록 하였지요.

＊ 균역법

당시 백성들은 군대에 가는 대신 베(군포) 2필을 내야 했어요. 영조는 백성의 군포 부담을 덜어주기 위해 1년에 내야 할 군포를 2필에서 1필로 줄여 주었지요. 균역법 시행으로 부족해진 재정분은 결작(토지를 가진 사람에게 걷은 세금) 등을 걷어 채웠어요.

＊ 규장각

정조는 창덕궁에 학자들의 연구소이자 도서관인 규장각을 설치하고 신하들과 정책에 대한 의견을 나누었어요. 규장각은 세종대왕의 집현전처럼 집단지성을 이용해 나라를 개혁하려는 정조의 의지가 드러난 기구이지요.

＊ 육의전

한양의 시전에 자리잡은 여섯 종류의 상점으로, 명주·종이·어물·모시·비단·무명을 팔았어요.

❸ 세도 정치와 농민 봉기

1) 세도 정치

세도 정치란?	정조가 죽고 순조가 어린 나이로 즉위하면서 외척 등 특정 가문이 권력을 장악한 상황을 말함 ⑩ 안동 김씨, 풍양 조씨 등 └→ 외가 쪽의 친척
세도 정치의 전개	• 순조, 헌종, 철종의 3대 60여 년간 지속됨 • 국정을 총괄하던 비변사는 세도 정치 시기에 외척 가문의 권력 기반이 됨

세도 정치의 폐해*	• 왕권이 약화되었고, 매관매직이 성행함
	                 └→ 돈으로 관리를 사고 파는 일
	 • 관리의 부정부패가 심해짐
	 • 수령과 향리의 수탈로 삼정의 문란이 심해짐
	                       └→ 전정, 군정, 환곡

세도 정치의 폐해 상세

전정	• 토지에 부과하는 세금 • 전정의 문란: 정해진 세금 이외에 더 많은 양을 거두어 감	
군정	• 군대에 가지 않는 대신 내는 군포 • 군정의 문란: 어린 아이, 이미 죽은 사람 등에게 군포를 내라고 하거나, 도망간 사람들의 몫을 이웃이나 친척에게 내도록 하는 등 심한 횡포를 부림	
환곡	• 봄에 곡식을 빌려주고 가을에 갚게 하는 제도 • 환곡의 문란: 환곡이 필요 없는 사람에게도 강제로 곡식을 빌려주고 높은 이자를 붙여 갚게 함.	

2) 조선 후기의 농민 봉기

* 홍경래의 난

약 4개월 간 지속된 홍경래의 난은 가난한 농민, 상인, 수공업자, 광산 노동자 등이 봉기에 참여하였어요. 이들은 한때 청천강 이북지역을 점령하였지만 정주성 전투에서 관군에게 패배해 진압되었지요.

* 삼정이정청

철종 때 임술 농민 봉기를 수습하기 위해 파견된 안핵사(지방에서 사건이 발생하였을 때 처리하기 위해 파견한 관직) 박규수의 건의로 삼정의 문란을 해결하기 위해 설치한 임시 관청이에요. 하지만 별다른 성과를 거두지 못하고 폐지되었지요.

배경		탐관오리의 수탈에 따른 삼정의 문란, 잇따른 자연재해와 전염병 발생으로 농민의 고통 증가
홍경래의 난* (1811)	원인	서북(평안도) 지역에 대한 차별과 탐관오리의 수탈 └ 평안도 지역민들은 중요 관직에 등용되지 않는 등 오래전부터 차별을 받았어요.
	전개	몰락 양반 홍경래가 평안도에서 난을 일으켜 청천강 이북 지역을 점령함
	결과	정주성에서 관군에게 진압됨
임술 농민 봉기 (1862)	원인	탐관오리 백낙신 등의 비리와 지나친 수탈에 따른 삼정의 문란
	전개	진주에서 몰락 양반 유계춘을 중심으로 첫 봉기가 일어남 → 전국 수십여 곳으로 농민 봉기가 확산됨
	결과	당황한 조정에서는 농민 봉기를 잠재우고, 삼정의 문란을 해결하기 위해 삼정이정청*을 설치함

Real 역사 스토리 조선에 드리운 그림자

1800년 정조 임금이 승하한 뒤 시작된 세도 정치는 심한 부정부패와 삼정의 문란을 낳으며 조선에 검은 그림자를 드리웠습니다. 탐관오리들은 백성들을 착취하며 자신들의 배만 불리고 있었고, 이에 견디다 못한 백성들이 봉기를 일으켜 저항하는 일도 여러 차례 일어났지요. 하지만, 당시의 조선 지배층이었던 세도 가문들은 이러한 사회적 문제를 해결하려 하지 않았고, 조선은 다른 나라들에 비해 크게 뒤쳐질 수밖에 없었습니다.

당시 서양에서는 산업 혁명이 일어나 기계를 이용한 대량 생산이 시작되었고, 강한 나라들이 약한 나라들을 침략해 식민지로 만드는 등 상황이 급변하고 있었습니다. 조선의 주변국인 중국과 일본도 이러한 세계적 흐름에 올라타 저마다 생존전략을 세워 가며 발전해 나가고 있었지요. 하지만, 조선은 세도 정치의 폐단으로 역사적으로 중요한 시기를 날려버리고 말았습니다.

붕당 정치의 전개와 변질

	서인	이조전랑 임명	동인

선조

광해군

인조

현종

숙종

남인 북인

인조 반정

예송

환국

노론 소론

조선 후기 왕의 시대별 키워드

숙종
- 안용복 독도 수호
- 백두산정계비 건립(청과 국경선)
- 상평통보 전국 사용
- 대동법 전국 실시

영조
- 탕평책(+탕평비)
- 균역법(군포 절반으로 줄여줌)
- 속대전(경국대전 속편)

정조
- 규장각(학문연구 및 도서관)
- 초계문신제(젊고 유능한 관리 재교육)
- 장용영(친위부대)
- 수원 화성 축조
  (정약용-거중기, 녹로 / 화성성역의궤)
- 금난전권 폐지(상업활동 장려)

세도 정치기
- 안동 김씨, 풍양 조씨 등 왕의 외척 가문이 권력 장악
- 삼정의 문란이 심해짐(전정, 군정, 환곡)

세도 정치기와 농민 봉기

전정

농민 봉기
- 홍경래의 난
  : 서북지역(평안도 지역) 차별, 탐관오리의 수탈에 저항
- 임술 농민 봉기
  : 백낙신 등의 비리와 삼정의 문란에 저항
  → 진주에서 유계춘이 최초로 봉기한 후 전국 확산
  → 조정에서 삼정이정청 설치

군정

환곡

1 아래 사건들을 시간 순서에 따라 배열해 보세요.

> 가. 장용영이 설치되었다.
>
> 나. 경신환국으로 서인이 집권하였다.
>
> 다. 왕이 성균관 앞에 탕평비를 세웠다.
>
> 라. 전국적인 농민 봉기로 삼정이정청이 설치되었다.
>
> 마. 효종이 죽자 자의 대비의 상복 입는 기간을 두고 예송이 발생하였다.

◯ - ◯ - ◯ - ◯ - ◯

2 아래는 조선 후기의 유적 또는 유물들입니다. 해당되는 왕을 써 보세요.

> 보기 현종, 숙종, 영조, 정조

상평통보	탕평비	수원 화성	백두산정계비	규장각
①	②	③	④	⑤

3 아래는 주요 인물들과 관계된 키워드입니다. 알맞게 연결해 보세요.

① 홍경래 · · (ㄱ) 양민의 부담을 덜고자 군포를 절반으로 줄이는 균역법을 실시함

② 정조 · · (ㄴ) 초계문신제를 실시함

③ 유계춘 · · (ㄷ) 백낙신의 횡포와 삼정의 문란에 저항하여 진주에서 봉기를 일으킴

④ 영조 · · (ㄹ) 서북 지역민에 대한 차별에 반발하여 난을 일으킴

54회

1 (가) 시기에 있었던 사건으로 옳은 것은? [3점]

자의 대비께서는 삼년복을 입으셔야 합니다.

아닙니다. 기년복을 입으셔야 합니다.

조정의 신하들이 당쟁을 벌이고 있습니다.

성균관 앞에 탕평비를 세우시오.

① 무오사화
② 병자호란
③ 경신환국
④ 임술 농민 봉기

49회

2 밑줄 그은 '이 왕'의 재위 기간에 볼 수 있는 모습으로 옳은 것은? [3점]

이것은 백두산정계비 사진입니다. 청과 국경문제가 발생하자 이 왕은 박권을 파견해 국경을 정하고 백두산정계비를 세웠습니다. 비석은 현재 사진으로만 남아 있습니다.

이 사진에 대해 설명해 주세요.

① 장용영에서 훈련하는 군인
② 만민 공동회에서 연설하는 백정
③ 집현전에서 학문을 연구하는 관리
④ 시전에서 상평통보를 사용하는 상인

58회

3 밑줄 그은 '제도'로 옳은 것은? [2점]

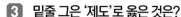

양민의 부담을 덜고자 군포를 절반으로 줄이는 제도를 시행하였는데, 부족해진 군포를 메울 방도를 논의하였는가?

어장세나 소금세 등으로 보충하는 것이 좋겠습니다.

① 균역법
② 대동법
③ 영정법
④ 직전법

52회

4 (가) 왕의 업적으로 옳지 <u>않은</u> 것은? [2점]

답사 계획서

◆ 주제: (가) 의 효심을 만나다
◆ 일시: 2021년 ○○월 ○○일 09:00~17:00
◆ 경로: 봉수당 → 융릉 → 용주사

사도세자의 명복을 빌기 위해 세운 용주사

혜경궁 홍씨의 회갑연이 열렸던 봉수당

사도세자가 묻힌 융릉

① 장용영을 설치하였다.
② 금난전권을 폐지하였다.
③ 농사직설을 편찬하였다.
④ 초계문신제를 실시하였다.

5 (가) 사건에 대한 설명으로 옳은 것은? [2점]

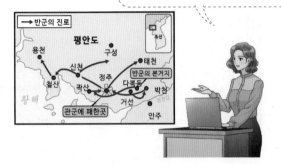

이것은 1811년 서북 지역민에 대한 차별 등에 반발하여 일어난 (가) 의 진행 과정을 보여주는 지도입니다.

① 홍경래가 봉기를 주도하였다.
② 서경 천도를 주장하며 일어났다.
③ 백낙신의 횡포가 계기가 되었다.
④ 특수 행정 구역인 소의 주민이 참여하였다.

6 밑줄 그은 '봉기' 이후 정부의 대책으로 옳은 것은? [2점]

① 흑창을 두었다.
② 신해통공을 실시하였다.
③ 삼정이정청을 설치하였다.
④ 전민변정도감을 운영하였다.

도전! 심화문제

1 (가) 왕에 대한 설명으로 옳은 것은? [1점]

① 학문 연구 기관으로 집현전을 두었다.
② 삼수병으로 구성된 훈련도감을 설치하였다.
③ 속대전을 편찬하여 통치 체제를 정비하였다.
④ 궁중 음악을 집대성한 악학궤범을 편찬하였다.
⑤ 시전 상인의 특권을 축소하는 신해통공을 단행하였다.

2 (가) 왕이 추진한 정책으로 옳은 것은? [2점]

① 친위 부대로 장용영을 설치하였다.
② 경기도에 한해서 대동법을 실시하였다.
③ 한양을 기준으로 한 역법서인 칠정산을 만들었다.
④ 통치 체제를 정비하기 위해 대전회통을 편찬하였다.
⑤ 직전법을 제정하여 현직 관리에게만 수조권을 지급하였다.

15강 조선 후기의 경제·사회·문화

> 암기할 내용이 가장 많은 단원 중 하나지만, 난이도가 어렵지는 않습니다. 조선 후기에 새로 등장한 것들이 키워드고요, 조선 후기 백성이 되었다고 생각하며 몰입해서 공부해 보세요.

❶ 조선 후기 실학의 등장과 발전

배경	임진왜란, 병자호란 이후 백성들의 삶은 어려워졌으나, 기존의 성리학이 실생활의 문제 해결에 도움을 주지 못함 → 실생활에 필요한 것을 연구하는 실학이 등장하게 됨	

농업을
중시한
실학자
	유형원	• 토지 제도 개혁안을 담은 『반계수록』에서 균전론(균전제)을 주장함
		• 균전론의 주요 내용
		  – 농민들에게 토지를 나누어 주어 최소한의 식량을 얻을 수 있게 함
		  – 선비, 관리들에게는 농민의 2~12배의 토지를 주도록 함

	이익	• 『성호사설』에서 한전론을 주장함 • 한전론(한전제): 기본적인 생활 유지를 위해 백성들에게 최소한의 토지를 나누어 주고, 이것의 매매를 금지할 것을 주장
	정약용	• 『경세유표』: 조선의 각종 제도를 개혁하고자 함 • 『목민심서』: 지방관(수령)이 지켜야 할 덕목을 제시함 • 여전론: '여(閭)'라는 마을 단위로 공동 농사를 짓고, 일한 만큼 분배할 것을 주장함 • 배다리, 거중기*와 녹로를 만듦
상공업을 중시한 실학자	상공업의 발달, 청의 선진 문물 수용 등을 주장함	
	홍대용	• 지전설: 지구가 하루에 한 바퀴씩 자전한다고 주장 • 정교한 혼천의를 직접 제작하여 고향에 개인 천문대를 설치하였으며, 우주를 관측하여 무한우주론을 주장하기도 함
	연암 박지원	• 『열하일기』*저술 • 양반의 허례와 무능을 비판한 한문소설을 저술(『양반전』, 『허생전』 등) • 수레와 선박의 이용, 화폐의 필요성을 주장함
	박제가	『북학의』*저술. 청의 제도와 문물을 소개함
국학을 중시한 실학자	우리 고유의 역사, 자연 등을 연구함	
	유득공	• 정조가 규장각 검서관으로 등용한 서얼 출신 학자 • 『발해고』 저술 • 발해를 우리 역사로 기록하였고, '남북국'이라는 용어를 처음으로 사용함
	정약전	• 정약용의 형 • 『자산어보』 저술 : 귀양지였던 흑산도 근처의 바다 생물들을 관찰하여 집필함

Real 역사 스토리 형제의 유배와 실학의 발전

형제가 함께 실학을 연구했던 정약전(형), 정약용(동생)은 정조에게 총애를 받았던 학자들입니다. 하지만, 정조 임금이 승하하고 세도 정치가 시작되면서 두 형제는 귀양 가는 신세가 되고 말았죠. 정약전은 전라도 남쪽의 흑산도로, 정약용은 전라도 해안 지방의 강진으로 보내졌는데요.

하지만 그들은 실의에 빠지기는 커녕 귀양지에서 묵묵히 실학 연구를 이어갔습니다. 정약전은 흑산도의 백성들과 함께 바다생물을 연구하여 『자산어보』라는 해양생물 백과사전을 지었고, 정약용은 다산초당에 머물면서 『경세유표』, 『목민심서』 등을 집필하며 많은 제자들을 가르쳤지요.

이렇듯, 시련 속에서도 꿋꿋하게 자신들의 할 일을 했던 정약전과 정약용은 실학의 대표 인물들로 역사에 남게 되었습니다.

정약전

강진

흑산도

정약용

TIP 반계서당

전북 부안에 위치한 곳으로, 반계 유형원이 지내며 실학 연구를 했던 곳이에요.

★ 거중기

화성성역의궤에 수록된 설계도

정약용이 만든 거중기는 무거운 물건을 쉽게 들 수 있도록 만든 장치로, 수원 화성 축조에 이용되어 노동력을 절감하고 사고의 위험도 줄일 수 있었어요.

★ 열하일기

박지원이 청에 가서 경험한 내용을 기록한 여행기로 청의 발달된 문물과 기술이 자세히 기록되어 있어요.

★ 북학의

박제가가 청의 풍속과 제도를 둘러보고 돌아와 쓴 책으로, 청과의 교류로 선진 문물을 적극적으로 받아들이고, 생산을 늘리기 위해 절약보다는 소비가 중요하다고 주장하였어요.

TIP 다산 초당

전남 강진으로 유배된 정약용이 실학 연구를 했던 곳이에요. '다산'은 정약용의 호이기도 하지요. 정약용은 이곳에서 많은 책을 집필했어요.

❷ 조선 후기 경제의 변화

1) 조선 후기 농업의 발달

★ 이모작
같은 땅에 1년에 2번 농사짓는 것을 말해요. 모내기법의 보급으로 볍씨를 모판에서 키우는 동안 비어 있는 땅에 보리농사를 지을 수 있게 되었어요. 보리농사 후에는 모판에서 자란 모를 옮겨 심는 모내기를 했죠.

★ 골뿌림법

밭농사를 지을 때 이랑과 고랑을 만든 뒤 움푹 들어간 고랑에 씨를 뿌리는 방법으로, 바람을 막을 수 있었고, 수분을 더 오래 유지할 수 있어 가뭄을 견뎌 내기에 유리했어요. 골뿌림법 덕에 밭농사에서도 생산량을 늘릴 수 있었지요.

벼농사의 발전	• 모내기법이 전국적으로 확대되며 수확량이 늘고 이모작*이 가능해짐 • 한 사람이 더 넓은 토지를 경작하는 광작이 가능해지면서 부유한 농민들이 증가
밭농사의 발전	• 골뿌림법*의 실시: 밭에 이랑과 고랑을 만들어 농사를 지음
새로운 작물과 상품 작물의 재배	• 외국에서 고구마, 감자, 고추, 토마토 등 새로운 작물이 들어와 널리 재배됨 • 담배, 인삼, 약재, 목화, 모시 등 상품 작물을 재배하여 시장에 팔아 이익을 얻음 → 팔기 위한 목적으로 재배하는 농작물이지요.

Real 역사 스토리　조선 후기, 모내기법이 정착되다!

모판에서 모를 키우는 모습　　　　　　모내기 모습

　모내기법은 고려 말에 처음 들어온 농사법으로, 논에 직접 씨를 뿌리는 직파법과는 달리 모판에 씨를 뿌려 모를 키우고, 어느 정도 자란 '모'를 '내어' 논에 옮겨 심는 방법이에요. 잘 자란 모만 골라서 논에 심으니 수확량이 늘어났고, 일단 모내기를 해 두면 잡초를 뽑는 등 논을 관리하는 데 필요한 노동력이 절약되었지요. 게다가, 모판에서 모를 키우는 동안 비어 있는 논에서 보리농사를 지을 수 있었기 때문에(이모작) 식량 생산량도 크게 증가하였습니다.

　그렇다면, 이렇게나 좋은 모내기법이 어째서 조선 후기가 되어서야 전국적으로 확대된 것일까요? 그 이유는 모내기법을 하려면 물이 어마어마하게 필요했고, 모내기를 할 때 많은 노동력이 집중적으로 필요했기 때문이었습니다. 농부 혼자서는 엄두를 낼 수 없는 일이었죠.

　하지만 다행히도, 조선 후기에는 저수지가 충분히 건설되어 물 공급이 원활해졌고, 마을마다 두레, 향도 등 공동체가 활성화되며 모내기철에 온 마을이 협동해 노동력을 투입할 수 있게 되었습니다. 드디어! 모내기법이 전국적으로 확대된 것이지요.

2) 조선 후기 상업의 발달

배경	모내기법의 확산과 상품 작물 재배로 잉여 생산물 증가 → 시장에 농산물을 내다 파는 사람이 늘어남
시전	• 수도 한양 중심부에 있던 시장으로, 허가 받은 상인들이 상점을 운영함 • 시전 상인들은 무허가 상점(난전)을 단속할 수 있는 '금난전권'을 부여받았음 비단, 종이 등을 비롯한 6가지 물품을 파는 상점들이에요. ← • 금난전권은 정조 임금이 폐지하였으나, 시전 중 <u>육의전</u>은 국가가 필요로 하는 물품을 공급하고 있었으므로 금난전권을 계속 유지시켜 주었음
장시의 발달	• 정기시장인 장시가 전국 각지에서 열림 • 영조·정조 때 전국에 1000여 개의 장시가 생겨날 정도로 크게 발전 • 대개 5일장으로, 5일 마다 한 번씩 장시가 열림 • 보부상* : 여러 장시를 돌아다니며 활동했고, 전국의 장시를 연결하는 역할을 함
공인*의 등장	• 대동법의 실행으로 등장 • 관청에 필요한 물품을 공급하는 역할을 함
사상의 성장	• 나라의 허가를 받지 않고 상업 활동을 하는 상인 • 사상 중에서는 큰 규모를 가진 대상인들도 있었음 | **송상**(개성)	인삼 거래로 유명
내상(동래)	일본과의 무역을 주도
만상(의주)	청과의 무역으로 성장
경강상인 (한양 일대)	한양을 중심으로 운송업에 종사	
상평통보의 사용	숙종 때 공식 화폐로 발행되어 전국적으로 유통됨 → 물품 구입이나 세금 납부에 상평통보를 사용함 상평통보 환영 / 상평통보 상평통보

★ **보부상**

보상과 부상을 합쳐 부르는 말로, 보상은 봇집 장수로 물건을 보자기에 싸서 다니는 상인, 부상은 등짐장수로 물건을 등에 지고 다니는 상인을 말해요. 보부상은 전국을 돌아다니며 장사를 하였어요.

★ **공인**

조선 후기 대동법의 실시로 모든 세금이 쌀이나 베, 동전으로 들어오게 되자, 나라에서는 공인을 임명해 쌀이나 돈을 주고 필요한 물건들을 구해오도록 하였어요. 공인은 시전과 장시 등을 돌며 나라에서 필요로 하는 물건들을 대량으로 구입하였지요. 이러한 공인의 활동으로 상업, 수공업의 규모도 함께 커지면서 조선 후기 경제가 발전하였어요.

③ 조선 후기 사회의 변화

1) 조선 후기 신분제의 변화

★ 납속책

정부가 부족한 국가 재정을 보충하기 위해 곡물, 돈 등을 받고 그 대가로 신분을 상승시켜 주거나 벼슬을 내린 정책이에요.

★ 공명첩

국가가 돈이나 곡식을 받고 팔았던 것으로, 이름 쓰는 곳이 비어있는 임명장이었어요. 벼슬을 내려 양반을 만들어주거나, 천인을 상민으로 면천해주기도 하였지요.

특징	양반의 수는 늘어나고 상민과 노비의 수는 줄어듦
양반층의 분화	일반 백성과 같은 처지가 된 가난한 양반들이 늘어남
중인의 신분 상승 노력	• 서얼 등 중인층은 '집단 상소 운동'을 펼쳐 신분 상승 운동을 활발히 전개함 • 일부 서얼들은 정조 때 규장각 검서관으로 등용됨 예 박제가, 유득공
상민의 신분 상승	부유해진 일부 상민은 납속책*과 공명첩*을 이용하거나 족보를 사서 양반의 신분을 얻음
노비의 신분 상승	• 상민들처럼 납속책과 공명첩을 이용하여 신분 상승 • 나라에서 세금을 거두기 위해 공노비를 해방시켜 상민으로 만들고 세금을 걷기도 함

조선 후기 신분별 인구 변동
(대구 지방)

■ 양반 ■ 상민 ■ 노비

연도	양반	상민	노비
1690년 (숙종 16)	9.2	53.7	37.1
1729년 (영조 5)	18.7	54.6	26.7
1783년 (정조 7)	37.5	57.5	5.0
1858년 (철종 9)	70.3	28.2	1.5

관청에 소속된 노비

◆ Real 역사 스토리 조선 후기, 신분 간의 벽이 점차 허물어져 가다!

조선 후기에는 납속책, 공명첩 등이 남발되면서 상민이 돈이나 곡식을 주고 양반이 되는가하면, 노비가 상민으로 올라서는 경우도 많았습니다. 특히, 양반이 되면 신분 차별에서 벗어나고 군포를 내지 않아도 되는 등 좋은 점이 많았기 때문에 상민들 중에는 열심히 돈을 모아 양반 신분을 사는 사람들이 많았지요.

이와 반대로, 양반 집안들 중에는 오랜 기간 과거 합격자를 배출하지 못해 집안이 기울면서 가난한 처지가 된 경우도 많았습니다. 단원 김홍도의 풍속화 '자리짜기'를 보면, 양반만 쓸 수 있는 사방관을 쓴 남성이 노동을 하고 있는 모습이 보이죠. 이렇듯, 조선 후기에는 신분 간의 벽이 점차 허물어져가고 있었답니다.

김홍도의 자리짜기

2) 조선 시대 여성의 삶

★ 초충도

신사임당은 풀, 벌레, 꽃 등을 소재로 한 초충도를 그렸어요. 총 8개의 작품으로 이루어진 병풍 중 하나예요.

여성의 지위		조선 전기에는 여성의 지위가 고려 시대와 비슷하였으나, 점차 성리학적 질서가 널리 퍼지면서 남녀의 구별이 강조되고 여성의 지위가 낮아지게 됨
대표적인 여성	신사임당 (연산군~ 명종)	율곡 이이의 어머니, 그림과 글에 재능이 있어 뛰어난 작품(초충도*)을 남김
	허난설헌 (선조)	• 어릴 적부터 뛰어난 글솜씨를 보인 시인으로, 중국·일본에서 높은 평가를 받음 • 홍길동전을 지은 허균의 누나이기도 함
	김만덕 (정조)	• 제주 출신. 상업 활동으로 많은 재산을 모은 여성으로 제주도에 큰 흉년이 들었을 때 굶주린 백성들에게 쌀을 나누어 줌 • 정조는 김만덕에게 의녀반수라는 벼슬을 주고, 소원이었던 금강산 여행을 시켜 줌

4 조선 후기 문화 발전

1) 조선 후기의 문화 – 지도, 회화, 서예, 공예, 건축

지도	곤여만국전도	• 조선 후기 우리나라에 전해진 지도로, 중국에 온 서양 선교사 마테오 리치가 제작한 세계지도 • 세계를 둥글게 표현한 이 지도를 통해 조선 지식인들은 중국 이외에 더 넓은 세계가 있다는 것을 알게 되었음
	대동여지도*	• 김정호가 제작한 전국 지도로, 실제 한반도의 형태와 매우 비슷하게 제작됨 • 목판으로 제작해 대량 인쇄가 가능하였음 대동여지도 목판 • 10리마다 눈금을 표시하여 거리를 나타냄 • 산과 강, 길을 자세히 표시하고 다양한 정보를 기호로 표현함 大東輿地全圖
회화		진경 산수화: 중국의 그림을 따라 그리던 방식에서 벗어나 우리나라의 실제 경치를 그림 조선 후기에는 우리 것에 대한 관심이 높아졌어요. ㉠ 인왕제색도, 금강전도 등 정선의 인왕제색도(인왕산의 진경을 묘사)
서예		• 김정희가 '추사체'를 독창적으로 개발함 └ 김정희의 호인 '추사'를 따서 붙여짐 김정희 • 김정희는 북한산비를 해독해 진흥왕 순수비라는 것을 밝혀 냄
공예		흰 바탕에 푸른색 유약으로 그림을 그린 청화 백자가 유행함 백자 청화매죽문 항아리
건축		• 법주사 팔상전은 충북 보은군에 소재한 조선 후기 건축물로, 현재 우리나라에 남아 있는 유일한 5층 목조 탑이자, 가장 높은 목조 탑임 • 내부에는 석가모니의 생애를 여덟 장면으로 그린 불화가 있음 법주사 팔상전

★ 대동여지도
전체 22첩을 이어 붙이면 가로 2.7m, 세로 6.4m에 이르는 대형 지도가 돼요. 또 접어서 휴대할 수도 있었지요.

TIP 하멜 표류기

물 좀 주세요.
네덜란드에 돌아가면 하멜 표류기를 써야지.

조선 후기 제주도에 표류한 네덜란드인 하멜이 조선에서의 생활상을 기록한 것으로, 조선의 풍속이 서양 사회에 알려지는 계기가 되었지요. 하멜은 14년 만에 조선에서 탈출하여 고국으로 돌아갈 수 있었다고 해요.

2) 서민 문화의 발달

TIP

조선 후기에 서민 문화가 발달한 이유는?

조선 후기 농업 생산량이 증가하고 상업이 발달하면서 경제적 여유가 생긴 서민들이 문화 활동에 관심을 갖게 되었어요.

풍속화	• 일상 생활을 실감 나게 표현한 그림 • 단원 김홍도: 서민의 일상생활 모습을 주로 그림 • 혜원 신윤복: 양반 사회를 풍자하거나 여성의 생활을 주로 그림   김홍도의 논갈이　　김홍도의 씨름도   김홍도의 서당　　신윤복의 미인도　　신윤복의 단오 풍정
민화*	• 조선 후기 서민들 사이에 유행한 실용적인 그림 • 해와 달, 나무, 꽃, 동물 등을 소재로 행복하게 살고 싶은 서민들의 소망을 표현함
서민 문학	**한글 소설** • 주로 서민과 여성이 읽음 • 돈을 받고 읽어 주는 전기수가 활동하면서 널리 보급됨 • 『홍길동전』*, 『춘향전』, 『심청전』 등 임경업 장군이 칼을 한 번 휘~~익! 휘두르자……. / 전기수, 자네 왜 이야기를 하다 멈추는가? / 다음 이야기를 들을 수 있게 얼른 상평통보를 주게나.
	사설시조　시조의 기존 형식에서 벗어나 자유로운 형식의 사설시조가 유행함
	시사 활동　중인층은 시를 짓는 모임인 시사를 결성하고 활발하게 활동함

★ 민화

작호도(까치와 호랑이)

민화는 작가가 알려지지 않은 그림이 많아요. 주로 집 안의 장식용으로 이용되어 벽에 걸거나 병풍으로 쓰였어요.

★ 홍길동전

허균이 지은 한글 소설로, 당시 신분 제도를 비판하고 사회 개혁을 해야 한다는 내용이 담겨 있어요.

판소리	• 소리꾼이 고수의 북장단에 맞춰 긴 이야기를 노래와 말, 몸짓 등으로 들려주는 공연
	• 원래 열두 마당이 있었으나 현재는 다섯 마당이 전해짐
	• 판소리 다섯 마당: 춘향가, 심청가, 흥부가, 수궁가, 적벽가
탈춤 (산대놀이)	• 탈을 쓴 사람들이 서민 생활의 실상과 솔직한 감정을 표현하고 양반 사회를 풍자
	• 대표 작품: 봉산 탈춤, 송파 산대놀이, 하회 별신굿 놀이 등

3) 새로운 종교의 등장

천주교	• 초기에는 서학*으로 우리나라에 소개됨
	• 이승훈이 조선인 최초로 천주교 영세(세례를 받는 것)를 받음
	• 평등 사상과 제사 거부로 정부의 탄압을 받음 → 유교 윤리를 어겼다는 이유로 이승훈 등의 천주교도들이 처형당함
동학	• 최제우가 서학에 맞서 동학을 창시함
	• 주요 사상: 인내천(사람이 곧 하늘이다), 후천개벽(새 세상이 열린다), 시천주(마음속에 한울님을 모신다) 사상
	• 교리를 전파하기 위해『동경대전』을 기본 경전으로 삼음
	• 인간 평등을 주장하여 정부의 탄압을 받음 → 최제우가 처형됨

> **Real 역사 스토리** **천주교와 동학**
>
> 　천주교와 동학은 조선 후기 백성들 사이에서 크게 유행했다는 점, '평등 사상'을 가졌다는 점에서 공통점을 가지고 있었어요. 하지만, 두 종교 모두 조선의 질서를 어지럽힌다는 이유로 탄압당하기도 했지요. 천주교의 경우, 정조 임금이 승하한 직후 일어난 신유박해에서 정약전과 정약용 형제가 유배를 가게 되는 구실이 되었고, 이후 발생한 병인박해에서는 수많은 천주교 신자들이 처형당하기도 하였어요. 동학의 경우 창시자인 최제우가 조정에 의해 목숨을 잃는 등 탄압받았지만, 삼남 지방(충청, 전라, 경상)을 중심으로 계속 세력을 키워 나가 훗날 세상을 바꾸기 위한 혁명을 일으키기도 하지요.

＊ 서학

서학은 서양 학문을 뜻해요. 천주교는 처음에 서학의 하나로 전해져 연구되다가 18세기 후반 신앙으로 받아들여졌어요. 모든 사람의 평등을 강조하여 서민층, 여성들에게 널리 확산되었지요. 하지만, 당시 제사를 거부했던 천주교는 유교 윤리에 어긋나고, 고유의 풍속을 해치는 종교로 간주되어 탄압을 당했지요. 이 과정에서 많은 천주교도가 처형당했어요.

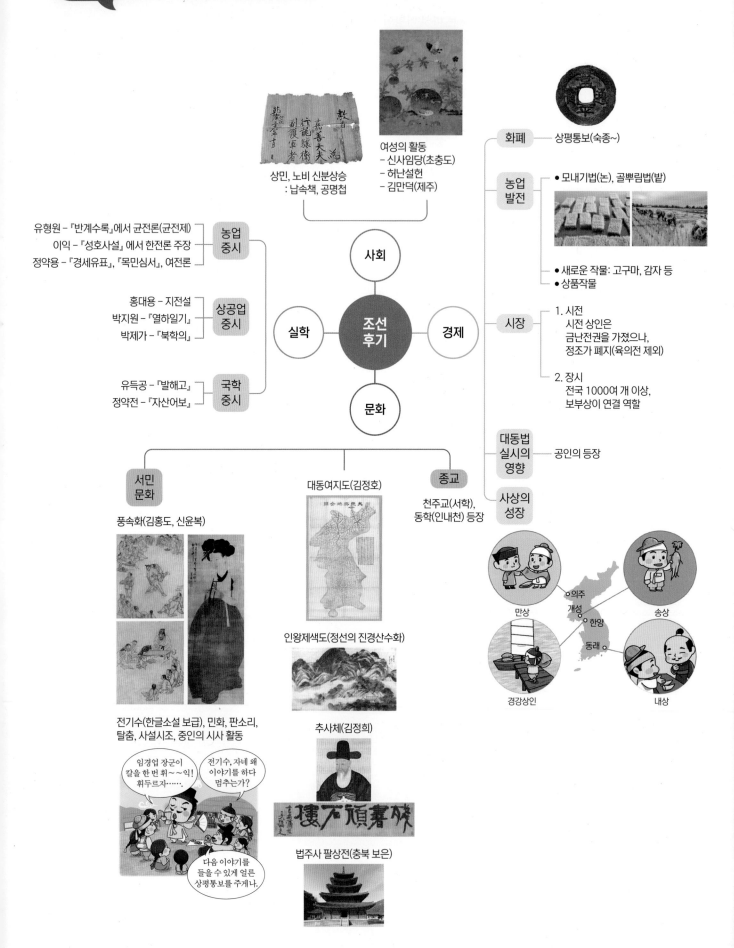

여성의 활동
- 신사임당(초충도)
- 허난설헌
- 김만덕(제주)

상민, 노비 신분상승
: 납속책, 공명첩

화폐 ─ 상평통보(숙종~)

농업 발전
- 모내기법(논), 골뿌림법(밭)
- 새로운 작물: 고구마, 감자 등
- 상품작물

사회

유형원 – 『반계수록』에서 균전론(균전제)
이익 – 『성호사설』에서 한전론 주장
정약용 – 『경세유표』, 『목민심서』, 여전론

농업 중시

홍대용 – 지전설
박지원 – 『열하일기』
박제가 – 『북학의』

상공업 중시

실학   **조선 후기**   **경제**

유득공 – 『발해고』
정약전 – 『자산어보』

국학 중시

문화

시장
1. 시전
   시전 상인은 금난전권을 가졌으나, 정조가 폐지(육의전 제외)
2. 장시
   전국 1000여 개 이상, 보부상이 연결 역할

대동법 실시의 영향 ─ 공인의 등장

사상의 성장

서민 문화

대동여지도(김정호)

종교
천주교(서학), 동학(인내천) 등장

풍속화(김홍도, 신윤복)

인왕제색도(정선의 진경산수화)

만상   의주
개성
한양
동래
송상
경강상인
내상

전기수(한글소설 보급), 민화, 판소리, 탈춤, 사설시조, 중인의 시사 활동

추사체(김정희)

임경업 장군이 칼을 한 번 휘~~익! 휘두르자……

전기수, 자네 왜 이야기를 하다 멈추는가?

다음 이야기를 들을 수 있게 얼른 상평통보를 주게나.

법주사 팔상전(충북 보은)

1 다음 중 조선 후기에서 볼 수 있는 모습에 ○표시 해 보세요.

가. 시사 활동에 참가하는 중인

나. 팔관회에 참가하는 외국 사신

다. 시전을 돌아다니는 공인

라. 한글 소설을 낭독하는 전기수

마. 국자감에 입학하는 학생

바. 판소리 공연을 구경하는 농민

사. 민화를 그리는 화가

아. 초조대장경을 제작하는 장인

2 아래 보기에서 알맞은 키워드를 골라 빈 칸을 채워 보세요.

> **보기** 육의전, 금난전권, 모내기법, 골뿌림법, 보부상, 사상, 공인, 건원중보,
> 상평통보, 공명첩, 김정희, 송시열, 판소리, 전기수

① 정조 임금은 　　　　　을/를 폐지하여 자유로운 상업활동을 장려하고자 하였다.

② 조선 후기 　　　　　이/가 널리 퍼지면서 이모작이 가능해졌다.

③ 　　　　　은/는 장시를 돌아다니며 장사를 하던 장사꾼이다.

④ 대동법의 실시 이후 관청에 물품을 공급하는 　　　　　이/가 등장하였다.

⑤ 조선 후기 숙종 임금 시기부터 화폐인 　　　　　이/가 널리 유통되었다.

⑥ 상민과 노비들은 　　　　　을/를 구입하여 신분 상승을 하기도 하였다.

⑦ 　　　　　은/는 독자적인 글씨체인 추사체를 개발하였다.

⑧ 새로 등장한 직업인 　　　　　은/는 한글 소설을 실감나게 읽어 주며 돈을 벌었다.

3 아래는 주요 실학자들과 관계된 키워드입니다. 알맞게 연결해 보세요.

① 유형원　　・　　　　　　・ (ㄱ) 여전론, 목민심서

② 정약용　　・　　　　　　・ (ㄴ) 북학의

③ 이익　　　・　　　　　　・ (ㄷ) 한전론, 성호사설

④ 박제가　　・　　　　　　・ (ㄹ) 균전론, 반계수록

60회

1 다음 상황이 나타난 시기에 볼 수 있는 모습으로 적절하지 않은 것은? [2점]

세책점
오늘은 춘향전을 빌려야겠어.

① 민화를 그리는 화가
② 탈춤을 공연하는 광대
③ 판소리를 구경하는 상인
④ 팔관회에 참가하는 외국 사신

57회

2 다음 가상 뉴스가 보도된 시기의 경제 상황으로 옳은 것은? [2점]

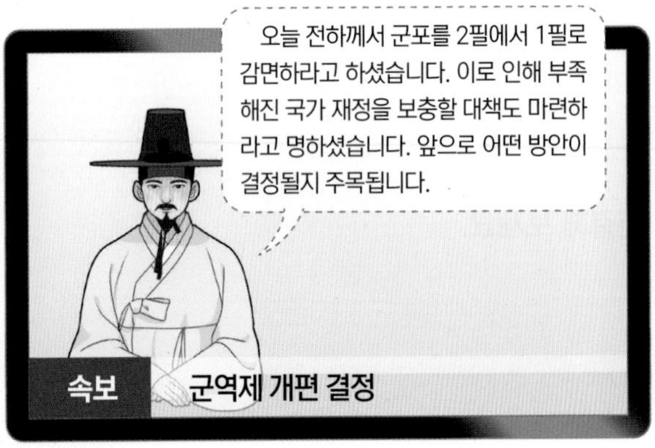
오늘 전하께서 군포를 2필에서 1필로 감면하라고 하셨습니다. 이로 인해 부족해진 국가 재정을 보충할 대책도 마련하라고 명하셨습니다. 앞으로 어떤 방안이 결정될지 주목됩니다.
속보 군역제 개편 결정

① 당백전이 유통되었다.
② 동시전이 설치되었다.
③ 목화가 처음 전래되었다.
④ 모내기법이 전국으로 확산되었다.

57회

3 밑줄 그은 '이 법'의 영향으로 가장 적절한 것은? [1점]

[한국사 쟁점 토론]
주제: 공납의 개혁, 어떻게 볼 것인가
방납의 폐단으로 농민들이 고통받고 있습니다. 공물을 현물 대신 쌀, 베 등으로 납부하는 이 법이 시행되면 농민들의 부담이 크게 줄어들 것입니다.
하지만 이 법이 시행되면 토지 결수를 기준으로 공물을 납부하게 되어 토지가 많은 지주들의 부담은 크게 늘어납니다.

① 관청에 물품을 조달하는 공인이 등장하였다.
② 어염세, 선박세 등이 국가 재정으로 귀속되었다.
③ 전세를 풍흉에 따라 9등급으로 차등 과세하였다.
④ 양반에게도 군포를 징수하는 호포제가 시행되었다.

48회

4 다음 가상 인터뷰의 주인공에 대한 설명으로 옳은 것은? [2점]

선생님께서 주장하신 토지 개혁론은 무엇인가요?
나는 마을 단위로 농민이 함께 경작하고 세금을 제외한 나머지 생산물을 일한 양에 따라 분배하자는 여전론을 주장하였습니다.

① 동학을 창시하였다.
② 추사체를 창안하였다.
③ 목민심서를 저술하였다.
④ 사상 의학을 확립하였다.

5 (가)에 들어갈 인물로 옳은 것은? [1점]

추사, 조선 서예의 새 지평을 열다

우리 박물관에서는 추사체를 창안하여 조선 서예의 새 지평을 연 추사 선생의 특별전을 개최합니다. 관심 있는 여러분의 많은 관람 바랍니다.

(가)

• 기간: 2022년 ○○월 ○○일 ~ ○○월 ○○일
• 장소: □□박물관 특별 전시실

①  허목

②  김정희

③ 송시열

④  채제공

6 다음 퀴즈의 정답으로 옳은 것은? [2점]

이것은 충북 보은군에 소재한 조선 후기 건축물입니다. 내부에는 석가모니의 생애를 여덟 장면으로 그린 불화가 있으며, 현재 우리나라에 남아 있는 가장 오래된 5층 목탑입니다. 이것은 무엇일까요?

도전! 한국사 퀴즈왕

①  금산사 미륵전

② 법주사 팔상전

③ 봉정사 극락전

④ 부석사 무량수전

도전! **심화문제**

1 (가) 왕이 재위한 시기의 경제 모습으로 옳은 것은? [2점]

이곳은 수원 화성 성역과 연계하여 축조된 축만제입니다. (가) 은/는 축만제 등의 수리 시설 축조와 둔전 경영을 통해 수원 화성의 수리, 장용영의 유지, 백성의 진휼을 위한 재원을 마련하였습니다.

① 금속 화폐인 건원중보가 주조되었다.
② 시장을 감독하는 동시전이 설치되었다.
③ 울산항, 당항성이 무역항으로 번성하였다.
④ 군역의 부담을 줄이기 위해 균역법이 제정되었다.
⑤ 육의전을 제외한 시전 상인의 금난전권이 폐지되었다.

2 (가) 인물에 대한 설명으로 옳은 것은? [2점]

이 책은 (가) 이/가 학문과 사물의 이치를 논한 글과 제자들의 질문에 응답한 내용을 모아 엮은 성호사설입니다. (가) 은/는 노비제도의 개혁, 서얼 차별 폐지 등 다양한 개혁안을 제시하였습니다.

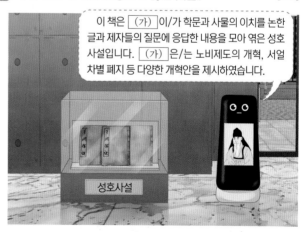

성호사설

① 이벽 등과 교류하며 천주교를 받아들였다.
② 북한산비가 진흥왕 순수비임을 고증하였다.
③ 동호문답에서 수취 제도의 개혁 등을 제안하였다.
④ 가례집람을 지어 예학을 조선의 현실에 맞게 정리하였다.
⑤ 곽우록에서 토지 매매를 제한하는 한전론을 주장하였다.

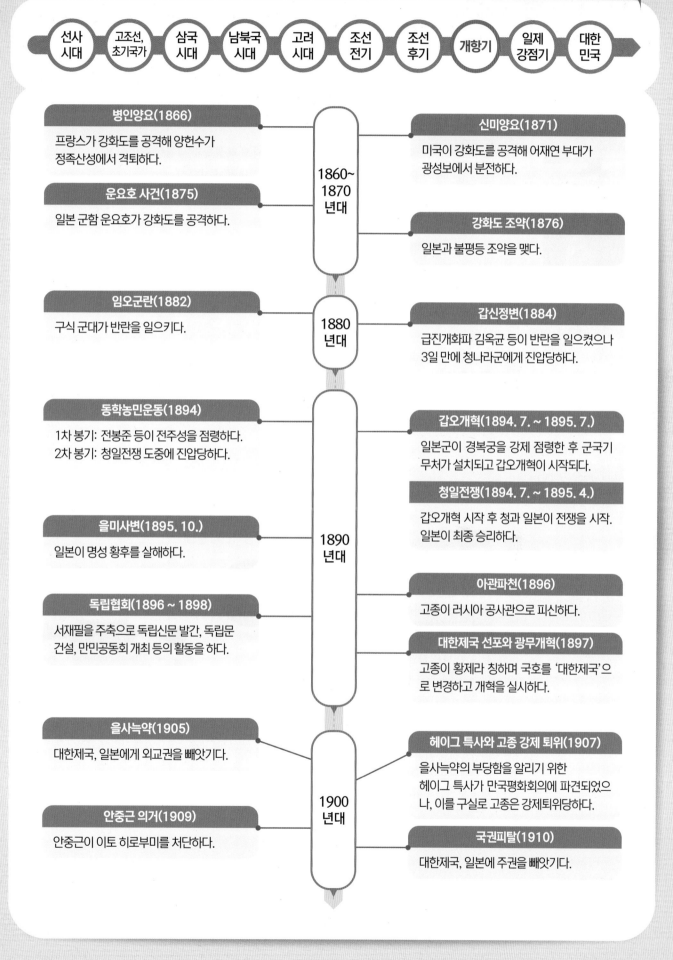

선사 시대 / 고조선, 초기국가 / 삼국 시대 / 남북국 시대 / 고려 시대 / 조선 전기 / 조선 후기 / 개항기 / 일제 강점기 / 대한 민국

1860~1870년대

병인양요(1866)
프랑스가 강화도를 공격해 양헌수가 정족산성에서 격퇴하다.

신미양요(1871)
미국이 강화도를 공격해 어재연 부대가 광성보에서 분전하다.

운요호 사건(1875)
일본 군함 운요호가 강화도를 공격하다.

강화도 조약(1876)
일본과 불평등 조약을 맺다.

1880년대

임오군란(1882)
구식 군대가 반란을 일으키다.

갑신정변(1884)
급진개화파 김옥균 등이 반란을 일으켰으나 3일 만에 청나라군에게 진압당하다.

1890년대

동학농민운동(1894)
1차 봉기: 전봉준 등이 전주성을 점령하다.
2차 봉기: 청일전쟁 도중에 진압당하다.

갑오개혁(1894. 7. ~ 1895. 7.)
일본군이 경복궁을 강제 점령한 후 군국기무처가 설치되고 갑오개혁이 시작되다.

청일전쟁(1894. 7. ~ 1895. 4.)
갑오개혁 시작 후 청과 일본이 전쟁을 시작. 일본이 최종 승리하다.

을미사변(1895. 10.)
일본이 명성 황후를 살해하다.

아관파천(1896)
고종이 러시아 공사관으로 피신하다.

독립협회(1896 ~ 1898)
서재필을 주축으로 독립신문 발간, 독립문 건설, 만민공동회 개최 등의 활동을 하다.

대한제국 선포와 광무개혁(1897)
고종이 황제라 칭하며 국호를 '대한제국'으로 변경하고 개혁을 실시하다.

1900년대

을사늑약(1905)
대한제국, 일본에게 외교권을 빼앗기다.

헤이그 특사와 고종 강제 퇴위(1907)
을사늑약의 부당함을 알리기 위한 헤이그 특사가 만국평화회의에 파견되었으나, 이를 구실로 고종은 강제퇴위당하다.

안중근 의거(1909)
안중근이 이토 히로부미를 처단하다.

국권피탈(1910)
대한제국, 일본에 주권을 빼앗기다.

❶ 흥선 대원군의 정책

 흥선 대원군 집권 후 일어난 외세의 침략과 조선이 문호를 개방하고 각국에 사절단을 보내는 과정 등을 시간 순으로 이해하여야 합니다. 사건의 순서를 묻는 문제가 자주 출제되기 때문이죠!

1) 흥선 대원군*의 개혁 정책

* 흥선 대원군

철종이 갑자기 죽고 고종이 어린 나이로 왕위에 오르자 고종의 아버지인 흥선 대원군이 고종을 대신해 약 10년 동안 실권을 장악하였어요.

* 흥선 대원군의 개혁 정책

왕권을 강화하고 민생을 안정시켜 국가 재정을 늘리고자 개혁을 추진하였어요.

* 원납전

'스스로 원하여 납부하는 돈'이라는 뜻의 기부금이지만 실제로는 마을 단위로 할당해 강제로 거두었어요.

* 호포제

양반은 원래 군포를 내지 않고 면제받았으나 호포제를 실시하면서 호를 단위로 군포를 부과하여 양반집도 군포를 내야했어요. 그래서 양반의 불만이 커졌지요.

19세기의 상황	• 국내: 세도 정치로 왕권이 약화되고 백성들의 생활이 어려워짐 • 국외: 이양선이 출몰하는 등 서양 세력이 접근함 └→ 이상한 모양을 한 서양의 배
흥선 대원군의 개혁 정책*	• 왕권 강화책

비변사 폐지	세도 정치의 권력 기구였던 비변사를 혁파하고 의정부의 기능을 부활시킴
서원 철폐	• 세금을 면제받고 백성들을 수탈하는 등 서원의 폐단이 심해짐 • 흥선 대원군은 전국적으로 700여 개에 달하던 서원을 47개만 남기고 정리함
경복궁 중건	• 왕실의 권위를 높이기 위해 임진왜란 때 불탄 경복궁을 다시 지음 • 비용 마련을 위해 원납전*을 징수하고 당백전을 발행함 └→ 농사철에 백성들을 동원하는 등 무리한 공사로 백성의 원망을 들었어요.

• 민생 안정책

호포제* 실시	양반에게도 군포를 내게 함 └→ 군대에 가는 대신 1년에 1필씩 내던 세금
사창제 실시	• 국가에서 쌀을 빌려주던 환곡의 폐단을 막기 위해 만든 제도 • 지역별로 창고를 만들어 양반 지주들이 자체적으로 백성들에게 곡식을 대여해 주도록 함

> **Real 역사 스토리** **경복궁과 맞바꾼 조선의 경제, 당백전의 발행!**

당백전이란 상평통보에 비해 100배의 가치를 가졌다며 발행된 화폐였지만 실제 가치는 상평통보의 5~8배였어요. 당백전에 포함된 구리의 양이 상평통보의 5~8배밖에 되지 않았기 때문이지요. 그래서 만약 나라에 상평통보 100개를 내고 당백전 1개를 교환 받은 사람은 그 자리에서 92~95개의 상평통보를 손해보는 셈이었습니다.

당백전

이것이 당백전일세. 우리가 원래 사용하던 엽전 한 닢의 백 배에 해당한다는데, 실제 가치는 훨씬 못 미치네.

맞네. 이 당백전의 남발로 물가가 크게 올라 백성들의 형편이 어려워지고 있다네.

흥선 대원군은 이런 불량화폐 당백전을 무려 1,600만 냥이나 찍어내 궁궐을 지을 재료들을 구입하였고, 일단 경복궁을 짓는 데는 성공했어요. 하지만, 당백전이 대규모로 발행되자 화폐 가치가 크게 떨어지면서 물가가 치솟았고, 물가가 오르니 백성들의 삶은 어려워질 수밖에 없었지요. 게다가 당백전은 실제 가치와 달랐기에 아무도 당백전을 쓰려 하지 않았고, 심지어 사람들이 다시 과거처럼 물물교환을 하는 현상까지 나타났다고 해요.

당백전으로 인해 조선의 경제가 파국으로 치닫자, 결국 흥선 대원군은 2년 만에 당백전을 폐지합니다. 그리고 당백전을 회수할 때에는 겨우 상평통보 1냥으로 교환을 해주어 백성들의 원성은 하늘을 찔렀다고 하지요. 이렇듯, 당백전의 발행은 결국 조선의 경제를 무너뜨리고 말았습니다.

2) 흥선 대원군의 통상 수교 거부 정책

병인양요 (1866)	원인	흥선 대원군이 프랑스 선교사들을 비롯한 수천 명의 천주교도를 처형함 (병인박해, 1866)	 병인양요의 전개
	과정	프랑스 군대가 병인박해에 항의하며 강화도 침입 → 초반 신식 무기를 앞세운 프랑스에 패함 → 양헌수가 정족산성에서 승리 → 프랑스군 퇴각	
	결과	프랑스군이 퇴각하는 과정에서 외규장각(왕실 도서를 보관할 목적으로 강화도에 설치한 도서관)을 불태우고 외규장각 의궤* 등 도서를 약탈함	
오페르트 도굴 사건 (1868)		흥선 대원군이 독일 상인인 오페르트의 통상 요구를 거부하자 오페르트가 흥선 대원군의 아버지(남연군)의 묘를 도굴하려고 한 사건 → 흥선 대원군이 서양과 절대 통상하지 않겠다고 선언함	
신미양요 (1871)	원인	제너럴 셔먼호 사건* (1866)	신미양요의 전개
	과정	미국이 통상을 요구하며 강화도를 침략 → 미군이 초지진, 덕진진을 점령 → 광성보에서 어재연 부대가 맞서 싸웠으나 광성보가 함락되고 어재연 장군을 포함한 많은 조선군이 전사 → 미군 철수 ┗→ 개항을 요구하던 미군이 20여 일 후 포기하고 철수하였어요.	
	결과	미군이 어재연 장군의 수자기*를 약탈함	
척화비* 건립		두 차례의 양요를 겪은 후 흥선 대원군은 전국 각지에 척화비를 세움	

> 척화비에는 '서양 오랑캐가 침범하였을 때 싸우지 않는 것은 화친하는 것이요, 화친하는 것은 곧 나라를 파는 것이다.'라는 내용이 새겨져 있어요.

병인양요의 전개 — 프랑스군의 침입 / 격전지 / 교동도 / 강화도 / 문수산성 / 석모도 / 정족산성 / 광성보 / 덕진진 / 초지진 / 양헌수의 활약

신미양요의 전개 — 미국군의 침입 / 격전지 / 교동도 / 강화도 / 문수산성 / 석모도 / 어재연의 분전 / 광성보 / 정족산성 / 덕진진 / 초지진

★ 외규장각 의궤

의궤는 조선 왕실의 의례를 글과 그림으로 기록한 책이에요. 병인양요 때 약탈당한 의궤는 프랑스 국립 도서관에 보관되어 있다가 박병선 박사의 노력으로 영구 임대 형식으로 일부가 우리나라에 돌아왔어요.

★ 제너럴 셔먼호 사건

미국의 상선 제너럴 셔먼호가 대동강을 거슬러 평양까지 올라와 통상을 요구하였어요. 조선에서 이를 거부하자 미국인들은 조선 관리를 납치하고 약탈하는 등 행패를 부렸는데, 이에 분노한 평양 사람들은 제너럴 셔먼호를 불태워 침몰시켜버렸지요.

★ 수(帥)자기

'장수 수(帥)'자가 쓰여진 깃발이에요. 신미양요 때 미군이 빼앗은 어재연 장군의 수자기는 현재 임대 형식으로 우리나라에 반환되었어요.

◆ Real 역사 스토리 **광성보 전투와 어재연-어재순 형제**

신미양요 당시 조선군의 지휘는 어재연 장군이 맡았어요. 하지만 당시 조선군은 미군에 비해 병력이 적고 무기도 훨씬 구식이었던데다, 대부분의 병사들이 강화도에 처음 와 본 사람들이었지요.

이러한 어려움 속에서도 꿋꿋이 최후의 전투를 준비하던 어재연 장군에게 동생 어재순이 찾아왔습니다. 어재연 장군은 형제가 함께 전사할 경우 부모님께 큰 불효라 생각해 동생을 돌려보내려고 했지만, 동생 어재순은 "나라가 어지러운데 어찌 떠날 수 있겠소"라며 형을 설득했고 결국 두 형제는 함께 미군에 맞서 치열한 전투를 치르게 됩니다. 어재연 장군이 조선군을 지휘하며 분전하는 동안, 어재순은 칼을 빼어들고 미군과 용맹하게 싸웠다고 전해집니다. 그리고 결국 두 형제는 광성보 전투에서 수백 명의 병사들과 함께 전사하였지요. 1873년, 조선 정부에서는 어재연-어재순 형제의 충절을 기려 강화도 광성보에 쌍충비를 세워주었습니다.

강화도 광성보 내의 쌍충비각

신미양요 광성보 전투

❷ 강화도 조약(조일 수호 조규)

★ **강화도 연무당 옛터**

1876년 강화도에 위치한 연무당에서 조선과 일본의 대표가 모여 강화도 조약을 체결하였어요.

★ **치외 법권**

다른 나라에 있으면서 그 나라 법의 적용을 받지 않아도 되는 권리를 말해요. 보통 외국인은 거주하고 있는 나라의 법을 따라야 하지만, 강화도 조약으로 치외 법권을 인정받은 일본인들은 조선의 법을 따를 필요가 없었지요.

배경	1873년 최익현의 상소로 흥선 대원군이 물러나고 고종이 직접 정치를 시작함 └→ 고종이 성인이 되었으니 물러나라는 내용　　└→ 왕비 명성황후 집안인 민씨 세력이 정권을 잡았어요. → 서양 세력과 통상할 것을 주장하는 사람들이 등장함(박규수, 유홍기 등)
과정	운요호 사건(1875)을 빌미로 일본이 조선에 개항을 요구함 → 일본의 강요로 연무당*에서 강화도 조약을 맺고 개항함(1876)
성격	• 외국과 맺은 최초의 근대적 조약 • 일본에 유리한 내용이 담긴 불평등 조약
주요내용	• 3개 항구(부산, 원산, 인천)를 개항함 • 치외 법권*을 인정함: 일본인들이 조선에서 죄를 지으면 조선 정부가 아닌 일본 정부가 처벌 • 제1조 조선은 자주국이며 일본과 평등한 권리를 갖는다. 　└→ 청의 간섭을 막고 조선 침략을 더 쉽게 하기 위한 일본의 의도가 담겨 있어요. • 제2조 조선은 부산 외에 두 곳(인천, 원산)의 항구를 개항한다. • 제7조 조선의 해안을 일본의 항해자가 수시로 측량하도록 허가한다. 　└→ 바다 밑 암초 등 위험요소를 미리 알아 내기 위한 안전조치로, 사전에 조선의 허락을 받고 실시하였어요. • 제10조 일본인이 조선 항구에서 죄를 지은 사건은 모두 일본의 관원이 심판한다.(치외 법권) 　└→ 일본인이 조선에서 죄를 지어도 처벌할 수 없게 되었어요.(불평등 조약) • 부록 - 무역규칙 제7칙. 일본군 정부에 소속된 모든 선박은 항세를 납부하지 않는다.(무관세 무역) 　└→ 일본이 세금을 내지 않고 무역을 해서 일본에게만 큰 이득이 되었어요.
영향	강화도 조약 이후 청, 미국 등 여러 나라와 조약을 체결하고 교류함

⟨ Real 역사 스토리 ⟩ 운요호 사건과 강화도 조약

운요호 사건

강화도 조약 체결 장면

　1875년, 일본의 운요호가 강화도 앞바다에 접근하였어요. 이에 조선 군인들이 경고의 의미로 대포를 쏘자 일본군은 강화도 초지진을 공격하고 영종도에 상륙하여 사람들을 해치는 등 많은 피해를 입혔지요.
　일본은 운요호 사건을 구실로 조선에 개항을 요구하였는데, 당시는 흥선 대원군이 아닌 고종과 민씨 세력(명성 황후의 집안)이 집권한 상황이었고, 이들은 개항의 필요성을 느끼고 있었습니다. 그래서 바로 다음 해인 1876년, 조선은 일본과 강화도 조약을 맺어 3개 항구를 개항하고 일본을 최초의 파트너로 하여 개화 정책을 추진하게 되었지요.

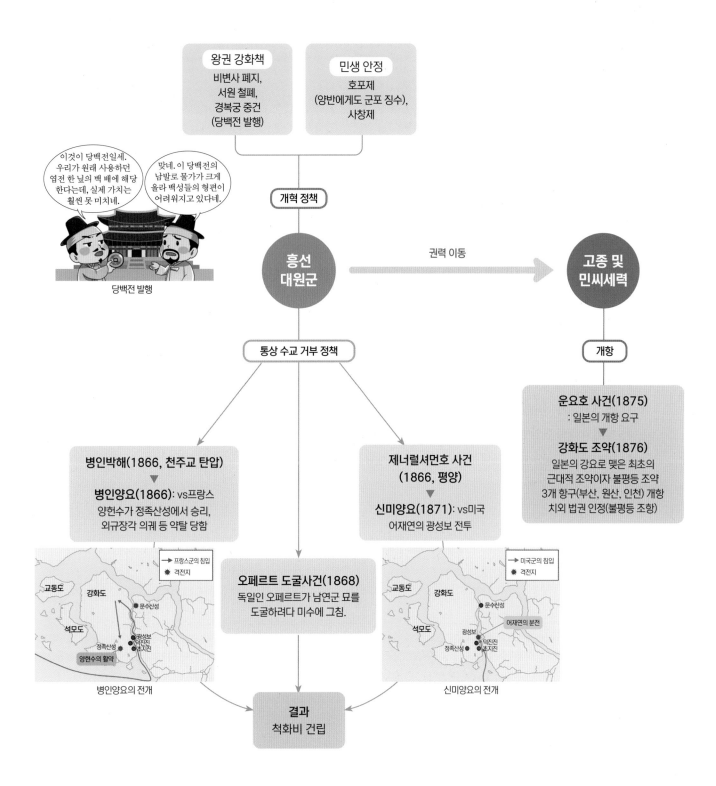

왕권 강화책
비변사 폐지,
서원 철폐,
경복궁 중건
(당백전 발행)

민생 안정
호포제
(양반에게도 군포 징수),
사창제

이것이 당백전일세.
우리가 원래 사용하던
엽전 한 닢의 백 배에 해당
한다는데, 실제 가치는
훨씬 못 미치네.

맞네. 이 당백전의
남발로 물가가 크게
올라 백성들의 형편이
어려워지고 있다네.

당백전 발행

개혁 정책

흥선
대원군

권력 이동

고종 및
민씨세력

통상 수교 거부 정책

개항

운요호 사건(1875)
: 일본의 개항 요구

강화도 조약(1876)
일본의 강요로 맺은 최초의
근대적 조약이자 불평등 조약
3개 항구(부산, 원산, 인천) 개항
치외 법권 인정(불평등 조항)

병인박해(1866, 천주교 탄압)
▼
병인양요(1866): vs프랑스
양헌수가 정족산성에서 승리,
외규장각 의궤 등 약탈 당함

제너럴셔먼호 사건
(1866, 평양)
▼
신미양요(1871): vs미국
어재연의 광성보 전투

오페르트 도굴사건(1868)
독일인 오페르트가 남연군 묘를
도굴하려다 미수에 그침.

→ 프랑스군의 침입
● 격전지
교동도 강화도
석모도
문수산성
정족산성
광성보
덕진진
초지진
양헌수의 활약

병인양요의 전개

→ 미국군의 침입
● 격전지
교동도 강화도
석모도
문수산성
광성보
덕진진
초지진
정족산성
어재연의 분전

신미양요의 전개

결과
척화비 건립

실력 쑥쑥 기출 미니 테스트

1 **아래 사건들을 시간 순서에 따라 배열해 보세요.**

가. 병인박해가 일어났다.
나. 척화비가 건립되었다.
다. 운요호가 초지진을 공격하였다.
라. 오페르트가 남연군 묘를 도굴하려 하였다.

( ) - ( ) - ( ) - ( )

2 **다음 중 흥선 대원군 시대에 있을 수 있었던 일에 ○표시를 해 보세요.**

가. 서원 철폐에 반대하는 양반 ( )
나. 탕평비 건립을 바라보는 유생 ( )
다. 수원 화성 건설에 동원되는 농민 ( )
라. 경복궁 중건 공사에 동원되는 농민 ( )
마. 친명 배금을 주장하는 서인 관료들 ( )
바. 병인박해로 탄압받는 천주교 신자들 ( )
사. 양반에게도 군포를 걷는다는 소식에 놀라는 사람들 ( )

정답 **1** 가-라-나-다 **2** 가, 라, 바, 사

51회

1 (가) 인물이 집권한 시기의 사실로 옳은 것은? [2점]

소식 들었는가? 이제 우리 양반에게도 군포를 걷겠다는군.

어쩌겠는가, 조정이 왕의 아버지인 (가) 의 위세에 눌려 모든 일이 그의 뜻대로 되고 있으니 말일세.

① 장용영이 창설되었다.
② 척화비가 건립되었다.
③ 청해진이 설치되었다.
④ 칠정산이 편찬되었다.

54회

2 밑줄 그은 '이 사건'에 대한 설명으로 옳은 것은? [2점]

화면의 사진은 문수산성입니다. 이 사건 당시 한성근 부대는 이곳에서 프랑스군에 맞서 싸웠고, 이어서 양헌수 부대는 정족산성에서 프랑스군을 물리쳤습니다.

① 흥선 대원군 집권기에 일어났다.
② 제너럴 셔먼호 사건의 배경이 되었다.
③ 삼정이정청이 설치되는 결과를 가져왔다.
④ 군함 운요호가 강화도에 접근하여 위협하였다.

57회

3 밑줄 그은 '변고'가 일어난 시기를 연표에서 옳게 고른 것은? [3점]

> 답서
> 영종 첨사 명의로 답서를 보냈다.
>
> 귀국과 우리나라 사이에는 원래 소통이 없었고, 은혜를 입거나 원수를 진 일도 없었다. 그런데 이번 덕산 묘지 (남연군 묘)에서 일으킨 변고는 사람으로서 차마 할 수 있는 일이겠는가? …… 이런 지경에 이르렀으니 우리나라 신하와 백성은 있는 힘을 다하여 한마음으로 귀국과는 같은 하늘을 이고 살 수 없다는 것을 맹세한다.

1863		1876		1884		1894		1905
	(가)		(나)		(다)		(라)	
고종즉위		강화도 조약		갑신정변		갑오개혁		을사늑약

① (가)　② (나)　③ (다)　④ (라)

60회

4 다음 상황 이후에 일어난 사실로 옳은 것은? [3점]

미국 군대가 쳐들어왔다.

어재연 장군을 중심으로 힘을 모아 광성보를 지켜내자!

① 병인박해가 일어났다.
② 척화비가 건립되었다.
③ 제너럴 셔먼호 사건이 발생하였다.
④ 오페르트가 남연군 묘 도굴을 시도하였다.

5 (가)에 들어갈 사건으로 옳은 것은? [1점]

역사 신문

제△△호　　　　　　　　○○○○년 ○○월 ○○일

일본과의 조약이 체결되다

작년 가을 강화도와 영종도 일대에서 (가) 을 일으킨 일본과의 회담이 최근 수 차례 열렸다. 일본이 피해 보상과 조선의 개항을 일방적으로 요구하자, 조정에서는 이에 대한 찬반 논쟁 끝에 신헌을 파견하여 조일 수호 조규를 체결하였다.

무력 시위하는 일본 군인들

① 운요호 사건
② 105인 사건
③ 제너럴 셔먼호 사건
④ 오페르트 도굴 사건

6 밑줄 그은 '조약'으로 옳은 것은? [2점]

이곳은 운요호 사건을 빌미로 일본이 개항을 강요하여 조선과 조약을 체결한 장소입니다.

연무당 옛터

① 한성 조약
② 정미 7조약
③ 강화도 조약
④ 제물포 조약

1 다음 상황이 나타난 시기를 연표에서 옳게 고른 것은? [2점]

북경 주재 프랑스 공사가 청에 보내온 문서에 의하면, "조선에서 프랑스 주교 2명 및 선교사 9명과 조선의 많은 천주교 신자가 처형되었다. 이에 제독에게 요청하여 며칠 안으로 군대를 일으키도록 할 것이다."라고 되어 있습니다.

1863	1868	1871	1875	1882	1886
(가)	(나)	(다)	(라)	(마)	
고종 즉위	오페르트 도굴 사건	신미양요	운요호 사건	조미수호 통상조약	조프수호 통상조약

① (가)　② (나)　③ (다)　④ (라)　⑤ (마)

2 밑줄 그은 '중건' 시기에 있었던 사실로 옳은 것을 〈보기〉에서 고른 것은? [2점]

墨質金字

경복궁 영건일기는 한성부 주부 원세철이 경복궁 중건의 시작부터 끝날 때까지의 상황을 매일 기록한 것이다. 이 일기에 광화문 현판이 검은색 바탕에 금색 글자였음을 알려주는 '묵질금자(墨質金字)'가 적혀있어 광화문 현판의 옛 모습을 고증하는 근거가 되었다.

〈보기〉
ㄱ. 비변사가 설치되었다.
ㄴ. 사창제가 실시되었다.
ㄷ. 원납전이 징수되었다.
ㄹ. 대전통편이 편찬되었다.

① ㄱ, ㄴ　　② ㄱ, ㄷ　　③ ㄴ, ㄷ
④ ㄴ, ㄹ　　⑤ ㄷ, ㄹ

❶ 개화 정책의 추진과 위정척사운동

> 임오군란, 갑신정변, 위정척사운동 관련 문제가 압도적으로 많이 출제됩니다. 해당 사건들이 일어난 원인과 과정, 주요 인물, 결과 등을 흐름으로 이해하며 공부하는 것을 추천드려요!

1) 개화 정책 추진

TIP 개화파의 형성

김옥균, 박영효 등은 나라의 부국강병을 이루기 위해 서양과 통상해야 한다는 통상 개화론을 주장하였어요.

★ 별기군

별기군은 신식 무기(소총)와 복장을 지급받고 일본인 교관에게 근대식 훈련을 받았어요.

★ 조선책략

청나라 외교관 황준헌(황쭌셴)이 쓴 책으로, 조선이 청나라, 미국, 일본과 손잡고 북쪽의 러시아를 견제해야 한다는 내용이었지요. 이 책은 당시 개화파들의 필독서로 여겨졌고, 조선이 미국과 맺은 조·미 수호 통상 조약에 영향을 준 동시에 개화를 반대하는 위정척사파가 '영남만인소'를 올리게 하는 계기가 되었어요.

통리기무아문 (1880)	개화 정책을 추진하기 위한 정책 총괄 기구(통리기무아문)를 설치함		
별기군* (1881)	• 신식 무기로 무장한 신식 군대 • 구식 군대에 비해 많은 봉급과 좋은 의복을 지급받음		
조·미 수호 통상 조약 (1882)	• 서양과 맺은 최초의 조약으로, 미국과 국교를 맺음 • 최혜국 대우를 최초로 인정함 ┗ 앞으로 어느 외국에 부여하는 가장 유리한 대우가 있을 경우, 미국에게도 그 대우를 자동으로 부여하는 것 • 거중조정: 조선이나 미국이 다른 나라와 분쟁을 겪으면 잘 해결되도록 나서서 중재해 주기로 함 • 이 조약의 영향으로 조선은 영국, 독일, 이탈리아, 러시아 등 유럽 각국과 국교를 맺게 됨 		
사절단 파견	일본	수신사 (1876 ~1882)	• 선진 문물을 받아들이러 간 사절단이라는 뜻 • 강화도 조약 후 총 4차례에 걸쳐 일본에 파견됨 • 제2차 수신사로 일본에 다녀온 김홍집은 『조선책략』*을 국내에 소개함
		조사 시찰단 (1881. 4.)	개화에 대한 반대 목소리가 큰 상황에서 비밀리에 파견된 사람들로, 일본의 근대 문물을 시찰함 ⑩ 홍영식
	청	영선사 (1881. 9.)	청의 기기국에 파견되어 무기 제조 기술과 군사 훈련법을 습득함 → 귀국 후 기기창(근대식 무기 공장)을 설립함
	미국	보빙사 (1883)	조·미 수호 통상 조약 이후 미국에 파견됨 ⑩ 민영익, 홍영식 등(조선 최초로 서양에 파견된 사절단)

• **Real 역사 스토리** **보빙사, 조선 최초로 세계 일주를 하다!**

『조선책략』의 내용에 자극을 받은 조선은 곧 미국과 '조·미 수호 통상 조약'을 체결합니다. 이어서 미국은 조선에 공사를 파견하고 주한미국공사관도 설치하기 시작했는데요, 조선은 당장 공사를 파견할 형편이 안 되어 일단 외교 사절단을 보내기로 합니다. 바로 조선 역사상 최초로 서양에 파견된 '보빙사'였지요.

보빙사는 민영익, 홍영식 등 10명이 파견되었는데요. 배와 철도를 이용해 뉴욕까지 이동해 미국 대통령(체스터 A. 아서)을 만났어요. 그리고 보빙사 일행 중 유길준은 미국에 남아 '조선인 최초의 미국 유학'을 시작하기도 했죠.

보빙사(통역으로 미국인, 일본인, 청나라인 포함)

보빙사 일행이 귀국할 때, 미국 대통령은 미국 군함 한 척을 빌려주었는데요, 그 덕에 보빙사 일행은 유럽의 여러 나라들을 방문하며 견문을 넓히고, 이집트의 피라미드까지 구경하는 등 조선인 최초로 세계 일주를 하고 돌아올 수 있었다고 합니다.

2) 위정척사운동 *

<table>
<tr><td>1860년대</td><td>이항로 등이 서양과의 통상을 반대하며 흥선 대원군의 통상 수교 거부 정책을 지지함</td></tr>
<tr><td>1870년대</td><td>최익현 등이 일본은 서양과 같다는 왜양일체론을 주장하며 일본과의 수교 (강화도 조약)를 반대함</td></tr>
<tr><td>1880년대</td><td>이만손 등 영남 지역의 유생들이 조선책략의 유포와 정부의 개화 정책에 반발하여 영남만인소를 올림</td></tr>
</table>

◆ Real 역사 스토리 ◆ 위정척사운동의 대부, 최익현

최익현은 조선 후기의 선비로, 강직하고 곧은 성품으로 유명합니다. 그가 지키고자 한 것은 조선이 전통적으로 이어 왔던 성리학적 질서였지요. 최익현은 고종이 성인이 되었는데도 물러나지 않고 있는 흥선 대원군을 비판하는 상소문을 올려 흥선 대원군이 물러나게끔 만들었고, 강화도 조약 당시에는 광화문 앞에 엎드려 도끼를 옆에 두고 "일본은 양이(서양)와 같다"는 왜양일체론을 주장하며 개항에 반대하기도 하였습니다. 이후 을사늑약(1905)으로 일본에게 조선의 외교권이 강탈당한 후에는 직접 의병 대장이 되어 항일 무장 투쟁을 전개하였으며, 결국 일본군에게 붙잡혀 쓰시마 섬(대마도)으로 유배를 갔다가 그 곳에서 순국하였습니다.

최익현

❷ 임오군란과 갑신정변

1) 임오군란(1882) *

배경	• 신식 군대인 별기군에 비해 구식 군인들은 차별을 받고 있었음 • 구식 군인들의 월급은 일 년이 넘게 밀려 있었는데, 13개월 만에 나온 월급조차도 <u>모래와 겨가 섞인 썩은 쌀이었음</u> <small>민씨 세력이 군인들의 월급을 ┐ 떼먹어서 일어난 문제였지요.</small>
전개	• 분노한 구식 군인들이 봉기를 일으켰고, 도시 하층민들도 합세함 • 별기군 일본인 교관과 정부 관리 등을 살해하고 일본 공사관도 습격함 • 명성 황후를 죽이기 위해 궁궐을 습격하고 민씨 세력을 살해함 • 명성 황후가 피신하고 흥선 대원군이 다시 권력을 잡음
결과	• 민씨 세력의 요청으로 청나라 군대가 파견되어 난이 진압됨 • 흥선 대원군은 청나라로 납치당함
영향	• 청의 내정 간섭 심화: 청의 군대가 주둔하게 되었고, 청나라에서 조선에 <u>고문을</u> 파견함 <small>청나라에 유리한 방향으로 내정 간섭을 하였어요. ┘</small> • 제물포 조약 * 체결: 피해를 입은 일본에 배상금을 지불하고, 일본 공사관에 일본군 주둔을 허용함

아니! 봉급으로 썩은 쌀을 주다니!

내 쌀에는 모래가 가득 섞여 있어!

일본인들을 처치해!

왕비와 민씨 세력들을 잡아!

★ 위정척사운동

위정척사는 바른 것(성리학)은 지키고, 사악한 것(서양 문물을 비롯한 성리학 이외의 종교와 사상)을 배척한다는 의미예요. 양반 유생들은 개항과 통상에 반대하는 위정척사운동을 전개하였어요. 위정척사운동을 하던 이들은 이후 일제의 침략이 노골적으로 이루어지자 항일 의병을 일으키기도 했지요.

★ 임오군란

정부의 개화 정책과 구식 군인 차별에 대한 불만으로 일어난 사건이에요.

★ 제물포 조약

임오군란으로 자국민이 살해되고 공사관이 습격 당한 일본은 피해 보상을 요구하였어요. 조선은 배상금을 물어 주고, 일본군의 주둔도 허용하게 되었지요.

Real 역사 스토리 임오군란으로 더 어려워진 조선의 상황

임오군란이 진압된 후, 고종은 백성들에게 사과문을 발표하고 민심을 수습하려 하였으나 민씨세력은 계속해서 자신들의 배만 불릴 뿐이었습니다. 그리고 가장 큰 문제는 임오군란 이후 청나라와 일본의 압력이 더욱 심해졌다는 것이었죠. 특히 청나라는 조선의 내정과 외교에 더욱 깊이 간섭하였는데요, 이에 따라 조선의 개화파는 온건 개화파(친청파)와 급진 개화파(반청파)로 나뉘어 대립하게 되었습니다. 그리고 이것은 2년 후 '갑신정변'이라는 비극으로 나타나게 되지요.

2) 갑신정변(1884)*

배경	• 청의 간섭과 정부의 소극적인 개화 정책에 대한 급진 개화파의 반발 • 일본의 도움을 약속 받고 정변을 준비함.
전개	• 김옥균을 중심으로 급진 개화파*가 우정총국* 개국 축하연을 이용하여 정변을 일으킴 • 행사에 모인 고위 관료들을 살해하고, 일본군의 호위를 받음 • 개혁 정강 14개조를 발표하고 새 정부를 구성함
결과	• 청군의 개입으로 3일 만에 실패함 　　└ '3일 천하'라고 불려요. • 주동자들은 죽임을 당하거나 일본으로 망명함
영향	• 청의 내정 간섭이 더욱 심해짐 • 정치적 영향력이 축소된 일본은 경제적 침투를 강화했고, 　방곡령*이 시행되기도 함 • 한성 조약: 일본에 배상금과 일본 공사관을 다시 짓는 비용을 지불함 • 텐진 조약: 청과 일본이 군대를 철수시키면서 맺은 조약으로, 　이후 조선에 군대를 보낼 때 서로 통보하기로 함

Real 역사 스토리 갑신정변, 왜 실패했을까?

갑신정변은 권력에서 밀려난 소수의 급진 개화파가 일본을 등에 업고 벌인 반란이었는데요, 허무하게도 3일 만에 끝나고 말았지요. 그렇다면, 갑신정변이 이토록 허무하게 실패했던 이유는 무엇이었을까요?

첫째, 조선에 있는 일본군은 청나라군에 비해 그 숫자가 1/5도 되지 않았습니다. 그래서 청나라군이 본격적으로 공격해오자 일본군은 황급히 도망칠 수밖에 없었죠.

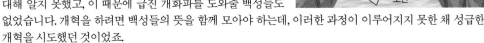

둘째, 백성들의 지지 부족입니다. 당시 백성들은 갑신정변에 대해 알지 못했고, 이 때문에 급진 개화파를 도와줄 백성들도 없었습니다. 개혁을 하려면 백성들의 뜻을 함께 모아야 하는데, 이러한 과정이 이루어지지 못한 채 성급한 개혁을 시도했던 것이었죠.

갑신정변 이후, 청나라와 일본은 텐진조약을 맺고 군사를 철수시켰지만, 실제로는 더욱 조선에 눈독을 들이며 대립각을 세웁니다. 그리고 약 10년 뒤인 1894년. 두 나라는 청일전쟁에서 제대로 맞붙게 되지요.

★ **갑신정변을 일으킨 사람들**

왼쪽부터 박영효, 서광범, 서재필, 김옥균이에요. 이들은 급진 개화파로, 일본의 힘을 빌려 정권을 장악하고자 하였지요.

★ **개화파의 분화**

·온건 개화파: 청과의 관계를 유지하고 조선의 법과 제도를 바탕으로 서양의 기술을 받아들이는 점진적 개혁 추구 ⑩ 김홍집, 김윤식 등
·급진 개화파: 청의 간섭에서 벗어나고 서양의 기술, 사상, 제도를 수용하는 급진적 개혁 추구 ⑩ 김옥균, 박영효, 서광범, 홍영식, 서재필 등

★ **우정총국**

우정총국은 지금의 우체국과 비슷해요. 우리 나라 최초로 근대 우편 업무를 도입하기 위해 세워진 관청이에요.

★ **방곡령**

일본 상인들이 조선의 곡식을 과도하게 구입해 일본으로 가져가면서 식량 부족에 허덕이는 지역이 생겨났어요. 이에 지방관들은 일본 상인들의 곡식 유출 행위를 금지시키는 방곡령을 내렸지요. 그러자 일본은 방곡령으로 손해를 보았다며 조선 정부에 배상을 요구했고, 정부는 거액의 배상금을 물어주었어요.

조·미 수호 통상 조약

개화 정책 추진

1. 통리기무아문(개화정책 총괄기구),
   별기군(신식 군대)
2. 조·미 수호 통상 조약(미국, 최혜국 대우)
3. 사절단 파견: 수신사(일본, 『조선책략』 소개),
   조사시찰단(일본),영선사(청, 기기창 설립), 보빙사(미국)

VS

위정척사운동

1860년대: 이항로(서양과 통상 반대,
          흥선 대원군 지지)
1870년대: 최익현(왜양일체론,
          강화도 조약 반대)
1880년대: 이만손
          (영남만인소-『조선책략』에 반발)

최익현

임오군란

배경: 구식 군대에 대한 차별
전개: 일본인 교관 살해, 일본 공사관 습격, 궁궐 습격 및 민씨 세력 살해,
      흥선 대원군 재집권
결과: 청나라군에게 진압(흥선 대원군은 청나라로 납치됨)
영향: 청의 내정 간섭 심화, 제물포 조약(일본에 배상금 지급, 일본군 주둔 허용)

조선은
우리가
도와주마.

청나라
조선

갑신정변

배경: 급진 개화파가 일본의 도움을 받아 청의 간섭에서 벗어나고자 함
전개: 김옥균을 중심으로 우정총국 개국 축하연에서 정변을 일으킴
결과: 3일 만에 실패(삼일천하)
영향: 청의 내정 간섭 심화, 일본의 경제 침탈 심화(방곡령 사건)
      한성 조약(일본에 배상금), 텐진 조약(청-일 간의 조약. 훗날 청일전쟁의 불씨)

러시아
일본
조선
중국

1 아래 사건들을 시간 순서에 따라 배열해 보세요.

> 가. 구식 군인들이 별기군과의 차별 등에 반발하여 난을 일으켰다.
>
> 나. 최익현이 왜양일체론을 주장하며 강화도 조약을 반대하였다.
>
> 다. 우정총국 개국 축하연에서 정변이 일어났다.
>
> 라. 한성 조약이 체결되었다.

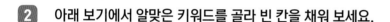

2 아래 보기에서 알맞은 키워드를 골라 빈 칸을 채워 보세요.

> 보기 수신사, 조사시찰단, 영선사, 보빙사, 제물포 조약, 한성 조약, 우정국

① 조·미 수호 통상 조약 이후 미국에 파견된 외교 사절단의 이름은 　　　　이다.

② 청나라로 　　　　이/가 다녀온 이후 근대식 무기 공장인 기기창이 설립되었다.

③ 　　　　은 임오군란의 영향으로 조선이 일본에 배상금을 지불한 사건이다.

④ 갑신정변은 김옥균 등이 주도하여 　　　　개국 축하연에서 일으킨 사건이다.

3 아래는 주요 인물들과 관계된 키워드입니다. 알맞게 연결해 보세요.

① 최익현 ・　　　　・ (ㄱ) 조선책략을 들여옴

② 김옥균 ・　　　　・ (ㄴ) 영남만인소를 주도함

③ 이만손 ・　　　　・ (ㄷ) 갑신정변을 주도함

④ 김홍집 ・　　　　・ (ㄹ) 왜양일체론을 주장함

54회

1 (가)에 들어갈 사절단으로 옳은 것은? [2점]

이것은 (가) 의 대표 민영익이 미국 대통령에게 전한 국서의 한글 번역문입니다. 이 문서에는 두 나라가 조약을 맺어 우호 관계가 돈독해졌으므로 사절단을 보낸다는 내용 등이 담겨 있습니다.

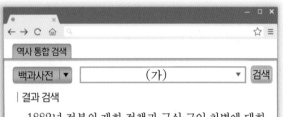

① 수신사　　　　② 보빙사

③ 영선사　　　　④ 조사 시찰단

52회

2 (가)~(다) 학생이 발표한 내용을 일어난 순서대로 옳게 나열한 것은? [3점]

〈배움 주제: 위정척사운동의 전개〉

최익현이 일본과 서양은 같다는 왜양일체론을 주장하며 일본과의 수교에 반대하였습니다.

이항로 등은 서양과의 통상을 반대하는 흥선 대원군의 통상 수교 거부 정책을 지지하였습니다.

이만손을 중심으로 한 영남지역 유생들은 조선책략 유포에 반발하여 만인소를 올렸습니다.

(가)　(나)　(다)

① (가)-(나)-(다)　　② (가)-(다)-(나)

③ (나)-(가)-(다)　　④ (다)-(가)-(나)

55회

3 (가)에 들어갈 사건으로 옳은 것은? [1점]

역사 통합 검색

백과사전 ▼ 　(가)　 ▼ 검색

| 결과 검색

　　1882년 정부의 개화 정책과 구식 군인 차별에 대한 불만으로 일어난 사건이다. 구식 군인들은 고관들의 집을 파괴하고 일본 공사관을 습격하였으며, 이 과정에서 도시 하층민도 가세하였다. 민씨 세력의 요청을 받은 청이 군대를 파견하여 난을 진압하였다.

① 임오군란　　　　② 삼국 간섭

③ 거문도 사건　　　④ 임술 농민 봉기

64회

4 밑줄 그은 '변란'으로 옳은 것은? [2점]

메타버스로 만나보는 한국사 인물

구식 군인들이 변란을 일으키자, 나는 사태 수습을 위해 입궐하여 통리기무아문과 별기군을 폐지하였소. 그런데 청군이 나를 변란의 책임자로 지목하여 이곳으로 납치하였소.

중국 톈진에 억류 당하시게 된 경위를 들을 수 있을까요?

흥선 대원군

① 갑신정변

② 신미양요

③ 임오군란

④ 임술 농민 봉기

5 (가)에 들어갈 사건으로 옳은 것은? [1점]

역사 뮤지컬

3일 천하

우정총국 개국 축하연을 기회로 삼아 (가) 을/를 일으킨 조선 청년들의 새로운 도전이 춤과 노래로 펼쳐집니다.

• 일시: 2022년 ○○월 ○○일 19시
• 장소: △△아트센터 대극장

① 갑오개혁　　　　② 갑신정변
③ 브나로드 운동　　④ 민립 대학 설립 운동

[6~7] 다음 자료를 읽고 물음에 답하시오.

근대 역사의 현장

(가) 은/는 1884년 근대 우편 업무를 도입하기 위해 세워졌다. 그러나 개화당이 이곳에서 열린 개국 축하연을 기회로 삼아 (나) 을/를 일으켜 한동안 우편 업무가 중단되었다. 그 후 1895년 우체사가 설치되어 관련 업무가 재개되었다.

현재 복원된 모습
(서울시 종로구 소재)

6 (가)에 들어갈 기구로 옳은 것은? [1점]

① 기기창　　　　　② 우정총국
③ 군국기무처　　　④ 통리기무아문

7 (나) 사건에 대한 설명으로 옳은 것은? [3점]

① 구본신참을 개혁 원칙으로 내세웠다.
② 한성 조약이 체결되는 계기가 되었다.
③ 외규장각 도서가 약탈당하는 결과를 가져왔다.
④ 사태 수습을 위해 박규수가 안핵사로 파견되었다.

도전! 심화문제

1 교사의 질문에 대한 학생의 답변으로 옳은 것은? [2점]

제14판
……… 미국과 그 상인이 종래 누리지 않았거나 이 조약에 없는 것 또한 미국 관민이 일체균점하는 것을 승인한다.

자료는 이 조약 중 최혜국 대우를 규정한 조항의 일부입니다. 조선이 서양 국가와 최초로 체결한 이 조약에 대해 말해 볼까요?

① 병인양요 발생의 배경이 되었어요.
② 갑신정변의 영향으로 체결되었어요.
③ 통감부가 설치되는 결과를 가져왔어요.
④ 거중 조정에 대한 내용이 포함되었어요.
⑤ 메가타가 재정 고문으로 부임하는 계기가 되었어요.

2 다음 자료에 나타난 상황 이후 전개된 사실로 옳은 것은? [2점]

김옥균이 일본 공사 다케조에에게 국왕의 호위를 위해 일본군이 필요하다고 요청하였다. 그는 호위를 요청하는 국왕의 친서가 있으면 투입하겠다고 약속하였다. 친서는 박영효가 전달하기로 합의하였다. 다케조에는 조선에 주둔한 청군 1천 명이 공격해 들어와도 일본군 1개 중대면 막을 수 있다고 장담하였다.

① 신식 군대인 별기군이 창설되었다.
② 김기수가 수신사로 일본에 파견되었다.
③ 일본 군함 운요호가 영종도를 공격하였다.
④ 이만손이 주도하여 영남 만인소를 올렸다.
⑤ 우정총국 개국 축하연에서 정변이 일어났다.

18강 동학농민운동과 대한제국 선포

❶ 동학농민운동과 갑오개혁

많은 사건과 키워드들이 등장하는 단원입니다. 하지만! 키워드를 인과 관계에 따라 엮어 가며 스토리로 공부한다면 어렵지 않을 거예요. 힘내세요!

1) 동학농민운동(1894)

배경		• 계속된 탐관오리의 횡포로 농민의 생활은 더욱 어려워짐 • 동학이 농민들 사이에 널리 퍼져 교세가 강해짐
전개	고부 농민 봉기	• 고부 군수 조병갑의 수탈 └▸ 전북 정읍 지역의 옛 이름 • 전봉준*과 동학농민군이 봉기하여 고부 관아를 습격  조병갑을 잡아라!
	1차 봉기	• 사태 수습을 위해 파견된 관리가 농민군을 탄압 • 전봉준과 농민군이 보국안민을 외치며 백산에서 봉기 └▸ 나라를 돕고 백성을 편안하게 하자! • 황토현* 전투, 황룡촌 전투에서 승리하고 전주성을 점령  백산 봉기 황룡촌 전투
	전주 화약 체결	• 정부가 청에 군사를 요청 • 청군이 들어오자 톈진 조약에 따라 일본도 군대 파견 • 외세의 개입을 막기 위해 동학농민군이 정부와 전주 화약을 맺고 해산 • 농민군은 전라도 일대에 집강소*를 설치하고 폐정 개혁안을 추진  전주성 점령
	2차 봉기	• 일본군이 경복궁을 무단 점령하고 청·일 전쟁을 일으키자 동학농민군이 다시 봉기 • 공주 우금치 전투에서 관군과 일본군에게 패하고 전봉준은 체포됨 └▸ 농민군은 기관총 등 최신식 무기로 무장하고, 미리 좋은 위치를 선점한 관군과 일본군의 상대가 되지 않았어요.  우금치 전투
의의		신분제 폐지 등 동학농민군의 요구 중 일부가 갑오개혁에 반영됨
영향		• 조선에 대한 주도권을 두고 청일전쟁이 일어나 일본이 승리함 • 일본이 조선에 대한 주도권을 장악함

★ 전봉준

동학농민군의 지도자인 전봉준이 잡혀가는 모습이에요. 전봉준은 어린 시절 키가 작아 '녹두'라고 불렸다고 해요.

★ 황토현 전적비

동학농민운동의 첫 승리인 황토현 전투를 기념하기 위해 세워졌어요.

TIP 장태

원래는 닭장으로 사용되던 물건을 동학농민군이 대나무를 엮어 크게 만들고, 속에 솜이나 짚을 채워 넣어 총알을 막을 수 있도록 개발되었어요. 전투에서는 데굴데굴 굴리며 관군을 향해 돌격했지요.

★ 집강소

전주 화약 체결 이후 동학농민군 스스로가 전라도 각 고을에 설치한 농민 자치 기구예요. 탐관오리를 벌하고 조세 제도를 개혁하기 위해 노력하였지요.

2) 갑오개혁(1894-1895)
└→ 일본의 간섭으로 추진된 개혁이에요.

제1차 갑오개혁	• 김홍집 등이 중심이 되어 군국기무처*를 설립하고 개혁을 추진함 ┌→ 길이, 부피, 무게 등을 재는 단위 • 과거제 폐지, 신분제 폐지, 연좌제 금지, 도량형 통일, 과부의 재가 허용, 조혼 금지 └→ 죄인의 가족이나 친척까지도 함께 어린 나이에 　　 처벌하는 제도 결혼하는 것
제2차 갑오개혁	• 청·일전쟁에서 승리한 일본은 군국기무처를 폐지함 　　　　　　　└→ 일본이 조선 내정에 간섭하기 위해서였어요. • 홍범 14조 반포(고종이 발표한 14개의 개혁안) • 교육 입국 조서 반포 → 근대식 학교(한성 사범학교 등) 설립 　　└→ 교육이 나라의 근본임을 밝혔어요.

⚬ Real 역사 스토리 | 동학농민운동과 갑오개혁에 얽힌 뒷이야기

　동학농민군이 1차 봉기에서 전주성을 점령하자, 조선 정부는 겁에 질려 또 다시 청나라 군대를 부르는 큰 실수를 저질렀어요. 동학농민군을 진압하기 위해 청군이 들어오자, 일본도 텐진조약에 따라 군대를 파견하였죠.

　조선 침략을 엿보고 있던 일본군은 얼마 후 수도 한양으로 침입해 경복궁을 점령해버렸고요. 이어서 조선을 협박해 김홍집을 중심으로 한 친일내각을 만들었습니다. 김홍집 내각은 군국기무처를 설치하고 제1차 갑오개혁을 실시했지요.

　또한, 일본군은 청나라군을 기습 공격해 청·일전쟁까지 일으켰는데요, 청·일전쟁 도중 동학농민군이 다시 봉기하자(2차 봉기), 조선 관군을 도와 우금치 전투에서 그들을 진압합니다. 그리고 다음 해인 1895년에는 청·일전쟁에서 최종 승리하면서 청나라를 몰아내고 조선의 주도권을 잡게 되지요. 이제 일본은 제2차 갑오개혁으로 조선의 내정에 본격적으로 간섭하게 됩니다.

❷ 을미사변과 을미개혁

배경	• 청·일 전쟁에서 일본이 승리한 후 일본의 내정간섭이 더욱 심해짐 • 조선은 러시아와 가까이하여 일본을 견제하려 함
을미사변 (1895)	다급해진 일본은 친러 정책의 배후 세력이라고 생각한 명성 황후*를 시해함
을미개혁 (1895)	• 을미사변으로 영향력을 되찾은 일본이 친일 내각을 세우고 개혁을 강요함 • 태양력 채택, '건양' 연호 사용, 단발령 실시 　　　　　　　└→ 상투를 없애고 머리를 짧게 자르는 것이에요.
을미의병	을미사변과 단발령에 반발하여 의병이 일어남 → 단발령이 철회되면서 해산함
아관파천 (1896)	을미사변 후 일본의 위협을 느낀 고종이 궁궐을 탈출해 러시아 공사관으로 거처를 옮김　　　　　　　└→ 여인들이 타는 가마를 타고 탈출했어요. └• 러시아를 한자로 '아라사'라고 하는데 '아관'은 러시아 공사관을 뜻하고, '파천'은 왕이 피란가는 것을 뜻해요.

⚬ Real 역사 스토리 | 단발령을 반대한 이유

　성리학적 질서가 뿌리내린 조선 사람들은 부모님이 주신 머리카락을 소중하게 여겼어요. 위정척사파인 최익현은 "내 목은 자를 수 있어도 내 머리카락은 자를 수 없다!"라며 단발령에 강하게 저항했죠. 을미사변으로 원한을 품고 있는 상황에서 단발령까지 실시되자 백성들은 전국적으로 봉기해 을미의병을 일으켰는데요. 이 의병은 너무도 강력해 쉽게 진압되지 않았어요. 결국 고종은 단발령을 철회할 수 밖에 없었고, 의병들은 스스로 해산하였지요.

싹둑싹둑

내 머리카락은
안돼~~~

★ 군국기무처

군국기무처는 갑오개혁을 추진하기 위해 설치한 정책 의결 기구예요. 총재는 김홍집이었고 약 3개월 동안 신분제 폐지, 조혼 금지 등 약 210건의 안건을 심의하고 통과시켰어요.

★ 명성 황후

조선 제26대 고종의 왕비로, 고종이 친정을 시작하자 자신의 집안인 민씨 세력과 함께 고종의 정치적 협력자가 되었고 시아버지 흥선 대원군과 대립하였어요. 일본의 간섭이 심해지자 러시아를 이용해 일본을 견제하려다 경복궁에 침입한 일본 자객들에 의해 살해당했지요.

❸ 독립협회와 대한제국

1) 독립협회(1896)

★ 만민 공동회

'모든 백성이 함께하는 대회'라는 뜻으로 누구나 참여하여 의견을 말할 수 있는 대중 집회였어요. 천민인 백정이 관리들 앞에서 연설하는 경우도 있었지요. 외세의 이권(이익을 얻을 수 있는 권리) 침탈을 막고자 노력하기도 하였는데, 주로 러시아의 이권 침탈을 막아내었습니다.

설립	아관 파천 이후 외국의 경제 침탈이 심해짐 ↓ 서재필이 귀국하여 정부의 지원을 받아 독립신문을 창간함 ↓ 서재필 등 개화 지식인과 관료들이 독립협회를 설립함
활동	• 독립문을 건립함 • 민중 계몽을 위해 강연회, 토론회를 개최함 • 만민 공동회*를 개최하여 자주 국권 운동을 전개함 • 중추원 개편을 통해 의회 설립을 추진함 • 러시아의 절영도 조차 요구에 반대함 • 정부 관리가 참여한 관민 공동회에서는 헌의 6조를 결의함 ┗▶ 신하들이 논의한 6가지 의견으로 고종이 전부 수용하였어요.

독립신문	독립문

우리 나라 최초의 근대적 민간신문으로 민중 계몽을 위해 순한글로 제작하였고, 신문의 한 면은 영어로 발행하여 외국인들도 우리의 상황을 알 수 있도록 하였어요.	왕실과 국민의 성금을 모아 청나라로부터의 자주독립을 상징하는 독립문을 세웠죠. 청나라 사신을 맞이하던 영은문을 부수고 프랑스 개선문에서 영감을 받아 만들었답니다.

해산 (1898)	고종 황제를 물러나게 하려 한다는 모함을 받아 고종의 명령으로 강제 해산됨

• Real 역사 스토리 **갑신정변의 역적, 미국인이 되어 돌아오다!**

서재필(Phillip Jaisohn)은 갑신정변이 실패하자 일본을 거쳐 미국으로 망명하였습니다. 그는 언어도 통하지 않는 미국에서 필사적으로 공부해 대학을 졸업하고 의사선생님이 되었지요. 훗날 다시 조선에 돌아온 그는 독립협회의 중심 인물이 됩니다. 서재필은 독립신문의 논설과 영어 지면을 직접 작성했는데요. 그가 쓴 논설 중에는 '나라를 지키려면 국민의 애국심과 자주정신이 필요하며 남녀도 평등해야 한다'는 앞선 생각이 있었습니다. 하지만, 아쉽게도 독립협회가 해산되면서 서재필은 다시 미국으로 돌아갔고요. 대한제국이 일제에게 나라를 빼앗기자 먼 미국 땅에서 독립운동을 지원하였고, 광복 후에는 대한민국으로 돌아와 여러 도움을 주기도 하였습니다.

서재필

2) 대한제국(1897)

고종의 환궁	고종이 독립협회와 국민의 요구로 1년 만에 경운궁(현재의 덕수궁)으로 돌아옴
대한제국 선포 (1897)	• 국호: 대한제국 • 연호: 광무 • 즉위: 환구단*에서 황제 즉위식을 거행 　→ 자주 국가임을 선언 • 대한국 국제 제정(1899): 황제에게 모든 권한을 　부여하는 헌법을 제정

고종황제

광무개혁 실시	원칙	구본신참을 원칙으로 점진적 개혁 추진 　└→ "옛것을 기본으로 새것을 참고한다."
	내용	• 토지 조사 사업을 벌이고 토지 소유권 증명서인 　지계 발급 • 상공업 발달을 위해 전기 설비와 철도 부설 추진 　및 공장과 회사, 은행 등을 설립 • 근대 학교를 설립하고 외국에 유학생을 보내 　인재 양성

지계

★ 환구단

환구단은 황제가 하늘에 제사를 지내고자 둥글게 쌓아 만든 제단으로 고종이 하늘에 제사를 지내고 황제 즉위식을 거행한 장소예요. 국권 피탈 이후 일제가 헐어버렸고, 현재는 부속 건물인 황궁우가 남아 있어요.

황궁우

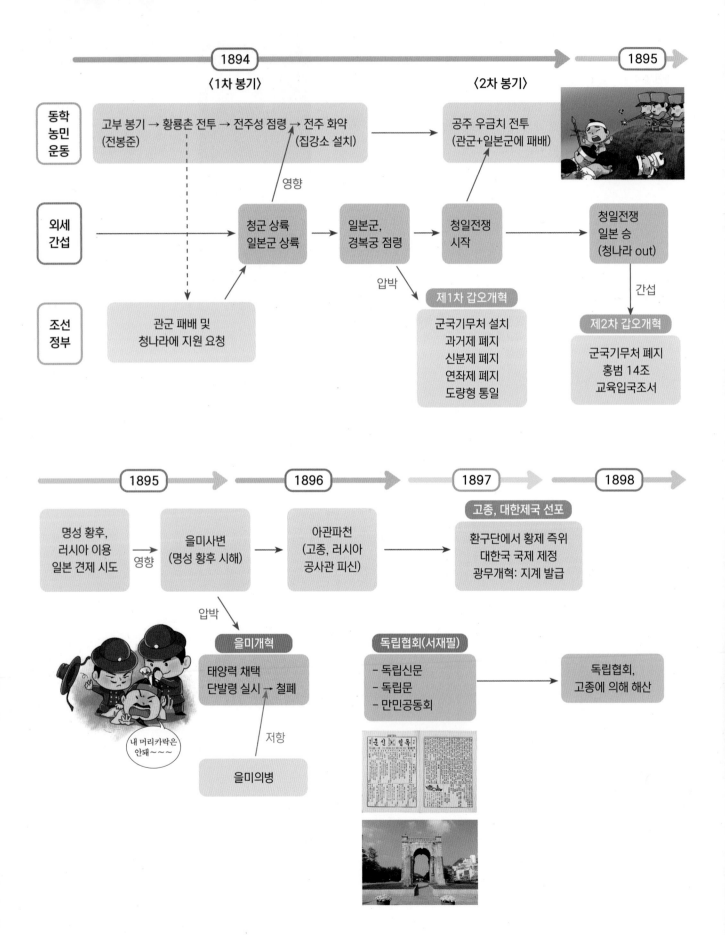

1894

〈1차 봉기〉　　　　　　　　　　　　**〈2차 봉기〉**　　　　**1895**

동학 농민 운동
고부 봉기 → 황룡촌 전투 → 전주성 점령 → 전주 화약 (집강소 설치)
(전봉준)

공주 우금치 전투 (관군+일본군에 패배)

외세 간섭
청군 상륙 일본군 상륙 → 일본군, 경복궁 점령 → 청일전쟁 시작 → 청일전쟁 일본 승 (청나라 out)

영향

압박

간섭

조선 정부
관군 패배 및 청나라에 지원 요청

제1차 갑오개혁
군국기무처 설치
과거제 폐지
신분제 폐지
연좌제 폐지
도량형 통일

제2차 갑오개혁
군국기무처 폐지
홍범 14조
교육입국조서

1895　→　**1896**　→　**1897**　　**1898**

명성 황후, 러시아 이용 일본 견제 시도

영향

을미사변 (명성 황후 시해) → 아관파천 (고종, 러시아 공사관 피신) →

고종, 대한제국 선포
환구단에서 황제 즉위
대한국 국제 제정
광무개혁: 지계 발급

압박

을미개혁
태양력 채택
단발령 실시 → 철폐

저항

을미의병

내 머리카락은 안돼~~~

독립협회(서재필)
- 독립신문
- 독립문
- 만민공동회

독립협회, 고종에 의해 해산

1 아래 사건들을 시간 순서에 따라 배열해 보세요.

> 가. 대한제국 수립이 선포되었다.
> 나. 전주 화약이 체결되었다.
> 다. 과거제가 폐지되었다.
> 라. 단발령이 실시되었다.

2 아래 보기에서 알맞은 키워드를 골라 빈 칸을 채워 보세요.

> 보기 집강소, 장태, 통리기무아문, 군국기무처, 독립협회, 독립문, 환구단

① 동학농민군은 전주에서 정부와 화해하고 　　　　을/를 설치하여 탐관오리를 처벌하였다.

② 제1차 갑오개혁은 　　　　을/를 설치해 과거제 폐지, 연좌제 금지, 도량형 통일 등을 하였다.

③ 서재필의 주도로 창립된 　　　　는 민중 계몽을 위한 강연회를 열고, 만민 공동회를 개최하였다.

④ 고종은 　　　　에서 즉위식을 거행하고 경운궁에서 대한제국을 선포하였다.

52회

1 다음 사건에 대한 설명으로 옳은 것은? [2점]

백산 집결 → 황룡촌 전투

전주성 점령 → 우금치 전투

① 외규장각 도서가 약탈되었다.
② 집강소를 설치하여 폐정 개혁을 추진하였다.
③ 홍의장군 곽재우가 의병장으로 활약하였다.
④ 서북인에 대한 차별이 원인이 되어 일어났다.

54회

2 (가)에 들어갈 기구로 옳은 것은? [2점]

> **주제: 갑오·을미 개혁**
>
> 1. 제1차 갑오개혁: (가) 을/를 중심으로 개혁을 추진하여 과거제, 노비제, 연좌제 등을 폐지
>
> 2. 제2차 갑오개혁: 홍범 14조 반포, 지방 행정 조직을 23부로 개편, 교육 입국 조서 반포
>
> 3. 을미개혁: 태양력 채택, 건양 연호 사용, 단발령 실시

① 정방   ② 교정도감
③ 군국기무처   ④ 통리기무아문

60회

3 밑줄 그은 '의병'이 일어난 시기를 연표에서 옳게 고른 것은? [3점]

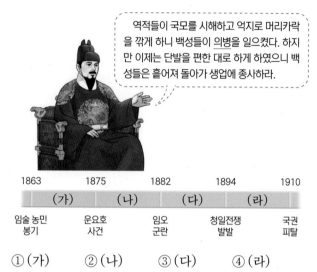

> 역적들이 국모를 시해하고 억지로 머리카락을 깎게 하니 백성들이 의병을 일으켰다. 하지만 이제는 단발을 편한 대로 하게 하였으니 백성들은 흩어져 돌아가 생업에 종사하라.

1863		1875		1882		1894		1910
	(가)		(나)		(다)		(라)	
임술 농민 봉기		운요호 사건		임오 군란		청일전쟁 발발		국권 피탈

① (가)   ② (나)   ③ (다)   ④ (라)

49회

4 다음 사건이 일어난 시기를 연표에서 옳게 고른 것은? [3점]

> 아침 7시가 될 무렵 왕과 세자는 궁녀들이 타는 가마를 타고 몰래 궁을 떠났다. 탈출은 치밀하게 계획된 것이었다. 1주일 전부터 궁녀들은 몇 채의 가마를 타고 궐문을 드나들어서 경비병들이 궁녀들의 잦은 왕래에 익숙해지도록 했다. 그래서 이른 아침 시종들이 두 채의 궁녀 가마를 들고 나갈 때도 경비병들은 특별히 신경 쓰지 않았다. 왕과 세자는 긴장하며 러시아 공사관에 도착했다.
>
> – F. A. 매켄지의 기록 –

1863		1871		1884		1895		1904
	(가)		(나)		(다)		(라)	
고종 즉위		신미양요		갑신정변		을미사변		러일전쟁

① (가)   ② (나)   ③ (다)   ④ (라)

5 (가) 시기에 있었던 사실로 옳은 것은? [2점]

고종은 환구단에서 황제 즉위식을 거행하고, 경운궁에서 새로운 국호인 (가) 을/를 선포하였지.

여기는 환구단의 일부인 황궁우야.

① 당백전을 발행하였다.
② 영선사를 파견하였다.
③ 육영 공원을 설립하였다.
④ 대한국 국제를 제정하였다.

1 (가) 시기에 전개된 동학농민군의 활동으로 옳은 것은? [2점]

백산 봉기 (가) 전주성 점령

① 황토현에서 관군에 승리하였다.
② 남접과 북접이 논산에서 연합하였다.
③ 우금치에서 일본군과 관군에 맞서 싸웠다.
④ 집강소를 중심으로 폐정 개혁안을 실천하였다.
⑤ 조병갑의 탐학에 저항하여 고부 관아를 습격하였다.

6 밑줄 그은 '단체'로 옳은 것은? [2점]

학술 발표회

우리 학회에서는 제국주의 열강의 침략으로부터 주권을 수호하고자 서재필의 주도로 창립된 단체의 의의와 한계를 조명하고자 합니다. 많은 관심과 참여를 바랍니다.

◈ 발표 주제 ◈
⊙ 민중 계몽을 위한 강연회와 토론회 개최 이유
⊙ 만민 공동회를 통한 자주 국권 운동 전개 과정
⊙ 관민 공동회 개최와 헌의 6조 결의의 역사적 의미

■ 일시: 2022년 4월 ○○일 13:00~18:00
■ 장소: △△문화원 소강당

① 보안회 ② 신민회
③ 독립협회 ④ 대한 자강회

2 (가) 단체에 대한 설명으로 옳은 것은? [2점]

서울시는 고가도로 건설을 위해 독립문 이전을 결정하였습니다. 독립문은 서재필 등이 중심이 되어 창립한 (가) 이/가 왕실과 국민의 성금을 모아 세웠습니다. 중국 사신을 맞이하던 영은문 자리 부근에 있는 독립문은 이번 결정으로 원래 자리에서 약 70미터 떨어진 공터로 이전할 예정입니다.

독립문 이전 결정

① 만세보를 발행하여 민중 계몽에 앞장섰다.
② 고종의 강제 퇴위 반대 운동을 전개하였다.
③ 여성 권리 선언문인 여권통문을 공표하였다.
④ 독립운동 자금 마련을 위해 독립 공채를 발행하였다.
⑤ 만민 공동회를 열어 열강의 이권 침탈을 저지하였다.

★ **일본의 주권침해**
러일전쟁을 일으킨 일본은 우리에게 '한일의정서'를 강요해 전쟁 중 우리 땅을 마음대로 사용하기로 했어요. 그리고 전쟁에서 승리하자, 제1차 한일 협약으로 우리의 재정과 외교를 간섭하기 시작하지요.

★ **을사늑약**
늑약은 '강제로 체결된 조약'을 뜻해요. 고종 황제가 서명을 거부하였음에도 체결되었지요.

★ **통감부**
을사늑약이 체결된 다음 해(1906) 설치된 기관으로, 대한제국 식민화를 준비하는 기구였어요. 초대 통감으로 부임한 이토 히로부미는 대한제국의 내정과 외교를 장악해요.

★ **군대 해산**

박승환 대대장은 군대 해산에 항의하며 '대한제국 만세!'를 외치고 스스로 목숨을 끊었어요.

TIP 창경궁의 수난

일제는 창경궁에 동물원과 식물원을 설치하고 1909년 일반에 공개했어요. 이는 일제가 대한제국 황실의 권위를 떨어뜨리고자 한 술책이었지요.

❶ 국권 피탈 과정

많은 문제가 출제되는 단원입니다! 을사늑약~경술국치로 이어지는 국권 피탈 과정의 주요 사건들을 이해하고, 그 과정에서 활약한 인물 및 단체들을 키워드 중심으로 공부하여야 합니다.

러·일 전쟁 (1904~1905)	전개	한반도와 만주를 둘러싼 일본과 러시아의 세력 다툼 ↓ 일본이 러시아를 기습 공격 ↓ 일본 승
	결과	• 일본이 대한제국에 대한 독점적 지배권을 확보 • 독도를 주인 없는 땅이라며 강제로 빼앗음
을사늑약★ (1905)	전개	• 일본이 대한제국을 무력으로 위협하며 강제로 을사늑약을 체결 • 고종이 동의하지 않았음에도 을사오적을 이용해 불법적으로 체결한 조약 └ 이완용, 이지용, 박제순, 이근택, 권중현
	내용	• 대한제국의 외교권 박탈 └ 다른 나라와 외교할 수 있는 권리 • 통감부★를 설치하여 내정 간섭
	저항	• 민영환: 을사늑약의 부당함을 알리며 자결함 • 을사의병: 을사늑약 체결에 반발하여 의병을 일으킴 ⑩ 최익현, 신돌석 • 고종: 을사늑약이 부당함을 전 세계에 알리고자 만국 평화 회의에 헤이그 특사(1907)를 파견함(이준, 이상설, 이위종)
고종 강제 퇴위 (1907. 7. 19.)		일본이 헤이그 특사 파견을 구실로 고종 황제를 강제로 물러나게 함 → 순종 즉위
정미7조약 (1907. 7. 24.)		행정 각 부에 일본인 차관을 임명하여 대한제국의 내정을 장악함 └ 장관 아래의 2인자
군대 해산★ (1907. 7. 31.)		• 일본이 대한제국의 군대를 강제로 해산시킴 • 해산된 군인들이 의병에 참여함(정미의병)
한·일 병합 조약 (경술국치, 1910)		• 일본이 친일파를 앞세워 국권을 강탈하고 조선 총독부를 설치함 • 한·일 병합으로 통치권을 빼앗기고 일본의 식민지가 됨 └ '경술년에 일어난 나라의 치욕'이라는 뜻

◆ Real 역사 스토리 고종의 밀명을 받은 헤이그 특사, 을사늑약의 부당함을 알리다!

고종 황제는 을사늑약의 부당함을 알리기 위해 1907년 만국평화회의가 열리는 네덜란드 헤이그에 3명의 특사(이준, 이상설, 이위종)를 파견합니다. 이들은 을사늑약의 무효를 주장하고자 했으나, 일본의 방해로 회의 참석이 거부되면서 신문기자와의 인터뷰를 통해 을사늑약의 부당함을 알렸습니다. 특사들 중 이위종은 외국어 인터뷰가 가능했고, 인터뷰가 『만국평화회의보』 1면에 대서특필되면서 전 세계에 을사늑약의 부당함을 알릴 수 있었습니다.

『만국평화회의보』 1면에 실린 헤이그 특사

(왼쪽부터) 이준, 이상설, 이위종

❷ 항일 의병 운동

을사의병	원인	을사늑약 체결에 반발하여 일어남
	특징	양반 유생(최익현 등)과 평민(신돌석* 등) 출신 의병장이 전국에서 활약함
정미의병	원인	고종의 강제 퇴위와 군대 해산에 반발하여 일어남
	특징	해산된 군인들이 의병에 참여하면서 전투력과 조직력이 강화됨
	결과	13도 창의군* (13도 의병의 연합 부대) 결성 → 서울 진공 작전을 전개하였으나 실패 → 일본의 대대적인 토벌 작전으로 의병 활동이 위축됨 → 국내에서 의병 활동이 어려워지자 이후 만주나 연해주로 이동하여 독립군으로 활동

지도 범례:
○ 의병 봉기 지역
□ 의병 대장

지도 지명: 홍범도, 삼수, 13도연합부대 창설(이인영, 1907), 이강년, 양주, 인제, 서울 진공작전(1908), 한성, 신돌석, 민긍호, 충주, 평해, 최익현, 태인, 제주도, 보성, 안규홍

Real 역사 스토리   대한제국 군대가 합세한 '정미의병'

정미의병의 모습이에요. 대한제국 군복을 입은 의병이 함께 있는 것을 보아 짐작할 수 있지요. 이 사진은 영국인 기자 프레더릭 맥켄지(Mckenzie, F. A.)가 한국의 상황을 취재하러 다닐 때 지금의 경기도 양평군 지역에서 찍은 사진이에요.

정미의병

❸ 국권 수호 운동

1) 의거 활동

장인환, 전명운	친일 미국인이자 대한제국의 외교 고문이었던 스티븐스를 사살함(1908)	
안중근	만주 하얼빈에서 을사늑약의 일본 측 대표이자 통감부의 초대 통감이었던 이토 히로부미를 처단함(1909) └▶ 이토 히로부미는 '일본 근대화의 아버지' 중 한 명으로, 일본 총리를 4번이나 지낸 일본 역사의 거물이에요.	이토 히로부미
나철, 오기호	을사오적을 처단하기 위해 오적 암살단을 조직함	

▸ **Real 역사 스토리** 안중근과 그를 도운 최재형

안중근은 국내에서 교육을 통한 계몽 운동을 하다가 한계를 느끼고 연해주로 망명해 의병 활동을 하였어요. 그리고 그곳에서 든든한 후원자인 최재형 선생을 만났지요. 최재형은 연해주에서 권업회를 조직해 독립운동을 이끈 사업가 출신 독립운동가로, 안중근 의사를 아끼며 물심양면으로 지원해 안중근 의사의 하얼빈역 의거(이토 히로부미 처단)를 도왔답니다.

두 영웅은 최후까지도 나라를 위해 노력했는데요, 안중근은 감옥에서 일제의 만행과 평화에 대한 자신의 생각을 담은 『동양 평화론』을 집필하던 중 1910년 사형을 당했고, 최재형 선생은 독립군에 대량의 무기를 지원하는 등 1920년까지 활동을 이어가다 연해주를 급습한 일본군에게 체포되어 목숨을 잃었습니다.

안중근

최재형

아우들과 빌렘 신부에게 유언을 남기는 안중근

의거에 사용한 권총

2) 애국 계몽 운동*

보안회		1904년 일본의 황무지 개간권 요구에 반대하는 집회를 벌여 철회시킴 └→ 개발되지 않은 땅을 이용할 수 있는 권리
국채 보상 운동*	배경	러·일 전쟁 이후 일본의 차관 강요 → 일본에 진 빚이 많아짐 └→ 돈을 빌리는 것
	전개	국민의 힘으로 일본에 진 빚을 갚자며 대구에서 김광제, 서상돈 등을 중심으로 시작됨(1907) → 여러 단체와 대한매일신보 등 언론의 지원을 받아 전국적으로 확산 → 통감부의 방해로 실패(1908)
신민회	조직	안창호, 양기탁, 이승훈 등이 서울에서 조직한 비밀 결사(1907)
	목표	국권 회복과 공화정의 근대 국가 건설 └→ 왕이 없는 정치체제를 말해요.
	활동	·교육 활동: 대성 학교(안창호, 평양), 　오산 학교(이승훈, 정주) 설립 ·산업 진흥: 자기 회사, 태극 서관(서점) 등을 운영 ·독립운동 기지 건설: 이회영 등이 만주에 　신흥 강습소를 설립하고 독립군 양성(1911)
	해체	일제가 조작한 105인 사건(1911)으로 해체됨 └→ 일본이 총독 암살 사건을 조작한 뒤, 　　독립운동가들에게 누명을 씌워 탄압했어요.

신민회의 활동

♦ Real 역사 스토리 **신민회의 두 영웅! 도산 안창호와 우당 이회영**

　신민회의 창립 멤버인 안창호는 대성 학교를 세워 인재를 기르고자 했어요. 이후 신민회가 105인 사건으로 해체되자, 안창호는 미국 샌프란시스코로 건너가 흥사단을 조직해 한국인들의 실력 양성 운동에 앞장섰지요. 안창호는 지속적 독립운동을 위해 재정(자금)마련이 중요함을 강조하기도 했어요.

　이회영 선생은 조선에서 손꼽히는 부자 집안에서 6형제 중 넷째로 태어났어요. 일제에게 나라를 빼앗기자, 이회영 선생과 형제들은 독립운동을 하기로 결심하고 재산을 모두 팔아 만주로 이동, 신흥 강습소를 건립하는 등 독립운동에 전재산을 쏟아부었지요. 신흥 강습소는 훗날 신흥무관학교로 이름을 바꾸고 수많은 독립군을 줄기차게 배출해내게 됩니다.

도산 안창호　　　　　우당 이회영

3) 우리 역사와 우리말 연구

신채호	·『독사신론』: 민족주의 사관에 입각해 서술한 고대사 역사서 ·『을지문덕전』, 『이순신전』: 나라를 구한 민족 영웅들의 위인전을 써서 　우리 민족의 애국심을 높이고자 함
주시경*	국문 연구소 설립(1907): 한글 연구를 위해 설립하여 국어 문법을 정리함

④ 근대 문물의 수용

교육기관	원산 학사 (1883)	함경도 주민과 지방관이 합심하여 세운 우리나라 최초의 근대식 학교	
	육영 공원 (1886)	·최초의 근대식 공립 학교 ·호머 헐버트* 등 외국인 교사를 초빙하여 양반 고위 관리의 자제들을 대상으로 각종 서양 학문(영어, 수학, 과학, 지리 등)을 가르침	육영 공원에서 수업하는 호머 헐버트
	배재 학당 (1885)	근대식 중등 교육 기관	
	이화 학당 (1886)	외국인 선교사가 설립한 최초의 여성 교육 기관	

교통·통신

• 궁중에 전신·전화, 경복궁에 전등이 설치됨
  └ 경복궁 전등은 일본, 중국보다도 2년이나 앞선 것이지요.

• 전차*가 서대문~청량리 구간을 운행

• 철도 부설
 - 경인선(1899 서울~인천, 국내 최초로 운행)
 - 경부선(1905, 서울~부산), 경의선(1906, 서울~신의주) 등이 차례로 개통됨
   └ 경부선과 경의선은 경제 침탈과 대륙 침략을 목적으로 일본에 의해 부설되었어요.

의료 시설

광혜원: 최초의 근대식 병원(후에 제중원으로 이름을 바꿈)
└→ 1885년 미국인 알렌의 건의로 세워졌어요.

근대 시설

• 박문국: 인쇄, 출판 담당
• 기기창: 신식 무기 제조(청나라에 다녀온 영선사의 성과)
• 전환국: 화폐 발행 담당
• 우정총국: 근대적 우편 업무 총괄(갑신정변의 무대)

근대 신문	한성순보 (1883)	우리나라 최초의 근대 신문, 박문국에서 10일에 한 번씩 발행, 순한문으로 간행됨
	독립신문 (1896)	우리나라 최초의 민간 신문이자, 최초 한글 신문, 정부의 지원으로 서재필이 발행하였고 영문판으로도 간행됨
	제국신문 (1898)	순한글로 발행되어 서민층과 부녀자가 주로 읽음
	황성신문 (1898)	┌→ 한글과 한문을 섞어 씀 • 국한문 혼용으로 발행되어 한문에 능숙한 전통적인 지식인들이 주로 구독 • 을사늑약 당시 장지연의 '시일야방성대곡*'을 실음
	대한매일 신보 (1904)	양기탁*과 영국인 베델이 운영, 국채 보상 운동을 적극적으로 지원 　└→ 발행인이 영국인이었기 때문에 일본의 간섭에서 비교적 　　　자유로워 일제에 비판적인 기사를 많이 실을 수 있었어요.
생활 모습		• 한복 대신 양복, 양말과 구두를 신고 서양식 머리를 함 • 커피, 홍차, 케이크 등이 유행함

<table>
<tr><td rowspan="3">건축</td><td colspan="2">독립문, 명동성당, 덕수궁 석조전 등 설립</td></tr>
<tr><td>명동성당</td><td>덕수궁 석조전</td></tr>
<tr><td>우리나라 최대의 가톨릭교 대성당,
서양식 고딕 양식이 특징이며 1898년 완공

</td><td>고종의 접견실 등으로 사용된 서양식 석조 건물,
당시 건축된 서양식 건물 중 규모가 가장 큼.
르네상스 양식으로 지었으며 1900년에 건설을
시작하여 10년 만에 완공

</td></tr>
</table>

★ **시일야방성대곡**
황성신문에 장지연이 을사늑약의 원통함을 담은 글로, '이날, 목 놓아 통곡하노라.'라는 뜻이에요. 황성신문은 이 글로 인해 일제로부터 3개월간 신문 발행이 중지 당했지요.

★ **양기탁**
베델과 함께 대한매일신보를 창간하였고, 이후 신민회 조직 멤버가 되지요. 대한매일신보는 국채 보상 운동을 확산시키는데 기여했어요.

국권 피탈 과정

1905 ─ **1907** ─ **1909** ─ **1910** →

을사늑약
• 외교권 박탈
• 통감부 설치 (초대통감 이토 히로부미)

헤이그 특사 파견
헤이그 특사: 이준, 이상설, 이위종

안중근 의거
• 중국 하얼빈 역
• 이토 히로부미 처단, 감옥서 『동양평화론』 저술
• 도움: 최재형

한·일 병합조약 (경술국치)
• 통치권을 빼앗기고 일본 식민지가 됨
• 조선 총독부 설치

을사의병
신돌석(평민), 최익현

고종 강제 퇴위
• 헤이그 특사를 구실로 퇴위
• 순종 황제 즉위

정미 7조약과 군대해산
• 정미7조약
 : 일본인 차관 임명(내정 장악)
• 군대 해산
 : 박승환 자결

정미의병
• 해산된 군인들 참여
• 13도 창의군 • 서울진공작전

애국 계몽 운동

1904 ─ **1907~1908** ─ **1907~1911** →

보안회
일제의 황무지 개간권 요구 철회시킴

국채 보상 운동
• 일본에 진 빚을 갚자!
• 대한매일 신보의 지원을 받음

신민회
• 안창호, 양기탁, 이회영 등
• 대성학교, 오산학교, 자기회사, 태극서관
• 신흥 강습소(1911): 만주지역, 독립군 양성

근대 문물의 수용

교육
• 원산학사(1883): 함경도 주민과 지방관 합심하여 설립
• 육영공원(1886): 최초 근대식 공립학교(호머 헐버트)

근대 신문
• 한성순보(1883): 박문국에서 한문으로 간행
• 독립신문(1896): 최초 민간 신문, 최초 한글 신문, 서재필, 영문판도 간행
• 대한매일신보(1904): 양기탁·베델, 국채 보상 운동 지원

건축
독립문(독립협회), 덕수궁 석조전(고종의 접견실), 명동성당(국내 최초 대성당)

1 아래 사건들을 시간 순서에 따라 배열해 보세요.

> 가. 고종 황제가 강제 퇴위되었다.
>
> 나. 을사늑약이 체결되었다.
>
> 다. 헤이그 특사가 파견되었다.
>
> 라. 대한제국 군대가 해산되었다.

           -      -   -

2 아래 보기에서 알맞은 키워드를 골라 빈 칸을 채워 보세요.

> 보기 신돌석, 최익현, 이위종, 안중근, 국채 보상 운동, 황무지 개간권 요구 반대 운동, 독립신문, 대한매일 신보, 신흥 강습소, 원산학사, 육영 공원

①   은/는 을사의병에서 평민 의병장으로 활약한 대표적 인물이다.

②   은/는 만주 하얼빈에서 통감부의 초대 통감인 이토 히로부미를 처단하였다.

③   은/는 국민의 힘으로 일본에 진 빚을 갚기 위한 운동으로,   등 신문사의 지원을 받았다.

④ 신민회의 이회영은 만주에   을/를 설립하고 독립군을 양성하였다.

⑤   은/는 최초의 근대식 공립학교로, 호머 헐버트 등 외국인 교사를 초빙하여 각종 서양 학문을 가르쳤다.

3 아래는 주요 인물들과 관계된 키워드입니다. 알맞게 연결해 보세요.

① 이준   •   • (ㄱ) 헤이그 특사

② 신채호   •   • (ㄴ) 대성학교, 흥사단

③ 안창호   •   • (ㄷ) 연해주, 권업회, 안중근을 도움

④ 최재형   •   • (ㄹ) 『독사신론』,『을지문덕전』,『이순신전』집필

⑤ 주시경   •   • (ㅁ) 국문 연구소 설립, 국어 문법 정리

64회

1 밑줄 그은 '나'에 대한 설명으로 옳은 것은? [2점]

나는 대한 제국의 주권을 침탈한 이토 히로부미를 대한의군 참모중장 자격으로 하얼빈역에서 처단하였습니다.

디지털 복원으로 만나는 독립운동가

① 중광단을 결성하였다.
② 독립 의군부를 조직하였다.
③ 동양 평화론을 집필하였다.
④ 시일야방성대곡을 발표하였다.

55회

2 (가)에 해당하는 인물로 옳은 것은? [3점]

이 작품은 (가) 이 여성의 의병 참여를 독려하기 위해 만든 노래입니다. 그녀는 이 외에도 의병을 주제로 여러 편의 가사를 지어 의병들의 사기를 높이려 하였습니다. 일제에 나라를 빼앗긴 이후에는 만주로 망명하여 항일 투쟁을 이어갔습니다.

안사람 의병가
아무리 왜놈들이 강성한들
우리들로 뭉쳐지면 왜놈 잡기 쉬울세라
아무리 여자인들 나라사랑 모를쏘냐
남녀가 유별한들 나라없이 소용있나
우리도 의병하러 나가보세
의병대를 도와주세

①
권기옥

②
남자현

③
박차정

④
윤희순

60회

3 밑줄 그은 '이 운동'에 대한 설명으로 옳은 것은? [2점]

여기가 국채 보상 기성회에서 모금하고 있는 곳이군요.
저는 이 운동에 참여하려고 비녀를 팔았어요.
저는 담배를 끊어 성금을 마련했어요.

① 만민 공동회를 개최하였다.
② 대한매일신보 등 언론의 지원을 받았다.
③ 조선 사람 조선 것이라는 구호를 내세웠다.
④ 백정에 대한 사회적 차별 철폐를 주장하였다.

52회

4 (가)에 들어갈 인물로 옳은 것은? [2점]

이달의 뮤지컬

연해주 독립운동의 대부 (가)

안중근의 하얼빈 의거를 도운 숨은 공로자, 연해주에서 권업회를 조직하여 독립운동을 이끈 인물, 우리는 그를 알고 있는가?

■ 일시: 2021년 ○○월 ○○일 오후 6시
■ 장소: △△ 대극장

① 박은식 ② 이봉창 ③ 주시경 ④ 최재형

5 (가)에 들어갈 근대 교육 기관으로 옳은 것은? [2점]

1886년 신입생 모집

영재들이여
신학문을 가르치는 공립학교
(가) 으로 오라!

1. 선발 인원: 35명
2. 지원자격
  – 좌원: 7품 이하 젊은 현직 관리
  – 우원: 15~20세의 양반 자제
3. 교과목: 영어, 수학, 자연 과학 등
4. 교사: 헐버트, 길모어, 벙커 등

① 서전서숙
② 배재 학당
③ 육영 공원
④ 이화 학당

6 (가)에 들어갈 문화유산으로 옳은 것은? [2점]

답사 계획서

■ 주제: 근대 역사의 현장을 찾아서
■ 날짜: 2021년 ○○월 ○○일
■ 답사 장소

사진	설명
우정총국	근대 우편 제도를 실행하기 위해 세워진 것으로, 개국 축하연 때 갑신정변이 발생하였다.
구 러시아 공사관	을미사변 이후 고종이 피신한 곳으로 약 1년 동안 머물렀다. 지금은 건물의 일부만 남아 있다.
(가)	고종의 접견실 등으로 사용하기 위해 지어진 것으로, 당시 건축된 서양식 건물 중 규모가 가장 크다.

①
황궁우

②
명동 성당

③
운현궁 양관

④
덕수궁 석조전

도전! 심화문제

1 (가) 인물에 대한 설명으로 옳은 것은? [2점]

이곳은 최근 다시 개관한 하얼빈의 (가) 기념관입니다. (가) 동상 위의 시계는 9시 30분에 멈춰 있습니다. 이토 히로부미를 저격한 바로 그 시각입니다.

① 동양평화론을 저술하였다.
② 친일 인사인 스티븐스를 사살하였다.
③ 5적 처단을 위해 자신회를 조직하였다.
④ 명동성당 앞에서 이완용을 습격하였다.
⑤ 동양 척식 주식회사에 폭탄을 투척하였다.

2 (가) 단체의 활동으로 옳은 것은? [2점]

신흥 무관 학교 설립
110주년 기념식 LIVE

잠시 후 신흥 무관 학교 설립 110주년 기념식이 온라인으로 거행됩니다. 신흥 무관 학교는 안창호 등이 1907년 조직한 비밀 결사인 (가) 이/가 세운 독립군 양성 기관으로 무장 투쟁지도자를 다수 배출하였습니다. 기념식에 여러분의 많은 참여 바랍니다.

① 한글 맞춤법 통일안을 제정하였다.
② 조선 혁명 선언을 활동 지침으로 하였다.
③ 농촌 계몽을 위한 브나로드 운동을 전개하였다.
④ 독립운동 자금을 마련하기 위해 독립 공채를 발행하였다.
⑤ 대성학교와 오산학교를 설립하여 민족 교육을 실시하였다.

선사 시대	고조선, 초기국가	삼국 시대	남북국 시대	고려 시대	조선 전기	조선 후기	개항기	일제 강점기	대한 민국

1910년 — 일본에게 국권을 빼앗기다.

1919년 — 3·1운동이 일어나고 그 영향으로 대한민국 임시정부가 수립되다.

1920년 — 봉오동 전투, 청산리 전투에서 독립군이 일본군을 물리치다.

1926년 — 6·10 만세 운동이 순종의 인산일에 일어나다.

1927년 — 독립운동 역사상 최대 규모 단체인 신간회와 자매단체 근우회가 창설되다.

1929년 — 광주 학생 항일운동이 일어나고 신간회가 이를 돕다.

1932년 — 한인 애국단원 이봉창, 윤봉길이 의거를 하다.

1933년 — 한글 맞춤법 통일안이 제정되다.

1936년 — 손기정 선수가 베를린 마라톤에서 우승하다.

1938년 — 일제가 전쟁을 확대하면서 국가총동원법(징병제, 공출제)을 실시하다.

1940년 — 임시정부 산하 한국광복군이 창설되어 제2차 세계대전에 참전하다.
(중국, 인도, 미얀마 전선)

1945년 — 일본이 패망하고 8월 15일 대한민국이 광복을 맞다.

선사 시대	고조선, 초기국가	삼국 시대	남북국 시대	고려 시대	조선 전기	조선 후기	개항기	일제 강점기	대한 민국

* **무단 통치**
대한제국의 주권을 빼앗은 일제는 무력을 앞세운 강압적인 방법으로 무단 통치를 실시하였어요.

* **조선 총독부**

일제는 경복궁을 가로막는 위치에 조선 총독부를 세웠어요. 1995년 김영삼 정부는 광복 50주년을 맞아 '역사 바로 세우기' 사업의 일환으로 조선 총독부 건물을 철거하였지요.

* **태형틀**

죄인을 위와 같은 틀에 묶어 놓고 엉덩이를 때렸지요.

* **무단통치기의 교사**

* **동양 척식 주식회사**

1908년 일제가 조선의 경제를 수탈 및 지배하기 위해 세운 회사지요.

TIP 만주, 간도, 연해주

만주와 간도, 연해주는 국외로 이동한 독립운동가들의 거점이 되었어요.

① 1910년대 일제의 식민 지배 정책

> 매우 많은 문제가 출제되는 단원입니다! 1910년대, 1920년대에 있었던 주요 사건, 관련 단체, 인물들이 서로 혼동되지 않도록 시기 별로 구분하고, 전후관계를 잘 파악해야 합니다.

1) 무단 통치*

조선 총독부* 설치	일제 식민 통치의 최고 기구
헌병 경찰제 실시	┌ 군대 내 경찰 헌병이 경찰을 지휘하고, 일반 경찰 업무와 행정 업무까지 담당하며 우리 민족을 탄압함
조선 태형령* 실시	한국인에게만 적용되었던 차별적인 법으로, 일본 헌병이 보기에 죄를 지었다고 생각되는 한국인을 매로 때릴 수 있도록 함
공포 분위기 조성	관리와 교사*가 제복과 칼을 착용하고 근무하도록 강요함

2) 경제 수탈 정책

회사령 (1910)	회사 설립 시 조선 총독부의 허가를 받도록 함 ↓ 한국인의 기업설립과 민족 자본의 성장을 방해함
토지조사 사업 (1910~ 1918)	• 토지를 조사하여 신고되지 않은 토지, 주인 없는 땅, 대한제국이 소유했던 국유지 등을 빼앗음 • 조선 총독부는 확보한 토지 중 상당량을 동양 척식 주식회사*와 일본 농민 등에게 헐값으로 팔아 넘김 └ 1908년 일제가 수탈을 목적으로 설립한 회사

결과	1. 조선 총독부의 재정 수입이 증대됨 2. 동양 척식 주식회사의 보유 토지가 확대됨 3. 일본 농민들이 한국으로 이주하는 농업 이민이 증가함 4. 우리 농민들이 만주와 연해주로 대거 밀려남

② 1910년대 항일 운동

1) 국내외 항일 운동

배경		일제의 탄압으로 국내 독립운동가의 활동이 어려워짐 ↓ 국내에서 비밀 결사를 조직하거나 국외로 이동하여 독립 운동을 전개함
국내 활동	대한 광복회	• 박상진을 중심으로 1915년에 대구에서 결성된 비밀 결사 운동 단체 • 공화정치를 목표로 하고 독립 전쟁 자금 모금과 친일파 처단 등의 활동을 전개 └ 왕이 없고, 국민에게 주권이 있는 정치
국외 활동		만주나 연해주 등에서 독립운동 기지를 세움 : 이회영 등이 만주 삼원보에 신흥 강습소 설립 → 신흥 무관 학교로 개편

2) 3·1운동(1919)

배경	• 미국 윌슨 대통령이 민족 자결주의*를 주장 • 일본 도쿄의 유학생들이 2·8 독립 선언 발표 • 고종의 인산일(장례일)을 계기로 3·1운동을 계획함 └→ 고종 황제가 갑자기 세상을 떠나면서 독살되었다는 소문도 퍼졌지요.
전개	한용운*, 손병희 등 종교계 지도자들로 구성된 민족 대표 33인이 태화관에서 독립 선언서를 발표  탑골 공원 독립 선언서 낭독 ⬇ 그 시각 탑골 공원에서 학생들과 시민들이 독립 선언서를 낭독하고 만세 시위를 벌임 ⬇ 만세 시위가 전국으로 확산되고 만주, 연해주, 미주 등지로 이어짐
일제의 탄압	일제는 헌병과 군인을 동원하여 만세 시위 운동을 가혹하게 탄압함 (유관순*을 비롯한 수많은 사람들이 희생됨) **제암리 학살 사건** • 일본군은 만세 시위에 참여했던 경기도 화성 제암리 마을 사람들을 교회로 모이게 하고 무차별 사격을 가한 후 불을 질러 학살함 • **프랭크 스코필드**가 이 사건의 참상을 외국 언론에 제보하여 일제의 만행을 세계에 폭로함 └→ 국립 서울 현충원에 안장된 최초의 외국인이에요.  폐허가 된 제암리 학살 사건 현장을 취재하는 프랭크 스코필드
의의와 영향	• 모든 계층이 참여한 일제 강점기 최대 규모의 민족 운동 └→ 신분과 직업, 도시와 농촌, 남녀노소를 가리지 않고 모든 계층의 사람들이 참여하였어요. 중국, 인도 등 여러 나라의 민족 운동에도 영향을 주었지요. • 일제의 통치 방법 변화: 무단 통치에서 문화 통치로 바뀌는 계기가 됨 • 독립운동을 체계적으로 이끌 지도부의 필요성이 제기되어 대한민국 임시정부가 수립됨

Real 역사 스토리 태극기의 물결, 전국을 뒤덮다! 3·1운동

　3·1운동은 몇 번 발생하고 끝난 것이 아니었습니다. 1919년 3월 1일부터 5월 말까지 약 3달에 걸쳐 전국적으로 무려 최소 1500여 건 이상의 만세 운동이 있었고, 참가자 수도 100만 명이 넘었던 한국사 최대의 시민운동이었지요. 게다가 세계 곳곳의 한국인들도 동참해 국제적인 시위로 발전하기도 했습니다.

　일제는 우리 민족의 3·1운동을 총칼을 앞세워 탄압하였지만, 이후에도 3·1운동의 열기는 꺼지지 않고 많은 사람들이 각종 독립운동 단체와 독립군 등에 몸담도록 하는 계기가 되었습니다.

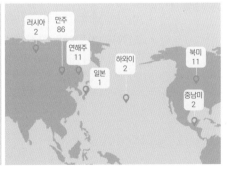

★ **민족 자결주의**

제1차 세계 대전이 끝나갈 무렵, 미국 대통령 윌슨은 '자기 민족의 문제는 스스로 결정할 권리가 있다.'고 말했어요. 우리 민족도 이를 통해 독립의 기회를 잡으려 했지요. 그러나 민족 자결주의는 제1차 세계 대전에서 패배한 나라의 식민지에만 적용되었고, 일본은 승전국이었기 때문에 우리나라에는 적용되지 않았어요.

★ **한용운**

> **님의 침묵**
> 님은 갔습니다.
> 아아, 사랑하는
> 나의 님은 갔습니다.
> 푸른 산빛을 깨치고
> 단풍나무 숲을 향하여 난
> 작은 길을 걸어서 차마
> 털치고 갔습니다.

승려이자 독립운동가로 『님의 침묵』이라는 시를 남겼고, 『조선불교유신론』을 저술하였어요.

★ **유관순**

유관순은 서울에서 만세 운동에 참여한 후 고향인 천안으로 내려가 아우내 장터에서 만세 운동을 주도하였어요. 그곳에서 부모님을 잃고 서대문 형무소에 갇혔다가 안타깝게도 18세의 나이로 세상을 떠났지요.

TIP 임시정부 청사

상하이에 있던 옛 임시정부 청사를
담은 사진이에요.

3) 대한민국 임시정부

수립	• 3·1운동을 계기로 보다 체계적인 독립운동을 위하여 중국 상하이에서 대한민국 임시정부가 수립됨(1919) 　　└▸ 상하이는 일제의 간섭을 받지 않고 외교 활동을 펼치기에 유리했어요. • 우리 역사상 최초의 공화제 정부 　　└▸ 대한제국은 황제의 나라였기에, 대한민국 임시정부는 공화제를 최초로 도입한 정부가 되지요.
활동	• 국내와 연락할 수 있는 비밀 행정 조직(연통제, 교통국)을 운영 • 독립 공채* 발행 → 독립 운동 자금을 조달 　　└▸ 독립 후에 나라가 빌린 돈을 갚을 것을 약속한 증서 • 미국 워싱턴에 구미 위원부를 설치하여 외교 활동을 전개 • 한·일 관계 사료집 발간 • 독립신문 간행 → 독립운동에 관한 소식 전파 　　└▸ 1896년 서재필에 의해 창간된 독립신문과 이름만 같고, 서로 다른 신문이에요.  대한민국 임시정부 요인들이 찍은 사진

★ 독립 공채

대한민국 임시정부가 독립운동 자금
을 모으기 위해 미주에서 발행한 공
채예요.

❸ 1920년대 일제의 식민 지배 정책

1) 민족 분열 통치(문화 통치)

배경	3·1운동을 계기로 무단 통치의 한계를 깨달은 일제는 이른바 '문화 통치'를 실시 　　　　폭력을 줄이는 척하며 교묘하게 우리 민족을 ◂ 　　　　분열시키고, 친일파를 키우려 했어요.
내용	• 헌병 경찰제를 폐지하고 보통 경찰제를 실시 　→ 실제로는 경찰 수를 약 3배로 늘리고, 치안유지법*을 제정(1925)하여 독립운동을 탄압함 　　└▸ 독립운동가들을 탄압하는 데 이용됨 • 조선일보, 동아일보 등 한글 신문의 발행을 허용 　→ 기사 내용을 미리 검열하여 기사를 삭제 혹은 발간을 정지·폐지하기도 함 • 조선인의 지방자치 참정권 부여 　→ 부유층과 지식인을 끌어내어 친일 세력으로 양성하려고 함 　　　　　　└▸ 실제로 친일파로 돌아서는 사람들이 많아졌어요.

★ 치안유지법

치안유지법으로 잡혀가는 독립운동
가들의 모습이에요. 치안유지법은
1920년대부터 일본과 조선에 유행
한 사회주의를 탄압하기 위해 만들
어졌지만, 실제로는 사회주의자와
독립운동가 모두를 탄압하는 데
이용되었어요.

2) 경제 수탈 정책

산미 증식 계획* (1차: 1920 ~1925 2차: 1926 ~1934 3차: 1940 ~1945)	배경	일본의 공업화로 농촌 인구가 줄어들어 쌀이 부족해짐 ↓ 조선을 이용하여 일본의 식량 부족 문제를 해결하려 함
	결과	종자를 개량하고 저수지 수를 늘렸으며 많은 비료를 사용하여 쌀 생산량을 증가시킴 ↓ 일제는 많은 쌀을 일본으로 가져가면서 한국인의 쌀 소비량은 오히려 감소함

일본으로 반출되는 쌀이 쌓인 군산항

회사령 폐지* (1920)	• 1910년에 시작된 회사령을 폐지함 └→ 회사를 설립하려면 허락을 받아야 함 • 1920년경에는 이미 일본이 우리나라의 경제를 장악하는 데 성공한 상태였으며, 조선에 일본 기업을 많이 진출시키기 위해 복잡한 절차인 회사령을 폐지하였음

④ 1920년대 항일 운동

1) 1920년대 국내 민족 운동

물산 장려 운동 (1920)	배경	일제의 회사령 폐지로 1920년대에는 일본 기업의 한국 진출이 활발해짐
	활동	• 1920년 평양에서 조만식의 주도로 시작되어 전국으로 확산됨 • 국산품의 애용을 통해 민족의 산업을 육성하고자 함 • '내 살림 내 것으로', '조선 사람 조선 것', '우리가 만든 것 우리가 쓰자'는 구호가 유행함

물산 장려 운동 포스터

	결과	• 사회주의자로부터 자본가의 이익만 추구한다고 비판받음 • 일제의 탄압과 방해로 큰 성과를 거두지 못함 • 이후 신간회가 결성되는 데 기여함
형평 운동*		사회적으로 천대를 받던 백정들이 저울처럼 평등한 사회를 만들고자 일으킨 신분 차별 철폐 운동 → 조선 형평사를 조직해 활동함

소년 운동		• 소파 방정환의 주도로 전개됨
		  └→ 천도교* 소년회를 조직했어요.
		• '어린이' 호칭 사용, 어린이날 제정,
		  잡지 『어린이』 발간, 색동회 조직

소파 방정환

* 산미 증식 계획
'쌀 생산량 높이기 계획'이라는 뜻으로, 일제가 조선을 자국의 식량 공급 기지로 만들기 위해 1920년부터 추진한 농업 정책이에요. 산미증식계획으로 저수지들이 많이 만들어졌지요.

* 회사령 폐지
일본 회사들이 더욱 편하게 우리나라에 진출할 수 있도록 하기 위해 시행된지 10년 만에 폐지되었어요.

* 형평 운동

백정은 고기를 다루는 도축업을 하는 사람들로, 갑오개혁으로 신분제가 폐지되었음에도 여전히 사회적으로 천대를 받았어요.
백정들이 중심이 된 형평 운동은 어느 한쪽으로 기울지 않는 저울처럼 평등한 사회를 만들자는 신분 차별 철폐 운동이에요.

* 천도교
동학을 계승한 종교로 손병희가 교단 조직을 정비해요. 어린이날 제정에 기여하였고 『개벽』, 『신여성』 등의 잡지를 발간하였어요.

★ 인산일

인산일은 왕가의 장례가 치러지는 날로, 많은 사람들이 모여들곤 했어요. 3.1 운동이 고종의 인산일, 6.10 만세 운동이 순종의 인산일로 계획되었던 것은 사람들이 많이 모일 수 있는 날이기도 했기 때문이랍니다.

★ 민족 유일당 운동

3.1운동 이후인 1920년대의 독립 운동은 활동 방향을 두고 크게 민족주의 세력과 사회주의 세력으로 나뉘었어요. 하지만 이 두 세력은 민족 유일당 운동으로 단결하였지요. 민족 유일당 운동의 결과로 만들어진 단체가 바로 일제 강점기 최대 항일 단체인 '신간회'랍니다.

6·10 만세 운동 (1926)	과정	순종의 인산일* (장례일)을 기회로 일어난 학생 중심의 만세 운동으로 학생들이 직접 거리를 뛰어다니고 격문을 배포하며 만세시위를 벌임 → 시민들이 함께 참여하면서 그 규모가 더욱 커짐
	의의	만세 운동 준비 과정에서 민족주의 세력과 사회주의 세력이 함께 참여함 → 민족 유일당 운동 확대와 신간회 창립의 계기가 됨

6·10 만세 운동 당시의 모습

> 순종의 인산일인 어제 경성에서 만세 시위가 크게 일어났다는군.

> 장례 행렬이 지나갈 때 학생들이 격문을 뿌리며 독립만세를 외쳤다지.

신간회 (1927~ 1931)	조직 (1927)	• 민족 유일당 운동*의 전개로 민족주의 세력과 사회주의 세력이 연합하여 결성 → 일제 강점기 최대 규모의 항일 운동 단체로 발전 • 이상재: 신간회의 초대 회장으로 민족 유일당 운동에 앞장섬
	구호	• '정치적·경제적 각성을 촉진함', '단결을 공고히 함' • '기회주의를 일체 부인함' └ 일제에 타협하려는 사람들을 기회주의 세력으로 여겨 비판하였지요.
	활동	전국 강연회 개최, 광주 학생 항일 운동에 진상 조사단을 파견하여 지원함

근우회 (1927)	• 신간회가 결성된 이후 여성 운동에도 민족 유일당 운동이 일어남 → 민족주의 세력과 사회주의 세력이 협동하여 설립 • 신간회의 자매 단체로서 여성의 지위 향상과 단결을 목적으로 60여 개의 지회가 조직됨 • 기관지 〈근우〉를 펴냄
원산 총파 업 사건 (1929)	• 원산에서 일본인 감독이 조선인 노동자를 구타한 사건을 계기로 원산 지역의 노동자들이 대대적인 파업을 함 • 최저 임금제 확립, 8시간 노동제 실시 등을 주장함

광주 학생 항일 운동 (1929)	배경	1929년 통학 열차 내에서 한·일 학생 간에 충돌이 발생함 → 일제 경찰이 한국 학생들만 차별적으로 처벌함
	전개	광주의 학생들이 식민지 교육 철폐와 민족 차별 중지를 주장하며 시위를 벌임 → 신간회의 진상 조사단 파견 등의 지원으로 전국적으로 확산됨
	의의	3·1운동 이후 최대 규모의 민족 운동

Real 역사 스토리 광주 학생 항일 운동, 그날의 이야기!

1929년 당시 광주에는 조선인 학교와 일본인 학교가 있었습니다. 그리고 두 학교 학생들은 같은 통학 열차를 이용했지요. 10월 30일, 통학 열차 안에서 일본인 학생들은 조선인 여학생들의 댕기머리를 잡아당기며 괴롭혔는데요, 그 모습을 본 조선인 남학생들이 여학생들을 구해주기 위해 나서면서 사건은 곧 수십 명의 학생들이 엉켜 주먹다짐을 하는 싸움으로 번졌습니다.

그런데 문제는, 출동한 일본인 경찰이 조선인 학생의 뺨을 때리며 일본인 학생들의 편만 들었다는 것이었죠. 이에 광주 학생들은 함께 힘을 모아 시위를 벌이기로 결심, 얼마 후 광주 시내로 몰려나가 '조선독립만세', '식민지 노예교육 철폐' 등을 외치는 반일 시위를 벌입니다. 그리고 때맞춰 신간회가 진상 조사단을 파견하고 이 사실을 서울에까지 알리면서 이 운동은 전국적으로 확대되어, 무려 320여 학교, 54,000여 명의 학생이 참여한 큰 시위로 발전했지요. 지금도 우리는 광주 학생 항일 운동이 일어난 11월 3일을 학생 독립운동 기념일로 지정해 그날의 뜨거운 역사를 기억하고 있답니다.

2) 1920년대 무장 독립 투쟁
└ 만주와 연해주에서는 여러 독립군 부대가 활동했어요.

봉오동 전투 (1920.6)	일제가 독립군의 근거지를 파괴하기 위해 봉오동 지역을 습격 ↓ 홍범도*가 이끄는 대한 독립군을 중심으로 독립군 연합 부대가 일본군에게 승리함 홍범도는 전투에 유리한 봉오동 골짜기 ┘ 로 일본군을 유인하여 격퇴하였어요.
청산리 전투 (1920.10)	• 봉오동 전투 후 일제가 대규모 군대를 파견함 ↓ • 김좌진이 이끄는 북로군정서, 홍범도의 대한 독립군 등 연합 부대가 청산리 일대에서 일본 군과 10여 차례 전투를 벌여 승리를 거둔 뒤, 일제의 포위망을 성공적으로 빠져나옴 일제는 이에 대한 보복으로 '간도 참변'을 일으 ┘ 켜 간도에서 수많은 한인들을 학살했어요.

봉오동 전투 지역
십리평
봉오동
연길
용정
훈춘
청산리 전투 지역
회령
어랑촌 청산리
두만강
백두산

김좌진 장군

3) 의열단

조직 (1919)	김원봉을 중심으로 만주에서 조직
목적	일제 주요 인물 암살, 식민 통치 기관 파괴 등의 무력 투쟁을 함
활동 지침	신채호가 쓴 조선 혁명 선언* └ 폭력 투쟁을 통한 민중의 혁명을 강조하였어요.
활동	• 김익상: 조선 총독부에 폭탄 투척(1921) • 김상옥: 종로 경찰서에 폭탄 투척, 일본 군경과 총격전을 벌여 다수 사살(1923) • 나석주: 동양 척식 주식회사와 조선 식산 은행에 폭탄 투척(1926)

약산 김원봉

Real 역사 스토리 어느 외국인의 눈에 비친 의열단원들의 모습

　미국인 님 웨일스(Nym Wales)는 중국 생활 중 만난 의열단원에 대한 흥미로운 기록을 남 겼습니다. 그가 본 의열단원들은 수영, 테니스, 그 밖의 운동을 통해 항상 최상의 컨디션을 유지 하였고, 매일같이 저격연습과 독서도 하며 늘 쾌활하게 생활하였다고 합니다. 그들의 생활은 명랑함과 심각함이 기묘하게 혼합되어 있었는데, 언제나 죽음을 눈 앞에 두고 있었으므로 생 명이 지속되는 한 마음껏 생활하였던 것으로 보였지요. 그들은 늘 멋진 양복을 입었고, 머리를 잘 손질하였으며, 사진 찍는 것을 좋아해 언제나 이번이 '죽기 전 마지막 사진'이라고 생각하면 서 찍었다고 합니다.

* **홍범도**

홍범도는 봉오동 전투를 승리로 이 끌고, 청산리 전투에서 김좌진의 부 대와 함께 싸워 승리하였어요. 이 후 연해주를 거쳐 소련에 의해 서쪽 멀리 있는 카자흐스탄까지 강제 이 주 당한 그는 그곳에서 살다 세상 을 떠납니다. 홍범도 장군의 유해는 2021년 8월에 우리나라로 돌아왔 지요.

* **신채호의 조선 혁명 선언**

강도(強盜) 일본을 쫓아내려면 오직 혁명으로만 가능하며, 혁 명이 아니고는 강도 일본을 쫓 아낼 방법이 없는 바이다.
(…중략…)
민중은 우리 혁명의 대본영(大 本營)이다. 폭력은 우리 혁명 의 유일한 무기이다.
(…후략…)

1910년대: 무단 통치기

무단 통치기 시작(1910)
조선 총독부
헌병 경찰제
조선 태형령
회사령
토지조사사업

무단 통치기 교사

신흥 강습소(1911)
만주 삼원보, 이회영 등,
신흥 무관 학교로 개편(1919)

대한 광복회(1915)
박상진 중심, 국내 항일 조직,
공화정 목표

3·1운동(1919)
일본 도쿄 유학생들: 2·8 독립 선언 발표
→ 고종 인산일에 3·1운동 시작(만세 시위)
→ 제암리 학살 사건
(프랭크 스코필드가 폭로)

유관순

│ 영향

대한민국 임시정부
(1919년 조직 → 1920년대 활동)
3·1운동 영향으로 상하이에 수립
연통제, 교통국, 독립 공채
구미 위원부(미 워싱턴)
한일 관계 사료집 발간

의열단
김원봉, 1919년 만주에서 조직
조선 혁명 선언(신채호), 주요 활동은 1920년대
: 김익상, 나석주, 김상옥

1920년대: 문화 통치기(민족분열 통치기)

문화 통치기 시작(1920)
산미 증식 계획
회사령 폐지
치안유지법

봉오동 전투(1920)
: 홍범도, 대한독립군

청산리 전투(1920)
: 김좌진, 북로군정서

물산 장려 운동(1920)
평양, '내 살림 내 것으로'

물산 장려 운동 포스터

형평 운동(1923)
백정들의 신분 차별 철폐 운동

소파 방정환
천도교 소년회
어린이날 제정, 색동회

소파 방정환

광주 학생 항일 운동

6·10 만세 운동(1926)
순종 인산일 학생 중심 만세 운동
→ 민족 유일당 운동 확대 및 신간회 창립의
계기가 됨

│ 영향

신간회(1927~1931)
민족 유일당 운동(민족주의+사회주의)
초대 회장: 이상재
'기회주의를 일체 부인함'
광주 학생 항일 운동에 진상 조사단 파견
자매단체 '근우회': 여성운동

│ 지원

광주 학생 항일 운동(1929~1930)
조선 학생과 일본 학생 간 충돌로 시작
일제 경찰이 한국 학생들만 차별함
시위가 벌어지고 전국적으로 확산됨
신간회가 진상 조사단을 파견해 도움
3·1운동 이후 최대 규모의 민족운동

원산 총파업(1929)
최저 임금제, 8시간 노동제 실시 주장

1 아래 사건들을 시간 순서에 따라 배열해 보세요.

> 가. 3·1운동이 일어났다.
>
> 나. 6·10 만세 운동이 일어났다.
>
> 다. 대한민국 임시정부가 상하이에서 수립되었다.
>
> 라. 조선 총독부가 설치되고 헌병 경찰제가 실시되었다.

- - - -

2 아래 보기에서 알맞은 키워드를 골라 빈 칸을 채워 보세요.

> 보기 토지조사사업, 산미 증식 계획, 호머 헐버트, 프랭크 스코필드, 3·1운동,
> 6·10 만세 운동, 고종, 순종, 신민회, 신간회

① 1910년, 일제는 경제 수탈을 위해 회사령 및   을 실시했다.

② 3·1운동 당시 제암리 학살 사건을 세계에 알린 외국인은   이다.

③ 대한민국 임시정부 수립의 계기가 된 것은   이다.

④ 6·10 만세 운동은   의 인산일과 관련이 있다.

⑤ 광주 학생 항일 운동에   가 진상 조사단을 파견하였다.

3 아래는 주요 인물과 관계된 키워드입니다. 알맞게 연결해 보세요.

① 박상진 ·   · (ㄱ) 의열단

② 이회영 ·   · (ㄴ) 어린이날, 천도교

③ 방정환 ·   · (ㄷ) 봉오동 전투

④ 홍범도 ·   · (ㄹ) 신흥 강습소(신흥무관학교)

⑤ 김원봉 ·   · (ㅁ) 대한 광복회

4 아래는 주요 단체와 관계된 키워드입니다. 알맞게 연결해 보세요.

① 대한 광복회 ·   · (ㄱ) 교통국, 연통제, 구미 위원부

② 근우회 ·   · (ㄴ) 국내 항일 활동, 공화정 목표

③ 북로군정서 ·   · (ㄷ) 여성 운동, 신간회의 자매 단체

④ 임시정부 ·   · (ㄹ) 폭력투쟁, 조선 혁명 선언

⑤ 의열단 ·   · (ㅁ) 청산리 전투

정답 **1** 라-가-다-나 **2** ① 토지 조사 사업 ② 프랭크 스코필드 ③ 3.1운동 ④ 순종 ⑤ 신간회
3 ① ㅁ ② ㄹ ③ ㄴ ④ ㄷ ⑤ ㄱ **4** ① ㄴ ② ㄷ ③ ㅁ ④ ㄱ ⑤ ㄹ

58회

1 다음 법령이 시행된 시기 일제의 경제 정책으로 옳은 것은? [2점]

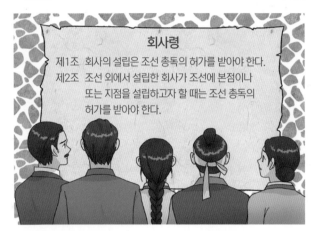

회사령

제1조 회사의 설립은 조선 총독의 허가를 받아야 한다.

제2조 조선 외에서 설립한 회사가 조선에 본점이나 또는 지점을 설립하고자 할 때는 조선 총독의 허가를 받아야 한다.

① 미곡 공출제 시행

② 남면북양 정책 추진

③ 농촌 진흥 운동 전개

④ 토지조사사업 실시

52회

2 다음 상황이 일어난 시기를 연표에서 옳게 고른 것은? [2점]

나는 충격적인 사건이 발생한 제암리에 와 있다. 이곳에서 일본군은 교회에 마을 사람들을 모이게 하고 사격을 가한 후 불을 질렀다고 한다.

스코필드

1875		1897		1910		1932		1945
	(가)		(나)		(다)		(라)	
운요호 사건		대한제국 수립		국권 피탈		윤봉길 의거		8·15 광복

① (가)   ② (나)   ③ (다)   ④ (라)

60회

3 (가)에 들어갈 인물로 옳은 것은? [1점]

다큐멘터리 기획안

우당 (가) 와/과 그의 형제들

■ 기획의도

명문가의 자손인 우당과 그의 형제들이 만주로 망명하여 펼친 독립운동을 소개하며 '노블레스 오블리주'의 진정한 의미를 재조명해 본다.

■ 구성

1부 전 재산을 처분하고 압록강을 건너다

2부 신흥 강습소를 설립하여 독립군을 양성하다

① 신채호   ② 안중근   ③ 이회영   ④ 이동휘

55회

4 다음 대화가 이루어진 시기를 연표에서 옳게 고른 것은? [3점]

순종의 인산일인 어제 경성에서 만세 시위가 크게 일어났다는군.

장례 행렬이 지나갈 때 학생들이 격문을 뿌리며 독립만세를 외쳤다지.

1897		1910		1920		1929		1942
	(가)		(나)		(다)		(라)	
대한제국 수립		국권 피탈		청산리 대첩		광주 학생 항일 운동		조선어 학회 사건

① (가)   ② (나)   ③ (다)   ④ (라)

5 (가)에 들어갈 내용으로 옳은 것은? [2점]

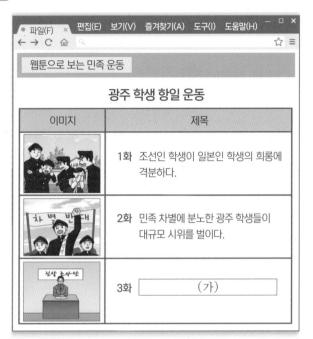

① 통감부가 설치되다.
② 2·8독립 선언서를 작성하다.
③ 일제가 치안 유지법을 공포하다.
④ 신간회 등이 지원하여 전국으로 확산되다.

6 밑줄 그은 '이 단체'로 옳은 것은? [1점]

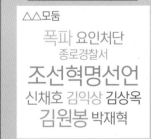

① 근우회   ② 보안회   ③ 의열단   ④ 중광단

도전! 심화문제

1 다음 기사가 나오게 된 배경으로 적절한 것은? [1점]

① 3·1운동이 전국적으로 전개되었다.
② 조선 사상범 예방 구금령이 실행되었다.
③ 브나로드 운동이 동아일보를 중심으로 추진되었다.
④ 조선 노동 총동맹과 조선 농민 총동맹이 설립되었다.
⑤ 내선일체를 강조한 황국 신민 서사의 암송이 강요되었다.

2 다음 상황이 나타나게 된 배경으로 가장 적절한 것은? [2점]

경신년 시월에 일본 토벌대들이 전 만주를 휩쓸어 애국지사들은 물론이고 농민들도 무조건 잡아다 학살하였다. …… 독립군의 성과가 컸기 때문에 그에 대한 보복으로 일본군이 대학살을 감행한 것이었다. 이것이 이른바 경신참변이다. 그래서 애국지사들은 가족들을 두고 단신으로 길림성 오상현, 흑룡강성 영안현 등으로 흩어졌다.
－『아직도 내 귀엔 서간도 바람소리가』－

① 조선 의용대가 호가장 전투에서 활약하였다.
② 대한 독립군 등이 봉오동에서 일본군을 격파하였다.
③ 조선 혁명군이 영릉가에서 일본군에 승리를 거두었다.
④ 한국독립군이 대전자령 전투에서 일본군을 격퇴하였다.
⑤ 대한민국 임시정부가 직할 부대로 참의부를 결성하였다.

21강 일제강점기 항일 운동(2)

① 1930년대 일제의 식민 지배 정책

키워드들이 반복적으로 출제되는 비중이 높은 단원입니다. 일제의 중국 침략과 민족 말살 정책에도 불구하고 다방면에서 꿋꿋하게 활약한 우리의 독립운동가들을 살펴봅시다!

1) 민족 말살 정책

배경	• 1930년대 일제는 세계 경제 대공황으로 경제 사정이 어려워짐 → 대륙 침략을 통해 위기를 극복하고자 함 • 만주사변(1931~1932): 일본이 만주를 점령하고 만주국을 세움 • 중·일 전쟁(1937~1945): 일본이 북경, 상하이 등을 점령하고 중국 대륙 침략을 본격화함
목적	중·일 전쟁(1937) 발발 이후, 일제는 우리 민족을 침략 전쟁에 동원하기 위해 우리의 민족 의식을 없애고 일본인으로 만들고자 함
궁성 요배	아침마다 일왕이 사는 곳인 궁성을 향해 절하도록 강요함
신사 참배*	일제는 전국 곳곳에 신사를 세우고, 강제로 참배하게 함 └ 일본에서 왕실의 조상, 국가의 공신을 신으로 모신 사당이에요.　└ 추모하여 절함
황국 신민 서사* 암송	모든 행사에서 황국 신민 서사를 외우게 하여 한국인이 황국의 신민임을 강조함
창씨 개명	일본식으로 성과 이름을 바꾸도록 강요함 └ 창씨: 성을 짓다, 개명: 이름을 바꾸다
민족 교육 금지	우리 말 사용과 우리 역사 교육을 금지함

2) 인적·물적 자원의 수탈

┌→ 군사 작전에 필요한 물자와 인력을 관리·보급하는 일

병참 기지화 정책		우리나라를 침략 전쟁을 위한 인력과 물자를 동원하는 기지로 삼음
국가 총동원법 제정 (1938)	인적 수탈	• 징용제* 실시: 한국인을 광산, 군수 공장, 군사 시설 등에 보내 노동력을 착취함 • 징병제 실시: 학생과 청년 등이 전쟁터로 강제 동원됨 • 일본군 '위안부': 젊은 여성들이 전쟁터로 끌려감
	물적 수탈	• 공출제* 실시: 전쟁 물자 확보를 위해 곡식, 금속 제품 등을 강제로 가져감 • 식량 배급제 실시: 일제가 식량을 모조리 거두어 가고 이후 질이 낮은 식량을 배분해 줌 • 남면북양 정책: 일제는 공업 원료를 확보하기 위해 남부 지방에서는 면화 재배를, 북부 지방에서는 양 사육을 강요함

◆ Real 역사 스토리 ┃ 1930년대, 우리 민족의 삶

　　1930년대, 일본은 중국 본토를 점령하려는 야욕을 드러내며 우리 민족을 잡아다가 전쟁터로 데려가고, 식량과 물자들을 수탈했습니다. 또한, 우리 민족의 색깔을 완전히 지우고 일본에 복종하게 하려는 민족말살통치를 시작했지요. 당시 일제는 우리의 말과 글을 사용하지 못하게 했고, 이름과 성을 일본식으로 바꾸지 않으면 불이익을 주는 등 다방면으로 우리 민족을 괴롭혔습니다.

　　하지만, 우리의 독립운동가들은 어려운 상황 속에서도 꿋꿋하게 대한독립의 길을 걸어갔고, 일제에 무력으로 저항하거나 우리 문화를 보호하려는 노력을 통해 결국 일본이 원했던 '민족 말살'을 막아내는 데 성공했습니다.

★ 강제로 신사 참배에 참여하는 학생들

★ 황국 신민 서사

★ 강제 징용

★ 금속 공출

일제는 무기를 만들기 위해 학교의 철문, 교회의 종, 가마솥, 놋그릇, 숟가락 등 금속으로 된 생활 도구까지 가져갔어요.

② 1930년대 이후 항일 운동

1) 한·중 연합 작전

배경	일제가 만주 사변(1931)을 일으켜 만주를 점령하자 중국 내에서 반일 감정이 높아졌고, 만주의 독립군 부대는 중국군과 연합하여 일본군과 전투를 벌이게 됨	
한국 독립군	• 지청천 장군이 지휘 • 중국 호로군과 연합하여 쌍성보 전투(1932), 대전자령 전투(1933) 등에서 일본군에 승리함	지청천 장군

2) 한인 애국단의 활동

한인 애국단 조직 (1931)	• 김구*가 상하이 임시정부에서 결성한 항일무장투쟁 단체 • 이봉창, 윤봉길 등의 의거를 비롯한 여러 의거를 계획하고, 정보 수집 및 무기와 인력 등 필요한 것들을 지원함
이봉창* 의거 (1932. 1.)	• 한인 애국단원 이봉창이 도쿄에서 일본 왕이 탄 마차를 향해 수류탄을 던졌으나 실패함 ↓ • 이 사건을 중국 언론이 '불행하게도 성공하지 못했다.'라고 보도해 일본을 자극함
윤봉길* 의거 (1932. 4. 29.)	• 한인 애국단원 윤봉길이 상하이 홍커우 공원에서 일제 요인들을 폭사시킨 의거 • 일본군의 상하이 승전 축하 기념식 겸 일본 왕의 생일축하 파티에서 윤봉길이 물통 폭탄을 투척해 다수의 일본 요인들을 처단하거나 부상 입힘 ↓ • 이에 감탄한 중국 정부가 대한민국 임시정부를 전폭적으로 지원하고 돕게 되었으며, 일본군은 상하이에서 철수함

◆ Real 역사 스토리 소름주의! 윤봉길의 예언

윤봉길 의사는 홍커우 공원 의거를 성공시킨 뒤 일제에 의해 체포되어 심문을 받았는데요, 당시 일본 경찰은 윤봉길에게 "네가 이렇게 한다고 조선이 독립할 수 있을 것 같냐? 쓸데없는 짓이다!"라고 말합니다. 그러자 윤봉길은 "조선이 당장 독립하는 것은 어렵겠으나, 만약 세계 대전이 발발하면 그때야 말로 조선은 독립하고야 말 것이다!"라고 대답하죠.

이후 윤봉길 의사의 예언은 그대로 적중해 10년도 안 되어 제2차 세계대전이 발발하였고, 여기서 일본은 나치 독일의 편에 서서 미국의 진주만을 공습했다가 국운이 기울게 됩니다. 그리고 1943년 미국, 영국, 중국의 정상이 모인 카이로 회담에서 우리 민족은 일본과 끊임없이 싸워 온 독립운동가들의 희생과 임시정부의 외교적 노력을 인정받았습니다. 그리고 세계에서 유일하게 연합국으로부터 2차 세계대전이 끝나면 독립을 보장받기로 하였지요. 이후 일제가 원자폭탄에 맞은 뒤 무조건 항복을 선언하면서, 우리는 1945년 8월 15일 광복을 맞게 됩니다.

★ 김구

김구 선생은 독립운동의 역사 그 자체입니다. 1894년 동학농민운동부터 항일 의병, 대한민국 임시정부에도 참여하였고, 그곳에서 한인 애국단을 결성해 여러 독립투사들을 지원했지요. 이후 김구는 1940년부터 임시정부의 주석이 되어 독립운동을 이끌었고, 1945년 광복 이후에는 남북한 통일 정부 수립을 위해 노력하였습니다.

★ 이봉창 · 윤봉길 의사

이봉창

윤봉길

3) 대한민국 임시정부의 재정비와 한국광복군

임시정부의 이동	윤봉길 의거 이후 일제의 탄압이 심해지자 상하이를 떠나 중국의 여러 지역으로 거점을 옮기다가 1940년 충칭에 정착함 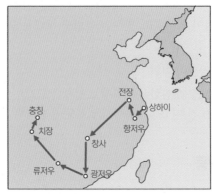 대한민국 임시정부의 이동을 보여주는 지도
한국 독립당 결성	• 김구, 지청천, 조소앙 등이 함께 결성 (1940) • 대한민국 임시정부의 여당 역할을 담당함 └→ 국가의 정권을 잡고 있는 정당으로, 야당의 반대말이에요.
주석제 실시	김구가 초대 주석으로 취임함
건국 강령 발표 (1941)	• 정치·경제·교육의 균등을 추구한 조소앙의 삼균주의*에 바탕을 둠 • 토지 및 주요 산업의 국유화, 보통 선거 등을 목표로 함

한국 광복군 창설 (1940)	창설	대한민국 임시정부의 산하 정규군으로 지청천을 총사령관으로 하여 충칭에서 창설 → 조선 의용대*의 일부 합류로 조직 강화(조선의용대의 김원봉이 부사령관에 취임)
	활동	• 1941년 일본이 미국을 공격하면서 태평양 전쟁이 발발 → 일본에 선전 포고를 하고 연합군의 일원으로 참전함 • 영국군의 요청으로 인도·미얀마 전선에 투입됨 • 미국 전략 정보국(OSS)과 협력하여 국내 진공 작전을 추진함 └→ 국내에 침투하여 일본군을 몰아내려는 작전 이었으나 일본이 갑자기 연합국에 항복하면서 실행에 옮기지 못했어요.

★ 조소앙의 삼균주의

조소앙은 한국 독립당을 결성하고, 정치, 경제, 교육의 균등을 통해 개인과 개인, 민족과 민족, 국가와 국가 사이의 호혜 평등을 실현하자는 삼균주의를 제창하였어요.

★ 조선 의용대(1938)

김원봉을 중심으로 창설된 조선 의용대는 중국 국민당의 지원을 받아 중국 관내에서 결성된 최초의 한인 무장 조직이에요. 1940년 이후 화북 지방으로 이동하거나 김원봉 등 일부는 한국광복군에 합류하였어요.

⟨ Real 역사 스토리 ⟩ 제2차 세계대전에서 활약한 한국광복군!

　제2차 세계대전에서 일본이 나치 독일의 편에 서자, 대한민국 임시정부 산하의 한국광복군은 연합국의 일원으로 참전하여 일본에 맞서 싸웠습니다. 특히, 인도·미얀마 전선에 투입된 대원들은 영어와 일본어를 기본적으로 구사할 줄 알았던 능력자들이었는데요, 그 덕에 일본군의 통신을 감청하거나 문서를 번역해 영국군에게 중요한 정보를 제공하는가 하면, 일본인 포로를 심문하거나 일본어 방송을 통한 심리전까지 성공적으로 수행했죠. 또한, 일제에 의해 강제로 전쟁터에 끌려온 조선인들이 들을 수 있도록 우리말 방송을 했는데요, 그 방송을 듣고 일본군 내의 조선인들이 대거 탈출하면서 일본군들의 사기가 크게 떨어지기도 했다고 하네요.

인도·미얀마 전선의 한국광복군

한국광복군과 미 전략정보국의 훈련 장면

4) 민족 문화 수호 운동

└→ 일제강점기의 어려움 속에서도 우리의 문화를 지키고 발전시키고자 노력한 분들이 있었어요.

한글 연구	조선어 학회(1931) - 1920년대 활동한 조선어 연구회를 계승한 단체로 이윤재, 최현배 등이 조직함 - 『한글 맞춤법 통일안』과 표준어 제정 - 『우리말 큰사전』편찬을 시도 → 조선어 학회 사건 으로 해산되면서 실패(1942) └→ 조선어 학회를 독립운 동 단체로 규정해 감옥 에 가둔 사건
역사 연구	• 박은식: 일제의 침략과정을 담은 『한국 통사』 등을 저술 • 신채호*: 일본의 역사 왜곡에 맞서 우리의 민족 정신을 높이기 위해 『조선상고사』 등을 저술 └→ 역사를 아(我)와 비아(非我)의 투쟁을 기록한 것으로 정의
문학	한용운(『님의 침묵』), 윤동주*(『서시』, 『별 헤는 밤』), 이육사*(『광야』), 심훈(『상록수』, 『그날이 오면』) 등 식민지 현실과 항일 의식을 담은 작품 발표
영화	• 나운규가 민족의 아픔을 담은 『아리랑』 제작 • 나라를 잃은 민중의 울분과 설움을 그려 내 큰 호응을 얻음
문화재 보호	간송 전형필: 일제 강점기에 훈민정음 해례본 등 수많은 문화재를 수집하여 보존에 힘씀 → 수집한 문화재를 보관하기 위해 보화각을 세움
체육	• 손기정 선수는 1936년 베를린 올림픽 마라톤 경기에서 올림픽 신기록을 세우며 우승함 → 당시 조선중앙일보, 동아일보 등이 그의 우승 소식을 보도하면서 유니폼에 그려진 일장기를 삭제하여 일제의 탄압을 받았음 • 고대 그리스 청동 투구*를 부상으로 받음

우리말 큰사전을
편찬하기 위해 만든 원고

결승점을 향해 뛰는 손기정

[Real 역사 스토리] 손기정 선수의 베를린 올림픽 뒷이야기

　사실 일본은 조선인 손기정이 일본 대표로 뛰는 것을 막으려 했지만 손기정의 실력은 너무 뛰어났습니다. 올림픽 대표 선발 경기 당시 일본인 선수들은 지름길을 이용하는 부정행위를 저질렀음에도 손기정 선수에게 한참이나 뒤쳐지며 패배했거든요. 손기정 선수는 함께 출전한 또 다른 조선인 선수인 남승룡 선수와 함께 각각 금메달, 동메달을 차지했는데요, 시상식에서 두 선수는 모두 침울한 표정으로 고개를 푹 숙였고 손기정 선수는 상으로 받은 묘목으로 일장기를 최대한 가리려 했습니다. 남승룡 선수는 자신에게 묘목이 없음을 아쉬워하며 바지를 최대한 끌어올려 일장기를 가려보려 했다고 하네요. 손기정 선수는 이후 1984년 LA올림픽, 1988년 서울 올림픽에서 성화 봉송 주자로 선정되는 영광을 누렸습니다.

시상대 위의 손기정

일장기를 지운채 신문에 실린 모습

✦ 신채호

신채호는 대한제국 시기에는 『을지문덕전』, 『이순신전』 등 나라를 구한 민족 영웅들의 위인전을 써서 우리 민족의 애국심을 높이고자 노력했어요. 이후 일제 강점기에는 일본의 역사 왜곡에 맞서 『조선사연구초』, 『조선상고사』 등을 저술하였지요.

✦ 윤동주

저항시를 짓던 일본 유학생으로, 독립운동 혐의로 수감되어 일제에 의해 옥사하였어요.

✦ 이육사

독립운동을 하다가 17번의 옥고를 치른 저항 시인이에요. 대구 형무소에 있을 때 죄수번호 264(이육사)를 따서 본명 이원록을 대신해 이름으로 사용하였어요.

✦ 고대 그리스 청동 투구

기원전 8세기의 그리스 유물. 1936년 베를린 올림픽 당시 그리스가 손기정에게 수여하려 하였으나, 당시에는 받지 못하고 1986년 베를린 올림픽 50주년을 맞이해 손기정 선수에게 수여되었어요. 손기정 선수는 이 유물을 국가에 기증하였고, 지금은 국립중앙박물관에 전시되어 있답니다.

고대 그리스 투구를 써 보는 손기정

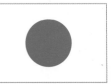

일본의 움직임

독립노력

민족 말살 정책(1930~40년대)
한국인의 정체성을 말살하려 함
- 궁성 요배: 매일 아침 일왕에게 절하도록 강요
- 신사 참배: 일본 사당인 신사에서 참배 강요
- 황국 신민 서사 암송: 일본 신민임을 외워 말하게 함
- 창씨 개명: 성을 바꾸고 이름을 짓도록 강요

한인 애국단(1931~1933)
김구가 조직. 임시정부 산하 무장투쟁단체
이봉창(일왕에게 폭탄 투척)
윤봉길(홍커우 공원 물통 폭탄 의거 성공)

만주사변(1931~1932)
일본이 만주를 점령하고 만주국을 세움

영향 →

한·중연합작전
: 한국독립군, 지청천 장군, 중국 호로군과 연합
쌍성보 전투, 대전자령 전투 승리

1930
~40년대
: 민족 말살
통치기

중·일전쟁(1937~1945)
일본이 중국 북경, 상하이 등을 점령하고 중국대륙
침략을 본격화

조선어 학회(1931~1942)
조선어 연구회 계승
한글 맞춤법 통일안, 표준어 제정
우리말 큰사전 편찬 시도

↓ 영향

국가 총동원법(1938)
조선인 징병제, 물자 공출제(미곡 공출, 금속 공출 등)

한국광복군(1940~1945)
지청천 총사령관, 김원봉 부사령관
조선 의용대 일부 합류로 조직 강화
2차 세계대전 인도·미얀마 전선에 투입
국내 진공 작전 추진(1945)

태평양전쟁(1941~1945)
2차 세계대전의 일부. 미국을 공격한 일본이 패망함

← 일본과
전투

패망
1945.
8. 14

광복
1945.
8. 15

민족문화 수호운동

역사: 신채호 『조선상고사』
문학: 윤동주 『서시』, 『별 헤는 밤』, 이육사 『광야』
영화: 나운규 『아리랑』
체육: 손기정(1936 베를린 마라톤 우승),
        그리스 청동 투구
문화재 보호: 간송 전형필(『훈민정음 해례본』 등 보존)

1 아래 사건들을 시간 순서에 따라 배열해 보세요.

> 가. 만주 사변 후, 한국독립군이 중국 호로군과 연합하여 일본군을 물리쳤다.
>
> 나. 윤봉길이 상하이 훙커우 공원에서 폭탄 투척 의거를 성공시켰다.
>
> 다. 중일전쟁이 일어나고 일제가 우리에게 황국 신민 서사를 암송하게 하였다.
>
> 라. 임시정부의 한국광복군이 미군과 연계하여 국내 진공 작전을 계획하였다.

- - - -

2 아래 보기에서 알맞은 키워드를 골라 빈 칸을 채워 보세요.

> 보기 조선어 학회, 의열단, 한인 애국단, 이봉창, 지청천, 민족 말살 정책,
> 국가 총동원법, 삼균주의, 사회주의

① 1931년, _____ 은/는 한글 맞춤법 통일안과 표준어를 제정하고, 우리말 큰사전 편찬을 시도하였다.

② _____ 은/는 김구가 상하이 임시정부에서 결성한 항일무장투쟁 단체이다.

③ _____ 은/는 도쿄에서 일본 왕이 탄 마차를 향해 수류탄을 던졌으나 실패하였다.

④ 1938년, 일제는 _____ 을/를 통해 우리의 인적, 물적 자원의 수탈을 본격화하였다.

⑤ 1941년, 대한민국 임시정부는 조소앙의 _____ 에 바탕을 둔 건국 강령을 발표하였다.

3 아래는 주요 인물과 관계된 키워드입니다. 알맞게 연결해 보세요.

① 지청천 ·   · (ㄱ) 저항시인(『서시』『별 헤는 밤』)

② 나운규 ·   · (ㄴ) 조선상고사

③ 전형필 ·   · (ㄷ) 베를린 올림픽 마라톤 금메달리스트

④ 손기정 ·   · (ㄹ) 훈민정음 해례본 등 문화재 보존

⑤ 신채호 ·   · (ㅁ) 아리랑

⑥ 윤동주 ·   · (ㅂ) 한국독립군, 한국광복군 지휘관

60회

1 밑줄 그은 '시기'에 볼 수 있는 모습으로 가장 적절한 것은? [2점]

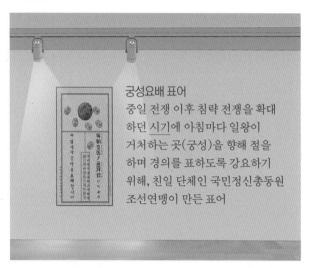

궁성요배 표어
중일 전쟁 이후 침략 전쟁을 확대하던 시기에 아침마다 일왕이 거처하는 곳(궁성)을 향해 절을 하며 경의를 표하도록 강요하기 위해, 친일 단체인 국민정신총동원 조선연맹이 만든 표어

① 태형을 집행하는 헌병 경찰
② 회사령을 공포하는 총독부 관리
③ 황국 신민 서사를 암송하는 학생
④ 암태도 소작 쟁의에 참여하는 농민

57회

2 밑줄 그은 '이 시기'에 일제가 추진한 정책으로 옳은 것은? [3점]

이 인공 동굴은 일제가 공중 폭격에 대비하여 목포 유달산 아래에 만든 방공호입니다. 국가 총동원법이 시행된 이 시기에 일제는 한국인들을 강제 동원하여 이와 같은 군사 시설을 한반도 곳곳에 만들었습니다.

① 회사령을 공포하였다.
② 미곡 공출제를 시행하였다.
③ 치안 유지법을 제정하였다.
④ 헌병 경찰 제도를 실시하였다.

55회

3 (가) 군대에 대한 설명으로 옳은 것은? [2점]

이달의 독립운동가
1940년 대한민국 임시정부가 창설한 (가) 의 총사령관
지청천 장군
(1888-1957)

① 자유시 참변으로 큰 타격을 입었다.
② 봉오동 전투에서 일본군을 격퇴하였다.
③ 미군과 연계하여 국내 진공 작전을 계획하였다.
④ 홍경성에서 중국 의용군과 연합 작전을 펼쳤다.

67회

4 (가)에 들어갈 인물로 가장 적절한 것은? [1점]

독립운동가 (가) 특별 사진전

| 한인 애국단에 가입함 | 홍커우 공원 의거를 일으킴 | 김구에게 시계를 남김 |

① 김원봉
② 나석주
③ 윤봉길
④ 이동휘

57회

5 (가)에 들어갈 단체로 옳은 것은? [1점]

특별 기획전

한글, 민족을 지키다

이윤재, 최현배 등을 중심으로 우리말과 글을 지키기 위하여 노력한 (가) 의 자료를 특별 전시합니다. 일제의 탄압 속에서도 지켜낸 한글의 소중함을 느끼고 한글 수호에 앞장선 사람들을 기억하는 자리가 되기를 바랍니다.

■ 기간: 2022년 ○○월 ○○일 ~ ○○월 ○○일
■ 장소: △△박물관 특별 전시실
■ 주요 전시 자료

조선말 큰사전 원고

한글 맞춤법 통일안

① 토월회
② 독립협회
③ 대한 자강회
④ 조선어 학회

45회

6 (가)에 들어갈 인물로 옳은 것은? [1점]

이 유물은 (가) 이 1936년 베를린 올림픽 마라톤 경기에서 우승하여 받은 투구입니다. 당시 조선중앙일보, 동아일보 등이 그의 우승 소식을 보도하면서 유니폼에 그려진 일장기를 삭제하여 일제의 탄압을 받았습니다.

고대 그리스 청동 투구

① 남승룡   ② 손기정   ③ 안창남   ④ 이중섭

◇ - - - - - - - - - - **도전! 심화문제** - - - - - - - - - - ◇

59회

1 (가) 부대에 대한 설명으로 옳은 것은? [2점]

인도 전선에서 (가) 이/가 활동에 나선 이래, 각 대원은 민족의 영광을 위해 빗발치는 탄환도 두려워하지 않고 온갖 고초를 겪으며 영국군의 작전에 협조하였다. (가) 은/는 적을 향한 육성 선전, 방송, 전단 살포, 포로 심문, 정찰, 포로 훈련 등 여러 부분에서 상당한 성과를 거두었다. 그 결과 영국군 당국은 우리를 깊이 신임하고 있으며, 한국 독립에 대해서도 동정을 아끼지 않고 있다. 충칭에 거주하고 있는 한국 청년 동지들이 인도에서의 공작에 다수 참여하기를 희망한다.

－「독립신문」－

① 청산리에서 일본군에 맞서 대승을 거두었다.
② 미군과 연계하여 국내 진공 작전을 계획하였다.
③ 쌍성보 전투에서 한중 연합 작전을 전개하였다.
④ 중국 의용군과 연합하여 흥경성에서 승리하였다.
⑤ 동북 항일 연군으로 개편되어 유격전을 펼쳤다.

56회

2 (가) 단체의 활동으로 옳은 것은? [2점]

접견 기록

■ 날짜 및 장소
· 1943년 7월 26일, 중국 군사 위원회 접견실

■ 참석 인물
· (가) : 주석 김구, 외무부장 조소앙 등
· 중국: 위원장 장제스 등

■ 주요 내용
· 장제스: 한국의 완전한 독립을 실현하는 과정은 쉽지 않을 것입니다. 그러나 한국 혁명 동지들이 진심으로 단결하고 협조하여 함께 노력한다면 광복의 뜻을 이룰 수 있을 것입니다.
· 김구·조소앙: 우리의 독립 주장이 이루어질 수 있도록 귀국이 지지해 주기를 희망합니다.

① 좌우 합작 7원칙을 발표하였다.
② 개벽, 신여성 등의 잡지를 간행하였다.
③ 조선 혁명 선언을 활동 지침으로 삼았다.
④ 한글 맞춤법 통일안과 표준어를 제정하였다.
⑤ 삼균주의를 기초로 하는 건국 강령을 선포하였다.

| 선사 시대 | 고조선, 초기국가 | 삼국 시대 | 남북국 시대 | 고려 시대 | 조선 전기 | 조선 후기 | 개항기 | 일제 강점기 | 대한 민국 |

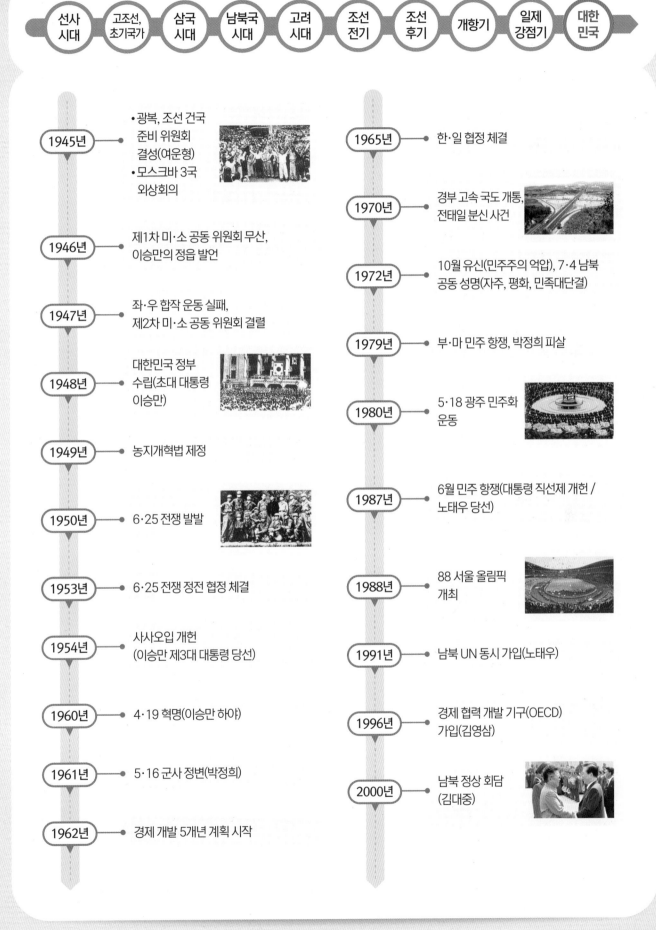

1945년
- 광복, 조선 건국 준비 위원회 결성(여운형)
- 모스크바 3국 외상회의

1946년
제1차 미·소 공동 위원회 무산, 이승만의 정읍 발언

1947년
좌·우 합작 운동 실패, 제2차 미·소 공동 위원회 결렬

1948년
대한민국 정부 수립(초대 대통령 이승만)

1949년
농지개혁법 제정

1950년
6·25 전쟁 발발

1953년
6·25 전쟁 정전 협정 체결

1954년
사사오입 개헌 (이승만 제3대 대통령 당선)

1960년
4·19 혁명(이승만 하야)

1961년
5·16 군사 정변(박정희)

1962년
경제 개발 5개년 계획 시작

1965년
한·일 협정 체결

1970년
경부 고속 국도 개통, 전태일 분신 사건

1972년
10월 유신(민주주의 억압), 7·4 남북 공동 성명(자주, 평화, 민족대단결)

1979년
부·마 민주 항쟁, 박정희 피살

1980년
5·18 광주 민주화 운동

1987년
6월 민주 항쟁(대통령 직선제 개헌 / 노태우 당선)

1988년
88 서울 올림픽 개최

1991년
남북 UN 동시 가입(노태우)

1996년
경제 협력 개발 기구(OECD) 가입(김영삼)

2000년
남북 정상 회담 (김대중)

❶ 8·15 광복과 대한민국 정부 수립

광복 후 남한과 북한에 각각 정부가 수립되고, 6·25 전쟁으로 이어지는 과정을 시간 순으로 파악했는지 묻는 문제가 자주 출제됩니다. 키워드와 관련된 인물들도 혼동되지 않도록 잘 암기해야겠지요!

1) 8·15 광복

8·15 광복*	우리 민족의 독립을 위한 끊임없는 노력과 제2차 세계 대전*에서 일본이 패망하면서 1945년 8월 15일, 광복을 맞이함 └ 미국의 원자폭탄 투하에 일본이 무조건 항복하였어요.
조선 건국 준비 위원회	광복 직후 여운형을 중심으로 결성 → 광복 직후의 국내 질서를 유지
38도선*	• 일본군의 무장 해제를 구실로 38도선을 경계로 남쪽에 미군이, 북쪽에 소련군이 주둔하게 됨 └ 싸움을 하지 못하도록 군사 시설이나 무기 등을 없애는 것 • 38도선은 처음에는 미군과 소련군의 군사 분계선이었으나, 소련이 38도선을 봉쇄하고 북한을 공산화하기 시작하면서 점차 국경선처럼 굳어지게 됨

◆ Real 역사 스토리 몽양 여운형 선생

독립운동가인 여운형은 1918년 신한 청년당 결성, 1919년 대한민국 임시정부 수립에 참여하였고, 광복 직후에는 조선 건국 준비 위원회 위원장에 취임하였어요. 이후 미국과 소련에 의해 38도선이 그어지고 북한이 급격히 공산화되며 남북한이 서로 대립하자, 김규식 등과 함께 좌우합작운동을 벌여 민족 분열을 막아보기 위해 고군분투하기도 하였지요. 여운형은 이 과정에서 좌우합작운동에 반대하는 자들에게 여러 차례 테러를 당했고, 1947년 7월 19일, 12번째 테러범에게 총상을 입고 결국 숨을 거두고 말았습니다.

여운형

2) 모스크바 3국 외상 회의(1945.12.)

의미	지금의 러시아와 그 주변 국가로 이루어진 사회주의 국가 공동체 ┘ 1945년 12월, 미국·영국·소련의 외무 장관이 모스크바에 모여 한반도 문제를 포함한 제2차 세계 대전 이후의 처리 문제를 회의함  미국 소련 영국 모스크바 3국 외상 회의
결정 사항	• 한반도에 민주적인 임시정부 수립을 결의 • 미·소 공동 위원회를 설치하여 임시정부의 구성을 돕기로 함 • 미·소·영·중 4개국이 최고 5개년에 걸친 신탁통치를 실시하고, 최종 결정은 미국과 소련이 하기로 함
영향	신탁통치 결정 소식이 부정적으로 국내에 알려지면서 신탁통치 반대 운동*이 확산됨 ↓ 좌익세력이 모스크바 3국 외상 회의 결정을 지지한다고 입장을 바꿈 ↓ 신탁통치에 반대하는 우익 세력과 찬성하는 좌익 세력으로 나뉘어 대립함

✷ 8·15 광복

광복을 맞아 서대문형무소에서 풀려난 애국지사들의 모습이에요. 광복은 '빛을 되찾다'는 의미로, 35년간의 일제 치하에서 벗어나 독립을 되찾은 쾌거였습니다.

✷ 제2차 세계 대전

1939~1945년에 있었던 세계 전쟁으로 인류 역사상 가장 많은 피해를 남겼어요. 제2차 세계 대전 이후 국제 연합(UN)이 설립되어 전쟁을 방지하고 평화를 유지하기 위해 노력하고 있지요.

✷ 북위 38도선

✷ 신탁통치 반대 운동

사람들은 신탁 통치를 새로운 식민지 지배로 받아들여 크게 반대하였고, 시위가 일어났어요.

TIP 좌익과 우익
· 좌익: 사회주의를 지지
· 우익: 자유주의를 지지

3) 통일 정부 수립을 위한 노력

제1차 미·소 공동 위원회* (1946. 1.~5.)	한국에 임시정부 수립을 논의하기 위해 개최되었으나, 미국과 소련의 의견 차이로 무기한 연기됨

미·소 공동 위원회

미·소 공동 위원회 미국 대표와 여운형 선생

이승만의 정읍 발언 (1946. 6. 3.)	제1차 미·소 공동 위원회가 무기한 연기되어 임시정부 수립이 늦어지자, 이승만은 정읍에서 남한만의 단독 정부 수립을 주장하는 연설을 함
좌·우 합작 운동 (1946. 7.~ 1947. 7.)	하나의 정부 수립을 위해 여운형과 김규식* 등 중도 세력이 좌우 합작 위원회를 설치하고 활동함 ↓ 김구, 이승만 등 주요 세력이 불참하고 여운형이 암살당하면서 실패로 끝남
제2차 미·소 공동 위원회 (1947. 5.~10.)	제 2차 미·소 공동 위원회 역시 의견 차이로 결렬됨 ↓ 미국이 한반도 문제를 국제 연합(UN)에 이관
국제 연합 (UN)의 남한 단독 선거 결정 (1947. 11.~ 1948. 2.)	국제 연합(UN)에서 남북한 총선거를 결정하고 임시 위원단을 파견 ↓ 소련은 국제 연합의 결정을 반대하고 위원단의 북한지역 입국을 거부 ↓ 유엔 소총회에서 선거가 가능한 남한만의 총선거 실시를 결정함
남북 협상 (1948. 4.)	김구, 김규식 등이 남한만의 단독 선거에 반대 ↓ 통일 정부를 수립하기 위해 북한에 남북 협상을 제안 ↓ 평양에서 남북 지도자 간에 회의가 개최되었으나 성과 없이 끝남

남북 협상 당시 김구 모습

제주 4·3 사건*	• 1948년 제주도에서 남한만의 단독 정부 수립에 반대하며 무장 봉기가 일어남 ↓ • 토벌대가 진압하는 과정에서 죄 없는 제주도 주민들이 희생됨

• Real 역사 스토리 정부 수립에 대한 서로 다른 주장

미·소 공동 위원회가 결렬된 이후 다시 열릴 기미가 보이지 않습니다. 통일정부가 수립되길 원했으나 뜻대로 되지 않으니, 남한만이라도 임시정부 혹은 위원회를 조직하고 38도선 이북에서 소련이 물러가도록 세계에 호소해야 합니다.

이승만

나는 통일된 조국을 건설하려다 38선을 베고 쓰러질지언정, 일신의 구차한 안일을 위하여 단독 정부를 세우는 데는 협력하지 않겠습니다.

김구

★ 미·소 공동 위원회

모스크바 3국 외상 회의에서 결정된 한반도의 임시 민주 정부 수립 문제를 협의하기 위해 덕수궁 석조전에서 열렸어요. 1946년과 1947년 두 차례에 걸쳐 개최되었으나 미국과 소련이 대립하여 실패로 끝났지요.

★ 우사 김규식

독립운동가인 김규식은 1919년 신한 청년당 대표로 파리 강화 회의에 파견되었고, 광복 이후 여운형과 함께 좌우 합작 위원회 대표 인물로 활동하였어요.
1948년에는 김구와 함께 남북 협상에 참석하였으나 성과를 거두지 못했고, 남한만의 단독정부 수립을 반대하며 5·10 총선거에 불참하는 등 끝까지 민족을 하나로 모으기 위해 노력했습니다.

★ 제주 4·3 사건

1947년 3월 1일을 기점으로 하여 1948년 4월 3일 발생한 소요사태 및 1954년 9월 21일까지 제주도에서 발생한 무력충돌과 진압과정에서 주민들이 희생당한 사건을 말해요. 6·25 전쟁 기간을 포함한 오랜 기간 동안 제주도 전역에서 죄 없는 제주도민 수만 명이 학살당한 가슴 아픈 사건이지요.

＊5·10 총선거

5·10 총선거 포스터
김구, 김규식 등 단독 정부 수립에 반대한 인사들과 좌익 세력은 참여하지 않았어요.

4) 대한민국 정부 수립

5·10 총선거＊ (1948. 5.10.)	• 정부 수립을 위해서는 헌법을 먼저 만들어야 했으므로 5·10 총선거를 실시해 제헌 국회의원을 선출함 • 우리나라 최초의 민주적인 보통 선거였으며, 선출된 국회의원들은 제헌 헌법을 제정함(1948.7.17) └▸ 이 날은 제헌절이 되었어요.

대한민국 총선거 투표 모습

대한민국 정부 수립 (1950. 3.~)	• 제헌 국회에서 이승만을 초대 대통령으로 선출함 ↓ • 1948년 8월 15일 대한민국 정부 수립을 선포함 ↓ • 북한도 조선 민주주의 인민 공화국을 수립하고 김일성이 우두머리가 됨(1948.9.9)

남과 북에 각기 다른 정부가 들어섰어요.

대한민국 정부 수립

5) 이승만 정부

반민족 행위 특별 조사 위원회 활동	친일파 청산을 목적으로 반민족 행위 처벌법을 제정하고 반민족 행위 특별 조사 위원회(반민 특위)를 설치하여 친일파를 조사, 체포함 ↓ 그러나, 이승만 정부의 소극적 태도로 반민 특위의 활동이 정지되며 대한민국은 친일파 청산에 실패함

반민특위 재판 공판

농지 개혁 (1950. 3.~)	• 지주들이 가진 토지 중 3정보(약 3천평)를 초과하는 토지는 국가가 강제로 사들여 농민들에게 분배한 제도 • 당장 돈이 부족했던 정부는 지주에게 현금 대신 지가증권을 지급하여 농지를 사들임 └▸ 지주들에게 나중에 돈을 주겠다는 지불 보증 문서 • 농민들은 5년간 수확량의 30%를 국가에 내면 땅을 가질 수 있었기에 농지 개혁은 폭발적 인기를 얻음 • 결과: 자신만의 토지를 소유한 자작농이 크게 증가함

지가증권

＊6·25 전쟁 학도의용군

6·25 당시 나라를 지키기 위해 많은 학생들이 자원입대하였어요.

TIP 6·25 전쟁 중 천막 학교

임시 수도인 부산을 비롯한 곳곳에 천막 학교가 세워져 전쟁 중에도 수업이 이루어졌어요.

❸ 동족상잔의 비극, 6·25 전쟁＊

배경		• 남한과 북한이 각각 정부를 수립하자, 미·소 양국은 한반도에서 철수함 • 미국의 애치슨 선언 발표 └▸ 미국 국무 장관 애치슨이 한반도를 미국의 방위 범위에서 제외한다는 선언을 하였어요. • 북한은 소련 및 중국과 군사 협정을 맺고 전쟁을 준비하고 있었음
전개	북한의 남침	1950년 6월 25일 새벽, 북한이 38선을 넘어 기습 남침을 시작 └▸ 남쪽으로 쳐들어왔다는 뜻
	서울 함락	북한이 3일 만에 서울 점령 → 유엔군 파병 └▸ 16개국으로 구성된 유엔군이 참전하였어요.
	낙동강 방어선 구축	낙동강 유역까지 후퇴하여 최후 방어선을 구축, 부산을 임시 수도로 정함

전개	인천 상륙 작전 (1950. 9. 15.)	맥아더 유엔군 사령관의 지휘로 인천 상륙 작전 성공 → 서울 수복 → 압록강 유역까지 진격	
	중국군 참전과 1·4 후퇴 (1951. 1. 4.)	국군과 유엔군은 함흥 흥남 구역에서 배를 타고 급히 남쪽으로 후퇴하였어요. → 중국군의 개입으로 흥남 철수 작전 전개 → 서울을 다시 빼앗김 → 국민방위군 사건*으로 많은 사람들이 희생됨	인천 상륙 작전 모습
	38도선 일대에서 전투 지속	반격으로 서울을 다시 되찾았지만 38도선 부근에서 약 2년에 걸친 치열한 전투가 계속됨	
	정전 협정 체결 (1953. 7. 27.)	1951년부터 전쟁을 끝내기 위한 정전(휴전) 회담 진행 ↓ 이승만정부는 반공 포로*를 석방하며 결사 반대 ↓ 1953년 7월 27일 판문점에서 정전 협정 체결 ↓ 지금의 휴전선을 정함 └→ 휴전 회담이 진행되던 판문점은 중립 지대가 되었어요.	정전 협정을 체결하는 유엔군과 공산군 대표

결과	• 많은 인명 피해, 피란민, 전쟁고아, 이산가족 발생 • 국토 황폐화 및 산업 시설 파괴 • 민족 간의 적대감 심화, 분단 고착화 • 한·미 상호 방위조약 체결* └→ 한·미 동맹 강화

6·25 전쟁 고아의 모습

★ 국민방위군 사건
6·25 전쟁 중 강제 징집된 국민방위군 수만 명이 고위층의 예산 횡령으로 식량과 옷 등을 지급 받지 못해 추위 속에서 사망한 대형 비리 사건

★ 반공 포로 석방 사건
휴전에 반대하던 이승만이 공산당을 싫어하는 반공포로 25,000여 명을 석방하여 포로교환을 방해한 사건이에요. 이승만은 아무런 안전보장장치 없이 휴전이 이루어지면 이후 다시 전쟁이 일어날 수 있다는 우려를 했고, 반공포로 석방 사건으로 미국을 압박해 한미상호 방위조약을 이끌어 냈어요.

★ 한·미 상호 방위조약
한국이 전쟁 위기에 빠졌을 때 미국이 즉시 한국을 돕도록 하고, 평소에도 미군이 한국 내에 배치되어 있도록 하는 내용이에요. 이승만은 이 조약을 약속 받는 조건으로 휴전을 하게 되지요.

▸Real 역사 스토리   지도로 보는 6·25 전쟁

1 북한군의 남침

2 국군과 국제 연합군의 반격

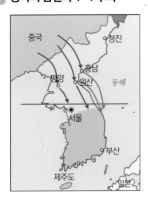

3 중국의 참전과 1·4 후퇴

4 전선의 고착

대한민국 정부 수립 과정과 6·25 전쟁

광복직후(1945)	→	통일정부 수립 노력	→	대한민국 정부 수립	→	6·25 전쟁

조선건국 준비위원회
(여운형)
광복 직후 국내 질서 유지

제1차 미·소 공동 위원회
(1946. 1.~5.)
미·소 간 의견 차이로
무기한 연기

5·10 총선거
(1948. 5. 10.)
우리나라 최초의 민주적인
보통 선거 → 제헌 헌법을 제정
(1948. 7. 17)

북한의 기습 남침
(1950. 6. 25.)
북한이 38선을 넘어 침략

38도선 설치
남쪽은 미군,
북쪽은 소련군 주둔

이승만의 정읍 발언
(1946. 6. 3.)
남한만의 단독
정부 수립 주장

대한민국 정부 수립
(1948. 8. 15.)
이승만이 초대 대통령에 선출
북한은 김일성이 우두머리가 됨
미국, 소련 한반도에서 철수

**서울 함락 및
낙동강 방어선 구축**
서울이 함락되자
미군과 UN군이 참전

모스크바 3국 외상 회의
(1945. 12.)
미·소 공동 위원회 설치
신탁통치 결정
(미국, 소련 중심)
→ 신탁통치 반대운동 확산

좌·우 합작 운동
(1946. 7.~1947. 7.)
하나의 정부 수립 위한 단체
여운형, 김규식 → 실패

반민족행위 특별조사위원회
(1948. 10.)
친일파 청산을 목적으로 운영
→ 1년여 만에 활동정지 및
친일파 청산 실패

인천 상륙작전
(1950. 9. 15.)
맥아더 유엔군 사령관의
지휘로 서울 수복 후
압록강 유역까지 진격

제2차 미·소 공동 위원회
(1947. 5.~10.)
미·소 간 의견 차이로 결렬
→ 한반도 문제가 국제연합
(UN)의 결정에 맡겨짐

농지개혁(1950. 3.)
지주에게 지가증권을
지급하고 농지를 구매
→ 구매한 농지는 농민들에게
싼 값에 분배
→ 자작농이 크게 증가

중국군 참전과 1·4 후퇴
(1951)
중국 개입으로
흥남 철수 작전
서울 빼앗김
국민방위군 사건

국제 연합(UN)의 남한 단독 선거 결정
(1948. 2.)
UN은 남·북한 총선거를 결정하고 임시 위원단 파견
→ 소련의 반대로 UN은 남한만의 총선거 실시를 결정

정전 협정 체결
(1953. 7. 27.)
이승만은 반공 포로를 석방하며
결사 반대하였으나,
판문점에서 정전 협정이 체결
(+ 한·미 상호방위조약 체결)

남북 협상
(1948. 4.)
김구, 김규식 등
통일 정부 수립을 위해
북한에 협상 제안

제주 4·3 사건
(1948. 3.~1954. 9.)
남한 단독 선거를 반대하며 무장 봉기 발생
→ 진압하는 과정에서 죄 없는
제주도 주민들 다수 희생

1 아래의 대한민국 정부 수립 과정을 시간 순서에 따라 배열해 보세요.

> 가. 대한민국 정부가 수립되고 이승만이 초대 대통령이 되었다.
>
> 나. 5·10 총선거가 실시되고 제헌 국회 의원이 선출되었다.
>
> 다. 신탁 통치 반대 집회가 일어났다.
>
> 라. 여운형이 조선 건국 준비 위원회를 결성하였다.
>
> 마. 반민족 행위 특별 조사 위원회가 활동하였다.

□ - □ - □ - □ - □

2 아래 보기에서 알맞은 키워드를 골라 빈 칸을 채워 보세요.

> 보기 제주 4·3 사건, 신탁 통치 반대 운동, 황무지 개간, 농지 개혁,
> 인천 상륙 작전, 흥남 철수 작전

① _____ 은/는 제주도에서 남한 만의 단독 선거에 반대하는 세력을 토벌대가 진압하는 과정에서 무고한 주민들이 희생된 사건이다.

② 이승만 정부는 _____ 을/를 통해 지가증권을 발행하였고, 이를 통해 자신만의 토지를 소유한 자작농이 증가하였다.

③ 6·25 전쟁 중에 있었던 _____ 덕분에 단숨에 서울을 수복하고 반격을 개시할 수 있었다.

3 아래는 주요 인물들과 관계된 키워드입니다. 알맞게 연결해 보세요.

① 여운형 ·   · (ㄱ) 정읍 발언에서 단독 정부 수립 주장

② 이승만 ·   · (ㄴ) 파리 강화 회의 파견, 5·10 총선거에 불참

③ 김규식 ·   · (ㄷ) 조선건국준비위원회

정답 **1** 라-다-나-가-마 **2** ① 제주 4·3 사건 ② 농지 개혁 ③ 인천 상륙 작전 **3** ① ㄷ ② ㄱ ③ ㄴ

58회

1 (가)에 들어갈 내용으로 옳은 것은? [3점]

탐구 활동 계획서

- 주제: 몽양 여운형의 생애와 활동
- 방법: 문헌조사, 현장 답사 등
- 조사할 것
  - 신한 청년당의 지도자로 활동한 내용
  - [(가)]
  - 좌·우 합작 운동의 주도 과정과 결과
- 가볼 곳

생가(양평)

묘소(서울)

① 헤이그 특사로 파견된 배경
② 암태도 소작 쟁의에 참여한 계기
③ 한국독립운동지혈사의 저술 이유
④ 조선 건국 준비 위원회의 결성 목적

61회

2 다음 사진전에 전시될 사진으로 적절하지 않은 것은?
[2점]

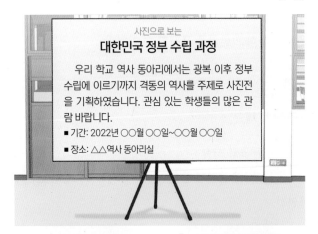

사진으로 보는
대한민국 정부 수립 과정

우리 학교 역사 동아리에서는 광복 이후 정부 수립에 이르기까지 격동의 역사를 주제로 사진전을 기획하였습니다. 관심 있는 학생들의 많은 관람 바랍니다.

- 기간: 2022년 ○○월 ○○일~○○월 ○○일
- 장소: △△역사 동아리실

①
5·10 총선거 실시

②
6·10 만세 운동 전개

③
좌·우 합작 위원회 활동

④
제1차 미·소 공동 위원회 개최

60회

3 다음 성명서가 발표된 이후의 사실로 옳은 것은? [2점]

김구, 삼천만 동포에게 읍고함
나는 통일된 조국을 건설하려다 38선을 베고 쓰러질지언정, 일신의 구차한 안일을 위하여 단독 정부를 세우는 데는 협력하지 않겠다.

① 한인 애국단이 결성되었다.
② 제1차 미·소 공동 위원회가 열렸다.
③ 평양에서 남북 협상이 진행되었다.
④ 모스크바 3국 외상 회의가 개최되었다.

67회

4 (가)에 들어갈 사건으로 옳은 것은? [2점]

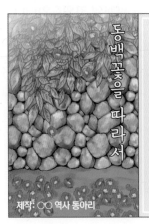

동백꽃을 따라서

영상 속 역사

학생들이 제작한 영상의 배경이 된 (가) 은/는 미군정기에 시작되어 이승만 정부 수립 이후까지 지속되었습니다. 당시에 남한만의 단독 정부 수립에 반대하는 무장대와 토벌대 간의 무력 충돌과 그 진압 과정에서 많은 주민이 희생되었습니다.

제작: ○○ 역사 동아리

① 6·3 시위
② 제주 4·3 사건
③ 2·28 민주 운동
④ 5·16 군사 정변

66회

5 밑줄 그은 '국회'의 활동으로 적절하지 않은 것은? [3점]

이 자료는 유엔 결의에 따라 치러진 총선거로 출범한 국회의 개회식 광경을 담은 화보입니다.

① 제헌 헌법을 제정하였다.
② 반민족 행위 처벌법을 가결하였다.
③ 한미 상호 방위 조약을 비준하였다.
④ 이승만을 초대 대통령으로 선출하였다.

52회

6 밑줄 그은 '이 전쟁' 중에 있었던 사실로 옳은 것은? [2점]

이것은 이우근의 편지를 새긴 조형물입니다. 그는 이 전쟁 당시 학도 의용군으로 포항여중 전투에서 북한군과 싸우다 전사하였습니다. 그가 쓴 편지에는 동족상잔의 비극, 어머니에 대한 그리움이 담겨져 있습니다.

① 미국이 애치슨 선언을 발표하였다.
② 조선 건국 준비 위원회가 결성되었다.
③ 16개국으로 구성된 유엔군이 참전하였다.
④ 13도 창의군이 서울 진공 작전을 전개하였다.

도전! 심화문제

57회

1 (가), (나) 사이의 시기에 있었던 사실로 옳은 것은? [2점]

(가) 본관(本官)은 본관에게 부여된 태평양 미국 육군 최고 지휘관의 권한을 가지고 조선 북위 38도 이남의 지역과 주민에 대하여 군정을 설립함. 따라서 점령에 관한 조건을 다음과 같이 포고함. 제1조 조선 북위 38도 이남의 지역과 동 주민에 대한 모든 행정권은 당분간 본관의 권한하에서 시행함.

(나) 대한민국 임시정부는 28일 김구와 김규식의 명의로 '4개국 원수에게 보내는 결의문'을 채택하고, 각계 대표 70여 명으로 신탁통치 반대 국민 총동원 위원회를 결성하였다. 여기서 강력한 반대 투쟁을 결의하고 김구·김규식 등 9인을 위원회의 '장정위원'으로 선정하였다.

① 카이로 선언이 발표되었다.
② 조선 건국 동맹이 결성되었다.
③ 모스크바 삼국 외상 회의가 개최되었다.
④ 좌우 합작 위원회에서 좌우 합작 7원칙을 합의하였다.
⑤ 유엔 총회에서 인구 비례에 따른 남북한 총선거를 결의하였다.

61회

2 (가) 전쟁 중에 있었던 사실로 옳지 않은 것은? [1점]

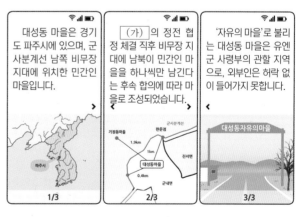

대성동 마을은 경기도 파주시에 있으며, 군사분계선 남쪽 비무장 지대에 위치한 민간인 마을입니다.

(가) 의 정전 협정 체결 직후 비무장 지대에 남북이 민간인 마을을 하나씩만 남긴다는 후속 합의에 따라 마을로 조성되었습니다.

'자유의 마을'로 불리는 대성동 마을은 유엔군 사령부의 관할 지역으로, 외부인은 허락 없이 들어가지 못합니다.

① 애치슨 선언이 발표되었다.
② 부산이 임시 수도로 정해졌다.
③ 흥남 철수 작전이 전개되었다.
④ 인천 상륙 작전 이후 서울을 수복하였다.
⑤ 국회에서 국민 방위군 사건이 폭로되었다.

23강 민주주의의 시련과 발전

❶ 4·19 혁명

> 독재를 타도하고 민주주의를 지켜나가는 역사적 과정! 어떤 사건이 어떤 정부에서 일어났는지 구분하고, 사건 간의 전후 관계를 잘 파악하여야 합니다!

1) 이승만 정부의 장기 집권

★ 발췌 개헌
이승만은 대통령 재선을 위하여 여당과 야당의 개헌안 중 자신에게 유리한 것만 발췌하여 개헌을 했어요.

발췌 개헌★ (1952)	배경	1950년 제2대 국회의원 선거에서 반 이승만 성향의 의원이 대거 당선되고, 1951년 국민방위군 사건 등으로 이승만의 인기가 떨어짐
	과정	이승만은 자유당을 창당하고 대통령 직선제로 개헌하려 함 └ 헌법을 고침 └ 대통령을 국민의 직접 선거로 선출하는 것 반대하는 야당 의원들을 헌병대로 끌고 가고, 깡패들을 동원해 국회 내 공포 분위기를 조성함 (정권을 잡고 있는 정당을 여당, 정권을 잡고 있지 않은 정당을 야당이라고 함) 이승만의 뜻대로 발췌 개헌 통과
	결과	대통령 직선제로 이승만이 제2대 대통령에 당선됨
사사오입 개헌 (1954)	배경	이승만의 장기 집권을 위해 초대 대통령에 한해 중임 제한 조항을 없애려고 함 └ 죽을 때까지 대통령을 할 수 있도록 바꾸는 거였지요.
	과정	국회에서 개헌안에 대한 찬성표가 1표 부족하여 통과하지 못하자 사사오입의 논리를 내세워 개헌안을 통과시킴 └ 반올림
	결과	1956년 이승만이 제3대 대통령에 당선

Real 역사 스토리 사사오입 개헌

이승만의 자유당은 초대 대통령에 한해 중임 제한을 없애고 이승만이 죽을 때까지 대통령을 할 수 있도록 하기 위해 개헌(헌법을 고침)을 시도했어요. 하지만, 개헌안이 통과되려면 '국회의원 203명 중 2/3 이상'의 찬성이 필요했죠. 203명의 2/3를 계산해보면 135.3333명인데요, 여기서 '135.3333 이상'이 찬성해야 하므로, 개헌안이 통과되려면 136명의 찬성이 필요하다는 것을 알 수 있습니다. 자, 여기까지 이해 되셨나요?

그렇다면, 사사오입 개헌이란 무엇인지 설명해 드릴게요. 당시 중임 제한을 없애기 위한 개헌안 투표를 해보니 이게 웬걸? 135명의 찬성표가 나왔어요. 136표에서 딱 1표가 부족해 개헌안은 통과되지 못했습니다. 하지만 다음 날, 이승만의 자유당은 갑자기 사사오입, 즉, 수학적 반올림의 논리를 내세워 억지를 부리기 시작했습니다. 0.3333은 사사오입에 따라 버림으로 처리하면 0이 되므로, 국회의원 203명의 2/3는 135.3333명이 아닌 135.0명이라는 주장을 시작한 거였죠. 결국, 권력을 쥐고 있던 이승만의 자유당은 이 억지 주장을 멋대로 관철시켜 개헌에 성공했고요, 이승만은 죽을 때까지 대통령을 할 수 있게 되었습니다.

2) 4·19 혁명(1960)

배경	이승만 정부의 독재와 3·15 부정선거*	
과정	마산 의거	3·15 부정선거에 저항하는 시위 전개 ↓ 마산에서는 많은 시민과 학생들이 경찰의 무력 진압으로 죽거나 다침
	시위의 확산	마산 앞바다에서 시위 때 실종된 김주열 학생의 시신 발견 ↓ 시위가 전국으로 확산 ↓ 이승만의 비상계엄령* 선포 ↓ 대학교수들까지 시위에 동참
결과	이승만 대통령, 이기붕 부통령 당선자가 사퇴하고 장면 내각이 들어섬 의의: 독재 정권을 물리친 최초의 민주주의 혁명	

★ 3·15 부정선거

1960년 이승만 정부의 자유당은 투표에서 이기려고 뇌물을 주거나 투표함을 바뀌치기하고, 여러 명이 짝을 지어 공개로 투표를 하게 하고, 죽은 사람을 선거인 명부에 올리는 등 선거에서 계획적이고 조직적으로 부정을 저질렀지요.

★ 비상계엄령

국가 비상사태(전시 혹은 사변) 발생 시 일정한 지역의 행정권과 사법권의 전부 또는 일부를 군이 맡아 다스리는 일이에요. 내란, 반란, 전쟁, 폭동, 국가적 재난 등 비상사태로 인해 국가의 일상적인 치안 유지와 사법권 유지가 불가능하다고 판단될 경우, 대통령과 같은 국가 원수 또는 행정부 수반이 군대를 동원하여 치안과 사법권을 유지하는 수단으로 사용해요.

> **Real 역사 스토리** 만화로 보는 3·15 부정선거와 4·19 혁명

1 3·15 부정선거에 항의하는 학생들

2 대학 교수단의 가두 시위

3 하야하는 이승만 대통령

4 환호하는 시민들

❷ 5·16 군사 정변과 박정희 정부

1) 5·16 군사 정변

배경	박정희 등 일부 군인들이 군대를 동원하여 정권을 차지함 (1961. 5. 16)
영향	5·16 군사 정변 이후 제5대 대통령 선거에서 박정희가 대통령에 선출됨(1963)

2) 박정희 정부

한·일 협정 체결 (1965)	목적	경제 발전에 필요한 자원 및 자금을 일본으로부터 마련하고자 함
	과정	• 일본의 사과와 반성 없이 한일 국교 정상화를 추진 • 대학생과 시민들을 중심으로 한일 회담 반대 시위 확산 • 계엄령 선포 및 한일협정 체결
3선 개헌 (1969)		장기 집권을 위해 대통령을 세 번까지 할 수 있도록 개헌
10월 유신 (1972.10)	과정	사회 혼란을 막아야 한다는 구실로 1972년 10월 유신 선포 ↓ 유신 헌법* 제정
	내용	• 대통령 간선제(통일 주체 국민 회의에서 선출, 임기 6년) • 대통령 중임 제한 폐지 • 대통령 권한 강화(국회 해산권, 국회 의원 1/3 임명권, 긴급 조치권 등)
	결과	유신 체제의 철폐를 요구하며 유신 반대 시위가 일어남 ↓ 긴급 조치권으로 탄압함 └→ 대통령의 명령으로 국민의 자유와 권리를 억압할 수 있었어요.
부·마 민주 항쟁* (1979)		야당 총재인 김영삼의 국회 의원직 제명으로 촉발되어 부산과 마산의 시민들이 유신 독재에 저항한 민주화 운동
10·26 사태		1979년 10월 26일 박정희 대통령이 피살되면서 유신 체제가 붕괴됨

▶ Real 역사 스토리 **유신 체제 시기의 모습**

유신 체제 시기에는 정치와 언론 탄압뿐 아니라 정부가 대중문화를 규제하고 통제했어요. 대중가요 중 '행복의 나라로'라는 곡은 지금은 행복하지 않냐는 이유로, '불 꺼진 창'은 왜 불이 꺼져 있느냐는 이유로, '키다리 미스터 김'은 작은 키 대통령 박정희의 심기를 불편하게 한다는 이유로 금지곡이 되었지요.

또한, 경찰이 거리에서 긴 머리(장발)와 미니스커트를 단속하고, 수요일과 토요일에는 분식의 날로 지정해 음식점에서 쌀로 만든 음식은 못 팔게 했어요. 이에 대해 반발이 일어나자 대통령은 긴급 조치를 이용해 시민들을 규제하고 억압했습니다.

★ 유신 헌법
'유신'은 낡은 제도를 새롭게 바꾼다는 뜻이에요. 1972년 10월 박정희는 유신을 실시하고 유신 헌법을 만들었어요. 유신 헌법에는 대통령이 국민의 권리를 마음대로 제한할 수 있는 내용이 담겨 있어서 민주적이지 않았어요. 대통령에게 헌법을 초월하는 국회 해산권, 국회 의원 1/3 임명권, 긴급 조치권 등 강력한 권한이 부여되었어요.

★ 부·마 민주 항쟁 발원지 표지석

부·마 민주 항쟁이 시작된 부산대학교에 있는 기념물이에요. 부·마 민주 항쟁은 박정희 유신정권을 무너뜨린 결정적 계기가 되었지요.

❸ 5·18 민주화 운동과 전두환 정부

1) 5·18 민주화 운동

배경	12·12 사태 (1979)	박정희 사후 전두환을 중심으로 한 신군부*가 무력으로 권력을 장악함
	서울의 봄 (1980)	서울에서 신군부 퇴진과 민주화를 요구하는 대규모 시위 전개 → 신군부가 비상계엄을 전국으로 확대함
전개		광주에서 계엄령 확대 반대와 민주화를 요구하는 시위 발생 ↓ 계엄군을 투입하여 무력으로 시민들을 진압 ↓ 시민들이 자발적으로 시민군을 조직하여 저항 ↓ 계엄군은 전남도청을 공격해 시민군을 강제 진압 ↓ 수백 명의 시민들이 희생됨
의의		• 이후 전개된 민주화 운동의 기반이 됨 • 5·18 민주화 운동 기록물*이 유네스코 세계 기록 유산에 등재됨

2) 전두환 정부

성립		5·18 민주화 운동 진압 후 간접 선거로 전두환이 대통령으로 선출됨
정책	통제 정책	언론 통폐합, 삼청 교육대* 운영으로 국민 탄압
	유화 정책	야간 통행 금지 해제, 중·고등학생의 두발과 교복 자율화, 국풍81*, 해외 여행 부분적 허용, 프로 야구단 창단 └ 국민의 눈과 귀를 가리기 위한 조치였어요.

삼청 교육대 운영

국풍81 개최

교복 자율화 시행

★ 신군부
12·12 사태를 일으켜 권력을 잡은 전두환과 그 세력을 말해요.

★ 5·18 민주화 운동 기록물

민주화 운동의 과정을 생생하게 담고 있고, 타국 민주화 운동에 영향을 준 점 등을 인정받아 2011년 유네스코 세계 기록 유산으로 등재되었어요.

★ 삼청 교육대
사회를 정화하기 위해 범죄자 및 불량배들을 잡아가겠다는 명분이었으나, 실제로는 무고한 시민들과 심지어 학생들, 지적장애인들까지 잡혀가 고초를 겪었지요.

★ 국풍81
전두환 정부가 개최한 문화 축제로, 정치에 대한 시민들의 관심을 다른 곳으로 돌리기 위해 실시되었어요.

★ 6월 민주 항쟁

6월 민주 항쟁의 결과, 지금과 같은 대통령 직선제가 실시되어 국민이 직접 대통령을 뽑고, 임기는 5년, 한 번만 대통령을 할 수 있게 되었어요.

★ 박종철 고문 치사 사건
민주화 운동을 하다가 경찰에 붙잡힌 서울대생 박종철이 경찰 조사 중 고문으로 사망한 사건이에요.

❹ 6월 민주 항쟁(1987)*

배경	• 전두환 정부의 언론 통제 및 민주화 운동 탄압 • 대통령 직선제 개헌과 민주화를 요구하는 시위 전개
전개	박종철 고문 치사 사건* (1987) ↓ 사건의 진상 규명과 대통령 직선제 개헌을 요구하는 시위 확대 ↓ 전두환 정부의 4·13 호헌 조치 및 비상계엄 확대 └ 헌법을 수호하겠다는 뜻으로, 직선제 개헌을 거부하였어요. ↓ 이후 '호헌 철폐', '독재 타도'를 외치며 시위 전개 ↓ 시위 도중 이한열이 최루탄에 맞아 사망 ↓ 민주화와 개헌을 요구하는 시위가 전국으로 확산
결과	6·29 민주화 선언: 대통령 직선제 개헌을 수용 발표 ↓ 5년 단임의 직선제로 개헌 └ 대통령 직선제로 노태우가 13대 대통령에 당선되었고, 이후부터는 5년 단임제로 대통령들이 계속 바뀌게 되지요.

독재타도! 호헌철폐!

◀Real 역사 스토리▶ 우리나라의 역대 대통령들

▨ 간선제   ▨ 직선제

1948			1960	1963				1979	1980
1대	2대	3대	4대	5대	6대	7대	8대	9대	10대
이승만			윤보선	박정희					최규하

1980		1988	1993	1998	2003	2008	2013	2017	2022
11대	12대	13대	14대	15대	16대	17대	18대	19대	20대
전두환		노태우	김영삼	김대중	노무현	이명박	박근혜	문재인	윤석열

위의 표는 우리나라의 역대 대통령들을 정리한 것이에요. 국민을 대표하여 국회의원들이 투표를 하는 간선제(간접선거) 방식으로 7번, 국민이 직접 투표를 하는 직선제(직접선거) 방식으로 13번이 선출되었지요. 특히, 13대 대통령부터는 5년 단임제로 선출되었기 때문에 연임 없이 대통령이 항상 바뀐답니다.

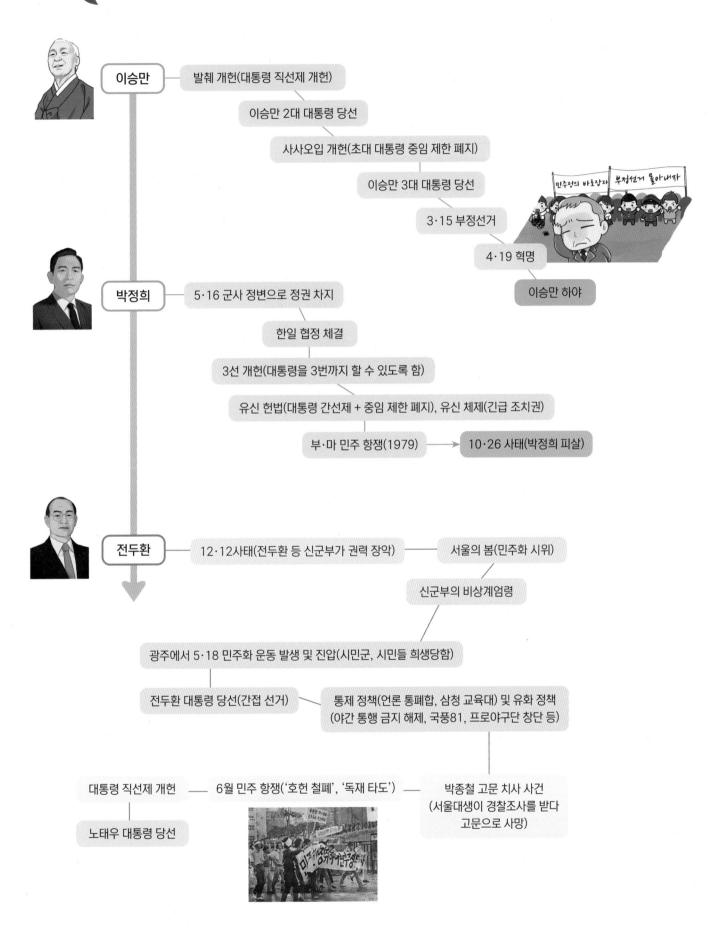

이승만
- 발췌 개헌(대통령 직선제 개헌)
- 이승만 2대 대통령 당선
- 사사오입 개헌(초대 대통령 중임 제한 폐지)
- 이승만 3대 대통령 당선
- 3·15 부정선거
- 4·19 혁명
- 이승만 하야

박정희
- 5·16 군사 정변으로 정권 차지
- 한일 협정 체결
- 3선 개헌(대통령을 3번까지 할 수 있도록 함)
- 유신 헌법(대통령 간선제 + 중임 제한 폐지), 유신 체제(긴급 조치권)
- 부·마 민주 항쟁(1979) → 10·26 사태(박정희 피살)

전두환
- 12·12사태(전두환 등 신군부가 권력 장악) — 서울의 봄(민주화 시위)
- 신군부의 비상계엄령
- 광주에서 5·18 민주화 운동 발생 및 진압(시민군, 시민들 희생당함)
- 전두환 대통령 당선(간접 선거) — 통제 정책(언론 통폐합, 삼청 교육대) 및 유화 정책(야간 통행 금지 해제, 국풍81, 프로야구단 창단 등)
- 대통령 직선제 개헌 — 6월 민주 항쟁('호헌 철폐', '독재 타도') — 박종철 고문 치사 사건(서울대생이 경찰조사를 받다 고문으로 사망)
- 노태우 대통령 당선

실력 쑥쑥 기출 미니 테스트

1 **아래 사건들을 시간 순서에 따라 배열해 보세요.**

> 가. 거리에서 장발과 미니스커트를 단속하였다.
> 나. 3·15 부정 선거에 반발하는 시위가 전국적으로 확대되었다.
> 다. 신군부의 비상계엄 확대를 반대하며 '호헌 철폐', '독재 타도'를 외쳤다.
> 라. 굴욕적인 한일 국교 정상화에 반대하여 시위가 일어났다.

(　) - (　) - (　) - (　)

2 **아래는 주요 인물들과 관계된 키워드입니다. 알맞게 연결해 보세요.**

① 이승만 ·	· (ㄱ) 삼청 교육대 운영
② 박정희 ·	· (ㄴ) 사사오입 개헌
③ 전두환 ·	· (ㄷ) 부·마 민주 항쟁 후 피살

정답 **1** 나-라-가-다 **2** ① ㄴ ② ㄷ ③ ㄱ

50회

1 (가) 정부 시기에 있었던 사실로 옳은 것은? [3점]

반민족 행위 특별 조사 위원회가 발족되었습니다. 이 위원회에서는 반민족 행위자를 제보하는 투서함을 설치하는 등 친일파 청산을 위해 많은 노력을 하였습니다. 그러나 당시 (가) 정부는 이 위원회의 활동에 대해 비협조적인 태도를 보였습니다.

반민특위, 반민족 행위자 제보 투서함 설치

① 금융 실명제를 실시하였다.
② 중국, 소련 등과 수교하였다.
③ 사사오입 개헌안을 가결하였다.
④ 개성 공단 건설 사업을 실현하였다.

58회

2 (가)에 들어갈 민주화 운동으로 옳은 것은? [2점]

- 주제: 불의와 독재에 항거한 (가) 자료집 만들기
- 수행 과제: (가) 중 인상적인 장면을 그려 설명과 함께 올려 주세요.

게시자: 서○○
3·15 부정 선거에 항의하는 학생들
+ 댓글추가

게시자: 송○○
대학 교수단의 가두 시위
학생의 피에 보답하라!
+ 댓글추가

게시자: 최○○
하야하는 이승만 대통령
+ 댓글추가

게시자: 강○○
환호하는 시민들
+ 댓글추가

① 4·19 혁명
② 6월 민주 항쟁
③ 부·마 민주 항쟁
④ 5·18 민주화 운동

61회

3 (가)에 들어갈 민주화 운동으로 옳은 것은? [1점]

온라인 추모관 | 사진첩 | 자유 게시판 | 관련 기록물

(가) 추모관
신군부에 맞서 민주주의를 외친 시민들의 넋을 위로합니다.

계엄군의 무자비한 진압에 희생된 시민들을 추모합니다.
민주화 운동에 헌신한 광주 시민들의 정신을 기억하겠습니다.

① 4·19 혁명
② 6월 민주 항쟁
③ 부·마 민주 항쟁
④ 5·18 민주화 운동

54회

4 (가) 정부 시기에 볼 수 있는 모습으로 가장 적절한 것은? [2점]

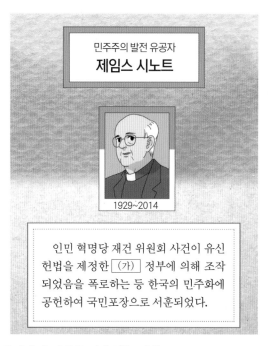

민주주의 발전 유공자
제임스 시노트
1929~2014

인민 혁명당 재건 위원회 사건이 유신 헌법을 제정한 (가) 정부에 의해 조작되었음을 폭로하는 등 한국의 민주화에 공헌하여 국민포장으로 서훈되었다.

① 거리에서 장발을 단속하는 경찰
② 조선 건국 준비 위원회에 참여하는 학생
③ 서울 올림픽 대회 개막식을 관람하는 시민
④ 반민족 행위 특별 조사 위원회에서 조사받는 기업인

54회

5 (가)에 들어갈 민주화 운동으로 옳은 것은? [1점]

다른 나라의 민주화 운동에서도 불리는 이 노래에 대해 설명해 주시겠습니까?

이 노래는 들불야학 설립자 박기순과 (가) 당시 전남도청에서 계엄군에 의해 희생된 시민군대변인 윤상원의 영혼결혼식에 헌정되었던 곡입니다. 노래에 담긴 민주주의에 대한 열망이 다른 나라 사람들에게도 공감을 얻고 있는 것으로 보입니다.

임을 위한 행진곡

① 4·19 혁명
② 6월 민주 항쟁
③ 5·18 민주화 운동
④ 3선 개헌 반대 운동

60회

6 밑줄 그은 '민주화 운동'에 대한 설명으로 옳은 것은? [2점]

1987년에 일어난 민주화 운동 때, 이곳 명동성당에 있던 시위대에게 도시락을 모아 전달하셨다고 들었어요.

언니, 오빠들이 호헌 철폐, 독재 타도를 외치는 모습을 보고 우리도 무엇인가를 해야겠다고 생각했지.

① 대통령 직선제 개헌을 이끌어 냈다.
② 3·15 부정 선거에 항의하여 일어났다.
③ 굴욕적인 한일 국교 정상화에 반대 하였다.
④ 신군부의 비상계엄 확대가 원인이 되어 발생 하였다.

◦━━━━━━ **도전! 심화문제** ━━━━━━◦

58회

1 밑줄 그은 '선거' 이후의 사실로 옳은 것은? [3점]

이번 선거에 자유당, 민주당 후보 등 여러 명이 출마했군.

여당은 현 대통령의 3선을, 야당은 정권 교체를 주장하고 있군.

① 국회에서 국민 방위군 사건이 폭로되었다.
② 평화 통일론을 내세우던 진보당이 해체되었다.
③ 경찰이 반민족 행위 특별 조사 위원회를 습격하였다.
④ 조선 건국 준비 위원회 지부가 인민 위원회로 개편되었다.
⑤ 초대 대통령에 한해 중임 제한을 폐지하는 개헌안이 통과되었다.

61회

2 다음 자료에 나타난 민주화 운동에 대한 설명으로 옳은 것은? [2점]

> **전국의 언론인 여러분!**
>
> 지금 광주에서는 젊은 대학생들과 시민들이 피를 흘리며 싸우고 있습니다. 대학생들의 평화적 시위를 질서 유지, 진압이라는 명목 아래 저 잔인한 공수 부대를 투입하여 시민과 학생을 무차별 살육하였고 더군다나 발포 명령까지 내렸던 것입니다. …… 그러나 일부 언론은 순수한 광주 시민의 의거를 불순배의 선동이니, 폭도의 소행이니, 난동이니 하여 몰아부치고만 있습니다. …… 이번 광주 의거를 몇십 년 뒤의 '사건 비화'나 '남기고 싶은 이야기'들로 만들지 않기 위해, 사실 그대로 보도하여 주시기를 수많은 사망자의 피맺힌 원혼과 광주 시민의 이름으로 간절히, 간절히 촉구하는 바입니다.

① 허정 과도 정부가 출범하는 계기가 되었다.
② 굴욕적인 한일 국교 정상화에 반대하였다.
③ 호헌 철폐, 독재 타도 등의 구호를 외쳤다.
④ 3·15 부정 선거에 항의하여 시위가 시작되었다.
⑤ 관련 기록물이 유네스코 세계 기록 유산으로 등재되었다.

❶ 우리나라의 경제 발전

 각 정부에서 실시한 주요 정책을 경제 발전 분야와 통일 노력 분야로 나누어 암기해야 합니다.

1) 1950년대 이승만 정부의 노력

원조 경제 체제	미국의 경제 원조를 기반으로 6·25 전쟁 복구 사업을 추진
농지 개혁	• 1949년 농지개혁법을 제정하고 1950년에 실시 • 지가 증권으로 유상 매수, 유상 분배를 기반으로 농민 중심의 농지 소유제 확립
삼백 산업 발달	미국의 원조로 밀가루, 설탕, 면직물을 만드는 산업 발달 └→ 제품들이 모두 흰색이어서 삼백 산업이라 해요.

TIP 경공업과 중화학 공업
경공업은 섬유, 신발, 의류 등 부피에 비해 무게가 가벼운 물건을 만드는 공업이에요. 중화학 공업은 금속·기계, 화학, 석유 등 중량이 큰 제품을 생산하는 산업이에요.

★ **베트남 전쟁 파병**
베트남 전쟁 파병은 '한국전쟁 시 참전한 우방국에 보답한다'는 명분으로 국회의 동의를 얻어 결정되었어요. 이에 대한 보답으로 미국은 1966년 브라운 각서를 통해 한국군의 전력 증강 및 경제 지원을 약속했어요.

★ **전태일**

열악한 노동 환경 개선을 요구하던 그는 "근로 기준법을 지켜라!", "우리는 기계가 아니다!"를 외치며 몸에 불을 붙였어요. 이를 계기로 노동 운동이 활발해졌어요.

★ **석유 파동**
1973년과 1978년 두 차례에 걸쳐 석유 가격이 크게 올라 세계 경제가 큰 어려움을 겪은 일이에요.

2) 1960~1970년대 박정희 정부

경제 개발 5개년 계획 (1962~1981)		경제 발전을 위해 5년 단위로 4차에 걸쳐 실시된 경제 개발 계획
	1, 2차 (1962 ~1971)	• 경공업 중심 발전: 값싼 노동력을 바탕으로 섬유, 신발, 가발 등을 생산 • 경부 고속 국도 개통(1970): 서울과 부산을 연결하는 고속 국도 • 베트남 전쟁*에 국군 파병(1964~1973): 미군 다음으로 많은 병력을 파견 └→ 총 38만여 명이 다녀왔고, 그 중 15,000여 명의 사상자가 발생하였지요. • 전태일* 분신 사건(1970): 평화 시장에서 재단사로 일하던 전태일이 노동자의 근무 환경 개선과 근로기준법 준수를 요구하며 분신하여 사망
	3, 4차 (1972 ~1981)	• 중화학 공업(철강, 석유 화학, 기계, 배) 육성 • 수출 100억 달러 달성(1977) • 제 1·2차 석유 파동*으로 잠시 경제 위기를 겪기도 함
	성과	국내에서 생산된 제품을 해외로 수출해 '한강의 기적'이라 불리는 급속한 경제 성장을 이룸 └→ 경제가 연평균 10%씩 성장하였고, 수출의 증가로 국민 소득이 늘어났어요.
새마을 운동		• 1970년대 정부 주도로 농가 소득을 높이기 위해 추진 • '근면', '자조', '협동'의 3대 정신 강조 • 농촌의 길을 넓히고 지붕을 고치는 등 농촌 환경을 개선 • 농촌 환경을 바꾸는 운동에서 시작해 도시까지 확산됨

경부고속도로 개통

수출 100억 달러 달성

새마을운동 마크

• Real 역사 스토리 국민들의 땀으로 이루어진 박정희 정부의 경제 발전

서독 파견 광부

서독 파견 간호사

베트남 파견 기술자

※ 공통적으로 많은 외화를 벌어 경제에 큰 도움을 준 분들이지요.

3) 1980년대 이후 경제 변화

전두환 정부	• 저유가, 저금리, 저달러의 3저 호황으로 고도 성장을 이룩함 • 88 서울 올림픽 개최가 결정됨	 88 서울 올림픽 대회 개최
노태우 정부	서울 올림픽 대회(1988)를 성공적으로 개최함 └ 개최 결정은 전두환, 성공적 개최는 노태우로 암기하여야 합니다!	
김영삼 정부 (문민 정부)	• 군인 정권 시대가 끝나고 김영삼이 당선됨 • 지방 자치제 전면 실시 　└ 도지사, 시장, 군수, 구청장 등 지방 자치 단체장을 지역 주민이 직접 뽑는 제도 • 금융 실명제 실시: 본인의 이름으로만 금융 거래를 할 수 있도록 한 제도 • 역사 바로 세우기의 일환으로 조선 총독부 건물을 철거함 • 1996년 경제 협력 개발 기구(OECD)*에 가입 • 1997년 외환 위기 발생: 외환의 부족으로 국제 통화 기금(IMF)*에 긴급구제 금융을 요청함	1996년에 회원국으로 가입했어요.  경제 협력 개발 기구 (OECD) 가입
김대중 정부 (국민의 정부)	많은 국민이 자발적으로 자신이 가지고 있는 금을 나라의 빚을 갚기 위해 내놓았어요. • 외환 위기 극복: 금융 기관과 기업의 구조 조정, 금 모으기 운동 등 정부와 기업, 국민들의 노력으로 국제 통화 기금(IMF)으로부터 빌린 돈을 일찍 갚음 • 2002년 한·일 월드컵 축구 대회를 개최함	
노무현 정부 (참여 정부)	• 아시아·태평양 경제 협력체(APEC) 정상 회의 개최 • 한·미 자유 무역 협정(FTA) 체결 • 행정 중심 복합 도시 건설 시작(세종특별자치시 일대)	
이명박 정부	서울에서 G20 정상 회의가 개최됨 　└ 세계 주요 20개국을 회원으로 하는 국제 경제 협의 기구	APEC 회의 모습

★ 경제 협력 개발 기구(OECD)
주로 선진국들이 모여 있는 국제 기구로, '경제 성장', '개발 도상국 원조', '무역 확대'의 세 가지를 주요 목적으로 하여 창설된 경제 협력 기구예요.

★ 국제 통화 기금(IMF)
세계 무역의 안정을 위해 설립된 국제 금융 기구. 대한민국은 1997년 외환 위기를 맞아 국제 통화 기금에 긴급 구제 금융을 요청해 돈을 빌렸어요.

Real 역사 스토리 대한민국을 선진국 반열에 올린 우리의 부모님과 조부모님

　현재 대한민국은 세계 10위 이내의 국력을 자랑하는 선진국이 되었습니다. 넓은 땅도, 많은 인구도, 변변한 자원도 없었던 데다 6·25전쟁으로 폐허가 되었던 대한민국이 이렇게 눈부신 성장을 이룬 것을 외국에서는 '한강의 기적'이라 부르지요. 이런 눈부신 성장의 배경에는 근면성실한 대한민국 국민들의 땀이 배어들어 있습니다. 그리고 그 땀은 각자의 위치에서 열심히 살아온 작은 영웅들, 바로 여러분의 자랑스러운 부모님과 조부모님들이 흘린 것이랍니다.

❷ 통일을 위한 노력

박정희 정부	• 남북 적십자 회담(1971): 남북의 적십자사가 이산가족 문제를 해결하기 위해 실시함 • 7·4 남북 공동 성명 발표(1972): 자주·평화·민족 대단결의 3대 통일 원칙에 합의, 통일 문제 해결을 위해 남북 조절 위원회를 구성	 남북 이산가족 최초 상봉
전두환 정부	• 이산가족 찾기 운동 추진 : KBS 특별 생방송 '이산가족을 찾습니다' 방영 • 최초로 남북 간 이산가족 상봉이 성사됨	

노태우 정부	• 7·7 선언(1988): 민족 자존과 통일 번영을 위한 선언서를 발표함
	• 북방 외교: 소련, 중국 등 공산 국가와 수교
	  └─ 이후 소련은 붕괴되어 러시아를 비롯한 여러 나라로 갈라지고 냉전이 끝났어요.
	• 남북한이 국제 연합(UN)에 동시 가입(1991)
	• 남북 기본 합의서(1991)를 채택: 남북한이 화해 및 불가침, 교류·협력에 관해
	  공동 합의, 한반도 비핵화 공동 선언 합의 └─ 침범해선 안 된다는 의미
	      └─ 핵무기를 만들지 않기로 선언
	
	남북한 유엔 동시 가입　　　　한중 수교	

김대중 정부	• 정주영*의 소 떼 방북(1998)
	  : 현대그룹 정주영 회장이 1998년 6월과 10월 두 차례에 걸쳐 소 떼 1,001마리를 이끌고 판문점을 넘어 북한을 방문함
	• 남북 정상 회담*을 최초로 개최
	  → 6·15 남북 공동 선언(2000)을 발표
	• 남북한이 개성 공단 조성 합의, 이산가족 방문과 금강산 관광 사업 등 추진

		정주영의 소 떼 방북

노무현 정부	• 제2차 남북 정상 회담 개최 (2007) → 10·4 남북 공동 선언을 발표 • 개성 공단 입주 시작, 금강산 육로 관광 및 개성 관광 사업 시작, 경의선 철도 시험 운행 └─ 서울과 북한 신의주를 연결해요.	　 10·4 남북 공동 선언　노무현 대통령 개성 공단 방문

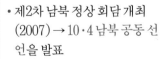

TIP **1990년대의 국제정세**
1990년에는 독일이 통일되고, 1991년에는 소련이 붕괴되면서 냉전이 끝났어요. 이러한 분위기 속에서 남북한의 화해 분위기도 무르익었지요.

★ **정주영(1936~2001)**

북한 실향민 출신으로, 소 판 돈 70원을 들고 가출해 남한에서 현대그룹을 일궈냈어요. 그는 "한 마리의 소가 1,000마리의 소가 돼 그 빚을 갚으러 꿈에 그리던 고향산천을 찾아간다"고 그 감회를 밝히기도 하였지요.

★ **남북 정상 회담**

2000년, 김대중 대통령과 북한 김정일 국방 위원장이 분단 이후 처음으로 만나 평양에서 회담을 진행하였어요.

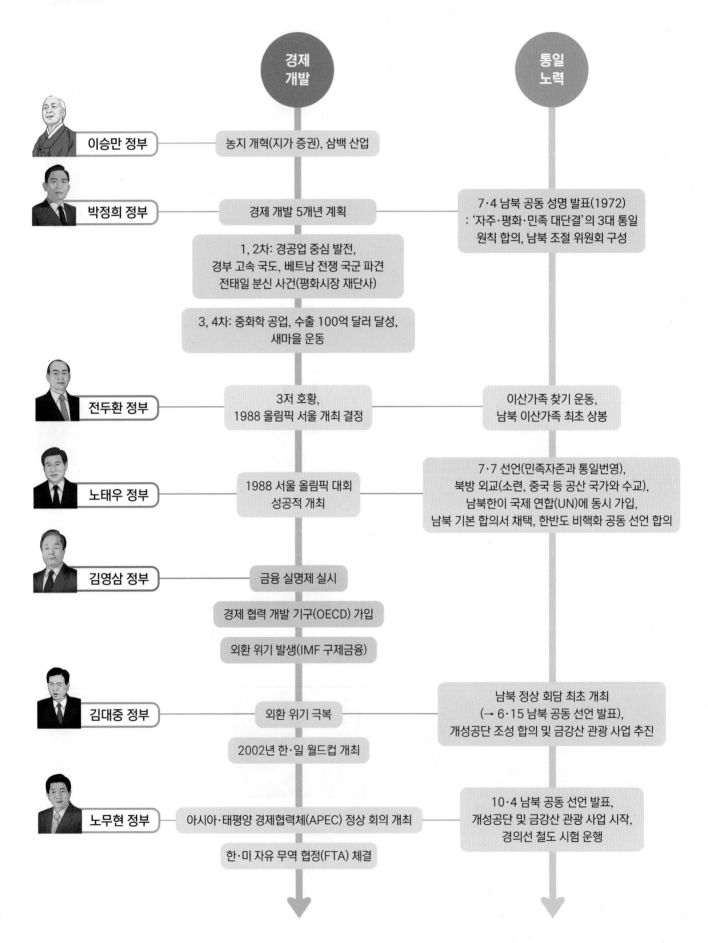

경제 개발

통일 노력

이승만 정부
- 농지 개혁(지가 증권), 삼백 산업

박정희 정부
- 경제 개발 5개년 계획
- 1, 2차: 경공업 중심 발전, 경부 고속 국도, 베트남 전쟁 국군 파견 전태일 분신 사건(평화시장 재단사)
- 3, 4차: 중화학 공업, 수출 100억 달러 달성, 새마을 운동

7·4 남북 공동 성명 발표(1972)
: '자주·평화·민족 대단결'의 3대 통일 원칙 합의, 남북 조절 위원회 구성

전두환 정부
- 3저 호황, 1988 올림픽 서울 개최 결정

이산가족 찾기 운동, 남북 이산가족 최초 상봉

노태우 정부
- 1988 서울 올림픽 대회 성공적 개최

7·7 선언(민족자존과 통일번영), 북방 외교(소련, 중국 등 공산 국가와 수교), 남북한이 국제 연합(UN)에 동시 가입, 남북 기본 합의서 채택, 한반도 비핵화 공동 선언 합의

김영삼 정부
- 금융 실명제 실시
- 경제 협력 개발 기구(OECD) 가입
- 외환 위기 발생(IMF 구제금융)

김대중 정부
- 외환 위기 극복
- 2002년 한·일 월드컵 개최

남북 정상 회담 최초 개최 (→ 6·15 남북 공동 선언 발표), 개성공단 조성 합의 및 금강산 관광 사업 추진

노무현 정부
- 아시아·태평양 경제협력체(APEC) 정상 회의 개최
- 한·미 자유 무역 협정(FTA) 체결

10·4 남북 공동 선언 발표, 개성공단 및 금강산 관광 사업 시작, 경의선 철도 시험 운행

1 아래 경제 개발 관련 사건들을 시간 순서에 따라 배열해 보세요.

> 가. 한미 자유 무역 협정(FTA)이 체결되었다.
>
> 나. 수출 100억 달러를 달성하였다.
>
> 다. 경제협력기구(OECD)에 가입하였다.
>
> 라. 경부 고속 도로를 준공하였다.

- - -

2 아래는 각 정부와 관계된 통일 노력입니다. 알맞게 연결해 보세요.

① 박정희 정부 ·   · (ㄱ) 10·4 남북 공동 선언을 발표

② 전두환 정부 ·   · (ㄴ) 남북 정상 회담 최초 개최

③ 노태우 정부 ·   · (ㄷ) 남북 기본 합의서 채택, 남북한 UN 동시 가입

④ 김대중 정부 ·   · (ㄹ) 최초의 이산가족 상봉이 이루어짐

⑤ 노무현 정부 ·   · (ㅁ) 3대 통일 원칙(자주·평화·민족 대단결)에 합의

58회

1 (가) 정부 시기에 있었던 사실로 옳은 것은? [2점]

○○신문

제△△호   1970년 7월 7일

전국이 1일 생활권으로

경부 고속 도로 준공식이 대구 공설운동장에서 열렸다. 이날 행사에는 (가) 대통령을 비롯해 내외 귀빈 및 많은 시민이 참석했다. 2년 5개월에 걸쳐 이루어진 건설 공사에는 한일 국교 정상화와 베트남전 파병으로 들어온 자금의 일부가 투입되었다.

① 3저 호황으로 수출이 증가하였다.
② 제2차 경제 개발 5개년 계획이 실시되었다.
③ 경제 협력 개발 기구(OECD)에 가입하였다.
④ 미국과 자유 무역 협정(FTA)을 체결하였다.

57회

2 (가)에 해당하는 인물로 옳은 것은? [2점]

이 문서는 (가) 이/가 작성한 평화시장 봉제공장 실태 조사서입니다. 당시 노동자들의 노동 시간과 건강 상태 등이 상세히 기록되어 있습니다. 열악한 노동 환경의 개선을 요구하던 그는 1970년에 "근로 기준법을 지켜라.", "우리는 기계가 아니다."를 외치며 분신하였습니다.

① 김주열

② 장준하

③ 전태일

④ 이한열

60회

3 다음 정부의 통일 노력으로 옳은 것은? [3점]

사진으로 보는 ○○○정부
남북한 유엔 동시 가입
한중 수교

① 남북 기본 합의서를 채택하였다.
② 7·4 남북 공동 성명을 발표하였다.
③ 6·15 남북 공동 선언에 합의하였다.
④ 남북 이산가족 고향 방문을 최초로 실현하였다.

60회

4 밑줄 그은 '이 인물'로 옳은 것은? [3점]

역사 인물 조사 발표회

△△모둠

국회 의원 제명
YH 무역 사건
IMF 외환 위기
금융 실명제
문민정부 3당 합당
조선 총독부 건물 철거
역사 바로 세우기
초등학교

저희 모둠은 이 인물과 관련된 주제어의 조회수를 검색해 보았습니다. 조회수가 많을수록 글자의 크기가 큽니다.

① 김대중   ② 김영삼
③ 노태우   ④ 전두환

52회

5 다음 신년사를 발표한 정부 시기에 있었던 사실로 옳은 것은?

[3점]

존경하는 국민 여러분!
새해를 맞아 국민 여러분 모두가 행복하시길 바랍니다. 작년 2월 25일, '국민의 정부'는 전례 없는 외환 위기 속에서 출발하였습니다. 우리 국민은 실직과 경기 침체로 인해 견디기 힘든 고통에도 불구하고 금 모으기 운동 등 할 수 있는 모든 노력을 다해 왔습니다. 국민 여러분이 한없이 고맙고 자랑스럽습니다.

① 소련, 중국과의 국교가 수립되었다.
② 한일 월드컵 축구대회를 개최하였다.
③ 제1차 경제 개발 5개년 계획을 추진하였다.
④ 경제 협력 개발 기구(OECD)에 가입하였다.

58회

6 다음 뉴스가 보도된 정부 시기의 통일 노력으로 옳은 것은?

[2점]

대통령 내외와 수행원단이 개성 공단을 방문하였습니다. 대통령 취임 이후 일관되게 추진해 온 대북 정책의 성과와 남북 경제 협력의 중요성을 확인했다는 점에서 의미가 큽니다.

대통령 내외, 개성 공단 방문

① 이산가족 최초 상봉
② 남북 기본 합의서 채택
③ 남북한 유엔 동시 가입
④ 10·4 남북 정상 선언 발표

52회

1 (가)~(다) 학생이 발표한 내용을 일어난 순서대로 옳게 나열한 것은?

[1점]

〈주제: 세계로 뻗어 가는 대한민국〉

국제 평화와 안전 보장을 목적으로 결성된 유엔에 가입하였습니다.

세계 경제 발전과 무역 촉진을 도모하는 경제 협력 개발 기구(OECD)의 29번째 회원국이 되었습니다.

세계 주요 20개국을 회원으로 하는 국제 경제 협의 기구인 G20정상 회의를 서울에서 개최하였습니다.

(가)　　　　(나)　　　　(다)

① (가) - (나) - (다)　　② (가) - (다) - (나)
③ (나) - (가) - (다)　　④ (나) - (다) - (가)
⑤ (다) - (가) - (나)

67회

2 다음 연설이 있었던 정부의 통일 노력으로 옳은 것은?

[2점]

진작부터 꼭 한 번 와 보고 싶었습니다. 참여 정부 와서 첫 삽을 떴기 때문에 …… 지금 개성 공단이 매출액의 증가 속도, 그리고 근로자의 증가 속도 같은 것이 눈부시지요. …… 경제적으로 공단이 성공하고, 그것이 남북 관계에서 평화에 대한 믿음을 우리가 가질 수 있게 만드는 것이거든요. 또 함께 번영해 갈 수 있는 가능성에 대해서 우리가 믿음을 갖게 되는 것이기 때문에, 이것이 선순환되면 앞으로 정말 좋은 결과가 있을 것입니다.

① 남북한이 국제 연합(UN)에 동시 가입하였다.
② 민족 자존과 통일 번영을 위한 7·7 선언을 발표하였다.
③ 남북 이산가족 고향 방문단의 교환 방문을 최초로 성사시켰다.
④ 7·4 남북 공동 성명 실천을 위해 남북 조절 위원회를 구성하였다.
⑤ 남북 관계 발전과 평화 번영을 위한 10·4 남북 정상 선언을 발표하였다.

진하쌤과 함께 열심히 공부하다보니
벌써 24강까지 학습을 마쳤군요.
포기하지 않고 차근차근 공부한 여러분들에게
한국사능력검정시험에서
좋은 점수를 획득하기를 응원합니다!
남은 학습도 재미있고 힘차게 마스터 해볼까요?
출발~!

Chapter 10
테마별 정리

- 지역사
- 세시풍속
- 민속놀이

25강 지역사, 세시풍속 및 민속놀이

❶ 지역사

늘 2~3문제가 출제되는 단원이지요.
마지막까지 완벽하게 공부해 보자고요!

① 독도

- 강치(가지어)가 많은 섬이라는 뜻의 '가지도'로 불림
- 신라: 6세기 지증왕 때 이사부가 우산국을 정복
- 조선: 안용복이 일본으로 건너가 울릉도와 독도가 우리 영토임을 주장한 섬
- 대한제국: 1900년 칙령 제41호로 우리 영토임을 분명히 밝힘
- 대한민국: 10월 25일은 독도의 날로 지정

② 서울

- 백제: 백제의 수도 한성, 석촌동 돌무지무덤
- 신라: 진흥왕이 북한산 순수비 건립
- 조선: 조선 건국 후 도읍을 '한양'으로 삼음
- 대한민국: 88 서울 올림픽 개최

③ 강화도

- 선사: 유네스코 세계유산 – 부근리 지석묘(고인돌)
- 고려: 몽골 침입 당시 천도
- 조선: 정묘호란 피난처, 정족산성(병인양요), 광성보(신미양요), 강화도 조약

④ 안동

- 후삼국: 고창 전투(고려vs후백제)
- 조선: 도산 서원(퇴계 이황)

⑤ 평양

- 고구려: 장수왕 때 국내성에서 천도
- 고려: 묘청의 서경 천도 운동
- 일제 강점기: 물산 장려 운동 시작
- 대한민국: 남북 정상 회담 최초로 개최, 6·15 남북 공동 선언 발표

⑥ 인천

- 삼국: 온조의 형 비류가 터를 잡음(미추홀)
- 조선: 강화도 조약으로 부산, 원산에 이어 개항됨

⑦ 개성

- 고려: 고려의 수도(만월대, 선죽교, 고려 첨성대)
- 조선: 송상의 근거지
- 대한민국: 개성 공단 조성

⑧ 원산

- 조선: 강화도 조약으로 부산, 인천과 함께 개항됨
- 일제강점기: 원산 노동자 총파업

⑨ 전주

- 후삼국: 후백제의 도읍(완산주)
- 조선: 태조 이성계의 어진이 있는 경기전이 있음, 실록 보관소(사고) 설치, 전주 화약(동학농민운동)

⑩ 부여

- 백제: 3번째 수도, 정림사지 오층 석탑

⑪ 부산

- 조선: 임진왜란 때 송상현이 동래성에서 순절, 내상의 활동 근거지
- 대한민국: 2002년 아시아 경기 대회 개최(부산 아시안 게임)

⑫ 공주

- 선사: 석장리 유적(구석기)
- 백제: 웅진 천도(공산성), 송산리 고분군, 무령왕릉
- 고려: 공주 명학소의 난(망이·망소이의 난)
- 조선: 우금치 전투(동학농민군 패전)

⑬ 충주

- 고구려: 충주 고구려비(한강 진출)
- 고려: 김윤후가 몽골군에 승리(충주 전투)
- 조선: 신립이 탄금대에서 전사(임진왜란)

⑭ 대구

- 후삼국: 후백제와 고려의 공산 전투(후백제 승)
- 대한제국: 국채 보상 운동 시작
- 일제강점기: 대한광복회 결성

⑮ 경주

- 신라: 신라의 수도 금성, 불국사·황룡사·석굴암·첨성대 등

⑯ 진주

- 조선: 진주 대첩(김시민, 임진왜란), 조선 후기 진주 농민 봉기

⑰ 광주

- 일제 강점기: 광주 학생 항일 운동
- 대한민국: 5·18 광주 민주화 운동

⑱ 완도

- 통일 신라: 장보고가 청해진 설치

⑲ 제주도

- 고려: 항파두리 항몽 유적(삼별초)
- 조선: 김만덕의 빈민 구제 활동
- 대한민국: 제주 4·3 사건

❷ 세시풍속

세시	날짜	세시 풍속
설날 (구정)	음력 1월 1일	• 새해의 첫날 • 세배하기(웃어른에게 절을 하는 것) • 떡국 먹기
정월 대보름	음력 1월 15일	• '정월'은 한 해를 처음 시작하는 달, '대보름'은 가장 큰 보름이라는 뜻 • 건강과 풍년을 기원하는 오곡밥, 묵은 나물, 약밥, 귀밝이술, 호두, 땅콩 등 부럼을 먹음 • 달집 태우기, 쥐불놀이, 부럼 깨기 등을 함 달집 태우기　　부럼 깨기 쥐불놀이　　오곡밥 먹기
삼짇날	음력 3월 3일	• 강남 갔던 제비가 오는 날 • 활쏘기 대회, 화전놀이, 각시놀음 등을 하며 보냄 • 진달래 화채, 진달래 화전, 쑥떡 등을 먹음 진달래 화전
한식	양력 4월 5일경 동지로부터 105일째 되는 날	• 불을 사용하지 않고 찬 음식을 먹음 • 농사가 시작되는 시기이므로 풍년을 기원하며 조상의 묘를 돌봄 (성묘, 잡초 제거 등) • 조선 시대에는 4대 명절 중 하나로 중시됨
단오	음력 5월 5일	• 창포물에 머리 감기 • 수리취떡 만들기 • 씨름, 그네 뛰기 등을 함 • 수릿날 또는 천중절, 중오절이라고도 함 신윤복의 단오 풍정　　창포물에 머리 감기

칠석	음력 7월 7일	• 견우와 직녀가 만나는 날로 전해짐 • 여자들은 바느질 솜씨가 좋아지게 해달라고 빎 • 칠석놀이를 하고 시를 지음. 햇빛에 옷과 책을 말리는 풍속이 있음 • 밀국수, 호박전, 밀전병을 주로 먹음	
추석 (중추절, 한가위)	음력 8월 15일	• 햅쌀로 송편을 빚어 먹음 • 강강술래를 하며 풍년을 기원함 • 보름달 보며 소원 빌기 • 햇곡식과 햇과일로 차례를 지내고 성묘를 함	
동지	양력 12월 22일경	• 1년 중 밤이 가장 길고 낮이 가장 짧은 날 • 팥죽을 만들어 먹음 • 팥의 붉은 색이 귀신을 쫓아낸다고 믿어 붉은 팥죽을 쑤어 대문에 뿌림	

❸ 민속놀이

제기차기	구멍 뚫린 동전을 천이나 한지로 접어 싸고 그 끝을 여러 갈래로 찢어 술을 너풀거리게 만든 뒤, 이를 발로 차며 즐기는 놀이	
씨름	• 두 사람이 상대방의 샅바나 바지의 허리춤을 잡고 상대를 바닥에 넘어뜨리는 민속 놀이로, 특히 단오에 즐김 • 남북한이 공동으로 등재를 신청하여 2018년 유네스코 무형 문화유산이 됨	
강강술래	• 전라남도 해안 지방에서 유래한 것으로 부녀자들이 손을 잡고 원을 그리며 도는 놀이 • 주로 추석을 전후한 시기에 행해짐 • 2009년 유네스코 세계유산에 등재됨	
안동 차전놀이	• 고려 왕건과 후백제 견훤의 싸움인 고창(지금의 안동) 전투에서 유래하였으며, 정월 대보름에 주로 행해짐 • 상대 측의 동채를 빼앗거나 땅에 닿게 하는 놀이로, 동채싸움이라고도 부름	

1 **아래는 각 지역과 관계된 기출 키워드입니다. 알맞게 연결해 보세요.**

① 인천 ·		· (ㄱ) 고창 전투, 퇴계 이황을 모신 도산 서원
② 독도 ·		· (ㄴ) 온조의 형 비류가 터를 잡은 미추홀, 강화도 조약으로 개항된 항구 중 하나
③ 안동 ·		· (ㄷ) 안용복이 일본으로 건너가 우리 영토임을 주장, 강치가 많아 가지도로 불림
④ 제주 ·		· (ㄹ) 4·3 사건, 항파두리 항몽 유적이 있는 곳

2 **아래 세시풍속 및 민속놀이와 기출 키워드를 알맞게 연결해 보세요.**

① 설날 ·		· (ㄱ) 구멍 뚫린 동전을 천이나 한지로 싸서 만든 놀이도구를 발로 차며 즐김
② 단오 ·		· (ㄴ) 새해의 첫날, 세배하기, 떡국 먹기
③ 칠석 ·		· (ㄷ) 음력 5월 5일, 창포물에 머리 감기, 수리취떡 만들기
④ 제기차기 ·		· (ㄹ) 음력 7월 7일, 견우와 직녀가 만나는 날, 바느질 솜씨가 좋아지기를 빎

정답 **1** ① ㄴ ② ㄷ ③ ㄱ ④ ㄹ **2** ① ㄴ ② ㄷ ③ ㄹ ④ ㄱ

60회

1 (가) 섬에 대한 설명으로 옳은 것은? [1점]

여러 가지 이름으로 불린 섬, (가)

가지어라고 불린 강치가 많은 섬이라 가지도로 불림

1900년 대한제국 칙령 제41호에 석도로 기록됨

1906년 울도 군수 심흥택의 보고서에 (가) (으)로 표기됨

① 러시아가 조차를 요구한 섬이다.
② 영국이 불법적으로 점령한 섬이다.
③ 하멜 일행이 표류하다 도착한 섬이다.
④ 안용복이 일본으로 건너가 우리 영토임을 주장한 섬이다.

52회

2 학생들이 공통으로 이야기하고 있는 지역을 지도에서 옳게 찾은 것은? [2점]

온조의 형 비류가 미추홀이라 불린 이 지역에 터를 잡았다고 해.

2014년 제17회 아시아 경기 대회가 개최되었어.

강화도 조약으로 부산, 원산에 이어 개항되었어.

① (가)   ② (나)   ③ (다)   ④ (라)

54회

3 다음 답사가 이루어진 지역을 지도에서 옳게 고른 것은? [2점]

우리 고장 문화유산 탐방
일자: 2021년 ○○월 ○○일

◈ 답사코스 ◈

태사묘
고창 전투를 승리로 이끈 고려 공신 삼태사의 위패를 모신 사당

도산 서원
퇴계 이황이 제자들을 가르쳤던 장소에 세워진 서원

임청각
일제 강점기 서간도로 망명하여 독립운동에 앞장섰던 석주 이상룡의 생가

① (가)   ② (나)   ③ (다)   ④ (라)

67회

4 (가)에 들어갈 내용으로 옳은 것은? [1점]

한국의 세시 풍속

일 년 중 밤이 가장 긴 날
(가)

(가) 은/는 24절기의 하나로 '작은 설'이라고도 불렸어요.
이날에는 나쁜 기운을 물리치기 위해 팥죽을 쑤어 먹었어요. 또 대문이나 담장 벽에 팥죽을 뿌렸어요.

① 단오   ② 동지
③ 칠석   ④ 한식

5 다음 행사에 해당하는 세시 풍속으로 옳은 것은? [1점]

① 설날　　② 단오　　③ 추석　　④ 한식

6 밑줄 그은 '놀이'로 옳은 것은? [1점]

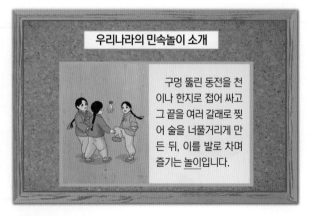

① 널뛰기　　　　　② 비석치기
③ 제기차기　　　　④ 쥐불놀이

◦∘━━━━ **도전! 심화문제** ━━━━∘◦

1 밑줄 그은 '이날'에 해당하는 세시풍속으로 옳은 것은?

[1점]

> 이곳은 남원 광한루원의 오작교입니다. 조선 시대 남원 부사 장의국이 헤어져 있던 견우와 직녀가 오작교에서 만난다는 전설을 형상화하여 만들었습니다. 음력 7월 7일 이날에는 여인들이 별을 보며 바느질 솜씨가 좋아지기를 비는 풍속이 있었습니다.

① 단오　　　　② 칠석　　　　③ 백중
④ 동지　　　　⑤ 한식

2 (가) 지역에 대한 탐구 활동으로 가장 적절한 것은? [1점]

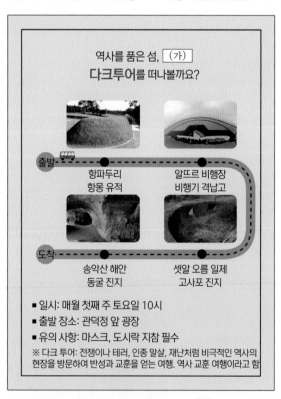

① 정약전이 자산어보를 저술한 곳을 알아본다.
② 프랑스군이 외규장각 도서를 약탈한 장소를 살펴본다.
③ 지주 문재철에 맞서 소작 쟁의가 일어난 곳을 찾아본다.
④ 4·3사건으로 많은 주민이 희생된 주요 장소를 조사한다.
⑤ 러시아가 저탄소 설치를 위해 조치를 요구한 곳을 검색한다.

참고사진출처

참고 사진 출처

25강

웹툰처럼 재미있게 영상으로 배우는
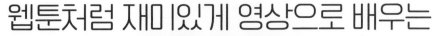

리얼 한국사

초등
한국사
능력검정시험

3~6급 대비

정답 및 해설

다락원

기출문제
정답 및 해설

| 기본 | 1 | ② | 2 | ② | 3 | ④ | 4 | ② | 5 | ② | 6 | ③ | 심화 | 1 | ① | 2 | ④ |

1 다음 축제에서 체험할 수 있는 활동으로 적절한 것은? [1점]

전곡리 **구석기** 문화제

주로 동물이나 강가의 막집에서 살았던 구석기 시대의 생활상을 체험할 수 있는 축제에 초대합니다.

· 기간: 2022년 ○○월 ○○일 ~ ○○월 ○○일
· 장소: 연천 전곡리 유적 체험 마을

① 가락바퀴로 실 뽑기 - 신석기 시대
② 뗀석기로 고기 자르기
③ 점토로 빗살무늬 토기 빚기 - 신석기 시대
④ 거푸집으로 청동검 모형 만들기 - 청동기 시대

2 다음 가상 공간에서 체험할 수 있는 활동으로 가장 적절한 것은? [1점]

이곳은 농경과 목축이 시작된 신석기 시대의 마을을 세험할 수 있는 가상 공간입니다. 마을 곳곳을 거닐며 다양한 활동을 해볼까요?

신석기 시대에 해당되는 답을 찾아봐요!

① 청동 방울 흔들기 - 청동기시대
② 빗살무늬 토기 만들기
③ 철제 농기구로 밭 갈기 - 철기시대
④ 거친무늬 거울 목에 걸기 - 청동기시대

3 (가) 시대의 생활 모습으로 옳은 것은? [1점]

여러분은 (가) 시대의 벼농사를 체험하고 있습니다. 이 시대에는 처음으로 금속 도구를 만들었으나, 농기구는 여러분이 손에 들고있는 반달 돌칼과 같이 돌로 만들었습니다.

청동기 시대에 대한 이야기로군!

① 우경이 널리 보급되었다. - 신라 지증왕 시기
② 철제무기를 사용하였다. - 철기 시대
③ 주로 동굴이나 막집에 살았다. - 구석기 시대
④ 지배자의 무덤으로 고인돌을 만들었다.

4 (가) 시대의 생활 모습으로 옳은 것은? [1점]

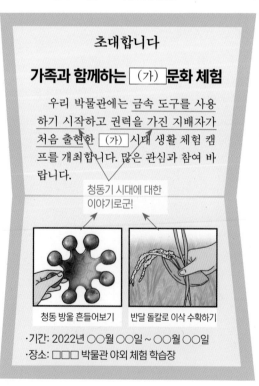

초대합니다

가족과 함께하는 (가) 문화 체험

우리 박물관에는 금속 도구를 사용하기 시작하고 권력을 가진 지배자가 처음 출현한 (가) 시대 생활 체험 캠프를 개최합니다. 많은 관심과 참여 바랍니다.

청동기 시대에 대한 이야기로군!

청동 방울 흔들어보기 | 반달 돌칼로 이삭 수확하기

· 기간: 2022년 ○○월 ○○일 ~ ○○월 ○○일
· 장소: □□□ 박물관 야외 체험 학습장

① 우경이 널리 보급되었다. - 신라 지증왕 시기
② 비파형 동검을 사용하였다.
③ 가락바퀴가 처음 등장하였다. - 신석기 시대
④ 주로 동굴이나 막집에서 살았다. - 구석기 시대

5 (가) 시대에 처음 제작된 유물로 옳은 것은? [1점]

선사 문화 축제

농경과 정착 생활이 시작된 (가) 시대로 떠나요!

· 일시: 2020년 ○○월 ○○일 ~ ○○일
· 주최: △△ 문화 재단

공통점은 신석기 시대와 관련되었다는 것!

움집 생활 체험하기

가락바퀴로 실뽑기

갈돌과 갈판으로 곡식 갈기

① 주먹도끼(구석기)

② [토기]

③ 청동방울(청동기)

④ 철갑옷과 투구(철기)

6 (가) 시대의 생활 모습으로 가장 적절한 것은? [1점]

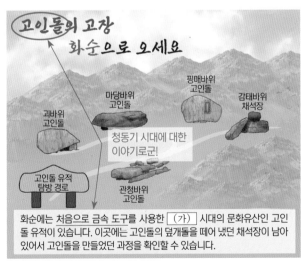

고인돌의 고장 화순으로 오세요

마당바위 고인돌

핑매바위 고인돌

괴바위 고인돌

감태바위 채석장

청동기 시대에 대한 이야기로군!

고인돌 유적 탐방 경로

관청바위 고인돌

화순에는 처음으로 금속 도구를 사용한 (가) 시대의 문화유산인 고인돌 유적이 있습니다. 이곳에는 고인돌의 덮개돌을 떼어 냈던 채석장이 남아 있어서 고인돌을 만들었던 과정을 확인할 수 있습니다.

① 철제 농기구로 농사를 지었다. - 철기시대
② 주로 동굴이나 막집에서 살았다. - 구석기 시대
③ 반달 돌칼로 벼 이삭을 수확하였다.
④ 빗살무늬 토기에 곡식을 저장하기 시작하였다.
　 - 신석기 시대

◆ 도전! 심화문제 ◆

1 (가) 시대의 생활 모습으로 옳은 것은? [1점]

부산 동삼동 유적에서 출토된 빗살무늬 토기는 농경과 정착 생활이 시작된 (가) 시대의 대표적인 유물 중 하나입니다. 이 유적에서는 곡물 등을 가공하는 데 사용한 갈돌과 갈판도 출토되었습니다.

신석기 시대를 말하고 있군!

① 가락바퀴를 이용하여 실을 뽑았다.
② 주로 동굴이나 막집에서 거주하였다. - 구석기 시대
③ 명도전, 반량전 등의 화폐가 유통되었다. - 철기 시대
④ 거푸집을 이용하여 세형 동검을 만들었다. - 철기 시대
⑤ 쟁기, 쇠스랑 등의 철제 농기구를 사용하였다. - 철기 시대

2 (가) 시대의 생활 모습으로 옳은 것은? [1점]

계급이 출현한 (가) 시대의 생활상을 엿볼 수 있는 환호, 고인돌, 민무늬 토기 등이 울주 검단리 유적에서 발굴되었습니다. 특히 마을의 방어시설로 보이는 환호는 우리나라의 (가) 시대 유적에서 처음 확인된 것으로, 둘레가 약 300미터에 달합니다.

모든 단서들이 청동기 시대를 가리키고 있군!

① 철제 무기로 정복 활동을 벌였다. - 철기 시대
② 주로 동굴이나 막집에서 거주하였다. - 구석기 시대
③ 소를 이용한 깊이갈이가 일반화되었다. - 고려시대
④ 비파형 동검과 청동 거울 등을 제작하였다.
⑤ 빗살무늬 토기에 음식을 저장하기 시작하였다.
　 - 신석기 시대

기본	1	④	2	①	3	③	4	②	5	②	6	①	심화	1	⑤	2	③

1 다음 퀴즈의 정답으로 옳은 것은? [2점]

① 동예 ② 부여 ③ 고구려 ④ 고조선

3 (가)에 들어갈 내용으로 옳은 것은? [2점]

① 서옥제라는 혼인 풍습을 표현해 보자. – 고구려
② 무예를 익히는 화랑도의 모습을 보여주자. – 신라
③ 특산물인 단궁, 과하마, 반어피를 그려 보자.
④ 지배층인 마가, 우가, 저가, 구가를 등장시키자. – 부여

2 (가) 나라에 대한 설명으로 옳은 것은? [2점]

① 범금 8조가 있었다.
② 책화라는 풍습이 있었다. – 동예
③ 낙랑군과 왜에 철을 수출하였다. – 삼한 중 변한
④ 제가 회의에서 나라의 중요한 일을 결정하였다. – 고구려

4 다음 퀴즈의 정답으로 옳은 것은? [2점]

① 부여 ② 옥저 ③ 동예 ④ 마한

5 (가) 나라에 대한 설명으로 옳은 것은? [3점]

사료로 만나는 한국사

(가) 의 사회 모습을 알려 주는 내용이네.

국읍마다 한 사람을 세워 천신에게 지내는 제사를 주관하게 하니 천군이라 하였다. 또 나라마다 별읍이 있으니 이를 소도라 하였는데…… 그 안으로 도망쳐 온 사람들은 모두 돌려보내지 않았다.

－「삼국지」 동이전 －

삼한에 대한 키워드로군.

① 영고라는 제천 행사가 있었다. - 부여
②신지, 읍차 등의 지배자가 있었다.
③ 혼인 풍습으로 민며느리제가 있었다. - 옥저
④ 읍락 간의 경계를 중시하는 책화가 있었다. - 동예

6 학생들이 공통으로 이야기하고 있는 나라를 지도에서 옳게 찾은 것은? [2점]

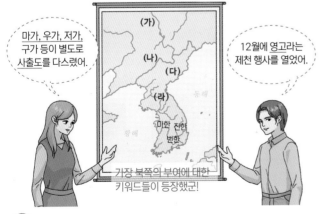

마가, 우가, 저가, 구가 등이 별도로 사출도를 다스렸어.

12월에 영고라는 제천 행사를 열었어.

가장 북쪽의 부여에 대한 키워드들이 등장했군!

①(가)
② (나) - 고구려
③ (다) - 옥저
④ (라) - 동예

1 (가) 나라에 대한 설명으로 옳은 것은? [2점]

◆ 좌장군은 (가) 의 패수 서쪽에 있는 군사를 쳤으나 이를 격파해서 나가지는 못했다. …… 주선장군도 가서 합세하여 왕검성의 남쪽에 주둔했지만, 우거왕이 성을 굳게 지키므로 몇 달이 되어도 함락시킬 수 없었다.

◆ 마침내 한 무제는 동쪽으로는 (가) 을/를 정벌하고 현도군과 낙랑군을 설치했으며, 서쪽으로는 대완과 36국 등을 병합하여 흉노 좌우를 후원 세력을 꺾었다.

중국 한나라와 고조선의 전투에 대한 사료로군.

① 동맹이라는 제천 행사를 열었다. - 고구려
② 신지, 읍차라 불린 지배자가 있었다. - 삼한
③ 도둑질한 자에게 12배로 배상하게 하였다. - 부여, 고구려
④ 읍락 간의 경계를 중시하는 책화가 있었다. - 동예
⑤왕 아래 상, 대부, 장군 등의 관직을 두었다.

↳ 고조선에 대한 설명입니다. 심화에서는 1~4번이 정답이 아님을 알고, 5번을 정답으로 풀 줄도 알아야 합니다.

2 다음 자료에 해당하는 나라에 대한 설명으로 옳은 것은? [2점]

· 산릉과 넓은 못[澤]이 많아서 동이 지역에서는 가장 넓고 평탄한 곳이다. …… 사람들은 체격이 크고 성품은 굳세고 용감하며, 근엄·후덕하여 다른 나라를 쳐들어가거나 노략질하지 않는다.

· 은력(殷曆) 정월에 지내는 제천 행사는 국중 대회로 날마다 마시고 먹고 노래하고 춤추는데, 그 이름을 영고라 했다.

고대국가 부여에 대한 이야기로군!

－『삼국지』 위서 동이전－

① 신성 지역인 소도가 존재하였다. - 삼한
② 혼인 풍습으로 민며느리제가 있었다. - 옥저
③여러 가(加)들이 각각 사출도를 주관하였다.
④ 특산물로 단궁, 과하마, 반어피가 유명하였다. - 동예
⑤ 왕 아래 상가, 대로, 패자 등의 관직이 있었다. - 고구려

기본	1	③	2	④	3	①	4	④	5	③	6	②	심화	1	④	2	①

1 (가)에 들어갈 내용으로 옳은 것은? [2점]

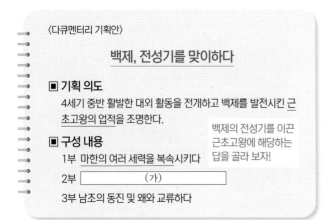

〈다큐멘터리 기획안〉

백제, 전성기를 맞이하다

■ 기획 의도
4세기 중반 활발한 대외 활동을 전개하고 백제를 발전시킨 근초고왕의 업적을 조명한다.

백제의 전성기를 이끈 근초고왕에 해당하는 답을 골라 보자!

■ 구성 내용
1부 마한의 여러 세력을 복속시키다
2부 _____(가)_____
3부 남조의 동진 및 왜와 교류하다

① 사비로 천도하다 – 성왕
② 22담로를 설치하다 – 무령왕
③ 고국원왕을 전사시키다
④ 독서삼품과를 시행하다 – 신라 원성왕

2 밑줄 그은 '나'의 업적으로 옳은 것은? [2점]

고구려 제19대 왕인 나는 거란, 숙신, 후연, 동부여 등을 정벌하고, 영토를 크게 넓혔소.

광개토대왕에 대한 이야기로군!

① 태학을 설립하였다. – 소수림왕
② 천리장성을 축조하였다. – 영류왕(공사담당자: 연개소문)
③ 도읍을 평양성으로 옮겼다. – 장수왕
④ 신라에 침입한 왜를 격퇴하였다.

3 (가)에 들어갈 내용으로 옳은 것은? [2점]

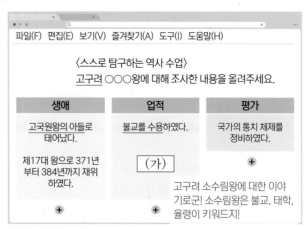

파일(F) 편집(E) 보기(V) 즐겨찾기(A) 도구(I) 도움말(H)

〈스스로 탐구하는 역사 수업〉
고구려 ○○○왕에 대해 조사한 내용을 올려주세요.

생애	업적	평가
고국원왕의 아들로 태어났다. 제17대 왕으로 371년부터 384년까지 재위하였다.	불교를 수용하였다. (가)	국가의 통치 체제를 정비하였다. +

고구려 소수림왕에 대한 이야기로군! 소수림왕은 불교, 태학, 율령이 키워드지!

① 태학을 설립하였다.
② 병부를 설치하였다. – 신라 법흥왕
③ 화랑도를 정비하였다. – 신라 진흥왕
④ 웅진으로 천도하였다. – 백제 개로왕의 아들 문주왕

4 (가) 나라에 대한 탐구 활동으로 가장 적절한 것은? [3점]

뚜벅뚜벅 역사 여행

김수로가 세운 (가) 의 역사

답사 일정
9:00 학교 출발
10:00~12:00 국립 김해 박물관 견학
12:00~13:00 맛있는 점심 식사!
13:00~15:00 김해 대성동 고분군 및 박물관 답사
15:00 집으로!

김수로가 세운 나라는 가야!

① 사비로 천도한 이유를 파악한다. – 백제
② 우산국을 복속한 과정을 살펴본다. – 신라
③ 청해진을 설치한 목적을 조사한다. – 통일 신라
④ 구지가가 나오는 건국 신화를 분석한다.

5 밑줄 그은 '이 왕'으로 옳은 것은? [3점]

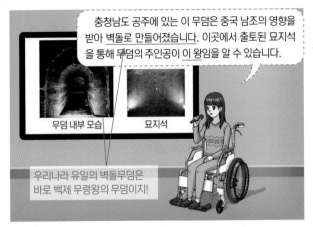

충청남도 공주에 있는 이 무덤은 중국 남조의 영향을 받아 벽돌로 만들어졌습니다. 이곳에서 출토된 묘지석을 통해 무덤의 주인공이 이 왕임을 알 수 있습니다.

무덤 내부 모습   묘지석

우리나라 유일의 벽돌무덤은 바로 백제 무령왕의 무덤이지!

① 성왕   ② 고이왕   ③ 무령왕   ④ 근초고왕

---

1 (가), (나) 사이의 시기에 있었던 사실로 옳은 것은? [2점]

> (가) 고구려 병사는 비록 물러갔으나 성이 파괴되고 왕이 죽어서 [문주가] 왕위에 올랐다. ……
> 겨울 10월, 웅진으로 도읍을 옮겼다.
> ㅡ『삼국사기』ㅡ
>
> 고구려 장수왕의 공격으로 백제 개로왕이 전사하고 백제는 수도를 웅진으로 천도한 내용!
>
> (나) 왕이 신라를 습격하고자 몸소 보병과 기병 50명을 거느리고 밤에 구천(狗川)에 이르렀는데, 신라 복병을 만나 그들과 싸우다가 살해되었다.
> ㅡ『삼국사기』ㅡ
>
> 백제 성왕이 신라와 싸우다 전사한 관산성 전투 이야기로군!

① 익산에 미륵사가 창건되었다.
　ㅡ 백제 무왕 때이므로, (나) 이후!

② 흑치상지가 임존성에서 군사를 일으켰다.
　ㅡ 백제 부흥운동이므로, (나) 이후!

③ 동진에서 온 마라난타를 통해 불교가 수용되었다.
　ㅡ 백제 초기의 일이므로, (가) 이전!

④ 지방을 통제하기 위하여 22담로에 왕족이 파견되었다.
　ㅡ 성왕의 아버지 무령왕의 업적!

⑤ 계백이 이끄는 결사대가 황산벌에서 신라군에 맞서 싸웠다.
　ㅡ 백제 멸망 직전이므로, (나) 이후!

---

6 밑줄 그은 '나'의 업적으로 옳은 것은? [2점]

나는 신라의 제23대 왕으로 병부를 설치하고, 율령을 반포하였소.

법흥왕에 대한 키워드로군!

① 녹읍을 폐지하였다. ㅡ 신문왕

② 불교를 공인하였다.

③ 독서삼품과를 시행하였다. ㅡ 원성왕

④ 북한산에 순수비를 세웠다. ㅡ 진흥왕

---

2 다음 자료에 해당하는 왕에 대한 설명으로 옳은 것은? [1점]

백제 제26대 왕 명농. 지혜와 식견이 뛰어나고 결단력이 있었다.
1/3

웅진에서 사비로 도읍을 옮기고 백제의 중흥을 꾀했다.
2/3

구천(관산성 부근)에서 신라의 복병에게 목숨을 잃었다.
3/3

사비 천도, 관산성 전투에서 전사한 왕은 백제의 성왕이지!

① 국호를 남부여로 개칭하였다.

② 금마저에 미륵사를 창건하였다. ㅡ 무왕

③ 고흥에게 서기를 편찬하게 하였다. ㅡ 근초고왕

④ 윤충을 보내 대야성을 함락하였다. ㅡ 의자왕

⑤ 동진에서 온 마라난타를 통해 불교를 수용하였다. ㅡ 침류왕

기본	1	②	2	②	3	②	4	③	5	②	6	③	심화	1	①	2	③

1 (가)에 들어갈 가상 우표로 적절한 것은? [2점]

우리 반에서는 공주와 부여에 도입했던 국가의 문화유산을 소재로 우표를 만들었습니다.

백제에 대한 이야기군!

①  신라

②  미륵사지 석탑

③  고구려

④ 성덕 대왕 신종 통일 신라

2 (가)에 들어갈 제도로 옳은 것은? [1점]

우리 신라에서는 (가) 때문에 큰 재주와 공이 있어도 진골이 아니면 승진에 제한이 있지 않은가?

그러게 말일세, 심지어 집의 크기도 제한하고 있지.

신라의 차별적인 신분 제도는 골품 제도!

① 화랑도 - 신라 청소년 단체
② 골품제도
③ 화백 회의 - 신라 귀족 회의
④ 상수리 제도 - 신라 문무왕의 지방 귀족 견제 제도

3 (가) 국가에 대한 설명으로 옳은 것은? [2점]

이것은 부여 능산리 절터에서 출토된 향로입니다. (가)의 금속 공예 기술을 보여 주는 대표적인 문화유산으로, 도교와 불교 사상이 함께 표현되어 있습니다.

이 문화유산에 대해 소개해 주시겠습니까?

부여는 백제의 수도 사비의 현재 지명이고, 아래 유물은 그 유명한 백제 금동 대향로니까, (가) 국가는 백제이군!

① 노비안검법을 실시하였다. - 고려 광종
② 지방에 22담로를 설치하였다.
③ 화백 회의에서 국가의 중대사를 결정하였다. - 신라
④ 여러 가(加)들이 별도로 사출도를 주관하였다.
　　　　　　　　　　　　　　 - 고대 국가 '부여'

4 (가)에 들어갈 문화유산으로 옳은 것은? [2점]

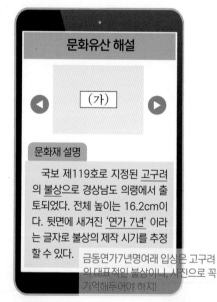

문화유산 해설

◀ (가) ▶

문화재 설명

국보 제119호로 지정된 고구려의 불상으로 경상남도 의령에서 출토되었다. 전체 높이는 16.2cm이다. 뒷면에 새겨진 '연가 7년'이라는 글자로 불상의 제작 시기를 추정할 수 있다.

금동연가7년명여래 입상은 고구려의 대표적인 불상이니, 사진으로 꼭 기억해두어야 하지!

①  금동미륵보살 반가사유상 (삼국시대)

②  석굴암(통일 신라)

③

④ 이불병좌상(발해)

5 (가) 나라의 문화유산으로 옳지 <u>않은</u> 것은? [2점]

찬란한 철의 왕국,
(가) 특별전

·500여 년의
역사를 만나다.
·2020.○○.○○.
~○○.○○.

□ 고분군

가야의 문화유산
이 아닌 것을
묻는 문제로군!

①
금관

② 이건 백제의
대표적인
유물이지!
금동 대향로

③
말머리 가리개

④
기마인물형 물잔

6 다음 전시회에서 볼 수 있는 문화유산으로 옳은 것은? [2점]

특별 기획전

백제인의
숨결을 느끼다.

초대의 글
우리 박물관에서는 <u>신선 사상이 반영된</u>
<u>백제 문화유산</u>을 관람할 수 있는 기회를
마련하였습니다. 당시 사람들이 표현한
<u>도교적 이상 세계</u>를 만나보는
시간이 되기를 바랍니다.

백제의 문화유산 중 도교와
관련된 것은 산수무늬 벽돌,
금동 대향로가 대표적이지!

·기간: 2021년 ○○월 ○○일 ~○○일
·장소: □□박물관 기획 전시관

①
천마도
신라의 말 안장(장니) 그림

②
청자 상감 운학문 매병
고려의 문화재

③
산수무늬 벽돌

④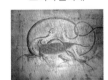
강서대묘 현무도
고구려의 도교사상 관련유물

○ ──────── **도전! 심화문제** ──────── ○

1 (가) 나라에 대한 설명으로 옳은 것은? [2점]

국가문화유산포털

문화유산 검색 [검색] [초기화] [결과 내 검색]

▲ 고분군 발굴 전경

수로왕이 건국했다고 전해지는 (가)
의 유적이다. 발굴 조사 결과 널무덤, 독무덤
등 600여 기의 유구와 토기, 청동기, 철기 등
5,200여 점에 이르는 유물이 출토되었다.

수로왕 = 금관가야
이건 당연히 알고
있어야 하는 것!

① 법흥왕 때 신라에 복속되었다.
② 유학 교육 기관으로 주자감을 두었다. - 발해
③ 지방에 22담로를 두어 왕족을 파견하였다. - 백제 무령왕
④ 화백 회의에서 국가의 중대사를 논의하였다. - 신라
⑤ 단궁, 과하마, 반어피 등의 특산물이 있었다. - 고대국가 동예

2 (가) 국가의 문화유산으로 옳은 것은? [2점]

천마총 발굴 50주년 특별전이 개최됩니다. 천마총은
(가) 의 대표적인 돌무지덧널무덤 중 하나로 발굴 당시
많은 유물이 출토되어 주목을 받았습니다. 그중에서도 가
장 유명한 천마도의 실물이 9년 만에 세상에 공개됩니다.

신라의 문화유산을
고르면 되겠군!

①
청동 은입사 포류
수금문 정병(고려)

②
금동연가7년명여래
입상(고구려)

③
금관(신라)

④
이불병좌상(발해)

⑤
금동대향로(백제)

기본	1	①	2	②	3	①	4	③	5	①	6	②	심화	1	⑤	2	①

1 (가) 시기에 있었던 사실로 옳은 것은? [3점]

죽령 서북 땅은 본래 우리 것이니, 그곳을 돌려준다면 군사를 보내줄 것이오.

백제가 우리 신라의 여러 성을 빼앗았습니다. 군대를 파견하여 도와주십시오.

보장왕

고구려에게 구원 요청을 하였으나 거절당하고 감옥에 갇혔다가 탈출!

김춘추   연개소문

그 후, 김춘추는 당나라로 가서 나당동맹을 맺었지!

(가)

이곳 황산벌에서 신라군에 맞서 죽을 각오로 싸우자!

나당동맹의 공격으로 백제가 멸망하기 직전 상황!

계백

① 신라와 당이 동맹을 맺었다.
② 백제가 수도를 사비로 옮겼다.
 – 성왕 시기 백제의 중흥 (아직 나·제동맹 시기)
③ 대가야가 가야 연맹을 주도하였다. – 고구려 광개토대왕의 공격으로 금관가야가 쇠퇴하면서 벌어진 일! (먼 옛날)
④ 고구려가 살수에서 수의 대군을 격파하였다.
 – 살수대첩은 연개소문 집권 이전이므로 오답

2 (가)에 해당하는 인물로 옳은 것은? [2점]

고연무 장군이 압록강을 넘어 오골성을 공격했다지.

고구려 부흥을 위해 우리도 힘을 보태세.

고구려 부흥군은 당신을 원하고 있다! 모집중

(가) 이/가 안승을 왕으로 세워 당에 대항한다네.

고구려 부흥운동과 관련된 인물을 고르면 되겠군!

① 계백   ② 검모잠   ③ 김유신   ④ 흑치상지

3 (가) 왕의 업적으로 옳은 것은? [2점]

이 무덤은 신라의 31대 왕인 (가) 의 능으로 전해지고 있습니다. 이 왕은 관리에게 관료전을 지급하고 녹읍을 폐지하여 귀족들의 경제 기반을 약화시켰습니다.

신문왕에 대한 설명이군.

① 국학을 설립하였다.
② 대가야를 정복하였다. – 진흥왕(삼국통일 이전)
③ 독서삼품과를 실시하였다. – 원성왕(신문왕 이후)
④ 김헌창의 난을 진압하였다. – 신라 말의 왕위 쟁탈전

4 (가)에 해당하는 인물로 옳은 것은? [1점]

저는 지금 완도 청해진 유적 상공에 있습니다. (가) 은/는 이곳을 거점으로 삼아 해적을 소탕하고 당, 일본과의 해상 무역을 주도하였습니다.

청해진을 세운 영웅은 장보고지!

① 원효 – 불교 대중화를 이끈 스님
② 설총 – 원효의 아들로, 이두를 만듦
③ 장보고
④ 최치원 – 6두품 출신으로 당나라 빈공과 급제, 시무 10조

5 (가), (나) 사이의 시기에 있었던 사건으로 옳은 것은?

[3점]

두 전투 사이에 왜가 백제를 도우려다 실패한 백강전투가 있었지!

① 백강 전투
② 살수 대첩 - 고구려 VS 수나라 (과거)
③ 관산성 전투 - 나제동맹이 깨진 직후 (과거)
④ 처인성 전투 - 고려시대 몽골과의 전쟁 (미래)

6 밑줄 그은 '그'로 옳은 것은?

[1점]

이때 고구려 관리에게 토끼와 거북이의 이야기를 듣게 되었답니다. 그는 뜻을 알아차리고 꾀를 내어 영토를 돌려주겠다고 한 뒤 신라로 무사히 돌아왔어요. 그리고 몇 해 후 당으로 건너가 동맹을 맺었지요.

선덕 여왕 11년 그는 군사를 청하러 고구려로 떠났습니다. 하지만 죽령 이북의 땅을 돌려달라는 보장왕의 요구를 들어주지 않아 별관에 갇히게 되었지요.

-3-   -4-

고구려로 갔다가 허탕을 치고, 그 후 당나라와 동맹을 맺은 사람은 김춘추(태종 무열왕)라는 사실!
'별주부전'과도 관계가 있지요~

① 김대성   ② 김춘추
③ 사다함   ④ 이사부

⊶ - - - - - - - - 도전! 심화문제 - - - - - - - - ⊶

1 (가), (나) 사이의 시기에 있었던 사실로 옳은 것은? [2점]

(가) 잔치를 크게 열어 장수와 병사들을 위로하였다. 왕과 [소]정방 및 여러 장수들은 당상(堂上)에 앉고, 의자와 그 아들 융은 당하(堂下)에 앉혔다. 때로 의자에게 술을 따르게 하니 백제의 좌평 등 여러 신하는 모두 목이 메어 울었다.

백제 의자왕을 낮은 자리에 앉히고, 술까지 따르게 했다는 내용이야. 백제가 멸망한 것이지.

(나) 사찬 시득이 수군을 거느리고 설인귀와 기벌포에서 싸웠으나 잇달아 패배하였다. [시득은] 다시 진군하여 크고 작은 22번의 싸움에서 승리하고 4천여 명의 목을 베었다.

나당 전쟁의 기벌포 전투 이야기야. 신라가 승리하고 당나라를 몰아내며 삼국통일을 이루었지.

－ 『삼국사기』 －

① 고국원왕이 평양성에서 전사하였다.
－ 백제 근초고왕 때의 내용이지요.

백제 멸망과 나당 전쟁 사이에 있었던 일은 고구려, 백제의 부흥 운동과 관련된 내용이지!

② 성왕이 관산성 전투에서 피살되었다.
－ 나제동맹이 깨진 상황으로, 과거 내용이에요.

③ 김춘추가 당과의 군사 동맹을 성사시켰다.
－ 나당동맹이 성사된 직후군요. 과거 내용입니다.

④ 을지문덕이 살수에서 수의 군대를 물리쳤다.
－ 당나라 이전 수나라와의 전투로, 과거 내용!

⑤ 안승이 신라에 의해 보덕국왕으로 임명되었다.

2 (가)에 들어갈 내용으로 옳은 것은? [2점]

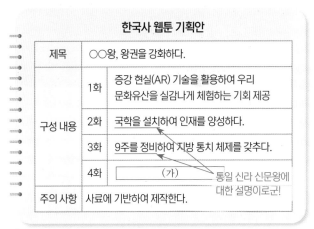

한국사 웹툰 기획안		
제목	○○왕, 왕권을 강화하다.	
구성 내용	1화	증강 현실(AR) 기술을 활용하여 우리 문화유산을 실감나게 체험하는 기회 제공
	2화	국학을 설치하여 인재를 양성하다.
	3화	9주를 정비하여 지방 통치 체제를 갖추다.
	4화	(가)
주의 사항	사료에 기반하여 제작한다.	

통일 신라 신문왕에 대한 설명이로군!

① 관료전을 지급하고 녹읍을 폐지하다.
② 마립간이라는 칭호를 처음 사용하다. - 통일 전 내물마립간 시기
③ 이사부를 보내 우산국을 복속시키다. - 지증왕 시기
④ 화랑도를 국가적 조직으로 개편하다. - 진흥왕 시기
⑤ 이차돈의 순교를 계기로 불교를 공인하다. - 법흥왕 시기

기본	1	④	2	④	3	①	4	④	5	②	6	①	심화	1	①	2	⑤

1 (가)에 들어갈 사실로 옳은 것은?　　　　　　[2점]

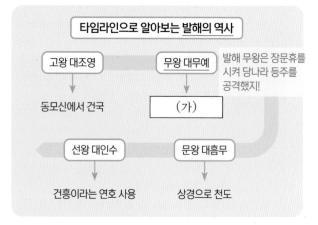

① 대마도 정벌 – 조선 이종무

② 4군 6진 개척 – 조선 최윤덕, 김종서

③ 동북 9성 축조 – 고려 별무반(윤관)

④ 산둥반도의 등주 공격

3 (가)에 들어갈 인물로 옳은 것은?　　　　　　[2점]

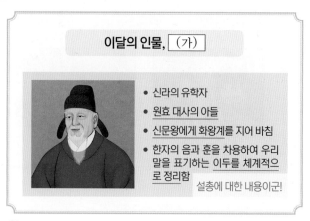

① 설총

② 안향 – 성리학 들여옴(고려)

③ 김부식 – 묘청의 난 진압, 삼국사기 저술(고려)

④ 최치원 – 6두품 유학자, 당 빈공과 급제, 시무 10여조(통일 신라)

2 다음 특별전에 전시될 문화유산으로 적절하지 <u>않은</u> 것은?　　　　　　[1점]

4 (가) 국가에 대한 설명으로 옳은 것은?　　　　　　[2점]

이곳 옛 상경 용천부의 절터에는 높이 6.3m의 거대한 석등이 남아 있습니다. 이 석등을 통해 전성기에 해동성국이라 불렸던 (가) 의 융성한 불교 문화를 알 수 있습니다.

발해의 대표유물 석등과 발해의 별명인 해동성국!

① 기인 제도를 실시하였다. – 고려 태조 왕건

② 9주 5소경을 설치하였다. – 통일 신라 신문왕

③ 한의 침략을 받아 멸망하였다. – 고조선(우거왕)

④ 대조영이 동모산에서 건국하였다.

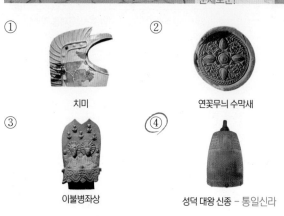

① 치미

② 연꽃무늬 수막새

③ 이불병좌상

④ 성덕 대왕 신종 – 통일신라

5 (가) 인물에 대한 설명으로 옳은 것은? [2점]

역사 인물 카드

〈주요 활동〉

• 모든 진리는 한마음에서 나온다는 일심 사상을 주장
• 무애가를 지어 불러 불교 대중화에 기여
• 『대승기신론소』 등을 저술

(가)

신라를 대표하는 스님이자, 불교 대중화에 기여한 원효대사 이야기로군!

① 세속 5계를 지었다. - 원광법사(화랑도를 위한 규율)
② 십문화쟁론을 저술하였다
③ 수선사 결사를 제창하였다. - 지눌국사(고려)
④ 영주 부석사를 건립하였다. - 문무왕 시기 승려 의상

6 다음 일기의 소재가 된 유적으로 옳은 것은? [2점]

○○월 ○○일 ○요일 날씨: 맑음

오늘은 동해안에 있는 절터에 갔다. 신문왕이 아버지 문무왕에 이어 완성한 곳으로, 절의 이름은 선왕의 은혜에 감사하는 마음을 담아 지었다고 한다. 마침 그곳에는 축제가 열려 대금 연주가 시작되었다. 마치 만파식적 설화 속 대나무 피리 소리가 들리는 것 같았다. '감'사한다, '은'혜에. 감은사! 지금은 절터만 남아있는 유적이지!

①
경주 감은사지

②
여주 고달사지

③
원주 법천사지

④
화순 운주사지

---

1 (가) 국가의 문화유산으로 옳은 것은? [2점]

○○신문

제△△호   ○○○○년 ○○년 ○○일

[특집] 우리 역사를 찾아서 - 영광탑

영광탑은 중국 지린성 창바이조선족자치현에 있으며, 벽돌을 쌓아 만든 누각 형태의 전탑이다. 지하에는 무덤으로 보이는 공간이 있는 것이 특징이다. 1980년대 중국 측의 조사에서 (가) 의 탑으로 확정하였다.

발해에 대한 내용이군!

①
②
③
④
⑤

① 이불병좌상(발해)
② 영주 부석사 소조여래좌상(고려)
③ 금동연가7년명여래입상(고구려)
④ 석굴암(신라)
⑤ 금동 관음보살 좌상(조선)

2 밑줄 그은 '이 승려'의 활동으로 옳은 것은? [2점]

부석사 달빛야행

부석사는 당에서 유학하고 돌아온 이 승려가 왕명을 받들어 창건한 유서 깊은 사찰입니다. 여름밤 달빛 아래 문화유산의 정취를 느껴 보시기 바랍니다.

◆특별프로그램◆
• 선묘 설화 미디어 아트 영상 관람
• 무량수전 배흘림 기둥 열쇠고리 제작

• 일시: 2022년 ○○월 ○○일 19:00~21:00
• 장소: 경상북도 영주시 부석사 경내

영주 부석사는 신라 문무왕 때 의상이 지은 절이죠!

① 무애가를 지어 불교 대중화에 기여하였다. - 원효(신라)
② 화랑도의 규범으로 세속 5계를 제시하였다. - 원광(신라)
③ 구법 순례기인 왕오천축국전을 저술하였다. - 혜초(통일 신라)
④ 승려들의 전기를 담은 해동고승전을 집필하였다. - 각훈(고려)
⑤ 화엄일승법계도를 지어 화엄 사상을 정리하였다.

기본	1	①	2	③	3	①	4	③	5	②	6	③	심화	1	⑤	2	①

1 다음 기획서에 나타난 시기에 발생한 사건으로 옳은 것은?

[2점]

제작 기획서

장르	다큐멘터리
제작의도	신라는 혜공왕 이후 잦은 왕위 쟁탈전으로 통치 질서가 어지러워지고 나라 살림이 어려워졌다. 중앙 정부는 세금을 독촉하였고 이에 시달린 농민들은 봉기를 일으켰다. 이러한 과정을 살펴보며 당시의 시대 상황을 되새겨 본다.
등장인물	장보고, 진성여왕, 원종, 애노 등

통일 신라 말기의 사회적 혼란과 관련된 내용이군!

① 김헌창의 난
② 이자겸의 난 - 고려 문벌 집권기
③ 김사미·효심의 난 - 고려 무신집권기
④ 망이·망소이의 난 - 고려 무신집권기

3 (가) 왕의 업적으로 옳은 것은?

[2점]

고려 (가) 이/가 민족 통합을 위해 노력한 점에 대해 이야기 나눠볼까요?

발해 유민을 받아들이고, 조상의 제사를 지낼 수 있도록 배려해 주었죠.

오랜 기간 적대 관계였던 견훤까지 포용한 일도 빠뜨릴 수 없지요.

역사토크

고려 태조 왕건에 대한 이야기로군!

① 흑창을 두었다.
② 강화도로 천도하였다. - 고종
③ 과거제를 처음 실시하였다. - 광종
④ 전민변정도감을 설치하였다. - 공민왕

2 (가), (나) 사이의 시기에 있었던 사실로 옳은 것은? [3점]

(가) 견훤이 완산주를 근거지로 삼고 스스로 후백제라 일컬으니, 무주 동남쪽의 군현들이 투항하여 복속하였다. 후백제 건국!

(나) 태조가 대상(大相) 왕철 등을 보내 항복해 온 경순왕을 맞이하게 하였다. 신라가 고려에 항복한 내용!

① 연개소문이 천리장성을 쌓았다. - 고구려(과거)
② 최영이 요동 정벌을 추진하였다. - 고려 말(미래)
③ 왕건이 고창 전투에서 승리하였다.
④ 이순신이 명량에서 일본군을 물리쳤다. - 조선시대(미래)

4 밑줄 그은 '왕'의 업적으로 옳은 것은?

[2점]

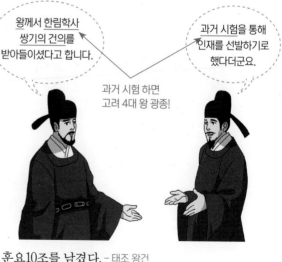

왕께서 한림학사 쌍기의 건의를 받아들이셨다고 합니다.

과거 시험을 통해 인재를 선발하기로 했다더군요.

과거 시험 하면 고려 4대 왕 광종!

① 훈요10조를 남겼다. - 태조 왕건
② 수도를 강화도로 옮겼다. - 고려 고종 + 최우(최씨 무신정권)
③ 노비안검법을 시행하였다.
④ 기철 등 친원파를 숙청하였다. - 공민왕

5 (가)에 들어갈 인물로 옳은 것은? [2점]

(가)

· 고려 전기의 관리
· 시무28조를 성종에게 건의
· 유교 정치 이념에 근거한 통치 체제 확립에 기여

(앞면) (뒷면)

시무 28조: 최승로 (고려 성종)
시무 10여조: 최치원 (통일 신라 말)
훈요 10조: 태조 왕건 (고려)
봉사 10조: 최충헌 (고려 무신정권)
혼동되지 않도록 공부합시다!

①
김부식
묘청의 난 진압
삼국사기 저술 (고려)

②
최승로

③
정몽주
고려말 신진사대부
온건파로, 이방원에게
죽임을 당함. 사림의 시조

④
이제현
고려 원 간섭기~
공민왕 시기 유학자
원나라 학자들과
만권당에서 교류함

6 다음 퀴즈의 정답으로 옳은 것은? [1점]

1단계: 고려 성종 때 설립
2단계: 유학과 기술 교육을 담당
3단계: 고려의 최고 교육 기관

제시된 단계별 힌트를 종합하여 알 수 있는 이것은 무엇일까요?

① 경당 - 고구려의 지방교육 기관
② 향교 - 조선의 지방교육 기관
③ 국자감
④ 주자감 - 발해

---

1 (가) 인물에 대한 설명으로 옳은 것은? [2점]

이 사진은 (가) 이/가 세운 태봉의 철원 도성 터에서 촬영된 석등입니다. 일제 강점기에 보물로 지정되기도 했으나 지금은 비무장지대 안에 있어 존재를 확인하기 어렵습니다. 관련 연구의 진전을 위해서는 남북한의 협력이 필요합니다.

후고구려가 철원으로 도읍을 옮기고 태봉으로 나라이름을 고쳤지! 왕은 궁예였어.
'궁예 하면 광평성 설치'가 시험에 단골로 등장하니 함께 암기하자!

① 금마저에 미륵사를 창건하였다. - 백제 말기 무왕
② 후당과 오월에 사신을 파견하였다. - 견훤(후백제)
③ 일리천 전투에서 신검의 군대를 격퇴하였다. - 왕건
④ 폐정 개혁을 목표로 정치도감을 설치하였다.
   - 고려 원 간섭기 충목왕
⑤ 광평성을 비롯한 각종 정치 기구를 마련하였다.

2 (가) 왕이 추진한 정책으로 옳은 것은? [1점]

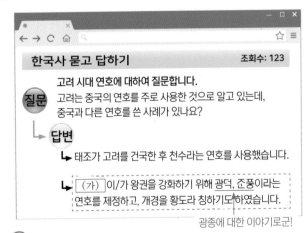

한국사 묻고 답하기   조회수: 123

질문 고려 시대 연호에 대하여 질문합니다.
고려는 중국의 연호를 주로 사용한 것으로 알고 있는데, 중국과 다른 연호를 쓴 사례가 있나요?

답변
태조가 고려를 건국한 후 천수라는 연호를 사용했습니다.

(가) 이/가 왕권을 강화하기 위해 광덕, 준풍이라는 연호를 제정하고, 개경을 황도라 칭하기도 하였습니다.

광종에 대한 이야기로군!

① 과거제를 도입하였다.
② 흑창을 처음 설치하였다. - 태조 왕건
③ 전시과 제도를 시행하였다. - 경종
④ 삼국사기 편찬을 명령하였다. - 인종
⑤ 12목에 지방관을 파견하였다. - 성종

기본	1	①	2	②	3	②	4	②	5	②	6	③		심화	1	③	2	③

1 (가)~(다)를 일어난 순서대로 옳게 나열한 것은? [3점]

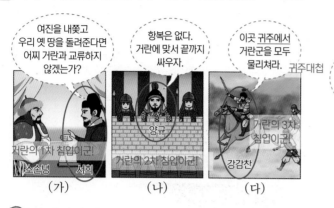

① (가)-(나)-(다)
② (가)-(다)-(나)
③ (나)-(가)-(다)
④ (다)-(가)-(나)

3 (가) 시기에 있었던 사실로 옳은 것은? [2점]

여진족과 고려의 관계가 역전된 사건!

① 박위가 대마도를 정벌하였다. - 고려 말(미래)
② 윤관이 별무반 설치를 건의하였다.
③ 김윤후가 처인성 전투에서 승리하였다.
 - 고려몽골전쟁기(미래)
④ 김춘추가 당과의 군사 동맹을 성사시켰다. - 신라(과거)

2 다음 상황이 일어난 시기를 연표에서 옳게 고른 것은? [3점]

① (가)
② (나)
③ (다)
④ (라)

4 밑줄 그은 '나'에 해당하는 인물로 옳은 것은? [1점]

① 서희 - 거란과 담판, 강동 6주 획득
② 강감찬
③ 김종서 - 조선 세종 시기 6진을 개척
④ 연개소문 - 고구려 말기 권력을 잡고 당나라와 투쟁

5 (가)의 활동으로 옳은 것은? [2점]

> ● (가) 이/가 아뢰기를, "신이 여진에게 패배한 까닭은 그들은 기병이고 우리는 보병이어서 대적하기 어려웠기 때문입니다."라고 하였다. 이에 건의하여 비로소 별무반을 만들었다.
> — 『고려사절요』 —
>
> ● (가) 이/가 여진을 쳐서 크게 물리쳤다. [왕이] 여러 장수를 보내 경계를 정하였다.
> — 『고려사』 —

별무반은 여진정벌에 동원된 군대로, 윤관의 건의로 만들었지! 윤관 하면 '별무반'과 '동북 9성'!

① 강동 6주를 획득하였다. - 서희(고려 초, vs거란)

②(동북 9성을 축조하였다.)

③ 쓰시마섬을 정벌하였다. - 이종무(조선 초, vs왜)

④ 쌍성총관부를 수복하였다. - 공민왕(고려 말, vs원)

6 다음 퀴즈의 정답으로 옳은 것은? [1점]

제시된 단계별 힌트를 종합하여 알 수 있는 인물은 누구일까요?

1단계	본관은 경주로 고려의 유학자이자 정치가이다.
2단계	서경에서 묘청이 난을 일으키자 진압군의 원수로 임명되어 이를 평정하였다.
3단계	왕명으로 감수국사가 되어 삼국사기를 편찬하였다.

김부식에 관련된 키워드들이군!

① 양규 - 거란 2차 침입 때 활약

② 일연 - 삼국유사 집필

③(김부식)

④ 이제현 - 원 간섭기 유학자

- - - - - - - - 도전! 심화문제 - - - - - - - -

1 (가), (나) 사이의 시기에 있었던 사실로 옳은 것은? [2점]

> (가) 왕이 서경에서 안북부까지 나아가 머물렀는데, 거란의 소손녕이 봉산군을 공격하여 파괴하였다는 소식을 듣자 더 가지 못하고 돌아왔다. 서희를 보내 화의를 요청하니 침공을 중지하였다.
> 거란의 1차 침입이군!
>
> (나) 강감찬이 수도에 성곽이 없다 하여 나성을 쌓을 것을 요청하니 왕이 그 건의를 따라 왕가도에게 명령하여 축조하게 하였다. 거란의 3차 침입 후로군.

① 사신 저고여가 귀국길에 피살되었다. - 미래(vs 몽골)

② 화통도감이 설치되어 화포를 제작하였다.
- 미래(고려 말 최무선)

③(강조가 정변을 일으켜 목종을 폐위시켰다.)

④ 나세, 심덕부 등이 진포에서 왜구를 물리쳤다.
- 미래(고려 말)

⑤ 공주 명학소에서 망이 · 망소이가 난을 일으켰다.
- 미래(고려 무신집권기)

2 (가)~(다)를 일어난 순서대로 옳게 나열한 것은? [3점]

> (가) 금의 군주 아구다가 국서를 보내 이르기를, "형인 금 황제가 아우인 고려 국왕에게 문서를 보낸다. …… 이제는 거란을 섬멸하였으니, 고려는 우리와 형제의 관계를 맺어 대대로 무궁한 우호 관계를 이루기 바란다."라고 하였다.
> (가) 거란을 멸망시키고 강력해진 여진족의 금나라가 고려에 사대 요구를 하고 있어!
>
> (나) 윤관이 여진인 포로 346명과 말, 소 등을 조정에 바치고 영주 · 복주 · 웅주 · 길주 · 함주 및 공험진에 성을 쌓았다. 공험진에 비(碑)를 세워 경계로 삼고 변경 남쪽의 백성을 옮겨 와 살게 하였다.
> (나) 윤관의 별무반이 여진 땅에 동북9성을 설치했어. 여진족은 이를 계기로 똘똘 뭉쳐 고려의 침입을 극복하고는 금나라를 세웠지.
>
> (다) 정지상 등이 왕에게 아뢰기를, "대동강에 상서로운 기운이 있으니 신령스러운 용이 침을 토하는 형국으로, 천 년에 한 번 만나기 어려운 일입니다. 천심에 응답하고 백성들의 뜻에 따르시어 금을 제압하소서."라고 하였다.
> (다) 금의 사대 요구를 받아들인 고려는 자존심이 상했고, '서경으로 수도를 옮기면 금나라를 제압할 수 있다'라고 주장하는 〈서경 천도 운동〉이 일어났어. 대동강은 서경(평양)에 있는 강이야.

① (가) - (나) - (다) ② (가) - (다) - (나)

③(나) - (가) - (다) ④ (나) - (다) - (가)

⑤ (다) - (나) - (가)

기본	1	②	2	④	3	②	4	②	5	④	6	④	심화	1	④	2	②

1 다음 퀴즈의 정답으로 옳은 것은? [2점]

① 중방
② 교정도감
③ 도병마사
④ 식목도감

3 (가)~(다)의 사건을 일어난 순서대로 옳게 나열한 것은? [3점]

(가) 원나라에 저항한 삼별초의 모습 (13세기 중반)

(나) 거란을 물리친 귀주대첩 (11세기 초)

(다) 윤관의 여진정벌 (12세기 초)

① (가)-(나)-(다)
② (나)-(다)-(가)
③ (다)-(가)-(나)
④ (다)-(나)-(가)

4 (가)에 들어갈 내용으로 가장 적절한 것은? [2점]

〈다큐멘터리 기획안〉

고려, 몽골에 맞서 싸우다

■ 기획 의도
약 30년 동안 전개된 고려의 대몽 항쟁을 조명한다.

■ 구성
1부 사신 저고여의 피살을 구실로 몽골이 침입하다
2부 고려 조정이 강화도로 도읍을 옮기다
3부 (가)

고려vs몽골 전쟁과 관련된 내용을 찾아보자!

① 윤관이 별무반 편성을 건의하다 - 고려vs여진
② 김윤후가 처인성 전투에서 활약하다
③ 을지문덕이 살수에서 적군을 물리치다 - 고구려vs수나라
④ 서희가 외교 담판을 통해 강동 6주 지역을 확보하다
　　　　- 고려vs거란

2 (가) 시기에 있었던 사실로 옳은 것은? [3점]

몽골의 침입

고려말 우왕 시기 이성계의 활약

① 과전법이 시행되었다. - 미래(조선 건국 직전)
② 이자겸이 난을 일으켰다. - 과거(고려 문벌 집권기)
③ 궁예가 후고구려를 세웠다. - 과거(후삼국 시대)
④ 팔만대장경판이 제작되었다.

5 (가) 인물의 활동으로 옳은 것은? [2점]

이 전투는 고려 말 (가) 이/가 제작한 화포를 이용하여 왜구를 크게 물리친 진포 대첩입니다.

화포를 개발하여 왜구를 물리친 사람은 최무선이지. 화통도감 설치를 건의했다는 사실!

① 거중기를 설계하였다. - 조선 후기 정약용(정조대왕)
② 앙부일구를 제작하였다. - 장영실(세종대왕)
③ 비격진천뢰를 발명하였다. - 임진왜란 당시 이장손(선조)
④ 화통도감 설치를 건의하였다.

6 다음 조치가 내려진 시기를 연표에서 옳게 고른 것은? [3점]

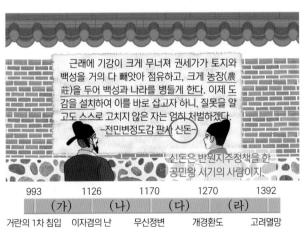

근래에 기강이 크게 무너져 권세가가 토지와 백성을 거의 다 빼앗아 점유하고, 크게 농장(農莊)을 두어 백성과 나라를 병들게 한다. 이제 도감을 설치하여 이를 바로 잡고자 하니, 질못을 알고도 스스로 고치지 않은 자는 엄히 처벌하겠다.

－전민변정도감 판사 신돈－

신돈은 반원자주정책을 한 공민왕 시기의 사람이지.

993	1126	1170	1270	1392
(가)	(나)	(다)	(라)	
거란의 1차 침입	이자겸의 난	무신정변	개경환도	고려멸망

① (가)   ② (나)   ③ (다)   ④ (라)

---

1 (가) 군사 조직에 대한 설명으로 옳은 것은? [2점]

이것은 태안 마도 3호선에서 발굴된 죽찰입니다. 적외선 촬영 기법을 통해 상어를 담은 상자를 우□□별초도령시랑 집에 보낸다는 문장이 확인되었습니다. 우□□별초는 우별초로 해석되는데, 우별초는 최씨 무신 정권이 조직한 (가) 의 하나로 시랑은 장군 격인 정 4품이었습니다.

최씨 무신 정권이 조직한 삼별초에 대한 내용이로군!

앞면	앞면 적외선	뒷면	뒷면 적외선

① 후금의 침입에 대비하고자 창설되었다.
－ 조선 어영군(인조 시기)
② 원의 요청으로 일본 원정에 참여하였다. - 원 간섭기 고려군
③ 신기군, 신보군, 항마군으로 편성되었다. - 별무반
④ 진도에서 용장성을 쌓고 몽골에 대항하였다.
⑤ 응양군과 용호군으로 구성된 국왕의 친위 부대였다.
－ 고려 중앙군 체제

2 (가)~(다)를 일어난 순서대로 옳게 나열한 것은? [2점]

(가) 백관을 소집하여 금을 섬기는 문제에 대한 가부를 의논하게 하니 모두 불가하다고 하였다. 이자겸, 척준경만이 "사신을 보내 먼저 예를 갖추어 찾아가는 것이 옳습니다."라고 하니 왕이 이 말을 따랐다.
여진이 세운 금나라가 고려에 사대요구를 해오자, 고려가 이를 수락한 일! (12세기)

(나) 나세·심덕부·최무선 등이 왜구를 진포에서 공격해 승리를 거두고 포로 334명을 구출하였으며, 김사혁은 패잔병을 임천까지 추격해 46명을 죽였다.
최무선 등이 왜구를 격파한 진포대첩(14세기)

(다) 몽골군이 쳐들어와 충주성을 70여 일간 포위하니 비축한 군량이 거의 바닥났다. 김윤후가 괴로워하는 군사들을 북돋우며, "만약 힘을 다해 싸운다면 귀천을 가리지 않고 모두 관작을 제수할 것이니 불신하지 말라."라고 하였다.
고려몽골전쟁 당시 김윤후의 활약(13세기)

① (가)-(나)-(다)   ② (가)-(다)-(나)
③ (나)-(가)-(다)   ④ (나)-(다)-(가)
⑤ (다)-(가)-(나)

기본	1	①	2	③	3	④	4	②	5	④	6	③	심화	1	③	2	⑤

1 밑줄 그은 '이 국가'의 경제 상황으로 옳은 것은? [3점]

> 이것은 전라남도 나주 등지에서 거둔 세곡 등을 싣고 이 국가의 수도인 개경으로 향하다 태안 앞바다에서 침몰한 배를 복원한 것입니다. 발굴 당시 수많은 청자와 함께 화물의 종류, 받는 사람 등이 기록된 목간이 다수 발견되었습니다.

말풍선: 수도가 개경이고 상감청자가 유명했던 나라는 고려지!

①전시과 제도가 실시되었다.
② 고구마, 감자가 널리 재배되었다. - 조선 후기
③ 모내기법이 전국적으로 확산되었다. - 조선 후기
④ 시장을 감독하기 위한 동시전이 설치되었다. - 신라 지증왕

3 (가) 국가에서 볼 수 있는 모습으로 적절한 것은? [2점]

> 이 문화유산은 태안 마도 2호선에서 발견된 청자 매병과 죽찰입니다. 죽찰에는 개경의 중방 도장교 오문부에게 좋은 꿀을 단지에 담아 보낸다는 내용이 적혀 있습니다. 이를 통해 (가) 사람들의 생활 모습을 엿볼 수 있습니다.

받침 라벨: 청자 연꽃줄기 무늬 매병과 죽찰
말풍선: 고려 청자가 등장하니 고려에 대한 이야기

① 광산 개발을 감독하는 덕대 - 조선 후기
② 신해통공 실시를 알리는 관리 - 조선 후기(정조)
③ 청과의 무역으로 부를 축적하는 만상 - 조선 후기
④활구라고도 불린 은병을 제작하는 장인

2 다음 가상 인터뷰의 (가)에 들어갈 내용으로 적절한 것은? [3점]

말풍선: 지눌 스님, 불교를 위해 어떤 활동을 하셨나요?
말풍선: (가)

① 무애가를 지었습니다. - 원효
② 천태종을 개창하였습니다. - 의천
③수선사 결사를 제창하였습니다.
④ 왕오천축국전을 저술하였습니다. - 혜초

4 다음 기사에 보도된 문화유산으로 옳은 것은? [2점]

> ### ○○신문
> 제△△호　　　　　　　2020년 ○○월 ○○일
>
> #### 고려 나전칠기의 귀환
> 국외소재문화재재단의 노력으로 고려 시대의 '나전 국화 넝쿨무늬 합'이 일본에서 돌아왔다. 나전칠기는 표면에 옻칠을 하고 조개껍데기를 정교하게 오려 붙인 것으로 불화, 청자와 함께 고려를 대표하는 문화유산이다. 이번 환수로 국내에 소장된 고려의 나전칠기는 총 3점이 되었다.

메모: 고려를 대표하는 나전칠기의 특징까지 서술해 준 평이한 문제로군!

①
금동천문도(조선)

②

③
청동 은입사 포유수금문정병(고려)

④
분청사기 철화 넝쿨무늬 항아리(조선)

5 (가)에 들어갈 문화유산으로 옳은 것은? [3점]

경상북도 영주에 있는 고려 시대 건축물인 이 문화유산에 대해 말해볼까요?

배흘림 기둥과 주심포 양식이 특징이에요.

건물 내부에 아미타불이 모셔져 있어요.

영주에 있는 배흘림기둥과 주심포양식이 특징인 건물은 부석사 무량수전이지!

①
금산사 미륵전

②
법주사 팔상전

③
화엄사 각황전

④
부석사 무량수전

부석사는 신라의 의상 스님이 지었지만, 부석사 내부에 있는 무량수전은 훗날 고려시대에 추가로 지어진 건물이지요.

6 밑줄 그은 '이 책'으로 옳은 것은? [1점]

이 책에 대해 말해 주세요.

승려 일연이 저술한 역사서입니다.

단군의 고조선 건국 이야기가 실려 있습니다.

단군의 고조선 건국 신화는 일연의 「삼국유사」에 실려 있지!

이달의 책

① 동국통감 - 서거정(조선) ② 동사강목 - 안정복(조선)
③ 삼국유사 ④ 제왕운기 - 이승휴(고려)

1 다음 기획전에 전시될 문화유산으로 적절한 것은? [1점]

흙으로 빚은 푸른 보물

이번 기획전에서는 고려 시대 귀족 문화를 보여주는 비색의 순청자와 음각한 부분에 백토나 흑토를 채워 화려하게 장식한 상감 청자가 전시됩니다. 관심 있는 분들의 많은 관람 바랍니다.

상감기법을 사용한 청자를 고르면 되는 문제로군!

· 기간: 2022년 ○○월 ○○일 ~ ○○월 ○○일
· 장소: △△박물관

①
도기 인유인화문 항아리(통일 신라)

② 청동 은입사 포유수 금문정병(고려)

③

④
백자 청화매죽문 항아리(조선)

⑤
분청사기 상감운룡문 항아리(조선)

2 다음 구성안의 소재가 된 탑으로 옳은 것은? [1점]

○○박물관 실감 콘텐츠 구성안

제목	오늘, 탑을 만나다
기획 의도	증강 현실(AR) 기술을 우리 문화유산을 실감나게 체험하는 기회 제공
대상 유물 특징	·원의 영향을 받아 대리석으로 만든 석탑 ·원각사지 십층 석탑에 영향을 주었음
체험 내용	·탑을 쌓으며 각 층의 구조 파악하기 ·기단부에 조각된 서유기 이야기를 퀴즈로 풀기

현재 국립중앙박물관 내부에 전시되어 있는 경천사지 10층 석탑에 대한 문제로군!

① 불국사 삼층석탑 (통일 신라)

② 화엄사 사사자 삼층 석탑(통일 신라)

③ 진전사지 삼층석탑 (통일 신라)

④ 월정사 팔각 구층석탑

⑤

기본	1	③	2	②	3	③	4	③	5	②	6	①		심화	1	⑤	2	①

1 (가)에 들어갈 인물로 옳은 것은? [1점]

(가)

고려시대 학자로서 고려 왕조를 지키려다 세상을 떠난 포은 정몽주에 대한 이야기로군!

(앞면)

· 고려 시대 학자
· 성균관 대사성 역임
· 사신으로 명·일본 왕래
· 조선 건국 세력에 맞서 <u>고려 왕조를 지키고자 함</u>
· 문집으로 포은집이 있음

(뒷면)

①
박지원
열하일기를 쓴 실학자

②
송시열
북벌론을 주장(조선 효종)

③
정몽주

④
정도전
신진사대부 급진개혁파
조선의 설계자

2 (가)에 들어갈 내용으로 옳은 것은? [2점]

조선의 건국 과정을 소개합니다

한양 천도
조선 건국
과전법 실시
(가)

조선 건국의 신호탄은 위화도 회군이지!

① 비변사 혁파 – 조선 말 흥선대원군의 개혁
② 위화도 회군
③ 대전회통 편찬 – 조선 말 고종
④ 훈민정음 창제 – 조선 세종

3 다음 가상 대화에 등장하는 왕의 업적으로 옳지 않은 것은? [2점]

우리가 만든 편경의 소리도 음이 잘 맞는구나. 이제 그대가 아악을 체계적으로 정비하도록 하라.

명하신 대로 편경을 만들었사옵니다.

박연

박연에게 아악을 정비하도록 한 사람은 세종대왕이죠!

① 자격루를 제작하였다.
② 농사직설을 간행하였다.
③ 악학궤범을 완성하였다. – 성종의 업적
④ 삼강행실도를 편찬하였다.

4 밑줄 그은 '왕'의 업적으로 옳은 것은? [2점]

6조 직계제는 2명이 실시했던 것! 잊지 말자구! (태종 이방원, 세조)

이성계의 아들로 태어나 두 차례의 왕자의 난 이후 왕위에 올랐어.

6조 직계제를 실시하는 등 왕권 강화에 힘썼지.

이곳은 헌릉으로 조선 3대 왕이 왕비와 함께 묻힌 곳이야.

조선의 3대 왕 태종 이방원에 대한 이야기로군!

① 탕평비를 건립하였다. – 영조(조선 후기)
② 현량과를 실시하였다. – 중종 때 조광조의 건의로 실시
③ 호패법을 시행하였다.
④ 훈민정음을 창제하였다. – 세종(조선 전기)

5 밑줄 그은 '왕'이 추진한 정책으로 옳은 것은? [2점]

계유정난으로 정권을 잡고 단종을 몰아낸 왕에 대해 말해 볼까요?

조선 세조에 대한 이야기야.

왕권 강화를 위해 6조 직계제를 부활시켰어요.

집현전을 폐지하고 경연을 정리하였어요.

① 삼별초를 조직하였다. - 고려시대 최씨무신정권
② 직전법을 시행하였다.
③ 한양으로 천도하였다. - 조선 태조 이성계
④ 훈민정음을 창제하였다. - 조선 세종

1 다음 대화에 등장하는 왕의 재위 시기에 있었던 사실로 옳은 것은? [2점]

전하께서 명하신대로 장악원에 소장된 의궤와 악보를 새로이 교감하여 악학궤범을 완성하였습니다.

예조 판서 성현을 비롯하여 편찬에 공을 세운 이들에게 차등을 두어 상을 내리도록 하라.

성종의 업적을 고르는 문제로군!

① 주자소가 설치되어 계미자가 주조되었다. - 조선 태종
② 전통 한의학을 집대성한 동의보감이 완성되었다.
　　- 허준(선조~광해군)
③ 통치체제를 정비하기 위해 속대전이 간행되었다. - 영조
④ 한양을 기준으로 역법을 정리한 칠정산이 제작되었다.
　　- 세종대왕
⑤ 전국의 지리, 풍습 등이 수록된 동국여지승람이 편찬되었다.

6 (가)에 들어갈 문화유산으로 옳은 것은? [2점]

○○신문

제△△호 ⋯⋯⋯⋯⋯⋯⋯⋯⋯ 2020년 ○○년 ○○일

151년 만에 옮겨지는 조선 왕조의 신주

(가) 에 모셔진 조선 역대 왕과 왕비의 신주를 창덕궁 옛 선원전으로 옮기는 행사가 지난 6월 5일 열렸다. 이 행사는 정전(正殿)의 내부 수리로 인해 1870년(고종 7년) 이후 151년 만에 거행된 것이다.

조선시대 역대 왕과 왕비의 신주를 모신 곳은 종묘!

① 종묘
② 사직단 - 조선 시대 제사를 지내던 곳
③ 성균관 - 조선 최고 교육 기관
④ 도산 서원 - 안동에 있으며, 퇴계 이황을 기리며 건립된 유명한 서원

2 (가) 궁궐에 대한 설명으로 옳은 것은? [2점]

대왕대비가 전교하였다. " (가) 은/는 우리 왕조에서 수도를 세울 때 맨 처음 지은 정궁이다. …… 그러나 불행하게도 전란에 의해 불타버린 후 미처 다시 짓지 못하여 오랫동안 뜻있는 선비들의 개탄을 자아내었다. …… 이 궁궐을 다시 지어 중흥의 큰 업적을 이루려면 여러 대신과 함께 의논해 보지 않을 수 없다."

─「고종실록」

조선의 정궁으로, 임진왜란 때 전란에 불타버렸다가 고종 때 중건한 것은 경복궁이지!

① 근정전을 정전으로 하였다.
② 일제의 의해 동물원 등이 설치되었다. - 창경궁
③ 후원에 왕실 도서관인 규장각이 있었다. - 창덕궁
④ 도성 내 서쪽에 있어 서궐이라고 불렸다. - 경희궁
⑤ 인목 대비가 광해군에 의해 유폐된 장소이다. - 덕수궁(서궁)

기본	1	④	2	②	3	③	4	①	5	②	6	④	심화	1	④	2	①

1 (가) 기구에 대한 설명으로 옳은 것은? [2점]

호조의 관리들이 국가의 물자를 빼돌렸는데 비위의 범위가 넓다네.

서둘러 (가) 의 수장인 대사헌께 보고하세.

감찰 업무를 담당하던 사헌부에 대한 설명이군! 사헌부는 사간원과 함께 대간이라고 불리거나, 사간원, 홍문관과 함께 삼사로 불리기도 했지!

① 왕명 출납을 관장하였다. - 승정원(은대)
② 수도의 행정과 치안을 맡았다. - 한성부
③ 외국어 통역 업무를 담당하였다. - 사역원
④ 사간원, 홍문관과 함께 삼사로 불렸다.

2 (가) 왕의 재위 기간에 있었던 사실로 옳은 것은? [2점]

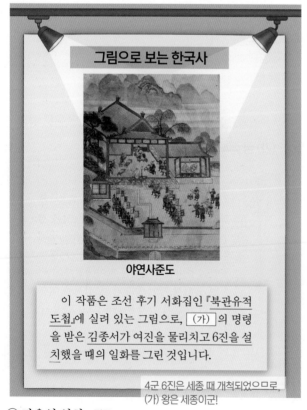

그림으로 보는 한국사

야연사준도

이 작품은 조선 후기 서화집인 『북관유적도첩』에 실려 있는 그림으로, (가) 의 명령을 받은 김종서가 여진을 물리치고 6진을 설치했을 때의 일화를 그린 것입니다.

4군 6진은 세종 때 개척되었으므로, (가) 왕은 세종이군!

① 장용영 설치 - 정조
② 칠정산 편찬
③ 경국대전 완성 - 성종
④ 나선 정벌 단행 - 효종

3 (가)에 들어갈 문화유산으로 옳은 것은? [1점]

나
어제, 오전 9시 30분

#국립고궁박물관 #미국에서_귀환
#조선시대_과학기구 #해시계

(가)

조선의 해시계는 앙부일구!

👍 좋아요6　💬 댓글2　➡ 공유

□□
이건 어떤 기구야?

△△
그림자로 시간을 측정하는 기구야. 동지나 하지와 같은 절기도 알 수 있어.

① 자격루
② 측우기
③ 앙부일구
④ 혼천의

4 (가)에 들어갈 사건으로 옳은 것은? [2점]

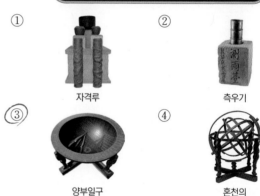

학습지

주제　(가)

○ 학습 내용1　왜 일어났나요?
위훈 삭제 등 조광조가 주장한 개혁에 대한 반발 때문에 일어났어요.

중종 때 있었던 기묘사화지. 조광조가 왕이 된다는 내용의 나뭇잎이 발견돼서 '기묘'했던 사화야.

○ 학습 내용2　어떻게 진
조광조는 유배된 후 사약을 받아 죽임을 당하였고, 그를 따르던 많은 사람들도 처형되거나 관직에서 쫓겨났어요.

① 기묘사화
② 신유박해 - 정조 승하 직후 순조임금
③ 인조반정 - 광해군~인조
④ 임오군란 - 고종

5 (가) 인물의 활동으로 옳은 것은? [3점]

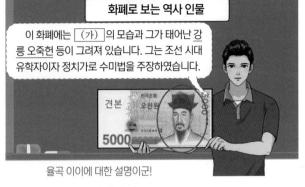

화폐로 보는 역사 인물

이 화폐에는 (가) 의 모습과 그가 태어난 강릉 오죽헌 등이 그려져 있습니다. 그는 조선 시대 유학자이자 정치가로 수미법을 주장하였습니다.

견본 오천원

5000

율곡 이이에 대한 설명이군!

① 앙부일구를 제작하였다. - 장영실
②성학집요를 저술하였다.
③ 시무 28조를 건의하였다. - 최승로
④ 화통도감 설치를 제안하였다. - 최무선

◈------------- **도전! 심화문제** -------------◈

1 (가) 기구에 대한 설명으로 옳은 것은? [2점]

은대계회도

이것은 우부승지 이현보와 그가 속한 (가) 관원들의 친목 모임을 그린 그림이다. 상단에는 계회 모습이 그려져 있고, 중단에는 축하 시, 하단에는 도승지 등 계원의 관직과 성명이 기록되어 있다. 은대는 (가) 의 별칭

도승지, 승지, 은대 등과 관련된 키워드며, 정원으로 약칭되기도 하였다. 는 승정원이지! 왕명의 출납을 담당하는 왕의 비서 기관이었어.

① 사간원, 홍문관과 함께 삼사로 불렸다. - 사헌부
② 외국으로 가는 사신의 통역을 전담하였다. - 사역원
③ 천문, 지리, 기후 등에 관한 사무를 맡았다. - 관상감
④왕명 출납을 담당하는 왕의 비서 기관이었다.
⑤ 국왕 직속 사법 기구로 반역죄 등을 처결하였다. - 의금부

---

6 (가)에 들어갈 문화유산으로 옳은 것은? [1점]

(가) 에 대해 검색해 줘.

오후06:10

검색 결과입니다.
태조에서 철종에 이르는 470여 년간의 역사를 역대 왕 별로 기록하였습니다.
방대한 규모와 내용의 정확성을 인정받아 유네스코 세계 기록 유산에 등재되었습니다.

조선의 역사를 역대 왕의 순서로 기록한 책이 무엇일까?

① 경국대전
② 동의보감
③ 목민심서
④조선왕조실록

---

2 (가)에 들어갈 내용으로 옳지 않은 것은? [2점]

〈역사 다큐멘터리 제작 기획안〉

15세기 조선, 과학을 꽃 피우다

1. 기획 의도
조선 초, 부국 강병과 민생 안정을 위해 과학 기술분야에서 노력한 모습을 살펴본다.

2. 구성
1부 태양의 그림자로 시간을 보는 앙부일구
2부 　　　　(가)　　　　
3부 외적의 침입에 대비한 신무기, 신기전과 화차

앙부일구, 신기전과 화차 등은 조선 전기의 발명품들이지.

①기기도설을 참고하여 설계한 거중기 - 정약용(조선 후기 정조)
② 국산 약재와 치료법을 소개한 향약집성방 - 세종
③ 한양을 기준으로 한 역법서인 칠정산 내편 - 세종
④ 활판 인쇄술의 발달을 가져온 계미자와 갑인자 - 태종, 세종
⑤ 우리나라 실정에 맞는 농법을 소개한 농사직설 - 세종

※1대 태조 – 2대 정종 – 3대 태종 – 4대 세종

기본	1	③	2	③	3	①	4	③	5	③	6	①	심화	1	④	2	④

1 밑줄 그은 '의병장'으로 옳은 것은? [2점]

역사 인물 가상 생활 기록부

2. 주요 이력

연도	내용	비고
1585년	과거문과 (별시, 2등)	답안지에 왕을 비판한 내용이 있어 합격이 취소됨

3. 행동특성 및 종합의견

정암진 전투, 홍의장군 = 곽재우

　임진왜란 당시 자신의 고향 의령에서 군사를 모아 일본군에 맞서 싸운 의병장으로, 통솔력이 강하고 애국심과 실천력이 뛰어남. 정암진 전투에서 눈부신 활약을 하였으며, 붉은 옷을 입고 선두에서 많은 일본군을 무찔러 홍의장군으로 불림

① 조헌　　② 고경명　　③ 곽재우　　④ 정문부

3 다음 가상 대화 이후에 전개된 사실로 옳은 것은? [2점]

남한산성에서 항전하시던 임금께서 삼전도에 나아가 청에 굴욕적인 항복을 하셨다는군.

게다가 세자와 봉림대군께서는 청에 볼모로 잡혀가신다더군.

병자호란이 발생하여 조선이 청에 항복한 내용이야.

① 북벌론이 전개되었다.
② 4군 6진이 개척되었다. - 세종(과거)
③ 삼포왜란이 진압되었다. - 중종(과거/1510년)
④ 정동행성이 설치되었다. - 고려시대 원 간섭기(과거)

2 (가) 전쟁 중에 있었던 사실로 옳은 것은? [2점]

1592년 7월 이순신이 이끄는 조선 수군은 이곳 한산도 앞바다에서 학익진을 펼치며 일본 수군을 크게 격파하였습니다. 그 결과 조선군은 (가) 당시 남해안 일대의 제해권을 장악하게 되었습니다.

임진왜란 중 이순신의 한산도 대첩과 관련된 내용이군. 그러므로 (가) 전쟁은 임진왜란!

① 최윤덕이 4군을 개척하였다. - 조선 세종 시기
② 서희가 강동 6주를 확보하였다. - 고려 초기 거란과의 전쟁
③ 권율이 행주산성에서 승리하였다.
④ 이종무가 쓰시마 섬을 토벌하였다. - 조선 세종 시기

4 (가) 왕의 재위 기간에 있었던 사실로 옳은 것은? [2점]

이곳은 제주 행원 포구입니다. 인조반정으로 폐위되어 강화도 등지로 유배되었던 (가) 은/는 이후 이곳을 통해 제주도로 들어와 유배 생활을 이어가다가 생을 마감하였습니다.

인조 반정으로 폐위되었던 왕은 광해군이지!

① 집현전이 설치되었다. - 고려 말 설치. 세종이 확대개편
② 비변사가 폐지되었다. - 흥선대원군의 개혁
③ 대동법이 시행되었다.
④ 4군 6진이 개척되었다. - 세종

5 (가) 전쟁에 대한 탐구 활동으로 적절한 것은? [2점]

체험학습 결과 보고서

이름	○○○	학번	제 △학년 △반 △번
기간	2020년 □□월 □□일(1일)		
장소	남한산성		

학습한 내용: 남한산성은 북한산성과 함께 한양 도성을 지키던 산성으로, (가) 당시 인조가 이곳으로 피란하여 45일간 청에 항전하였다.

수어장대   서문

병자호란 당시 인조는 남한산성으로 피란했지만, 결국 한강 변의 삼전도로 나가 굴욕적인 항복을 했지.

① 보빙사의 활동을 조사한다. - 조선 고종 시기 미국에 파견
② 삼별초의 이동 경로를 찾아본다. - 고려 대몽 항쟁기
③ 삼전도비의 건립 배경을 파악한다.
④ 을미의병이 일어난 계기를 살펴본다.
- 초선 고종 시기 을미사변 및 단발령 발표 후

6 밑줄 그은 '이 전쟁' 중에 있었던 사실로 옳은 것은? [3점]

문학으로 만나는 한국사

청석령을 지났느냐 초하구는 어디쯤인가
북풍도 차기도 차다 궂은비는 무슨 일인가
그 누가 내 형색 그려내어 임 계신 데 드릴까

위 시조는 이 전쟁 당시 인조가 삼전도에서 항복한 뒤 봉림대군이 청에 볼모로 끌려가며 지었다는 이야기가 전해집니다. 청의 심양으로 끌려가는 비참함과 처절한 심정이 잘 표현되어 있습니다.

병자호란에서 인조가 항복한 뒤, 봉림대군은 청으로 끌려갔다가 돌아와 효종 임금이 되었지. '이 전쟁'은 병자호란이라고 할 수 있어.

① 왕이 남한산성으로 피신하였다.
② 양헌수가 정족산성에서 항전하였다.
- 조선 말기 병인양요(vs프랑스)
③ 김윤후가 적장 살리타를 사살하였다.
- 고려 대몽 항쟁기(vs몽골)
④ 조명 연합군이 평양성을 탈환하였다. - 임진왜란(vs일본)

1 다음 전쟁 중 있었던 사실로 옳은 것은? [2점]

적군은 세 길로 나누어 곧장 한양으로 향했는데, 산을 넘고 물을 건너 마치 사람이 없는 곳에 들어가듯 했다고 한다. 조정에서 지킬 수 있다고 믿은 신립과 이일 두 장수가 병권을 받고 내려와 방어했지만 중도에 패하여 조령의 험지를 잃고, 적이 중원으로 들어갔다. 이로 인해 임금의 수레가 서쪽으로 몽진하고 도성을 지키지 못하니, 불쌍한 백성들은 모두 흉적의 칼날에 죽어가고 노모와 처자식은 이리저리 흩어져 생사를 알지 못해 밤낮으로 통곡할 뿐이었다.

- 『쇄미록』 -

한양이 함락된 것은 임진왜란과 병자호란이지만, 신립과 이일은 임진왜란 때의 장수들이지. 임진왜란 때는 선조가 북서쪽으로 몽진했고, 병자호란 때는 동쪽의 남한산성으로 몽진했어.

① 김상용이 강화도에서 순절하였다.
- 병자호란에서 자결한 김상용
② 임경업이 백마산성에서 항전하였다. - 병자호란
③ 최영이 홍산 전투에서 크게 승리하였다.
- 고려 말 왜구와의 전투
④ 곽재우가 의병장이 되어 의령 등에서 활약하였다.
⑤ 신류가 조총 부대를 이끌고 흑룡강에서 전투를 벌였다.
- 효종 시기 나선 정벌(vs러시아)

2 밑줄 그은 '이 부대'에 대한 설명으로 옳은 것은? [2점]

전시된 그림은 이 부대의 분영인 북일영과 활터의 풍경을 묘사한 김홍도의 작품입니다. 임진왜란 중 류성룡의 건의로 편성된 이 부대는 직업 군인의 성격을 띤 상비군이었습니다.

임진왜란 중 편성된 부대는 훈련도감이야. 조총을 받아들여 포수가 있었고, 근접전을 하는 살수와 활을 쏘는 사수까지 삼수병 체제였어.

북일영도

① 용호군과 함께 2군으로 불렸다. - 응양군(고려)
② 진도에서 용장성을 쌓고 항전하였다. - 삼별초(고려)
③ 국경 지역인 북계와 동계에 배치되었다.
- 주진군(고려 국경지대 지방군)
④ 포수, 살수, 사수의 삼수병으로 편제되었다.
⑤ 국왕의 친위 부대로 수원 화성에 외영을 두었다.
- 장용영(정조 친위대)

기본	1	③	2	④	3	①	4	③	5	①	6	③	심화	1	③	2	①

1 (가) 시기에 있었던 사건으로 옳은 것은? [3점]

상복 입는 기간을 두고 일어난 '예송 논쟁' 이로군. 현종 시기에 일어났어.

영조가 탕평책을 펼치는 모습이야.

① 무오사화 – 과거(연산군)
② 병자호란 – 과거(인조)
③ **경신환국**
④ 임술 농민 봉기 – 미래(철종/세도정치기)

2 밑줄 그은 '이 왕'의 재위 기간에 볼 수 있는 모습으로 옳은 것은? [3점]

이것은 백두산정계비 사진입니다. 청과 국경문제가 발생하자 이 왕은 박권을 파견해 국경을 정하고 백두산정계비를 세웠습니다. 비석은 현재 사진으로만 남아 있습니다.

이 사진에 대해 설명해 주세요.

숙종 대에 세워진 백두산정계비로군! 이 시기, 상평통보가 전국적으로 사용되고 안용복이 독도 수호를 위해 활약하는가 하면, 대동법이 전국적으로 확대되기도 했어. 은근히 출제비중이 높은 숙종!

① 장용영에서 훈련하는 군인 – 정조
② 만민 공동회에서 연설하는 백정 – 고종
③ 집현전에서 학문을 연구하는 관리 – 세종, 문종, 단종
④ **시전에서 상평통보를 사용하는 상인**

3 밑줄 그은 '제도'로 옳은 것은? [2점]

양민의 부담을 덜고자 군포를 절반으로 줄이는 제도를 시행하였는데, 부족해진 군포를 메울 방도를 논의하였는가?

군포는 군역과 관련된 것으로, 이를 개혁했던 법은 영조가 실시한 균역법이야.

어장세나 소금세 등으로 보충하는 것이 좋겠습니다.

① **균역법**
② 대동법 – 공납을 개혁해 특산물 대신 쌀로 내게 함.
　　　　　(광해군 시작~숙종 대에 전국 실시)
③ 영정법 – 토지세를 1결당 4두로 고정함(인조 대에 실시)
④ 직전법 – 세조 때 현직 관료에게만 지급한 수조지(세금 걷을 땅)

4 (가) 왕의 업적으로 옳지 않은 것은? [2점]

답사 계획서

◆ 주제: (가) 의 효심을 만나다
◆ 일시: 2021년 ○○월 ○○일 09:00~17:00
◆ 경로: 봉수당→융릉→용주사

사도 세자와 혜경궁 홍씨의 아들은 정조 대왕이지!

사도세자의 명복을 빌기 위해 세운 용주사

혜경궁 홍씨의 회갑연이 열렸던 봉수당

사도세자가 묻힌 융릉

① 장용영을 설치하였다.
② 금난전권을 폐지하였다.
③ **농사직설을 편찬하였다.** – 세종대왕이므로 오답
④ 초계문신제를 실시하였다.

5 (가) 사건에 대한 설명으로 옳은 것은? [2점]

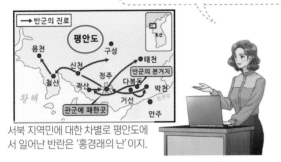

이것은 1811년 서북 지역민에 대한 차별 등에 반발하여 일어난 (가) 의 진행 과정을 보여주는 지도입니다.

서북 지역민에 대한 차별로 평안도에서 일어난 반란은 '홍경래의 난'이지.

① 홍경래가 봉기를 주도하였다.
② 서경 천도를 주장하며 일어났다. - 묘청의 서경 천도 운동(고려)
③ 백낙신의 횡포가 계기가 되었다. - 임술 농민 봉기
④ 특수 행정 구역인 소의 주민이 참여하였다.
  - 고려시대 망이·망소이의 난 등

6 밑줄 그은 '봉기' 이후 정부의 대책으로 옳은 것은? [2점]

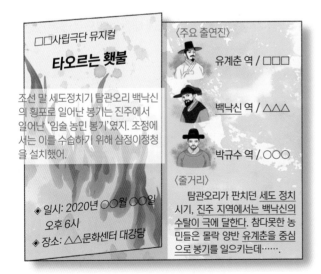

□□사립극단 뮤지컬
타오르는 횃불

조선 말 세도정치기 탐관오리 백낙신의 횡포로 일어난 봉기는 진주에서 일어난 '임술 농민 봉기'였지. 조정에서는 이를 수습하기 위해 삼정이정청을 설치했어.

◆ 일시: 2020년 ○○월 ○○일 오후 6시
◆ 장소: △△문화센터 대강당

〈주요 출연진〉
유계춘 역 / □□□
백낙신 역 / △△△
박규수 역 / ○○○

〈줄거리〉
탐관오리가 판치던 세도 정치 시기, 진주 지역에서는 백낙신의 수탈이 극에 달한다. 참다못한 농민들은 몰락 양반 유계춘을 중심으로 봉기를 일으키는데……

① 흑창을 두었다. - 고려 태조 왕건의 빈민구제책
② 신해통공을 실시하였다. - 조선 정조의 금난전권 폐지
③ 삼정이정청을 설치하였다.
④ 전민변정도감을 운영하였다. - 고려 말 신돈의 개혁(공민왕 시기)

1 (가) 왕에 대한 설명으로 옳은 것은? [1점]

특별 전시회
탕평 군주 (가) 을/를 만나다

탕평책, 균역법은 영조의 정책이지!

■ 기간: 2023년 ○○월 ○○일 ~○○월 ○○일
■ 장소: △△ 박물관 특별 전시실

전시 유물 소개

「수문상친림관역도」
한성의 홍수 예방을 위해 실시한 청계천 준설 공사 현장을 (가) 이/가 지켜보는 모습을 담은 그림

「균역사실」
균역법의 제정 배경 및 과정, 균역청의 운영 등을 담은 책

① 학문 연구 기관으로 집현전을 두었다. - 세종
② 삼수병으로 구성된 훈련도감을 설치하였다. - 선조
③ 속대전을 편찬하여 통치 체제를 정비하였다.
④ 궁중 음악을 집대성한 악학궤범을 편찬하였다. - 성종
⑤ 시전 상인의 특권을 축소하는 신해통공을 단행하였다.
  - 정조

2 (가) 왕이 추진한 정책으로 옳은 것은? [2점]

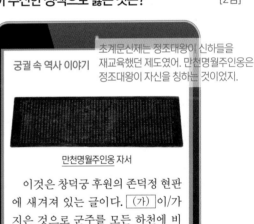

초계문신제는 정조대왕이 신하들을 재교육했던 제도였어. 만천명월주인옹은 정조대왕이 자신을 칭하는 것이었지.

궁궐 속 역사 이야기

만천명월주인옹 자서

이것은 창덕궁 후원의 존덕정 현판에 새겨져 있는 글이다. (가) 이/가 지은 것으로 군주를 모든 하천에 비치는 달에 비유하여 국왕 중심의 정국 운영을 강조하는 내용이 담겨 있다. 그는 초계문신제를 실시하여 자신의 정책을 뒷받침하는 인재를 양성하고자 하였다.

① 친위 부대로 장용영을 설치하였다.
② 경기도에 한해서 대동법을 실시하였다. - 광해군
③ 한양을 기준으로 한 역법서인 칠정산을 만들었다.
  - 세종대왕
④ 통치 체제를 정비하기 위해 대전회통을 편찬하였다.
  - 고종
⑤ 직전법을 제정하여 현직 관리에게만 수조권을 지급하였다. - 세조

기본	1	④	2	④	3	①	4	③	5	②	6	②	심화	1	⑤	2	⑤

1 다음 상황이 나타난 시기에 볼 수 있는 모습으로 적절하지 않은 것은? [2점]

① 민화를 그리는 화가
② 탈춤을 공연하는 광대
③ 판소리를 구경하는 상인
④ 팔관회에 참가하는 외국 사신 - 고려시대

3 밑줄 그은 '이 법'의 영향으로 가장 적절한 것은? [1점]

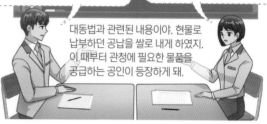

① 관청에 물품을 조달하는 공인이 등장하였다.
② 어염세, 선박세 등이 국가 재정으로 귀속되었다.
  - 균역법과 관련된 내용
③ 전세를 풍흉에 따라 9등급으로 차등 과세하였다.
  - 연분9등법(조선 세종)
④ 양반에게도 군포를 징수하는 호포제가 시행되었다.
  - 흥선대원군의 개혁

2 다음 가상 뉴스가 보도된 시기의 경제 상황으로 옳은 것은? [2점]

오늘 전하께서 군포를 2필에서 1필로 감면하라고 하셨습니다. 이로 인해 부족해진 국가 재정을 보충할 대책도 마련하라고 명하셨습니다. 앞으로 어떤 방안이 결정될지 주목됩니다.

균역법은 조선 후기 영조가 실시한 제도이므로, 조선 후기에 관련된 답을 찾으면 돼!

속보 군역제 개편 결정

① 당백전이 유통되었다. - 고종 시기 흥선대원군의 경복궁 중건
② 동시전이 설치되었다. - 신라 지증왕
③ 목화가 처음 전래되었다. - 고려시대 원나라로부터, 문익점
④ 모내기법이 전국으로 확산되었다.

4 다음 가상 인터뷰의 주인공에 대한 설명으로 옳은 것은? [2점]

① 동학을 창시하였다. - 최제우
② 추사체를 창안하였다. - 김정희
③ 목민심서를 저술하였다.
④ 사상 의학을 확립하였다. - 이제마

5 (가)에 들어갈 인물로 옳은 것은? [1점]

추사, 조선 서예의 새 지평을 열다

우리 박물관에서는 추사체를 창안하여 조선 서예의 새 지평을 연 <u>추사 선생</u>의 특별전을 개최합니다. 관심 있는 여러분의 많은 관람 바랍니다.

• 기간: 2022년 ○○월 ○○일 ~ ○○월 ○○일
• 장소: □□박물관 특별 전시실

추사 김정희는 자신만의 필체인 추사체를 만들어냈고, 북한산 진흥왕 순수비를 판독하여 고증하기도 했어! '추사 김정희'로 외워두도록 하자!

①  허목

② 김정희

③  송시열

④  채제공

---

6 다음 퀴즈의 정답으로 옳은 것은? [2점]

이것은 <u>충북 보은군</u>에 소재한 <u>조선 후기 건축물</u>입니다. 내부에는 석가모니의 생애를 여덟 장면으로 그린 불화가 있으며, 현재 우리나라에 남아 있는 가장 오래된 5층 목탑입니다. 이것은 무엇일까요?

도전! 한국사 퀴즈왕

충북 보은에 있는 조선 후기 건축물로, 국내에서 가장 오래된 5층 목조탑이자, 가장 높은 목조 탑은 법주사 팔상전!

①  금산사 미륵전

② 법주사 팔상전

③ 봉정사 극락전

④ 부석사 무량수전

◇ - - - - - - - - - 도전! 심화문제 - - - - - - - - - ◇

1 (가) 왕이 재위한 시기의 경제 모습으로 옳은 것은? [2점]

이곳은 수원 화성 성역과 연계하여 축조된 축만제입니다. [(가)]은/는 축만제 등의 수리 시설 축조와 둔전 경영을 통해 수원 화성의 수리, 장용영의 유지, 백성의 진휼을 위한 재원을 마련하였습니다.

수원 화성, 장용영 등의 키워드로 보았을 때 정조대왕이라는 것을 알 수 있지!

① 금속 화폐인 건원중보가 주조되었다. - 고려 초기 화폐
② 시장을 감독하는 동시전이 설치되었다. - 신라 지증왕
③ 울산항, 당항성이 무역항으로 번성하였다. - 통일 신라
④ 군역의 부담을 줄이기 위해 균역법이 제정되었다.
　　- 조선 영조
⑤ 육의전을 제외한 시전 상인의 금난전권이 폐지되었다.

---

2 (가) 인물에 대한 설명으로 옳은 것은? [2점]

이 책은 [(가)] 이/가 학문과 사물의 이치를 논한 글과 제자들의 질문에 응답한 내용을 모아 엮은 성호사설입니다. [(가)]은/는 노비제도의 개혁, 서얼 차별 폐지 등 다양한 개혁안을 제시하였습니다.

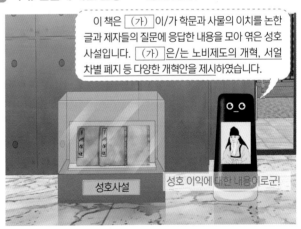

성호사설

성호 이익에 대한 내용이로군!

① 이벽 등과 교류하며 천주교를 받아들였다. - 이승훈
② 북한산비가 진흥왕 순수비임을 고증하였다. - 김정희
③ 동호문답에서 수취 제도의 개혁 등을 제안하였다.
　　- 율곡 이이
④ 가례집람을 지어 예학을 조선의 현실에 맞게 정리하였다.
　　- 김장생
⑤ 곽우록에서 토지 매매를 제한하는 한전론을 주장하였다.

기본	1	②	2	①	3	①	4	②	5	①	6	③

심화	1	①	2	③

1 (가) 인물이 집권한 시기의 사실로 옳은 것은? [2점]

소식 들었는가? 이제 우리 양반에게도 군포를 걷겠다는군.

어쩌겠는가, 조정이 왕의 아버지인 (가) 의 위세에 눌려 모든 일이 그의 뜻대로 되고 있으니 말일세.

호포제를 설시하고, 고종의 아버지로서 권력을 잡았던 사람은 흥선 대원군이지!

① 장용영이 창설되었다. - 정조
② 척화비가 건립되었다.
③ 청해진이 설치되었다. - 장보고(통일 신라)
④ 칠정산이 편찬되었다. - 세종

3 밑줄 그은 '변고'가 일어난 시기를 연표에서 옳게 고른 것은? [3점]

독일인 오페르트가 흥선대원군의 아버지인 남연군의 묘를 도굴하려다 실패한 사건(1868)이지. 이 사건은 병인양요(1866)와 신미양요(1871) 사이에 일어났어.

답서
영종 첨사 명의로 답서를 보냈다.

귀국과 우리나라 사이에는 원래 소통이 없었고, 은혜를 입거나 원수를 진 일도 없었다. 그런데 이번 덕산 묘지 (남연군 묘)에서 일으킨 변고는 사람으로서 차마 할 수 있는 일이겠는가? …… 이런 지경에 이르렀으니 우리나라 신하와 백성은 있는 힘을 다하여 한마음으로 귀국과는 같은 하늘을 이고 살 수 없다는 것을 맹세한다.

1863		1876		1884		1894		1905
	(가)		(나)		(다)		(라)	
고종즉위		강화도 조약		갑신정변		갑오개혁		을사늑약

① (가)　　② (나)　　③ (다)　　④ (라)

2 밑줄 그은 '이 사건'에 대한 설명으로 옳은 것은? [2점]

화면의 사진은 문수산성입니다. 이 사건 당시 한성근 부대는 이곳에서 프랑스군에 맞서 싸웠고, 이어서 양헌수 부대는 정족산성에서 프랑스군을 물리쳤습니다.

프랑스와 맞붙었던 병인양요에 대한 이야기군!

① 흥선 대원군 집권기에 일어났다.
② 제너럴 셔먼호 사건의 배경이 되었다. - 신미양요
③ 삼정이정청이 설치되는 결과를 가져왔다. - 임술 농민 봉기
④ 군함 운요호가 강화도에 접근하여 위협하였다.
　　- 운요호 사건

4 다음 상황 이후에 일어난 사실로 옳은 것은? [3점]

미국 군대가 쳐들어왔다.

어재연 장군을 중심으로 힘을 모아 광성보를 지켜내자!

신미양요(1871)에 대한 내용이군!

① 병인박해가 일어났다. - 과거(1866)
② 척화비가 건립되었다.
③ 제너럴 셔먼호 사건이 발생하였다. - 과거(1866)
④ 오페르트가 남연군 묘 도굴을 시도하였다. - 과거(1868)

5 (가)에 들어갈 사건으로 옳은 것은? [1점]

역사 신문

제△△호 　　　　　　　　○○○○년 ○○월 ○○일

일본과의 조약이 체결되다

무력 시위하는 일본 군인들

작년 가을 강화도와 영종도 일대에서 (가) 을 일으킨 일본과의 회담이 최근 수 차례 열렸다. 일본이 피해 보상과 조선의 개항을 일방적으로 요구하자, 조정에서는 이에 대한 찬반 논쟁 끝에 신헌을 파견하여 조일 수호 조규를 체결하였다.

> 강화도 조약의 직전에 일본이 일으킨 사건을 찾아보자!

① 운요호 사건

② 105인 사건

③ 제너럴 셔먼호 사건

④ 오페르트 도굴 사건

---

6 밑줄 그은 '조약'으로 옳은 것은? [2점]

> 이곳은 운요호 사건을 빌미로 일본이 개항을 강요하여 조선과 조약을 체결한 장소입니다.

연무당 옛터

운요호 사건을 계기로 조선-일본 사이에 맺어진 조약은 강화도 조약이야.

① 한성 조약

② 정미 7조약

③ 강화도 조약

④ 제물포 조약

---

1 다음 상황이 나타난 시기를 연표에서 옳게 고른 것은? [2점]

> 북경 주재 프랑스 공사가 청에 보내온 문서에 의하면, "조선에서 프랑스 주교 2명 및 선교사 9명과 조선의 많은 천주교 신자가 처형되었다. 이에 제독에게 요청하여 며칠 안으로 군대를 일으키도록 할 것이다."라고 되어 있습니다.

1866년, 병인박해로 인해 같은 해에 병인양요가 일어나는 부분이군.

1863	1868	1871	1875	1882	1886
(가)	(나)	(다)	(라)	(마)	
고종 즉위	오페르트 도굴 사건	신미양요	운요호 사건	조미수호 통상조약	조프수호 통상조약

① (가)　② (나)　③ (다)　④ (라)　⑤ (마)

---

2 밑줄 그은 '중건' 시기에 있었던 사실로 옳은 것을 〈보기〉에서 고른 것은? [2점]

경복궁 영건일기는 한성부 주부 원세철이 경복궁 중건의 시작부터 끝날 때까지의 상황을 매일 기록한 것이다. 이 일기에 광화문 현판이 검은색 바탕에 금색 글자였음을 알려주는 '묵질금자(墨質金字)'가 적혀있어 광화문 현판의 옛 모습을 고증하는 근거가 되었다.

> 흥선 대원군과 고종 시기의 경복궁 중건 때를 나타내고 있네. 같은 시기에 있었던 일을 골라 보자.

─〈보기〉─
ㄱ. 비변사가 설치되었다. - 조선 중기
ㄴ. 사창제가 실시되었다.
ㄷ. 원납전이 징수되었다.
ㄹ. 대전통편이 편찬되었다. - 조선 후기 정조

① ㄱ, ㄴ　　② ㄱ, ㄷ　　③ ㄴ, ㄷ
④ ㄴ, ㄹ　　⑤ ㄷ, ㄹ

기본	1	②	2	③	3	①	4	③	5	②	6	②	7	②	심화	1	④	2	⑤

1 (가)에 들어갈 사절단으로 옳은 것은? [2점]

이것은 (가) 의 대표 민영익이 미국 대통령에게 전한 국서의 한글 번역문입니다. 이 문서에는 두 나라가 조약을 맺어 우호 관계가 돈독해졌으므로 사절단을 보낸다는 내용 등이 담겨 있습니다.

미국에 갔던 사절단은 보빙사!

① 수신사
② 보빙사
③ 영선사
④ 조사 시찰단

3 (가)에 들어갈 사건으로 옳은 것은? [1점]

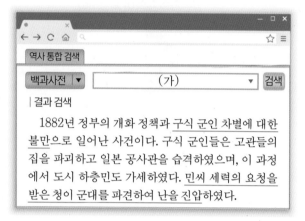

역사 통합 검색

백과사전 ▼   (가)   ▼ 검색

| 결과 검색

1882년 정부의 개화 정책과 구식 군인 차별에 대한 불만으로 일어난 사건이다. 구식 군인들은 고관들의 집을 파괴하고 일본 공사관을 습격하였으며, 이 과정에서 도시 하층민도 가세하였다. 민씨 세력의 요청을 받은 청이 군대를 파견하여 난을 진압하였다.

① 임오군란
② 삼국 간섭
  - 청일전쟁 후 일본이 러시아, 독일, 프랑스에게 간섭받은 사건
③ 거문도 사건
  - 영국 해군이 러시아의 남하를 막기 위해 남해바다의 거문도를 점령 (1885~1887)
④ 임술 농민 봉기
  - 탐관오리 백낙신의 횡포로 발생. 삼정이정청 설치의 계기가 됨

2 (가)~(다) 학생이 발표한 내용을 일어난 순서대로 옳게 나열한 것은? [3점]

〈배움 주제: 위정 척사 운동의 전개〉

최익현이 일본과 서양은 같다는 왜양일체론을 주장하며 일본과의 수교에 반대하였습니다.

이항로 등은 서양과의 통상을 반대하는 흥선 대원군의 통상 수교 거부 정책을 지지하였습니다.

이만손을 중심으로 한 영남지역 유생들은 조선책략 유포에 반발하여 만인소를 올렸습니다.

(가) 최익현의 왜양일체론은 강화도조약 체결 직전 이야!(1876)

(나) 1860년대 흥선대원군 시기이므로, 가장 먼저겠군.

(다) 황쭌셴의 조선책략은 1881년에 영남만인소가 일어난 원인이 되었지.

① (가)-(나)-(다)
② (가)-(다)-(나)
③ (나)-(가)-(다)
④ (다)-(가)-(나)

4 밑줄 그은 '변란'으로 옳은 것은? [2점]

메타버스로 만나보는 한국사 인물

중국 톈진에 억류 당하시게 된 경위를 들을 수 있을까요?

구식 군인들이 변란을 일으키자, 나는 사태 수습을 위해 입궐하여 통리기무아문과 별기군을 폐지하였소. 그런데 청군이 나를 변란의 책임자로 지목하여 이곳으로 납치하였소.

흥선 대원군

1882년 구식 군인들이 일으킨 난에서 흥선 대원군이 잠시 권력을 잡았다가 청나라로 끌려갔지. 이 사건은 뭘까?

① 갑신정변
② 신미양요
③ 임오군란
④ 임술 농민 봉기

5 (가)에 들어갈 사건으로 옳은 것은? [1점]

역사 뮤지컬

3일 천하

우정총국 개국 축하연을 기회로 삼아 (가) 을/를 일으킨 조선 청년들의 새로운 도전이 춤과 노래로 펼쳐집니다.

● 일시: 2022년 ○○월 ○○일 19시
● 장소: △△아트센터 대극장

> '3일 천하'로도 불리는 갑신정변. 급진 개화파가 우정총국 개국 축하연을 기회로 일으킨 정변이었지.

① 갑오개혁　　　　② 갑신정변
③ 브나로드 운동　　④ 민립 대학 설립 운동

[6~7] 다음 자료를 읽고 물음에 답하시오.

근대 역사의 현장

(가) 은/는 1884년 근대 우편 업무를 도입하기 위해 세워졌다. 그러나 개화당이 이곳에서 열린 개국 축하연을 기회로 삼아 (나) 을/를 일으켜 한동안 우편 업무가 중단되었다. 그후 1895년 우체사가 설치되어 관련 업무가 재개되었다.

현재 복원된 모습
(서울시 종로구 소재)

> 갑신정변에 대한 이야기지. 갑신정변은 지금의 우체국과 같은 우정총국 개국 축하연에서 시작됐어.

6 (가)에 들어갈 기구로 옳은 것은? [1점]

① 기기창　　　　② 우정총국
③ 군국기무처　　④ 통리기무아문

7 (나) 사건에 대한 설명으로 옳은 것은? [3점]

① 구본신참을 개혁 원칙으로 내세웠다. - 광무개혁
② 한성 조약이 체결되는 계기가 되었다.
③ 외규장각 도서가 약탈당하는 결과를 가져왔다.
　 - 병인양요
④ 사태 수습을 위해 박규수가 안핵사로 파견되었다.
　 - 임술농민봉기

---------------- 도전! 심화문제 ----------------

1 교사의 질문에 대한 학생의 답변으로 옳은 것은? [2점]

> 자료는 이 조약 중 최혜국 대우를 규정한 조항의 일부입니다. 조선이 서양 국가와 최초로 체결한 이 조약에 대해 말해 볼까요?

제14판
…… 미국과 그 상인이 종래 누리지 않았거나 이 조약에 없는 것 또한 미국 관민이 일체 균점하는 것을 승인한다.

> 조선과 미국 사이에 맺어진 조미수호통상조약에 대한 내용이군! 최초로 최혜국 대우를 인정하고, 거중 조정 내용이 포함되었지.(한 나라가 위기에 빠지면 다른 쪽에서 중재 등 도움을 주기로 함.)

① 병인양요 발생의 배경이 되었어요. - 병인박해
② 갑신정변의 영향으로 체결되었어요.
　 - 한성조약(일본에 배상금)
③ 통감부가 설치되는 결과를 가져왔어요. - 을사늑약(1905)
④ 거중 조정에 대한 내용이 포함되었어요.
⑤ 메가타가 재정 고문으로 부임하는 계기가 되었어요.
　 - 제1차 한일협약(1904)

2 다음 자료에 나타난 상황 이후 전개된 사실로 옳은 것은?
　 [2점]

김옥균이 일본 공사 다케조에게 국왕의 호위를 위해 일본군이 필요하다고 요청하였다. 그는 호위를 요청하는 국왕의 친서가 있으면 투입하겠다고 약속하였다. 친서는 박영효가 전달하기로 합의하였다. 다케조에는 조선에 주둔한 청군 1천 명이 공격해 들어와도 일본군 1개 중대면 막을 수 있다고 장담하였다.

> 김옥균이 일본군의 도움을 받아 갑신정변(1884)을 일으키려고 하고 있군!

① 신식 군대인 별기군이 창설되었다. - 과거(1881)
② 김기수가 수신사로 일본에 파견되었다. - 과거(1876)
③ 일본 군함 운요호가 영종도를 공격하였다. - 과거(1875)
④ 이만손이 주도하여 영남 만인소를 올렸다. - 과거(1881)
⑤ 우정총국 개국 축하연에서 정변이 일어났다.

기본	1	②	2	③	3	④	4	④	5	④	6	③		심화	1	①	2	⑤

1 다음 사건에 대한 설명으로 옳은 것은? [2점]

동학 농민군의 장태로군!

백산 집결 → 황룡촌 전투

전주성 점령 → 우금치 전투

① 외규장각 도서가 약탈되었다. - 병인양요
②집강소를 설치하여 폐정 개혁을 추진하였다.
③ 홍의 장군 곽재우가 의병장으로 활약하였다. - 임진왜란
④ 서북인에 대한 차별이 원인이 되어 일어났다. - 홍경래의 난

3 밑줄 그은 '의병'이 일어난 시기를 연표에서 옳게 고른 것은?

[3점]

역적들이 국모를 시해하고 억지로 머리카락을 깎게 하니 백성들이 의병을 일으켰다. 하지만 이제는 단발을 편한 대로 하게 하였으니 백성들은 흩어져 돌아가 생업에 종사하라.

명성황후가 시해당한 을미사변 이후, 을미개혁이 시행되고 단발령이 내려지자 전국적으로 대규모 의병이 일어났어. (을미의병, 1895~1896)

1863		1875		1882		1894		1910
	(가)		(나)		(다)		(라)	
임술 농민 봉기		운요호 사건		임오 군란		청일전쟁 발발		국권 피탈

① (가) ② (나) ③ (다) ④(라)

2 (가)에 들어갈 기구로 옳은 것은? [2점]

주제: 갑오·을미 개혁

1 제1차 갑오개혁: (가) 을/를 중심으로 개혁을 추진하여 과거제, 노비제, 연좌제 등을 폐지

2 제2차 갑오개혁: 홍범 14조 반포, 지방 행정 조직을 23부로 개편, 교육 입국 조서 반포

3 을미개혁: 태양력 채택, 건양 연호 사용, 단발령 실시

1894년의 제1차 갑오개혁에서는 군국 기무처를 중심으로 개혁을 추진했지.

① 정방 - 고려 무신정권(최우)
② 교정도감 - 고려 무신정권(최충헌)
③군국기무처
④ 통리기무아문 - 조선 최초의 근대적 기구(1880)

4 다음 사건이 일어난 시기를 연표에서 옳게 고른 것은?

[3점]

아침 7시가 될 무렵 왕과 세자는 궁녀들이 타는 가마를 타고 몰래 궁을 떠났다. 탈출은 치밀하게 계획된 것이었다. 1주일 전부터 궁녀들은 몇 채의 가마를 타고 궐문을 드나들어서 경비병들이 궁녀들의 잦은 왕래에 익숙해지도록 했다. 그래서 이른 아침 시종들이 두 채의 궁녀 가마를 들고 나갈 때도 경비병들은 특별히 신경 쓰지 않았다. 왕과 세자는 긴장하며 러시아 공사관에 도착했다.

- F. A. 매켄지의 기록 -

을미사변 이후, 신변에 위협을 느낀 고종이 러시아 공사관으로 피신했던 아관파천에 대한 내용이군! (1896)

1863		1871		1884		1895		1904
	(가)		(나)		(다)		(라)	
고종즉위		신미양요		갑신정변		을미사변		러일전쟁

① (가) ② (나) ③ (다) ④(라)

5 (가) 시기에 있었던 사실로 옳은 것은?　　　　[2점]

여기는 환구단의 일부인 황궁우야.

고종은 환구단에서 황제 즉위식을 거행하고, 경운궁에서 새로운 국호인 　(가)　을/를 선포하였지.

1897년 고종이 대한제국을 선포하고 황제가 된 내용이로군!

① 당백전을 발행하였다. - 흥선 대원군 시기
② 영선사를 파견하였다. - 1881년 청나라로 파견
③ 육영 공원을 설립하였다. - 1886년 최초의 근대식 공립 학교
④ 대한국 국제를 제정하였다.

---

6 밑줄 그은 '단체'로 옳은 것은?　　　　[2점]

학술 발표회

우리 학회에서는 제국주의 열강의 침략으로부터 주권을 수호하고자 서재필의 주도로 창립된 단체의 의의와 한계를 조명하고자 합니다. 많은 관심과 참여를 바랍니다.

◈ 발표 주제 ◈
◉ 민중 계몽을 위한 강연회와 토론회 개최 이유
◉ 만민 공동회를 통한 자주 국권 운동 전개 과정
◉ 관민 공동회 개최와 헌의 6조 결의의 역사적 의미

■ 일시: 2022년 4월 ○○일 13:00~18:00
■ 장소: △△문화원 소강당

서재필의 주도로 창립된 독립협회에 대한 내용이로군!

① 보안회　　　　② 신민회
③ 독립협회　　　④ 대한 자강회

---

1 (가) 시기에 전개된 동학 농민군의 활동으로 옳은 것은?　　　　[2점]

백산 봉기　　　(가)　　　전주성 점령

1차 봉기 당시, 동학 농민군이 승리하면서 전주성을 점령할 수 있게 되었지!

① 황토현에서 관군에 승리하였다.
② 남접과 북접이 논산에서 연합하였다. - 2차 봉기 초반
③ 우금치에서 일본군과 관군에 맞서 싸웠다.
　 - 2차 봉기, 패배하면서 진압됨
④ 집강소를 중심으로 폐정 개혁안을 실천하였다.
　 - 1차 봉기, 전주성 점령 후의 상황
⑤ 조병갑의 탐학에 저항하여 고부 관아를 습격하였다.
　 - 1차 봉기, 백산봉기 이전 상황

---

2 (가) 단체에 대한 설명으로 옳은 것은?　　　　[2점]

서울시는 고가도로 건설을 위해 독립문 이전을 결정하였습니다. 독립문은 서재필 등이 중심이 되어 창립한 　(가)　이/가 왕실과 국민의 성금을 모아 세웠습니다. 중국 사신을 맞이하던 영은문 자리 부근에 있는 독립문은 이번 결정으로 원래 자리에서 약 70미터 떨어진 공터로 이전할 예정입니다.

독립문 이전 결정

독립문은 서재필 등이 중심이 되어 결성된 독립협회와 관련이 있지!

① 만세보를 발행하여 민중 계몽에 앞장섰다.
　 - 만세보는 천도교의 신문(1906)
② 고종의 강제 퇴위 반대 운동을 전개하였다.
　 - 대한자강회의 활동(1907)
③ 여성 권리 선언문인 여권통문을 공표하였다.
　 - 최초의 여성인권선언문(1898)
④ 독립운동 자금 마련을 위해 독립 공채를 발행하였다.
　 - 대한민국 임시정부에서 발행
⑤ 만민 공동회를 열어 열강의 이권 침탈을 저지하였다.

기본	1	③	2	④	3	②	4	④	5	③	6	④	심화	1	①	2	⑤

1 밑줄 그은 '나'에 대한 설명으로 옳은 것은? [2점]

① 중광단을 결성하였다. – 서일(1919/만주에서)

② 독립 의군부를 조직하였다.
 – 임병찬이 고종의 명을 받아 창설(1912)

③ 동양 평화론을 집필하였다.

④ 시일야방성대곡을 발표하였다. – 황성신문 장지연(1905)

2 (가)에 해당하는 인물로 옳은 것은? [3점]

이 작품은 (가) 이 여성의 의병 참여를 독려하기 위해 만든 노래입니다. 그녀는 이 외에도 의병을 주제로 여러 편의 가사를 지어 의병들의 사기를 높이려 하였습니다. 일제에 나라를 빼앗긴 이후에는 만주로 망명하여 항일 투쟁을 이어갔습니다.

> **안사람 의병가**
> 아무리 왜놈들이 강성한들
> 우리들로 뭉쳐지면 왜놈 잡기 쉬울세라
> 아무리 여자인들 나라사랑 모를쏘냐
> 남녀가 유별한들 나라없이 소용있나
> 우리도 의병하러 나가보세
> 의병대를 도와주세

의병을 주제로 여러 가사를 지은 분은 윤희순으로, 최초의 여성 의병장이기도 하지!

① 권기옥 — 최초의 여성 비행사

② 남자현 — 여성 독립군

③ 박차정 — 여성 독립군이자 김원봉의 부인

④ 윤희순

3 밑줄 그은 '이 운동'에 대한 설명으로 옳은 것은? [2점]

① 만민 공동회를 개최하였다. – 독립협회

② 대한매일신보 등 언론의 지원을 받았다.

③ 조선 사람 조선 것이라는 구호를 내세웠다. – 물산장려운동

④ 백정에 대한 사회적 차별 철폐를 주장하였다. – 형평운동

4 (가)에 들어갈 인물로 옳은 것은? [2점]

이달의 뮤지컬

연해주 독립운동의 대부 (가)

안중근의 하얼빈 의거를 도운 숨은 공로자, 연해주에서 권업회를 조직하여 독립운동을 이끈 인물, 우리는 그를 알고 있는가?

연해주 독립운동의 대표인물 최재형 선생에 대한 내용이로군!

- 일시: 2021년 ○○월 ○○일 오후 6시
- 장소: △△ 대극장

① 박은식 – '한국 통사' 저술 임시정부 요인

② 이봉창 – 한인애국단원, 일왕 암살 시도

③ 주시경 – 국문연구소, '한힌샘'으로 불림

④ 최재형

5 (가)에 들어갈 근대 교육 기관으로 옳은 것은? [2점]

1886년 신입생 모집

영재들이여
신학문을 가르치는 공립학교
（가） 으로 오라!

1. 선발 인원: 35명
2. 지원자격
   – 좌원: 7품 이하 젊은 현직 관리
   – 우원: 15~20세의 양반 자제
3. 교과목: 영어, 수학, 자연 과학 등
4. 교사: 헐버트, 길모어, 벙커 등

최초의 근대적 공립 학교인
육영 공원에 대한 이야기로군!

① 서전서숙 　　　　　② 배재 학당
③ 육영 공원 　　　　　④ 이화 학당

55회

6 (가)에 들어갈 문화유산으로 옳은 것은? [2점]

답사 계획서

- 주제: 근대 역사의 현장을 찾아서
- 날짜: 2021년 ○○월 ○○일
- 답사 장소

사진	설명
우정총국	근대 우편 제도를 실행하기 위해 세워진 것으로, 개국 축하연 때 갑신정변이 발생하였다.
구 러시아 공사관	을미사변 이후 고종이 피신한 곳으로 약 1년 동안 머물렀다. 지금은 건물의 일부만 남아 있다. 근대식 건물로, 고종의 접견실로 사용된 것은 덕수궁 석조전이지!
（가）	고종의 접견실 등으로 사용하기 위해 지어진 것으로, 당시 건축된 서양식 건물 중 규모가 가장 크다.

①
황궁우

②
명동 성당

③
운현궁 양관

④
덕수궁 석조전

---

1 (가) 인물에 대한 설명으로 옳은 것은? [2점]

이곳은 최근 다시 개관한 하얼빈의 （가） 기념관입니다. （가） 동상 위의 시계는 9시 30분에 멈춰 있습니다. 이토 히로부미를 저격한 바로 그 시각입니다.

안중근의 이토 히로부미 처단에 대한 내용이군!

① 동양평화론을 저술하였다.
② 친일 인사인 스티븐스를 사살하였다. - 장인환, 전명운
③ 5적 처단을 위해 자신회를 조직하였다. - 나철, 오기호
④ 명동성당 앞에서 이완용을 습격하였다. - 이재명
⑤ 동양 척식 주식회사에 폭탄을 투척하였다. - 나석주

2 (가) 단체의 활동으로 옳은 것은? [2점]

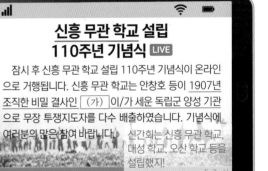

신흥 무관 학교 설립
110주년 기념식 LIVE

잠시 후 신흥 무관 학교 설립 110주년 기념식이 온라인으로 거행됩니다. 신흥 무관 학교는 안창호 등이 1907년 조직한 비밀 결사인 （가） 이/가 세운 독립군 양성 기관으로 무장 투쟁지도자를 다수 배출하였습니다. 기념식에 여러분의 많은 참여 바랍니다.

신간회는 신흥 무관 학교, 대성 학교, 오산 학교 등을 설립했지!

① 한글 맞춤법 통일안을 제정하였다. - 조선어 학회(1933)
② 조선 혁명 선언을 활동 지침으로 하였다. - 의열단
③ 농촌 계몽을 위한 브나로드 운동을 전개하였다.
　　 - 동아일보
④ 독립운동 자금을 마련하기 위해 독립 공채를 발행하였다.
　　 - 임시정부
⑤ 대성학교와 오산학교를 설립하여 민족 교육을 실시하였다.

| 기본 | 1 | ④ | 2 | ③ | 3 | ③ | 4 | ③ | 5 | ④ | 6 | ③ | 심화 | 1 | ① | 2 | ② |

1 다음 법령이 시행된 시기 일제의 경제 정책으로 옳은 것은? [2점]

회사령

제1조 회사의 설립은 조선 총독의 허가를 받아야 한다.
제2조 조선 외에서 설립한 회사가 조선에 본점이나 또는 지점을 설립하고자 할 때는 조선 총독의 허가를 받아야 한다.

1910년대에는 일제의 무단통치가 시작되었어. 이 당시 회사령과 토지조사사업이 시작되고, 헌병 경찰제와 조선 태형령도 실시되었지.

① 미곡 공출제 시행 - 1930년대
② 남면북양 정책 추진 - 1930년대
③ 농촌 진흥 운동 전개 - 1930년대
④ 토지조사사업 실시

3 (가)에 들어갈 인물로 옳은 것은? [1점]

다큐멘터리 기획안

우당 (가) 와/과 그의 형제들

■ 기획의도
명문가의 자손인 우당과 그의 형제들이 만주로 망명하여 펼친 독립운동을 소개하며 '노블레스 오블리주'의 진정한 의미를 재조명해보자. 우당 이회영을 비롯한 6형제는 조선의 이름난 부자였는데, 전재산을 처분하고 만주로 건너가 신흥 강습소를 세웠지.

■ 구성
1부 전 재산을 처분하고 압록강을 건너다
2부 신흥 강습소를 설립하여 독립군을 양성하다

① 신채호   ② 안중근   ③ 이회영   ④ 이동휘

2 다음 상황이 일어난 시기를 연표에서 옳게 고른 것은? [2점]

1919년 3.1 운동의 보복으로 일본이 제암리에서 일으킨 학살 사건이야. 당시 외국인 스코필드가 사진을 찍어 세상에 알렸지.

나는 충격적인 사건이 발생한 제암리에 와 있다. 이곳에서 일본군은 교회에 마을 사람들을 모이게 하고 사격을 가한 후 불을 질렀다고 한다.

스코필드

1875	1897	1910	1932	1945
(가)	(나)	(다)	(라)	
운요호 사건	대한제국 수립	국권 피탈	윤봉길 의거	8·15 광복

① (가)   ② (나)   ③ (다)   ④ (라)

4 다음 대화가 이루어진 시기를 연표에서 옳게 고른 것은? [3점]

순종의 인산일인 어제 경성에서 만세 시위가 크게 일어났다는군.

장례 행렬이 지나갈 때 학생들이 격문을 뿌리며 독립만세를 외쳤다지.

순종의 인산일을 계기로 일어난 것은 1926년의 6·10 만세운동이야.

1897	1910	1920	1929	1942
(가)	(나)	(다)	(라)	
대한제국 수립	국권 피탈	청산리 대첩	광주 학생 항일 운동	조선어 학회 사건

① (가)   ② (나)   ③ (다)   ④ (라)

5 (가)에 들어갈 내용으로 옳은 것은? [2점]

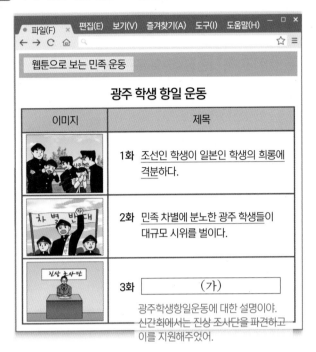

웹툰으로 보는 민족 운동

광주 학생 항일 운동

이미지	제목
	1화 조선인 학생이 일본인 학생의 희롱에 격분하다.
	2화 민족 차별에 분노한 광주 학생들이 대규모 시위를 벌이다.
	3화 (가)

광주학생항일운동에 대한 설명이야.
신간회에서는 진상 조사단을 파견하고
이를 지원해주었어.

① 통감부가 설치되다. - 을사늑약 이후
② 2·8독립 선언서를 작성하다. - 3·1운동 직전, 일본 유학생들
③ 일제가 치안 유지법을 공포하다.
　- 1925년 일제가 사회주의 확산을 막으려 선포
④ 신간회 등이 지원하여 전국으로 확산되다. ○

---

6 밑줄 그은 '이 단체'로 옳은 것은? [1점]

독립운동 단체 조사 발표회

△△모둠

폭파 요인처단
종로경찰서
조선혁명선언
신채호 김익상 김상옥
김원봉 박재혁

저희 모둠은 이 단체와
관련된 단어를 검색해
보았습니다. 사람들의 조회
수가 많을수록 글자의
크기가 큽니다.

김원봉, 조선혁명선언, 신채호, 요인처단
등의 키워드로 보아 의열단이 틀림없어!

① 근우회 - 여성단체로, 신간회의 자매단체
② 보안회 - 일제 황무지개간권 요구 반대운동
③ 의열단 ○
④ 중광단 - 대종교의 항일단체. 북로군정서의 전신으로, 만주에서 조직

---

1 다음 기사가 나오게 된 배경으로 적절한 것은? [1점]

아무리 그럴듯하게 내세워도 이
러한 통치 방식은 결국 우리 조선
인을 기만하는 거야.

총독의 임용 범위를 확장
하고, 지방 자치 제도를 실시
한다. ……
　이로써 관민이 서로 협력
일치하여 조선에서 문화적
정치의 기초를 확립한다.

3.1운동 이후 무단통치에서 문화통치로
일제의 노선이 바뀐 내용이야.

① 3·1운동이 전국적으로 전개되었다. ○
② 조선 사상범 예방 구금령이 실행되었다. - 1941년
③ 브나로드 운동이 동아일보를 중심으로 추진되었다.
　- 1930년대 초
④ 조선 노동 총동맹과 조선 농민 총동맹이 설립되었다.
　- 1920년대
⑤ 내선일체를 강조한 황국 신민 서사의 암송이 강요되었다.
　- 1930년대

---

2 다음 상황이 나타나게 된 배경으로 가장 적절한 것은? [2점]

　경신년 시월에 일본 토벌대들이 전 만주를 휩쓸어
애국지사들은 물론이고 농민들도 무조건 잡아다 학
살하였다. …… 독립군의 성과가 컸기 때문에 그에
대한 보복으로 일본군이 대학살을 감행한 것이었다.
이것이 이른바 경신참변이다. 그래서 애국지사들은
가족들을 두고 단신으로 길림성 오상현, 흑룡강성 영
안현 등으로 흩어졌다.
　　　　　　　　-「아직도 내 귀엔 서간도 바람소리가」-

봉오동 전투, 청산리 전투에서 독립군이
큰 성과를 거두자, 일본이 이에 대한 보복으로
일으킨 간도 참변에 대한 내용이야.

① 조선 의용대가 호가장 전투에서 활약하였다.
② 대한 독립군 등이 봉오동에서 일본군을 격파하였다. ○
③ 조선 혁명군이 영릉가에서 일본군에 승리를 거두었다.
④ 한국 독립군이 대전자령 전투에서 일본군을 격퇴하였다.
⑤ 대한민국 임시정부가 직할 부대로 참의부를 결성하였다.

기본	1	③	2	②	3	③	4	③	5	④	6	②	심화	1	②	2	⑤

1 밑줄 그은 '시기'에 볼 수 있는 모습으로 가장 적절한 것은? [2점]

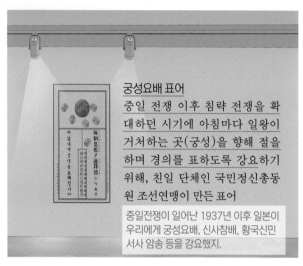

궁성요배 표어
중일 전쟁 이후 침략 전쟁을 확대하던 시기에 아침마다 일왕이 거처하는 곳(궁성)을 향해 절을 하며 경의를 표하도록 강요하기 위해, 친일 단체인 국민정신총동원 조선연맹이 만든 표어

> 중일전쟁이 일어난 1937년 이후 일본이 우리에게 궁성요배, 신사참배, 황국신민 서사 암송 등을 강요했지.

① 태형을 집행하는 헌병 경찰 - 1910년대
② 회사령을 공포하는 총독부 관리 - 1910년대
③ 황국 신민 서사를 암송하는 학생
④ 암태도 소작 쟁의에 참여하는 농민 - 1920년대

2 밑줄 그은 '이 시기'에 일제가 추진한 정책으로 옳은 것은? [3점]

> 이 인공 동굴은 일제가 공중 폭격에 대비하여 목포 유달산 아래에 만든 방공호입니다. 국가 총동원법이 시행된 이 시기에 일제는 한국인들을 강제 동원하여 이와 같은 군사 시설을 한반도 곳곳에 만들었습니다.

> 중일전쟁(1937) 발발 이후 일제는 국가 총동원법을 내려 징병 및 징용, 공출제 등 인적, 물적 수탈을 강화했어.

① 회사령을 공포하였다. - 1910년대
② 미곡 공출제를 시행하였다.
③ 치안 유지법을 제정하였다. - 1920년대
④ 헌병 경찰 제도를 실시하였다. - 1910년대

3 (가) 군대에 대한 설명으로 옳은 것은? [2점]

이달의 독립운동가
1940년 대한민국 임시정부가 창설한 (가) 의 총사령관
지청천 장군
(1888-1957)

> (가)는 임시정부 산하 한국광복군에 대한 내용이군!

① 자유시 참변으로 큰 타격을 입었다. - 1920년대 독립군
② 봉오동 전투에서 일본군을 격퇴하였다. - 홍범도 장군
③ 미군과 연계하여 국내 진공 작전을 계획하였다.
④ 홍경성에서 중국 의용군과 연합 작전을 펼쳤다.
　　　- 조선혁명군

4 (가)에 들어갈 인물로 가장 적절한 것은? [1점]

독립운동가 (가) 특별 사진전

| 한인 애국단에 가입함 | 홍커우 공원 의거를 일으킴 | 김구에게 시계를 남김 |

> 한인애국단원이자 홍커우 공원에서 일제의 요인들을 물통 폭탄으로 처단한 분은 누굴까?

① 김원봉
② 나석주
③ 윤봉길
④ 이동휘

5 (가)에 들어갈 단체로 옳은 것은? [1점]

특별 기획전

한글, 민족을 지키다

이윤재, 최현배 등을 중심으로 우리말과 글을 지키기 위하여 노력한 (가) 의 자료를 특별 전시합니다. 일제의 탄압 속에서도 지켜낸 한글의 소중함을 느끼고 한글 수호에 앞장선 사람들을 기억하는 자리가 되기를 바랍니다.

■ 기간: 2022년 ○○월 ○○일 ~ ○○월 ○○일
■ 장소: △△박물관 특별 전시실
■ 주요 전시 자료

조선말 큰사전 원고

한글 맞춤법 통일안

조선말 큰사전, 한글 맞춤법 통일안은
조선어 학회에 대한 키워드지!

① 토월회
② 독립협회
③ 대한 자강회
④ 조선어 학회

6 (가)에 들어갈 인물로 옳은 것은? [1점]

이 유물은 (가) 이 1936년 베를린 올림픽 마라톤 경기에서 우승하여 받은 투구입니다. 당시 조선중앙일보, 동아일보 등이 그의 우승 소식을 보도하면서 유니폼에 그려진 일장기를 삭제하여 일제의 탄압을 받았습니다.

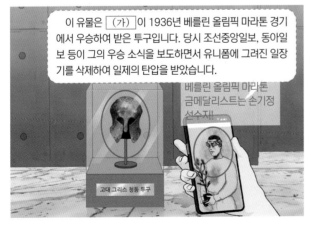

베를린 올림픽 마라톤
금메달리스트는 손기정
선수지!

고대 그리스 청동 투구

① 남승룡 - 베를린 올림픽 동메달리스트
② 손기정
③ 안창남 - 한국인 최초의 비행사
④ 이중섭 - 황소그림을 그린 화가

---

1 (가) 부대에 대한 설명으로 옳은 것은? [2점]

인도 전선에서 (가) 이/가 활동에 나선 이래, 각 대원은 민족의 영광을 위해 빗발치는 탄환도 두려워하지 않고 온갖 고초를 겪으며 영국군의 작전에 협조하였다. (가) 은/는 적을 향한 육성 선전, 방송, 전단 살포, 포로 심문, 정찰, 포로 훈련 등 여러 부분에서 상당한 성과를 거두었다. 그 결과 영국군 당국은 우리를 깊이 신임하고 있으며, 한국 독립에 대해서도 동정을 아끼지 않고 있다. 충칭에 거주하고 있는 한국 청년 동지들이 인도에서의 공작에 다수 참여하기를 희망한다.

－『독립신문』－

대한민국 임시정부의 정규 군대인
한국광복군에 대한 내용이군!

① 청산리에서 일본군에 맞서 대승을 거두었다.
　　－ 북로군정서
② 미군과 연계하여 국내 진공 작전을 계획하였다.
③ 쌍성보 전투에서 한중 연합 작전을 전개하였다.
　　－ 한국독립군
④ 중국 의용군과 연합하여 흥경성에서 승리하였다.
　　－ 조선혁명군
⑤ 동북 항일 연군으로 개편되어 유격전을 펼쳤다.
　　－ 동북인민혁명군

2 (가) 단체의 활동으로 옳은 것은? [2점]

접견 기록

■ 날짜 및 장소
· 1943년 7월 26일, 중국 군사 위원회 접견실

■ 참석 인물
· (가) : 주석 김구, 외무부장 조소앙 등
· 중국: 위원장 장제스 등

김구를 주석으로 하였고, 중국 국민당 장제스와
긴밀히 협조했던 단체는 대한민국 임시정부!

■ 주요 내용
· 장제스: 한국의 완전한 독립을 실현하는 과정은 쉽지 않을 것입니다. 그러나 한국 혁명 동지들이 진심으로 단결하고 협조하여 함께 노력한다면 광복의 뜻을 이룰 수 있을 것입니다.
· 김구·조소앙: 우리의 독립 주장이 이루어질 수 있도록 귀국이 지지해 주기를 희망합니다.

① 좌우 합작 7원칙을 발표하였다. - 좌우합작위원회
② 개벽, 신여성 등의 잡지를 간행하였다. - 천도교
③ 조선 혁명 선언을 활동 지침으로 삼았다. - 의열단
④ 한글 맞춤법 통일안과 표준어를 제정하였다. - 조선어학회
⑤ 삼균주의를 기초로 하는 건국 강령을 선포하였다.

기본	1	④	2	②	3	③	4	②	5	①	6	③	심화	1	③	2	①

1 (가)에 들어갈 내용으로 옳은 것은? [3점]

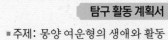

탐구 활동 계획서

■ 주제: 몽양 여운형의 생애와 활동

■ 방법: 문헌조사, 현장 답사 등

■ 조사할 것
  - 신한 청년당의 지도자로 활동한 내용
  - ◻ (가) ◻
  - 좌·우 합작 운동의 주도 과정과 결과

■ 가볼 곳

여운형 선생에 대해 알고 있는지를 묻는 문제로군!

생가(양평)　　묘소(서울)

① 헤이그 특사로 파견된 배경 - 이준, 이상설, 이위종

② 암태도 소작 쟁의에 참여한 계기 - 암태소작인회의 주도

③ 한국독립운동지혈사의 저술 이유 - 박은식

④ 조선 건국 준비 위원회의 결성 목적

3 다음 성명서가 발표된 이후의 사실로 옳은 것은? [2점]

김구, 삼천만 동포에게 읍고함
나는 통일된 조국을 건설하려다 38선을 베고 쓰러질지언정, 일신의 구차한 안일을 위하여 단독 정부를 세우는 데는 협력하지 않겠다.

김구 선생님은 남한만의 단독정부 수립에 반대하다가 평양에서 김일성과 남북 협상을 가졌지.

① 한인 애국단이 결성되었다. – 과거(1931)

② 제1차 미·소 공동 위원회가 열렸다. – 과거(1946)

③ 평양에서 남북 협상이 진행되었다.

④ 모스크바 3국 외상 회의가 개최되었다. – 과거(1945)

2 다음 사진전에 전시될 사진으로 적절하지 않은 것은? [2점]

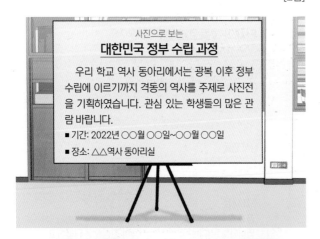

사진으로 보는 대한민국 정부 수립 과정

우리 학교 역사 동아리에서는 광복 이후 정부 수립에 이르기까지 격동의 역사를 주제로 사진전을 기획하였습니다. 관심 있는 학생들의 많은 관람 바랍니다.

■ 기간: 2022년 ○○월 ○○일~○○월 ○○일
■ 장소: △△역사 동아리실

①
5·10 총선거 실시

②
1926년의 과거 일!
6·10 만세 운동 전개

③
좌·우 합작 위원회 활동

④
제1차 미·소 공동 위원회 개최

4 (가)에 들어갈 사건으로 옳은 것은? [2점]

동백꽃을 따라서

영상 속 역사

학생들이 제작한 영상의 배경이 된 (가) 은/는 미군정기에 시작되어 이승만 정부 수립 이후까지 지속되었습니다. 당시에 남한만의 단독 정부 수립에 반대하는 무장대와 토벌대 간의 무력 충돌과 그 진압 과정에서 많은 주민이 희생되었습니다.

제작: ○○ 역사 동아리

① 6·3 시위

② 제주 4·3 사건

③ 2·28 민주 운동

④ 5·16 군사 정변

제주도에서 있었던 비극적인 사건이지…

5 밑줄 그은 '국회'의 활동으로 적절하지 <u>않은</u> 것은?

[ ]

국회는 법을 만드는 곳이지. 처음 국회를 만들었으니 모든 법의 근본이 되는 헌법부터 만들어야겠지?

이 자료는 유엔 결의에 따라 치러진 총선거로 출범한 국회의 개회식 광경을 담은 화보입니다.

① 제헌 헌법을 제정하였다.

② 반민족 행위 처벌법을 가결하였다.

③ 한미 상호 방위 조약을 비준하였다.

④ 이승만을 초대 대통령으로 선출하였다.

6 밑줄 그은 '이 전쟁' 중에 있었던 사실로 옳은 것은? [2점]

이것은 이우근의 편지를 새긴 조형물입니다. 그는 이 전쟁 당시 학도 의용군으로 포항여중 전투에서 북한군과 싸우다 전사하였습니다. 그가 쓴 편지에는 동족상잔의 비극, 어머니에 대한 그리움이 담겨져 있습니다.

6·25 전쟁에 참전한 학도병의 편지로구나.

① 미국이 애치슨 선언을 발표하였다. - 6·25 전쟁 이전

② 조선 건국 준비 위원회가 결성되었다.

— 광복과 동시에 만들어짐

③ 16개국으로 구성된 유엔군이 참전하였다.

④ 13도 창의군이 서울 진공 작전을 전개하였다.

— 1908년 의병전쟁

---

1 (가), (나) 사이의 시기에 있었던 사실로 옳은 것은? [2점]

(가) 본관(本官)은 본관에게 부여된 태평양 미국 육군 최고 지휘관의 권한을 가지고 조선 북위 38도 이남의 지역과 주민에 대하여 군정을 설립함. 따라서 점령에 관한 조건을 다음과 같이 포고함. 제1조 조선 북위 38도 이남의 지역과 동 주민에 대한 모든 행정권은 당분간 본관의 권한하에서 시행함. 미 군정이 시작된 광복 직후의 상황이군.

(나) 대한민국 임시정부는 28일 김구와 김규식의 명의로 '4개국 원수에게 보내는 결의문'을 채택하고, 각계 대표 70여 명으로 신탁통치 반대 국민 총동원 위원회를 결성하였다. 여기서 강력한 반대 투쟁을 결의하고 김구·김규식 등 9인을 위원회의 '장정위원'으로 선정하였다. 모스크바 3국 외상회의의 결과로 일어난 신탁 통치 반대 운동이군!

① 카이로 선언이 발표되었다. - 광복 이전

② 조선 건국 동맹이 결성되었다. - 광복 이전

③ 모스크바 삼국 외상 회의가 개최되었다.

광복~대한민국 건국 과정을 사건 순서대로 이해하고 있어야 하는 최고 난이도 문제야!

④ 좌우 합작 위원회에서 좌우 합작 7원칙을 합의하였다.

— (나) 이후

⑤ 유엔 총회에서 인구 비례에 따른 남북한 총선거를 결의하였다. - (나) 이후

광복 및 신탁통치(미, 소 군정) 시작 → 모스크바 3국 외상 회의 → 신탁통치 반대 운동 → 제1차 미소 공동 위원회 → 이승만의 정읍 발언 → 좌·우합작운동 → 제2차 미소 공동 위원회(한반도 문제 UN 이관) → 소련의 UN위원단 입국 거부 → UN의 남한 단독 선거 결정 → 김구의 남북 협상 → 제주 4·3 사건 → 5·10 총선거 → 제헌 헌법 제정 → 대한민국 정부수립

2 (가) 전쟁 중에 있었던 사실로 옳지 <u>않은</u> 것은? [1점]

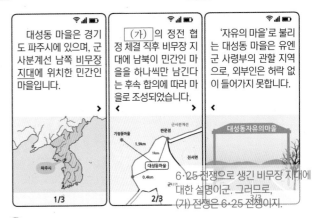

대성동 마을은 경기도 파주시에 있으며, 군사분계선 남쪽 비무장 지대에 위치한 민간인 마을입니다.

(가) 의 정전 협정 체결 직후 비무장 지대에 남북이 민간인 마을을 하나씩만 남긴다는 후속 합의에 따라 마을로 조성되었습니다.

'자유의 마을'로 불리는 대성동 마을은 유엔군 사령부의 관할 지역으로, 외부인은 허락 없이 들어가지 못합니다.

6·25 전쟁으로 생긴 비무장 지대에 대한 설명이군. 그러므로, (가) 전쟁은 6·25 전쟁이지.

① 애치슨 선언이 발표되었다. - 6·25전쟁 이전

② 부산이 임시 수도로 정해졌다.

③ 흥남 철수 작전이 전개되었다.

④ 인천 상륙 작전 이후 서울을 수복하였다.

⑤ 국회에서 국민 방위군 사건이 폭로되었다.

기본	1	③	2	①	3	④	4	①	5	③	6	①	심화	1	②	2	⑤

1 (가) 정부 시기에 있었던 사실로 옳은 것은? [3점]

반민족 행위 특별 조사 위원회가 발족되었습니다. 이 위원회에서는 반민족 행위자를 제보하는 투서함을 설치하는 등 친일파 청산을 위해 많은 노력을 하였습니다. 그러나 당시 (가) 정부는 이 위원회의 활동에 대해 비협조적인 태도를 보였습니다.

반민특위는 친일파 청산을 위해 이승만 정부에서 시작했지만, 우야무야 끝나고 말았지.

반민특위, 반민족 행위자 제보 투서함 설치

① 금융 실명제를 실시하였다. - 김영삼 정부
② 중국, 소련 등과 수교하였다. - 노태우 정부
③ 사사오입 개헌안을 가결하였다.
④ 개성 공단 건설 사업을 실현하였다. - 김대중 정부

2 (가)에 들어갈 민주화 운동으로 옳은 것은? [2점]

■ 주제: 불의와 독재에 항거한 (가) 자료집 만들기
■ 수행 과제: (가) 중 인상적인 장면을 그려 설명과 함께 올려 주세요.

게시자: 서○○
3·15 부정 선거에 항의하는 학생들
+ 댓글추가

게시자: 송○○
대학 교수단의 가두 시위
학생의 피에 보답하라!
+ 댓글추가

게시자: 최○○
하야하는 이승만 대통령
+ 댓글추가

게시자: 강○○
환호하는 시민들
+ 댓글추가

3.15 부정선거로 시작되어 결국 이승만 대통령의 하야로 끝난 민주화 운동은 4·19 혁명이지!

① 4·19 혁명
② 6월 민주 항쟁 - 박종철 고문 치사 사건으로 촉발(1987)
③ 부·마 민주 항쟁 - 박정희 유신 독재 체제에 저항(1979)
④ 5·18 민주화 운동
　　- 신군부(전두환)의 비상계엄 확대조치에 저항(1980)

3 (가)에 들어갈 민주화 운동으로 옳은 것은? [1점]

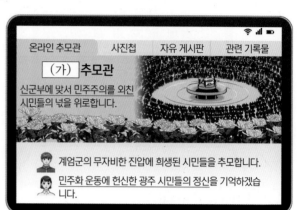

온라인 추모관 | 사진첩 | 자유 게시판 | 관련 기록물

(가) 추모관

신군부에 맞서 민주주의를 외친 시민들의 넋을 위로합니다.

계엄군의 무자비한 진압에 희생된 시민들을 추모합니다.
민주화 운동에 헌신한 광주 시민들의 정신을 기억하겠습니다.

① 4·19 혁명
② 6월 민주 항쟁
③ 부·마 민주 항쟁
④ 5·18 민주화 운동

신군부의 비상계엄 확대에 맞서 일어난 5·18 민주화 운동에 대한 이야기로군!

4 (가) 정부 시기에 볼 수 있는 모습으로 가장 적절한 것은? [2점]

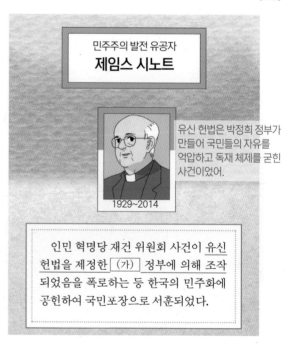

민주주의 발전 유공자
제임스 시노트

1929~2014

유신 헌법은 박정희 정부가 만들어 국민들의 자유를 억압하고 독재 체제를 굳힌 사건이었어.

인민 혁명당 재건 위원회 사건이 유신 헌법을 제정한 (가) 정부에 의해 조작되었음을 폭로하는 등 한국의 민주화에 공헌하여 국민포장으로 서훈되었다.

① 거리에서 장발을 단속하는 경찰
② 조선 건국 준비 위원회에 참여하는 학생 - 광복 시기
③ 서울 올림픽 대회 개막식을 관람하는 시민 - 노태우 정부
④ 반민족 행위 특별 조사 위원회에서 조사받는 기업인
　　- 이승만 정부

5 (가)에 들어갈 민주화 운동으로 옳은 것은? [1점]

다른 나라의 민주화 운동에서도 불리는 이 노래에 대해 설명해 주시겠습니까?

이 노래는 들불야학 설립자 박기순과 (가) 당시 전남도청에서 계엄군에 의해 희생된 시민군대변인 윤상원의 영혼결혼식에 헌정되었던 곡입니다. 노래에 담긴 민주주의에 대한 열망이 다른 나라 사람들에게도 공감을 얻고 있는 것으로 보입니다.

임을 위한 행진곡

전두환 신군부의 계엄 확대에 저항하던 시민군 및 시민들이 전남도청에서 계엄군에 의해 희생된 사건은 5·18 민주화 운동이지.

① 4·19 혁명 - 3·15 부정선거에 저항

② 6월 민주 항쟁 - 박종철 고문 치사 사건이 발단

③ 5·18 민주화 운동

④ 3선 개헌 반대 운동 - 박정희 정부 시기

6 밑줄 그은 '민주화 운동'에 대한 설명으로 옳은 것은? [2점]

1987년에 일어난 민주화 운동 때, 이곳 명동성당에 있던 시위대에게 도시락을 모아 전달하셨다고 들었어요.

언니, 오빠들이 호헌 철폐, 독재 타도를 외치는 모습을 보고 우리도 무엇인가를 해야겠다고 생각했지.

1987년 호헌철폐와 독재타도를 외치며 일어난 민주화 운동은 6월 민주 항쟁이지. 박종철 고문 치사 사건이 발단이 되었고, 대통령 직선제 개헌을 이끌어내어 성공한 민주화 운동이라고 평가 받아.

① 대통령 직선제 개헌을 이끌어 냈다.

② 3·15 부정 선거에 항의하여 일어났다.
－ 4·19 혁명(이승만 정부)

③ 굴욕적인 한일 국교 정상화에 반대하였다.
－ 한일회담 반대시위(박정희 정부)

④ 신군부의 비상계엄 확대가 원인이 되어 발생하였다.
－ 5·18 민주화 운동

---

1 밑줄 그은 '선거' 이후의 사실로 옳은 것은? [3점]

이번 선거에 자유당 민주당 후보 등 여러 명이 출마했군.

여당은 현 대통령의 3선을, 야당은 정권 교체를 주장하고 있군.

자유당 하면 이승만!
이승만이 3선에 성공한 후, 경쟁자인 조봉암이 진보당 사건으로 사형을 당하고, 진보당은 해체되었어.
이후 2011년에 조봉암은 뒤늦게나마 무죄를 선고받았지.

① 국회에서 국민 방위군 사건이 폭로되었다. - 6·25 도중

② 평화 통일론을 내세우던 진보당이 해체되었다.

③ 경찰이 반민족 행위 특별 조사 위원회를 습격하였다.
－ 이승만 정부 초기, 6·25 이전

④ 조선 건국 준비 위원회 지부가 인민 위원회로 개편되었다.
－광복 직후

⑤ 초대 대통령에 한해 중임 제한을 폐지하는 개헌안이 통과되었다.
－ 사사오입 개헌(초대 대통령의 중임 제한 철폐로 이승만이 3대 대통령에 출마함.)

2 다음 자료에 나타난 민주화 운동에 대한 설명으로 옳은 것은? [2점]

전국의 언론인 여러분!

지금 광주에서는 젊은 대학생들과 시민들이 피를 흘리며 싸우고 있습니다. 대학생들의 평화적 시위를 질서 유지, 진압이라는 명목 아래 저 잔인한 공수 부대를 투입하여 시민과 학생을 무차별 살육하였고 더군다나 발포 명령까지 내렸던 것입니다. …… 그러나 일부 언론은 순수한 광주 시민의 의거를 불순배의 선동이니, 폭도의 소행이니, 난동이니 하여 몰아부치고만 있습니다. …… 이번 광주 의거를 몇십 년 뒤의 '사건 비화'나 '남기고 싶은 이야기'들로 만들지 않기 위해, 사실 그대로 보도하여 주시기를 수많은 사망자의 피맺힌 원혼과 광주 시민의 이름으로 간절히, 간절히 촉구하는 바입니다.

5·18 민주화 운동에 대한 설명이군.

① 허정 과도 정부가 출범하는 계기가 되었다.
－ 4·19로 이승만이 하야한 직후

② 굴욕적인 한일 국교 정상화에 반대하였다.
－ 한일회담 반대시위(박정희 정부)

③ 호헌 철폐, 독재 타도 등의 구호를 외쳤다.
－ 6월 항쟁(1987)

④ 3·15 부정 선거에 항의하여 시위가 시작되었다.
－ 4·19 혁명

⑤ 관련 기록물이 유네스코 세계 기록 유산으로 등재되었다.

기본	1	②	2	③	3	①	4	②	5	②	6	④		심화	1	①	2	⑤

1 (가) 정부 시기에 있었던 사실로 옳은 것은? [2점]

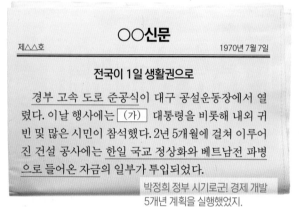

○○신문

제△△호   1970년 7월 7일

전국이 1일 생활권으로

경부 고속 도로 준공식이 대구 공설운동장에서 열렸다. 이날 행사에는 (가) 대통령을 비롯해 내외 귀빈 및 많은 시민이 참석했다. 2년 5개월에 걸쳐 이루어진 건설 공사에는 한일 국교 정상화와 베트남전 파병으로 들어온 자금의 일부가 투입되었다.

> 박정희 정부 시기로군! 경제 개발 5개년 계획을 실행했었지.

① 3저 호황으로 수출이 증가하였다. - 전두환 정부
② 제2차 경제 개발 5개년 계획이 실시되었다.
③ 경제 협력 개발 기구(OECD)에 가입하였다. - 김영삼 정부
④ 미국과 자유 무역 협정(FTA)을 체결하였다. - 노무현 정부

3 다음 정부의 통일 노력으로 옳은 것은? [3점]

사진으로 보는 ○○○정부

| 남북한 유엔 동시 가입 | 한중 수교 |

노태우 정부에 대한 이야기로군!

① 남북 기본 합의서를 채택하였다.
② 7·4 남북 공동 성명을 발표하였다. - 박정희 정부
③ 6·15 남북 공동 선언에 합의하였다. - 김대중 정부
④ 남북 이산가족 고향 방문을 최초로 실현하였다.
　　- 전두환 정부

2 (가)에 해당하는 인물로 옳은 것은? [2점]

이 문서는 (가) 이/가 작성한 평화시장 봉제공장 실태 조사서입니다. 당시 노동자들의 노동 시간과 건강 상태 등이 상세히 기록되어 있습니다. 열악한 노동 환경의 개선을 요구하던 그는 1970년에 "근로 기준법을 지켜라.", "우리는 기계가 아니다."를 외치며 분신하였습니다.

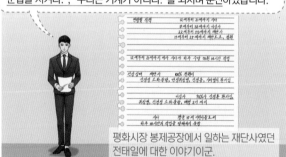

평화시장 봉제공장에서 일하는 재단사였던 전태일에 대한 이야기이군.

①
김주열

②
장준하

③
전태일

④
이한열

4 밑줄 그은 '이 인물'로 옳은 것은? [3점]

저희 모둠은 이 인물과 관련된 주제어의 조회수를 검색해 보았습니다. 조회수가 많을수록 글자의 크기가 큽니다.

역사 인물 조사 발표회

△△모둠

국회 의원 제명
YH 무역 사건
IMF 외환 위기
금융 실명제
문민정부 3당 합당
조선 총독부 건물 철거
역사 바로 세우기
초등학교

① 김대중　　　② 김영삼
③ 노태우　　　④ 전두환

5 다음 신년사를 발표한 정부 시기에 있었던 사실로 옳은 것은?

[3점]

> 존경하는 국민 여러분!
> 새해를 맞아 국민 여러분 모두가 행복하시길 바랍니다. 작년 2월 25일, '국민의 정부'는 전례 없는 외환 위기 속에서 출발하였습니다. 우리 국민은 실직과 경기 침체로 인해 견디기 힘든 고통에도 불구하고 금 모으기 운동 등 할 수 있는 모든 노력을 다해 왔습니다. 국민 여러분이 한없이 고맙고 자랑스럽습니다.

김대중 정부는 외환 위기 속에서 출범하여 외환 위기를 극복하고 한·일 월드컵 대회를 개최하였지.

① 소련, 중국과의 국교가 수립되었다. - 노태우 정부
② 한일 월드컵 축구대회를 개최하였다.
③ 제1차 경제 개발 5개년 계획을 추진하였다. - 박정희 정부
④ 경제 협력 개발 기구(OECD)에 가입하였다. - 김영삼 정부

6 다음 뉴스가 보도된 정부 시기의 통일 노력으로 옳은 것은?

[2점]

> 대통령 내외와 수행원단이 개성 공단을 방문하였습니다. 대통령 취임 이후 일관되게 추진해 온 대북 정책의 성과와 남북 경제 협력의 중요성을 확인했다는 점에서 의미가 큽니다.

대통령 내외, 개성 공단 방문

개성 공단은 김대중 정부가 합의를 이끌어내고, 노무현 정부에서 완성하였어. 사진은 개성공단에 방문한 노무현 대통령 내외의 모습이야.

① 이산가족 최초 상봉 - 전두환 정부
② 남북 기본 합의서 채택 - 노태우 정부
③ 남북한 유엔 동시 가입 - 노태우 정부
④ 10·4 남북 정상 선언 발표

---

1 (가)~(다) 학생이 발표한 내용을 일어난 순서대로 옳게 나열한 것은?

[1점]

⟨주제: 세계로 뻗어 가는 대한민국⟩

국제 평화와 안전 보장을 목적으로 결성된 유엔에 가입하였습니다.

세계 경제 발전과 무역 촉진을 도모하는 경제 협력 개발 기구(OECD)의 29번째 회원국이 되었습니다.

세계 주요 20개국을 회원으로 하는 국제 경제 협의 기구인 G20정상 회의를 서울에서 개최하였습니다.

1991	1996	2010
노태우 정부	김영삼 정부	이명박 정부
(가)	(나)	(다)

① (가) - (나) - (다)
② (가) - (다) - (나)
③ (나) - (가) - (다)
④ (나) - (다) - (가)
⑤ (다) - (가) - (나)

2 다음 연설이 있었던 정부의 통일 노력으로 옳은 것은?

[2점]

> 진작부터 꼭 한 번 와 보고 싶었습니다. 참여 정부 와서 첫 삽을 떴기 때문에 …… 지금 개성 공단이 매출액의 증가 속도, 그리고 근로자의 증가 속도 같은 것이 눈부시지요. …… 경제적으로 공단이 성공하고, 그것이 남북 관계에서 평화에 대한 믿음을 우리가 가질 수 있게 만드는 것이거든요. 또 함께 번영해 갈 수 있는 가능성에 대해서 우리가 믿음을 갖게 되는 것이기 때문에, 이것이 선순환되면 앞으로 정말 좋은 결과가 있을 것입니다.

개성 공단이 가동 중이고, 대통령이 방문했으므로 노무현 정부 시기야.

개성 공단 방문

① 남북한이 국제 연합(UN)에 동시 가입하였다.
   - 노태우 정부
② 민족 자존과 통일 번영을 위한 7·7 선언을 발표하였다.
   - 노태우 정부
③ 남북 이산가족 고향 방문단의 교환 방문을 최초로 성사시켰다. - 전두환 정부
④ 7·4 남북 공동 성명 실천을 위해 남북 조절 위원회를 구성하였다. - 박정희 정부
⑤ 남북 관계 발전과 평화 번영을 위한 10·4 남북 정상 선언을 발표하였다.

기본	1	④	2	①	3	④	4	②	5	②	6	③

심화	1	②	2	④

① (가) 섬에 대한 설명으로 옳은 것은? [1점]

여러 가지 이름으로 불린 섬, (가)

독도에 대한 내용이야!

- 가지어라고 불린 강치가 많은 섬이라 가지도로 불림
- 1900년 대한제국 칙령 제41호에 석도로 기록됨
- 1906년 울도 군수 심흥택의 보고서에 (가) (으)로 표기됨

① 러시아가 조차를 요구한 섬이다. - 절영도
② 영국이 불법적으로 점령한 섬이다. - 거문도
③ 하멜 일행이 표류하다 도착한 섬이다. - 제주도
④ 안용복이 일본으로 건너가 우리 영토임을 주장한 섬이다.

③ 다음 답사가 이루어진 지역을 지도에서 옳게 고른 것은? [2점]

우리 고장 문화유산 탐방
일자: 2021년 ○○월 ○○일

◆ 답사코스 ◆

태사묘
고창 전투를 승리로 이끈 고려 공신 삼태사의 위패를 모신 사당

도산 서원
퇴계 이황이 제자들을 가르쳤던 장소에 세워진 서원

임청각
일제 강점기 서간도로 망명하여 독립운동에 앞장섰던 석주 이상룡의 생가

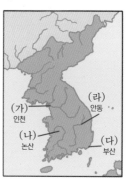

고창은 안동의 옛 지명이야.
이황을 모신 도산서원도
안동에 있지.
이상룡 선생의 생가도 안동!

(가) 인천
(나) 논산
(다) 부산
(라) 안동

① (가)　　② (나)　　③ (다)　　④ (라)

② 학생들이 공통으로 이야기하고 있는 지역을 지도에서 옳게 찾은 것은? [2점]

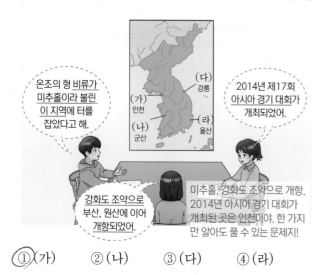

온조의 형 비류가 미추홀이라 불린 이 지역에 터를 잡았다고 해.

2014년 제17회 아시아 경기 대회가 개최되었어.

강화도 조약으로 부산, 원산에 이어 개항되었어.

미추홀, 강화도 조약으로 개항, 2014년 아시아 경기 대회가 개최된 곳은 인천이야. 한 가지만 알아도 풀 수 있는 문제지!

(가) 인천
(나) 군산
(다) 강릉
(라) 울산

① (가)　　② (나)　　③ (다)　　④ (라)

④ (가)에 들어갈 내용으로 옳은 것은? [1점]

한국의 세시 풍속

일 년 중 밤이 가장 긴 날
(가)

(가) 은/는 24절기의 하나로 '작은 설'이라고도 불렸어요.
이날에는 나쁜 기운을 물리치기 위해 팥죽을 쑤어 먹었어요. 또 대문이나 담장 벽에 팥죽을 뿌렸어요.

동지에 대한 설명이군!

① 단오　　　　② 동지
③ 칠석　　　　④ 한식

5 다음 행사에 해당하는 세시 풍속으로 옳은 것은? [1점]

수릿날 맞이 체험 행사
(음력 5월 5일)

① 설날 - 새해의 첫날. 세배하기, 떡국먹기(음력 1월 1일)
②단오
③ 추석 - 송편, 강강술래, 보름달 보며 소원 빌기(음력 8월 15일)
④ 한식 - 찬 음식을 먹는 날(동지로부터 105일 되는 4월)

6 밑줄 그은 '놀이'로 옳은 것은? [1점]

우리나라의 민속놀이 소개

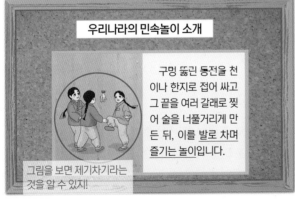

구멍 뚫린 동전을 천이나 한지로 접어 싸고 그 끝을 여러 갈래로 찢어 술을 너풀거리게 만든 뒤, 이를 발로 차며 즐기는 놀이입니다.

그림을 보면 제기차기라는 것을 알 수 있지!

① 널뛰기   ② 비석치기
③제기차기   ④ 쥐불놀이

───── 도전! **심화문제** ─────

1 밑줄 그은 '이날'에 해당하는 세시풍속으로 옳은 것은? [1점]

이곳은 남원 광한루원의 오작교입니다. 조선 시대 남원 부사 장의국이 헤어져 있던 견우와 직녀가 오작교에서 만난다는 전설을 형상화하여 만들었습니다. 음력 7월 7일 이날에는 여인들이 별을 보며 바느질 솜씨가 좋아지기를 비는 풍속이 있었습니다.

견우와 직녀가 만나는 칠월 칠석이야. 직녀와 관련되어 바느질 솜씨가 좋아지기를 빌었대.

① 단오   ②칠석   ③ 백중
④ 동지   ⑤ 한식

2 (가) 지역에 대한 탐구 활동으로 가장 적절한 것은? [1점]

향파두리 항몽유적은 고려시대 몽골에게 맞선 삼별초와 관련된 제주도 유적이고, '오름'은 기생 화산을 뜻해. 관덕정 역시 제주도에 대한 힌트가 되겠지.

역사를 품은 섬, (가)
다크투어를 떠나볼까요?

항파두리 항몽 유적   알뜨르 비행장 비행기 격납고
출발
도착
송악산 해안 동굴 진지   셋알 오름 일제 고사포 진지

■ 일시: 매월 첫째 주 토요일 10시
■ 출발 장소: 관덕정 앞 광장
■ 유의 사항: 마스크, 도시락 지참 필수
※ 다크 투어: 전쟁이나 테러, 인종 말살, 재난처럼 비극적인 역사의 현장을 방문하여 반성과 교훈을 얻는 여행. 역사 교훈 여행이라고 함

① 정약전이 자산어보를 저술한 곳을 알아본다. - 흑산도
② 프랑스군이 외규장각 도서를 약탈한 장소를 살펴본다. - 강화도
③ 지주 문재철에 맞서 소작 쟁의가 일어난 곳을 찾아본다. - 암태도
④4·3사건으로 많은 주민이 희생된 주요 장소를 조사한다.
⑤ 러시아가 저탄소 설치를 위해 조치를 요구한 곳을 검색한다. - 절영도

1	②	2	③	3	④	4	②	5	④	6	②	7	③	8	①	9	①	10	④
11	④	12	②	13	②	14	③	15	③	16	④	17	②	18	②	19	①	20	①
21	①	22	④	23	④	24	②	25	③	26	④	27	④	28	③	29	④	30	①
31	③	32	②	33	②	34	①	35	③	36	①	37	②	38	③	39	③	40	④
41	②	42	③	43	④	44	③	45	②	46	①	47	③	48	③	49	②	50	②

1 (가) 시대의 생활 모습으로 옳은 것은? [2점]

정답: ②

해설 신석기시대의 생활 모습을 고르는 문제이므로, ②번입니다.
① 구석기시대
③ 철기시대
④ 청동기시대

2 (가) 나라에 대한 설명으로 옳은 것은? [2점]

정답: ③

해설 고조선에 대한 설명이므로, 정답은 ③번입니다.
① 옥저
② 삼한
④ 부여

3 (가) 나라에 대한 탐구 활동으로 가장 적절한 것은? [2점]

정답: ④

해설 가야에 대한 설명이므로, 정답은 ④번입니다.
① 신라의 전통
② 백제(고이왕)
③ 고구려(장수왕)

4 학생들이 공통으로 이야기하고 있는 지역을 지도에서 옳게 고른 것은? [1점]

정답: ②

해설 광주에 대한 설명이므로, 정답은 ②번입니다.

5 밑줄 그은 '이 왕'의 업적으로 옳은 것은? [2점]

정답: ④

해설 백제의 무령왕에 대한 설명므로, 정답은 ④번입니다.
① 침류왕
② 성왕
③ 근초고왕

6 밑줄 그은 '나'가 나타내는 왕으로 가장 적절한 것은? [2점]

정답: ②

해설 말풍선에 있는 업적은 법흥왕에 해당되므로, 정답은 ②번입니다.

7 (가) 나라에 대한 설명으로 옳지 않은 것은? [2점]

정답: ③

해설 백제 금동 대향로 그림으로 보아, 백제에 대한 설명이므로, 옳지 않은 것은 ③번입니다. ③번은 고구려에 대한 설명입니다.

8 아래 그림을 보고 알 수 있는 세시풍속으로 가장 적절한 것은? [1점]

정답: ①

해설 단오에 대한 단서인 수릿날, 음력 5월 5일, 창포물에 머리감기, 수리취떡 만들기가 있으므로, 정답은 ①번입니다.

9 (가)에 들어갈 수 있는 사건으로 옳은 것은? [3점]

정답: ①

해설 첫 번째 그림은 김춘추가 고구려에 가서 도움을 요청하는 그림, 두 번째 그림은 고구려 부흥운동이 일어나고 있는 상황입니다. 그러므로, 정답은 백제 멸망 직전의 황산벌 전투 ①번입니다.
② 고려몽골전쟁 시기(미래)
③ 나제동맹이 깨진 후(과거)
④ 조선시대 임진왜란(미래)

10 (가) 왕의 업적으로 옳은 것은? [2점]

정답: ④

해설 통일 신라의 왕권을 강화한 신문왕에 대한 설명입니다. 신문왕은 장인 김흠돌의 난을 진압한 후 강한 왕권을 확립하기 위해 여러 정책을 펼쳤습니다. 정답은 ④번입니다.
① 법흥왕
② 지증왕
③ 원성왕

11 (가) 국가에 대한 설명으로 옳은 것은? [2점]

정답: ④

해설 발해에 대한 설명이므로, 정답은 ④번입니다. 발해는 무왕 때 장문휴가 당나라 산둥반도의 등주를 공격하였습니다.
① 조선
② 통일 신라
③ 고려

12 아래에서 말하는 '나'로 옳은 인물은? [2점]

정답: ②

해설 고려를 세우고 후삼국을 통일한 사람은 왕건이므로, 정답은 ②번입니다.

13 아래에서 설명하고 있는 있는 기관으로 옳은 것은? [1점]

정답: ②

해설 고려의 최고 교육 기관인 국자감에 대한 설명이므로, 정답은 ②번입니다.
① 고구려 최고 교육 기관
③ 조선 최고 교육 기관
④ 조선 한양의 중등 교육 기관

14 (가)에 들어갈 인물의 업적으로 옳은 것은? [2점]

정답: ③

해설 최승로의 업적에 대해 물어보는 문제이므로, 정답은 ③번입니다.
① 고려무신정권기 최충헌
② 고려 문벌 김부식
④ 통일 신라 최치원 등

15 (가)~(다)를 일어난 순서대로 옳게 나열한 것은? [3점]

정답: ③

해설 고려거란전쟁의 과정입니다. (나)는 1차 침입, (다)는 2차 침입, (가)는 3차 침입이므로, 정답은 ③번입니다.

16 (가)에 들어갈 문화유산으로 옳은 것은? [2점]

정답: ④

해설 공통적으로 설명하고 있는 것은 상감기법이 들어간 고려청자이므로, 정답은 ④번입니다.
① 빗살무늬 토기(신석기)
② 청화백자(조선)
③ 나전칠기(고려)

17 아래 그림의 사건이 들어갈 곳을 연표에서 옳게 고른 것은? [3점]

정답: ②

해설 윤관과 별무반의 여진 정벌에 대한 설명이므로, 정답은 ②번입니다.

18 (가)에 들어갈 내용으로 옳은 것은? [2점]

정답: ②

해설 왕족 출신이자 교종 종파였던 의천은 교종을 중심으로 선종을 통합하려는 교관겸수를 주장하였고, 천태종을 개창하였지요. 정답은 ②번입니다.
① 원효
③ 지눌
④ 혜초

19 (가)에 들어갈 인물로 옳은 것은? [2점]

정답: ①

해설 화약을 제작하고, 화통도감 설치를 건의해 화포를 만들어 왜구를 물리친 사람은 최무선입니다. 정답은 ①번입니다.
② 황산 대첩, 위화도 회군
③ 홍산 대첩
④ 처인성 전투, 충주 전투

20 (가)에 들어갈 내용으로 옳은 것은? [2점]

정답: ①

해설 위화도 회군과 조선 건국 사이에 있었던 일은, 토지개혁부터 했던 과전법이었으므로, 정답은 ①번입니다.
② 홍선 대원군
③ 세조~성종
④ 세종

21 아래에서 설명하는 '왕'으로 옳은 것은? [1점]

정답: ①

해설 태종 이방원에 대한 설명이므로, 정답은 ①번입니다.

22 아래의 대화가 일어난 시기에 있었던 일로 옳지 않은 것은? [2점]

정답: ④

해설 문제는 세종 시기의 대화입니다. 경국대전 완성은 성종 시기이므로, 정답은 ④번입니다.

23 (가) 기구에 대한 설명으로 옳은 것은? [2점]

정답: ④

해설 임금의 잘못을 바로잡는 간언을 하는 역할을 했던 곳은 홍문관, 사헌부와 함께 삼사로 불렸던 사간원입니다. 그러므로, 정답은 ④번입니다.
① 승정원
② 한성부
③ 사역원

24 (가) 인물의 활동으로 옳은 것은? [2점]

정답: ②

해설 퇴계 이황에 대한 내용므로, 정답은 ②번입니다.
① 장영실
③ 최승로
④ 최무선

25 (가) 전쟁 중에 있었던 사실로 옳은 것은? [2점]

정답: ③

해설 임진왜란에 대한 설명이므로, 정답은 ③번입니다.
① 세종대왕 시기
② 거란의 1차 침입
④ 고려몽골전쟁

26 밑줄 그은 '이 전쟁' 후에 일어난 사실로 옳은 것은? [3점]

정답: ④

해설 병자 호란 이후에 일어난 사건을 묻는 문제이므로, 정답은 효종의 나선정벌을 설명한 ④번입니다.
① 세종(과거)
② 임진왜란(과거)
③ 고려몽골전쟁(과거)

27 아래 선생님이 강의 중인 사건에 대한 설명으로 옳은 것은? [2점]

정답: ④

해설 홍경래의 난은 세도 정치기 서북 지역인 평안도에서 일어났고, 서북 지역민에 대한 차별에 반발하여 일어났으므로, 정답은 ④번입니다.
① 임술 농민 봉기(세도 정치기)
② 묘청의 서경 천도 운동(고려)
③ 공주 명학소(망이·망소이)의 난,
　충주 다인철소의 난 등(고려)

28 (가) 왕의 업적으로 옳지 않은 것은? [2점]

정답: ③

해설 (가) 왕은 정조 임금이므로, 관계 없는 것은 세종대왕 시대인 ③번입니다.

29 다음 가상 뉴스가 보도된 시기의 경제 상황으로 옳은 것은? [2점]

정답: ④

해설 금난전권 폐지로 보아 조선 후기이므로, 정답은 ④번입니다.
① 삼국시대
② 삼국시대
③ 고려시대

30 아래에서 설명하는 문화유산으로 옳은 것은? [1점]

정답: ①

해설 해당 설명은 법주사 팔상전에 대한 것들이므로, 정답은 ①번입니다.

31 아래의 '선생님'으로 옳은 사람은? [2점]

정답: ③

해설 지전설과 무한우주론을 주장한 사람은 홍대용이므로, 정답은 ③번입니다.
① 한전론, 성호사설
② 여전론, 경세유표, 목민심서
④ 열하일기, 양반전, 허생전

32 다음 상황이 나타난 시기에 볼 수 있는 모습으로 적절하지 않은 것은? [2점]

정답: ②

해설 팔관회는 고려시대에 열렸던 행사이므로, 정답은 ②번입니다.

33 (가) 인물이 집권한 시기의 사실로 옳은 것은? [2점]

정답: ②

해설 (가) 인물은 흥선대원군이므로, 정답은 ②번입니다.
① 세종
③ 세종
④ 숙종

34 다음 상황 이후에 일어난 사실로 옳은 것은? [2점]

정답: ①

해설 신미양요에 대한 내용이므로, 정답은 ①번입니다.
② 병인박해의 결과(과거)
③ 임술농민봉기의 결과(과거)
④ 신미양요의 원인(과거)

35 밑줄 그은 '조약'으로 옳은 것은? [2점]

정답: ③

해설 운요호 사건을 빌미로 맺어진 조약은 강화도 조약이므로, 정답은 ③번입니다.
① 갑신정변 피해보상을 위해 일본과 맺음
② 고종 강제 퇴위 후 일본이 내정을 장악
④ 임오군란 피해보상을 위해 일본과 맺음

36 (가)~(다) 학생이 발표한 내용을 일어난 순서대로 옳게 나열한 것은? [2점]

정답: ①

해설 위정 척사 운동의 흐름은 (가) - (나) - (다) 순으로 1860년대, 1870년대, 1880년대의 내용이므로, 정답은 ①번입니다.

[37~38] 다음 자료를 읽고 물음에 답하시오.

37 (가)에 들어갈 기구로 옳은 것은? [1점]

정답: ②

해설 갑신정변은 우정총국 개국 축하연에서 일어났으므로, 정답은 ②번입니다.
① 청나라에 다녀온 영선사 이후 설립
③ 제1차 갑오개혁 때 설치
④ 1880년 설치된 최초의 근대적 기구

38 (나) 사건과 관련된 설명으로 옳은 것은? [2점]

정답: ③

해설 갑신정변에서 일본이 피해를 본 것에 대한 보상과 일본군 주둔을 위해 한성조약이 맺어졌으므로, 정답은 ③번입니다.
① 병인양요(1866)의 피해내용
② 광무개혁(대한제국 선포 후 1897) 관련내용
④ 임술농민봉기에 대한 내용

39 아래 사건이 들어갈 곳을 연표에서 옳게 고른 것은? [3점]

정답: ③

해설 동학농민운동은 갑신정변 이후에 일어났고, 을미사변 이전에 생긴 일이므로, 정답은 ③번입니다.

40 (가) 시기에 있었던 사실로 옳은 것은? [2점]

정답: ④

해설 (가)는 1897년 선포된 대한제국이므로, 정답은 ④번입니다.
① 1881년
② 1866년
③ 1886년

41 (가) 인물의 활동으로 옳은 것은? [2점]

정답: ②

해설 (가)는 안중근이므로, 정답은 ②번입니다.
① 이만손
③ 김원봉
④ 이준, 이상설, 이위종

42 (가) 사건에 대한 설명으로 옳은 것은? [2점]

정답: ③

해설 (가)는 1919년의 3·1운동이므로, 정답은 ③번입니다.
① 봉오동 전투
② 물산 장려 운동
④ 광주 학생 항일 운동

43 밑줄 그은 '이 시기'에 일제가 추진한 정책으로 옳은 것은? [3점]

정답: ④

해설 1930년대 일제의 식민 지배 정책을 고르는 것이므로, 정답은 ④번입니다.
① 1920년
② 1910년대
③ 1925년

44 (가)에 들어갈 인물로 옳은 것은? [2점]

정답: ③

해설 한국광복군의 총사령관은 지청천 장군이므로, 정답은 ③번입니다.
① 봉오동 전투, 대한독립군
② 청산리 대첩, 북로군정서
④ 의열단, 조선의용대, 한국광복군 부사령관

45 아래의 발언 이후에 일어난 일로 옳은 것은?   [2점]

정답: ②

해설 문제의 장면은 이승만의 정읍 발언으로,
이후에 일어난 일은 ②번입니다.

46 밑줄 그은 '이 전쟁' 중에 있었던 사실로 옳지 않은 것은?
[2점]

정답: ①

해설 애치슨 선언은 6·25전쟁 전에 발표되었고,
한국을 미국의 방위선에서 제외시켜 6·25 전쟁의
간접적 원인을 제공하였으므로, 정답은 ①번입니다.

47 (가) 정부 시기에 있었던 사실로 옳은 것은?   [2점]

정답: ③

해설 (가) 정부는 이승만 정부이므로, 정답은 ③번입니다.
① 노태우 정부
② 박정희 정부
④ 김대중 정부

48 밑줄 그은 '놀이'로 옳은 것은?   [1점]

정답: ③

해설 그림과 해설 모두 제기차기를 나타내고 있으므로,
정답은 ③번입니다.

49 밑줄 그은 '민주화 운동'에 대한 설명으로 옳은 것은? [2점]

정답: ②

해설 1987년의 6월 민주항쟁에 대한 내용이므로,
정답은 ②번입니다.
① 4·19 혁명(이승만 정부)
③ 한일 회담 반대 시위(박정희 정부)
④ 5·18 민주화 운동(전두환 정부)

50 다음 정부의 통일 노력으로 옳은 것은?   [3점]

정답: ②

해설 노태우 정부에 대한 내용이므로, 정답은 ②번입니다.
① 박정희 정부
③ 김대중 정부
④ 전두환 정부

MEMO

MEMO

MEMO

현직 초등교사가 알려주는
리얼 한국사 스토리

1 리얼 한국사

스토리텔링으로 팩트만
정리해서 알려주는
진하쌤의 역사 스토리

2 기출 한국사

빈출 문제만 콕콕 집어주는
진하쌤 영상으로
문제풀이 실력 다지기

3 교과서 한국사

영상으로 한국사를 공부하다보면,
시험대비와 초등 교과 내용까지
한번에 해결